Thomas Stern / Helmut Jaberg

Erfolgreiches Innovationsmanagement

Thomas Stern / Helmut Jaberg

Erfolgreiches Innovationsmanagement

Erfolgsfaktoren – Grundmuster – Fallbeispiele

4., überarbeitete Auflage

GABLER

Bibliografische Information der Deutschen Nationalbibliothek
Die Deutsche Nationalbibliothek verzeichnet diese Publikation in der
Deutschen Nationalbibliografie; detaillierte bibliografische Daten sind im Internet über
<http://dnb.d-nb.de> abrufbar.

158

S. 18

1. Auflage 2003
2. Auflage 2005
3. Auflage 2007
4., überarbeitete Auflage 2010

Alle Rechte vorbehalten
© Gabler Verlag | Springer Fachmedien Wiesbaden GmbH 2010

Lektorat: Ulrike Lörcher

Gabler Verlag ist eine Marke von Springer Fachmedien.
Springer Fachmedien ist Teil der Fachverlagsgruppe Springer Science+Business Media.
www.gabler.de

Umschlaggestaltung: KünkelLopka Medienentwicklung, Heidelberg

ISBN 978-3-8349-2245-8

Geleitwort

Grundmuster erfolgreicher Innovationsprozesse in der Industrie – Ergebnisse eines Forschungsprojekts

Im internationalen Wettbewerb werden die klassischen Kriterien wie Kosten, Preis, Qualität und Flexibilität gegenüber Kundenwünschen in ihrer Beherrschung als selbstverständliche Fähigkeiten eines Unternehmens angesehen. Unternehmen scheitern aber, wenn sie sich nur auf Rationalisierung und Kostensenkung konzentrieren. Gerade heute im schnellen Strukturwandel mit rasanter technischer Entwicklung, wie wir sie z. B. in der Informations- und Kommunikationstechnik erleben, ist eine weitere Fähigkeit von Unternehmen gefordert: Die Fähigkeit zur Innovation. Aber nicht nur diese Fähigkeit grundsätzlich, sondern Innovation mit hoher Geschwindigkeit, denn der Wettbewerb ist heute auch ein Geschwindigkeitswettbewerb. Derjenige, der rechtzeitig mit einer neuen Entwicklung am Markt ist, kann sich in der ersten Zeit, das sind häufig nur einige Monate, eines guten Preises erfreuen. Innovation bedeutet im engeren Verständnis neue Produkte und neue Leistungsangebote. Damit sind natürlich vor allem Forschungs- und Entwicklungsprozesse betroffen. Im umfassenderen Sinne heißt aber Innovation: Etwas Neues machen, also auch neue Strukturen, Abläufe, Führungsverhalten oder neue Anreizsysteme gehören dazu.

Die Autoren befassen sich in ihrer Arbeit mit dem industriellen Innovationsprozess. Dabei muss natürlich das gesamte Unternehmen, seine Mitarbeiter und seine Organisation, betrachtet werden, denn heute darf das Wirken einer Abteilung nicht isoliert angesehen werden, wenn man die Schnittstellen zu den anderen Bereichen schnell überwinden bzw. abbauen will.

Die Ergebnisse stammen aus einem Forschungsprojekt, an dem mehrere Forschungseinrichtungen sowie die untersuchten Firmen mitgewirkt haben. Die Autoren arbeiteten elf Grundmuster und ihnen zugeordnete 53 Erfolgsfaktoren heraus, die den Innovationsprozess beeinflussen, der in vier Phasen unterteilt wird: Ideenfindung, Ideenbewertung, interne Umsetzung und externe Umsetzung. In diesen vier Phasen sind einige Grundmuster immer wieder, permanent, zu finden, wie z. B. Veränderungsbereitschaft und Motivation der Mitarbeiter. Andere Grundmuster sind vorwiegend in bestimmten Innovationsphasen zu finden, die variablen Grundmuster.

Innovation ist nicht nur ein technischer Vorgang, sondern vor allem ein sozialer, der von Menschen, ihrem Antrieb, ihrer Führung und der herrschenden Unternehmenskultur (wie geht man miteinander um!) geprägt ist und natürlich sehr stark von dem Umfeld, das durch Kunden und Wettbewerb bestimmt wird. Diese vier Grundmuster, die Soft Skills, sind von großer Bedeutung für den Erfolg eines Unternehmens und haben auch den großen Vorteil, dass sie nicht einfach kopiert werden können, sondern in einem über mehrere Jahre dauernden Prozess in jedem Unternehmen individuell gestaltet werden müssen.

Für die Durchführung des Innovationsprozesses sind sieben Grundmuster herausgearbeitet worden. Sie betreffen das Management des Prozesses, die Ermittlung des Kundenbedarfs, die Erarbeitung eines werthaltigeren Leistungsangebots, die Erarbeitung einer Kernkompetenz, die Abwägung von Chancen und Risiken sowie das Gewinnen der Mitarbeiter für diese Innovation. *Natürlich kann nur in einem Zusammenspiel aller Einflussgrößen ein Erfolg erzielt werden.*

Die Erkenntnis und Bedeutung der Arbeit liegt darin, dass der komplexe und iterative Innovationsprozess in eine überschaubare Ordnung strukturiert wird. Damit hat man die Möglichkeit, die Erfolgswahrscheinlichkeit von Innovationsprozessen zu steigern, da man über die Grundmuster und deren Erfüllung zu Optimierungsansätzen kommt. Damit wurde der ganzheitliche Prozess strukturiert und mit leicht beherrschbaren Schnittstellen versehen. Die Richtigkeit der Überlegungen und Erkenntnisse konnte in der Praxis belegt werden. Obwohl sie an Beispielen und Projekten einer begrenzten Anzahl von Firmen erarbeitet wurden, ist eine Verallgemeinerung, zumindest auf die produzierende Industrie, gegeben.

München   Prof. Dr.-Ing. Dr. hc. mult. H. J. Warnecke

                                           Präsident der Fraunhofer Gesellschaft von 1993-2002

Vorwort zur vierten Auflage

Herzlichen Dank für Ihr Interesse an dieser Schrift! Die weiterhin hohe Zahl unserer Leser belegt, dass Innovationsmanagement zum Dauerbrenner geworden ist. Immer mehr Unternehmen haben nach unserer Beobachtung inzwischen verstanden, dass sie sich permanent und systematisch um ihre zukünftige Produktpalette kümmern müssen, um im Wettbewerb nicht ins Hintertreffen zu geraten. Bei der Frage „Wie geht denn das?" helfen wir mit dieser aktualisierten vierten Auflage weiterhin gerne. Wir haben neue Beispiele aufgenommen sowie derzeitigen Forschungsgebieten wie „Open Innovation" explizit Aufmerksamkeit gewidmet.

Und jetzt, mitten in der größten Finanz- und Wirtschaftskrise, die die Welt seit Jahrzehnten gesehen hat? Ist es da nicht notwendig, alle Budgets gegen null zu fahren, um überhaupt zu überleben? Die Frage erinnert trotz gegensätzlicher Begleiterscheinungen an die vorhergehende Boomphase, als viele Unternehmen bei randvollem Tagesgeschäft meinten, für Innovationsmanagement keine Ressourcen bereitstellen zu können. Unzweifelhaft müssen Kosten gesenkt werden, wo immer möglich, und das Tagesgeschäft muss bearbeitet werden. Schließlich wird heute das Geld verdient, mit dem heute das Innovationsmanagement und die Innovationen von morgen bezahlt werden. Jedoch: Wer aus welchen Gründen auch immer sein Innovationsmanagement einstellt, mag heute überleben – riskiert aber (todsicher!) seine Zukunft.

Wohl dem Unternehmen, das selbst in der Boomphase so weitsichtig war, Innovationsmanagement voranzutreiben, es hat jetzt die überlegenen Produkte, um im härtesten Wettbewerb aller Zeiten zu überleben. Und wohl dem Unternehmen, das auch in der jetzigen Krisenzeit *erfolgreiches Innovationsmanagement* betreibt, es wird unzweifelhaft nachhaltig gestärkt aus der Krise hervorgehen. Denn erstens werden Produkte mit Wettbewerbsvorteil selbst in Schwächephasen weiter gekauft – der Markt besteht ja auch in Krisen weiter, wenn auch meist auf niedrigerem Niveau. Er bietet durch veränderte Kundenwünsche sogar neue Chancen. Zweitens kommt der nächste Aufschwung bestimmt – und dann stehen diejenigen Firmen in der „Pole Position", die mit Innovationen glänzen. Die Gewinner von morgen sind – gerade auch in der Krise – die Innovatoren von heute.

Wir wünschen uns, dass die Rezession bereits der Vergangenheit angehört, wenn Sie diese Zeilen lesen – und dass Sie zu den Gewinnern gehören.

Worms, Niefern im Februar 2010   Dipl.-Wi.-Ing. Dr. Thomas Stern

o. Univ. Prof. Dr.-Ing. Helmut Jaberg

Vorwort zur ersten Auflage

Diese Arbeit ist als Teil des vom Bundesministerium für Bildung und Forschung (Bonn, Berlin) geförderten Verbund-Forschungsprojekts *Innopro* in den Jahren 1997 bis 2001 entstanden. Außerdem wurde die Arbeit vom Fond zur Förderung der Wissenschaftlichen Forschung, Wien, gefördert. Bei beiden Institutionen bedanken wir uns herzlich für die großzügige Unterstützung.

Ganz besonderer Dank gilt den Industriepartnern, die uns mit viel Verständnis detaillierten Einblick in ihre Abläufe gewährt haben und damit den entscheidenden Beitrag zu den Erkenntnissen und zum Gelingen dieser Arbeit geleistet haben.

Frau Beatrix Kohlbacher und Frau Anneliese Rieser haben die redaktionelle Überarbeitung des Buches besorgt und dabei vorbildliche Sorgfalt walten lassen, wofür an dieser Stelle herzlich gedankt sei.

Bei Frau Annegret Eckert und Frau Ulrike Lörcher vom Gabler Verlag bedanken wir uns herzlich für die gute Zusammenarbeit und die Ausstattung des Buches.

Last but not least gebührt den Herren Helmut Mense und Karl-Heinz Wagner von der Projektträgerschaft Produktion und Fertigungstechnologie des Forschungszentrum Karlsruhe GmbH, wo die BMBF-Förderung unter der Kennziffer PFT-02PV63065 koordiniert wurde, besonderer Dank für das stete Interesse am Fortgang der Arbeit und an der Verbreitung der Ergebnisse.

Worms, Graz

Dipl.-Wi.-Ing. Dr. Thomas Stern

o. Univ. Prof. Dr.-Ing. Helmut Jaberg

Inhaltsverzeichnis

Abbildungsverzeichnis

Tabellenverzeichnis

1 Herausforderung Innovationsmanagement

„Herr der Vergangenheit ist, wer sich erinnern kann, Herr der Zukunft ist, wer sich wandeln kann."[1]

Wer hat nicht in letzter Zeit sehr häufig das Wort **Innovation** gelesen oder gar selbst verwendet? Das Wort ist ohne Zweifel in Mode, und bis hin zur Politik versucht jeder, es für sich in Anspruch zu nehmen. Trotz einer immensen Fülle an Literatur bleiben dagegen praktische Fragen zum Thema Innovationsmanagement meist offen.

In welchem Unternehmen gibt es nicht mindestens eines der folgenden Probleme:

- Es bleibt angesichts des Tagesgeschäfts so gut wie keine Zeit, sich um strategische Fragestellungen oder das Thema „Produktportfolio in fünf Jahren" zu kümmern.

- Es gibt zu wenig gute Ideen.

- Es gibt jede Menge Ideen, aber niemand ist sich sicher, welche davon die vielversprechendsten sind.

- Neuerungen werden nur sehr langsam umgesetzt, weil jede Menge Innovationsverhinderer und Innovationshürden umschifft werden müssen.

Die hier aufgeführten repräsentieren nur eine kleine Auswahl an typischen Problemen im Zusammenhang mit Innovationsmanagement, deren Lösung in dieser Arbeit aufgezeigt wird.

Das erste Kapitel definiert die wichtigsten Begriffe und beschreibt die steigende Relevanz des Themas für den zukünftigen Unternehmenserfolg und die damit verbundenen Arbeitsplätze. Brachliegende Potentiale werden offenbart.

Gerade in Deutschland wird gerne nach dem Staat gerufen, um Probleme zu lösen. In der Bevölkerung herrscht verbreitet die Meinung, die Politik sei hauptverantwortlich für das **Erhalten und Schaffen von Arbeitsplätzen**. Sicher kann der Gesetzgeber förderliche Rahmenbedingungen für Unternehmen setzen – letztlich werden Arbeitnehmer aber im Wesentlichen von erfolgreichen Firmen beschäftigt. Und der Königsweg zu unternehmerischem Erfolg ist das Entwickeln und Vermarkten von Produkten mit Wettbewerbsvorteilen. Damit wird deutlich, dass **Innovationsmanagement auch volkswirtschaftlich von hoher Bedeutung** ist.

---

[1] Chinesisches Sprichwort, aus: Knoche 1997

Aus unserer Suche nach einer Innovationssystematik wurde die Suche nach „Grundmustern erfolgreicher Innovationsprozesse" – und schließlich entstand ein praxisorientiertes Konzept zum erfolgreichen Management der (Unternehmens-)Zukunft.

Dieses Buch reiht sich damit nicht nahtlos ein in die unzähligen Veröffentlichungen zum Thema Innovationsmanagement bzw. Forschung und Entwicklung. Es grenzt sich dadurch zu ihnen ab, dass es sich als Leitfaden für den Praktiker versteht, der das komplexe Thema in all seinen Facetten umfassend und ganzheitlich darstellt. Angereichert um praktische Erfahrungen wird übersichtlich aufgezeigt, welche Einflüsse auf den Erfolg von Innovationsprozessen wirken und wie diese vom Unternehmen beherrscht bzw. optimiert werden können.

Die vorhandene Literaturfülle zum Thema Innovationsmanagement spiegelt dessen Komplexität wider. Begriffsgebrauch, Ansatzpunkte und Blickwinkel sind jeweils so unterschiedlich, dass Vergleiche der Veröffentlichungen nur bedingt möglich sind. Ratsuchende Entwicklungsleiter, Geschäftsführer und Vorstände finden in ihnen zudem immer wieder nur Teilaspekte und Teilantworten auf die zentrale Frage:

„Was kann mein Unternehmen alles tun, um möglichst viele, erfolgreiche Innovationen hervorzubringen?"

Diese Arbeit strukturiert alle relevanten Einflussfaktoren und überführt sie in eine ganzheitliche Darstellung des Innovationsmanagements. Zahlreiche Beobachtungen aus der Unternehmenspraxis und zwei ausführliche Praxisfälle (Abschnitte 4.4 und 4.11) demonstrieren die Anwendung der Erkenntnisse.

1.1   Motivation, Ansatzpunkt und Ziel

„Die Fähigkeit zur Innovation entscheidet über unser Schicksal"[2]

1.1.1   Innovationen sind überlebenswichtig

Das Wirtschaftsleben und seine bestimmenden Faktoren sind einem immer schnelleren Wandel unterworfen:

■ Technische Möglichkeiten,

■ das verfügbare Wissen und

■ Ansprüche und Wünsche der Wirtschaftssubjekte

verändern sich in einem bis dato nicht gekannten Tempo. Durch die Globalisierung und

---

[2]   Roman Herzog 1997, aus: Vahs, Burmester 1999, S. VII

die Entwicklung in der Informationstechnik hat sich der Wettbewerb in allen Branchen verschärft und die Ideen- und Innovationskonkurrenz ist weltweit geworden. Als Katalysator tritt das Internet auf: Gleich einer Revolution in der Marktwirtschaft ermöglicht es den Kunden eine nie gekannte Markttransparenz und wirkt als vernetztes System als Multiplikator, wenn sich Kunden untereinander austauschen. Es treten in manchen Branchen gar „Blitz-Innovationen" auf, die sich über das oder mithilfe des Internets innerhalb weniger Wochen weltweit durchsetzen, oftmals aber auch ebenso schnell wieder verschwinden: Beispiele sind das Tamagochi oder der Musikhit „Crazy Frog". Auch abseits des Internets werden Trends rasch geboren – und sind ebenso rasch wieder veraltet. Wer als Unternehmen nicht das nächste (Trend-)Erzeugnis nachliefert, bleibt potentiell ein „One hit wonder". Der bereits erwähnte Schuhhersteller *Crocs* z. B. verlor nach rasantem Aufstieg an der Börse 90 Prozent seines Kurswertes, nachdem Konkurrenten ein Imitat des erfolgreichen Schuhs billig auf den Markt brachten.

Die Internationalisierung der Märkte bedroht in Zukunft aber auch die von europäischen Mittelständlern bisher erfolgreich besetzten Nischen.

Abbildung 1.1   Innovations-Zwang (Quelle: In Anlehnung an Vahs, Burmester 1999)

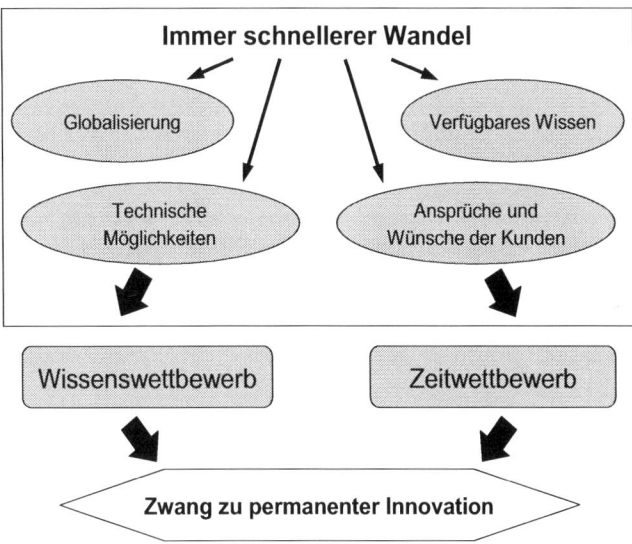

Die grundsätzliche Relevanz des Themas Innovationsmanagement ist dabei gar nicht neu. Innovative Produkte waren schon immer ein Schlüssel zu Wettbewerbserfolg, doch reichte früher eine gute Idee oft aus, um über Jahrzehnte gut im Geschäft zu sein. Heute sorgen die beschriebenen veränderten Rahmenbedingungen für Wissenswettbewerb, Zeitwettbewerb und Innovationsdruck. Neu ist also der Zwang, ständig innovieren zu müssen (vgl. **Abbildung 1.1**).

Diese Situation trifft viele Unternehmen unvorbereitet.

Die Restrukturierungs- und Kostensenkungsprogramme der späten 80er- und frühen 90er-Jahre haben eine Orientierung der Unternehmen nach innen bewirkt, wodurch der Blick auf die Außenbeziehungen – insbesondere auf kundennutzenorientierte Innovationen – verloren ging. Die damaligen Zeit-, Kosten- und Qualitätsoptimierungen stellen jedoch mittlerweile Standard- bzw. Basisanforderungen dar, mit denen keine Profilierungschance mehr verbunden ist und die im internationalen Wettbewerb auf Dauer zum Überleben nicht ausreichen.

Dass gerade die kleineren und mittelständischen Unternehmen hier noch immer Defizite haben, zeigt eine Studie der *KfW*-Mittelstandsbank bei 15.000 Unternehmen mit einem Jahresumsatz unter 500 Millionen Euro aus dem Jahr 2005: Demnach stagniert der kontinuierlich Forschung und Entwicklung betreibende Anteil der Unternehmen bei acht Prozent.

Der immer schnellere Wandel bringt jedoch dann Vorteile mit sich, wenn er nicht als Bedrohung, sondern als Chance für neue Geschäfte oder Geschäftsfelder angesehen wird. Zu den Gewinnern gehören diejenigen Unternehmen, die sich auf die neue Situation schneller einstellen als die Konkurrenz. Darwin beschwor mit seiner These des „Survival of the fittest" nicht etwa das Überleben der Stärksten, sondern das Siegen der aktiv Anpassungsfähigsten: Geschwindigkeit und Veränderungsfähigkeit werden zu entscheidenden Wettbewerbsfaktoren. Zukunftssicherung gelingt nur über Innovationsmanagement (vgl. **Abbildung 1.2**).

Oder mit den Worten von Werner Wenning, Vorstandsvorsitzender der Bayer AG, ausgedrückt: *„Innovationsfähigkeit macht den entscheidenden Unterschied im globalen Wettbewerb aus."*

Abbildung 1.2   Innovationsmanagement und Unternehmenszukunft
(Quelle: Eigene Darstellung)

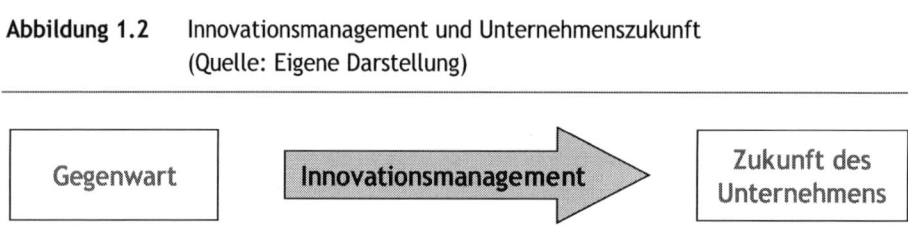

Damit macht ein beschleunigter Wandel der Gegebenheiten außerhalb der Unternehmen erhebliche Anpassungen innerhalb der Unternehmen notwendig. Wandlungsfähigkeit und Flexibilität müssen Innovationsscheue und feste Strukturen ersetzen. Das über 90 Jahre alte Konzept des „Urvaters des Innovationsmanagements", Joseph Schumpeter, vom Unternehmer als **„schöpferischer Zerstörer"**, der sein Geschäft, noch während es gut läuft, in Frage stellt, ist aktueller denn je.

So widersprüchlich es im ersten Moment klingen mag, das (Innovations-)Problem vieler Unternehmen liegt auch in deren aktuellem Erfolg begründet. Dieser macht träge, lähmt und verbaut den langfristigen Blick in die Zukunft. Je erfolgreicher ein Unternehmen ist, desto stärker wird das Gelernte institutionalisiert und gefestigt. Ohne ein Leistungsdefizit ist Innovation unwahrscheinlich. Diese „Erfolgsträgheit" verhindert damit gerade den Schumpeter'schen Unternehmertypus des rechtzeitigen „schöpferischen Zerstörers".

Gerade in letzter Zeit ist jedoch zu beobachten, dass sich Unternehmen auch aufgrund des erkannten Potentials von Innovationen dem Thema widmen. Neben **krisengetriebenen** gibt es also verstärkt auch **chancengetriebene** Bemühungen in diese Richtung.

> Tipp:
>
> Kümmern Sie sich in guten Zeiten um Innovation, dann bleiben Ihnen schlechte Zeiten erspart.

Besonders die traditionellen Industrien Mitteleuropas stehen vor erheblichen Herausforderungen. Sie trifft das „neue Zeitalter" mit seinen veränderten Anforderungen umso härter, da sie sich von jahrzehntelang bewährten Strukturen trennen müssen.

Es existieren jedoch neben der Erfolgsträgheit noch weitere Gründe, warum gerade die deutsche Industrie mit dem Innovationsmanagement unübersehbare Probleme hat: Die F&E-Sparte in Deutschland ist im internationalen Vergleich eher grundlagen- und nicht umsetzungsorientiert: Mit ca. 23.000 Patentanmeldungen beim Europäischen Patentamt im Jahr 2004 belegte Deutschland zwar einen sehr guten Rang 2 hinter den Amerikanern. Mit fast 18 Prozent Anteil an allen eingereichten Patenten konnte dieser 2. Platz im Jahr 2007 bestätigt werden. Auch das „5. EU-Innovationsbarometer 2005" bescheinigt Deutschland die Zugehörigkeit zur europäischen Innovationselite. Jedoch ist die bei solchen Studien maßgebliche Betrachtung der Patentstatistik und des F&E-Aufwandes zu eindimensional und wird der Komplexität des Themas nicht gerecht. Es fehlt der Einbezug der **Umsetzungsstärke**: Werden die Erfolge in der Vorausentwicklung auch in klingende Münze und Markterfolg umgesetzt?

Folgende Beispiele lassen Zweifel aufkommen:

- ■ Das ursprünglich von *Siemens* erdachte Faxgerät trat von Japan aus seinen Siegeszug an.

- ■ Das technisch überlegene Videosystem 2000 von *Grundig* verlor am Markt gegen das VHS-System vom japanischen Hersteller *Matsushita*.

Ebenso waren der erste Computer, die Compact Disc und das MP3-Format deutsche Erfindungen, die aus anderen Ländern erfolgreich vermarktet wurden. Auch beim Transrapid läuft man Gefahr, zukünftig chinesischen Unternehmen die wesentliche Wertschöpfung zu überlassen. Und sogar der Hybrid-Antrieb für Kraftfahrzeuge, mit dem sich *Toyota* ein Image als ökologischer Technologieführer erarbeiten konnte, wurde bereits 1973 an der deutschen Hochschule RWTH Aachen erstmals konstruiert.

Forschung macht laut Hans-Jörg Bullinger, Präsident der Fraunhofer Gesellschaft, aus Geld Wissen, Innovation hingegen aus Wissen Geld – und Letzteres sorgt betriebswirtschaftlich und volkswirtschaftlich für Wohlstand.

„Auf eine Erfindung in Deutschland kommen 100 Fachleute, die davor warnen. Wenn wir immer auf sie gehört hätten, säßen wir immer noch hungrig in einer dunklen Höhle."[3]

1.1.2 Untersuchungen belegen die Erfolgsrelevanz von Innovationen

Die These, dass sich verstärkte Innovationstätigkeit auch tatsächlich auf den Unternehmenserfolg auswirkt, ist in etlichen empirischen Studien bestätigt worden. Ein Beispiel sehen Sie in **Abbildung 1.3**.

Mit Innovationen erzielt man in der Regel höhere Gewinne als mit Altprodukten. Der Zusammenhang zwischen Rendite und Produktalter erklärt sich wie folgt: Mit zunehmender Technologiereife verfügen viele Wettbewerber über ähnliche Produkte – der Wettbewerb findet – zu Lasten der Rendite – über den Preis statt. Als erster auf dem Markt kann ein Innovator dagegen aufgrund seines vorläufigen Monopols einen hohen Preis für sein Produkt erzielen – ein wichtiges Argument für Innovation, und zwar gerade in reifen Industrien.

Abbildung 1.3   Echte Innovationen sind hochrentabel – dennoch setzen deutsche Unternehmen ganz auf alte Produkte (Quelle: Berth 1997)

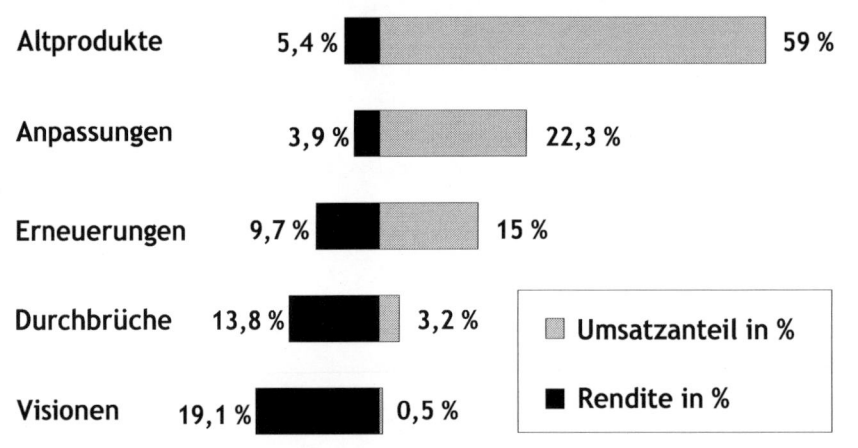

Beispiele: Weil Konkurrenten wie *Microsoft* den Trend lange „verschliefen", konnte *Apple* mit seinen innovativen MP3-Playern „iPod" einige Jahre sehr gut verdienen. Die Firma *Crocs* wurde mit ihren leichten und farblich grellen Bade- und Freizeitschuhen im völlig neuen, innovativen Design zum Börsenstar.

---

[3]   Roman Herzog 1997

Und das Rendite-Argument gilt auch im Kleinen: Oftmals sinkt der Verkaufspreis einer Produktgeneration im Laufe der Zeit nach und nach ab. Gründe sind z. B. zunehmender Wettbewerb und höherer Rabatt bei steigenden Verkaufsmengen. Die Einführung der Folge-Produktgeneration eröffnet die Chance zur preispolitischen Anpassung nach oben – auch wenn sich der tatsächliche Neuigkeitsgrad in Grenzen hält.

> **Tipp:**
>
> Klagen Sie nicht über die Schärfe des Wettbewerbs, sondern schaffen Sie sich durch Innovationen die entscheidenden Marktvorteile.

Es lassen sich folgende Erkenntnisse zusammenfassen:

- Innovationsmanagement ist unumstritten eine Determinante des Unternehmenserfolgs.

- Innovationsmanagement wird von den meisten Unternehmen als Erfolgsschlüssel für die Zukunft erkannt.

- Trotzdem besitzt nur jedes vierte bis fünfte Unternehmen ein funktionierendes Innovationsmanagement. Es besteht also eine erhebliche Innovationslücke.

Daraus lässt sich ein erheblicher Handlungsbedarf für einen Großteil der Unternehmen ableiten. Besonders diejenigen Firmen werden bei fortdauernder Passivität zunehmend unter Druck geraten, die mangels unternehmerischer Weitsicht und Strategie dem Thema Innovationen angesichts näherliegender Probleme im Tagesgeschäft weiterhin keine Dringlichkeit einräumen.

„Vorsprung durch Innovation ist der einzige Weg, um Wohlstand und Beschäftigung am Standort Deutschland zu sichern."[4]

„Wir können nur soviel teurer sein, wie wir besser sind."[5]

1.2 Innovation ist, wenn die Kunden „Hurra" rufen

Für das einheitliche Verständnis der vorliegenden Arbeit ist es angesichts der in Literatur und Presse stark unterschiedlichen Begriffsauslegungen notwendig, einige Schlüsselbegriffe zu klären.

Innovation selbst wurde von Schumpeter als Prozess der Umsetzung einer Erfindung in eine Marktanwendung definiert. Damit wird klar, dass der Aspekt der Wirtschaftlichkeit ein notwendiges Kriterium ist, um von Innovationen zu sprechen. Technische Erfindungen

---

[4] Hans-Jörg Bullinger, Präsident der Fraunhofer Gesellschaft 2006
[5] Hans-Jörg Bullinger, Präsident der Fraunhofer Gesellschaft 2006

sind zwar oftmals Grundlage für Innovationen, reichen aber in der Regel nicht aus, um deren Markterfolg zu sichern.

Innovationserfolg ist damit vor allem mit wirtschaftlichem Erfolg gleichzusetzen. Sind einer Neuerung durch ihre technische oder strategische Zielstellung keine unmittelbaren Gewinne zuzurechnen, so muss doch langfristig ein monetärer Nutzen mit ihr verbunden sein.

Innovation kann sich auf ein Produkt, einen Prozess, die Organisation, den Markt oder einen sozialen bzw. kulturellen Aspekt beziehen.

Während **Prozessinnovationen** naturgemäß auf die interne Optimierungen von Kosten, Qualität, Zeit und Flexibilität im Leistungserstellungsprozess abzielen, generieren **Produktinnovationen** neue Arbeitsplätze, neue Marktanteile und größere Gewinnspannen aufgrund von Wettbewerbsvorteilen. Unter „Produktinnovationen" fallen im hier verwendeten Sinn auch Dienstleistungen. Die weiteren Innovationsformen ergeben sich oft zwangsläufig aus der Produktinnovation und treten daher meist gemeinsam mit ihr auf. Daher geht es in diesem Buch in erster Linie um Produktinnovation. Dies bezieht im erweiterten Unternehmenskontext neue Geschäftsfelder mit ein – dann spricht man auch von **„Business Development"**.

Zum Innovationserfolg gehört mehr als nur die technische Entwicklung: Er hängt von der reibungslosen Verständigung aller Teilglieder der Prozesskette ab – von der Idee bis zum Verkauf des fertigen Produktes. In der Praxis beschuldigen sich Vertrieb und Technik oft gegenseitig, für das Scheitern die Verantwortung zu tragen, statt „gemeinsame Sache" zu machen.

Eine **Klassifikation** für produktbezogene Innovationen (nach Rothwell) erlaubt weitere Aufschlüsse (s. **Tabelle 1.1**): Je nachdem, welche und wie viele der Komponenten Markt, Produkt und Technologie im speziellen Fall tatsächlich neu sind, wird die Innovation im Klassifikationsschema von A bis F eingeordnet. Je „höher" der Innovationstyp, desto höher sind zu erwartende Innovationsrisiken, Entwicklungszeit und -kosten, desto höher sind jedoch andererseits auch der potentielle Ertrag und der Imagegewinn, also die Innovationschancen. Damit steigt mit dem Innovationstyp auch gleichzeitig der mögliche Grad an Alleinstellung im Markt und die damit verbundene Chance auf Pioniergewinne und neue Arbeitsplätze.

Nur der geringste Teil aller Innovationen kommt über das Niveau einer substantiellen Erfindung hinaus.

Innovationsfähigkeit heißt, *„schlecht befriedigte oder unbefriedigte Bedürfnisse zu erkennen und neue Kombinationsmöglichkeiten von Know-how, Leistungen und Ressourcen zu entwickeln, mit denen diesen Bedürfnissen entsprochen werden kann"* (Sommerlatte 1998a).

Innovationsmanagement ist die Wahrnehmung aller Aufgaben, die zu Innovationsfähigkeit und somit zu Innovationen führen. Darunter fällt die Begleitung einer neuen nützlichen Idee von ihrer Entstehung bis zur erfolgreichen praktischen Anwendung (Little 1997, S. 155).

Tabelle 1.1 Produkt-Technologie-Markt-Innovationsschema
(Quelle: Eichhorn 1996, S. 14)

Typ	Produkt	Technologie	Markt
A	Bekannt	Bekannt	Bekannt
B	Neu	Bekannt	Bekannt
C	Bekannt	Bekannt	Neu
D	Neu	Bekannt	Neu
E	Neu	Neu	Bekannt
F	Neu	Neu	Neu

Zu den Aufgaben des Innovationsmanagements gehört:

Innovationsziele und -strategien festzulegen und zu verfolgen

zukünftige Kundenbedürfnisse richtig und rechtzeitig zu erkennen und die richtigen Antworten in Form von marktgerechten Produkten und Leistungen zu finden

Entscheidungen zur Durchführung von Innovationen zu treffen

Innovationsprozesse gezielt zu planen und zu steuern, sodass Geschäftsideen schneller und besser als bei der Konkurrenz umgesetzt und damit zu Markterfolgen werden

eine innovationsförderliche Unternehmensstruktur und -kultur zu schaffen

Ziele des Innovationsmanagements sind:

- Gewinnerzielung
- Wachstum
- Verbesserung der Wettbewerbsposition bezüglich Markt und Technologie
- Steuerung des Produktportfolios (Risikostreuung, Fokussierung, Komplexitätsreduktion)
- Vermarktung von Erfindungen
- Anpassung an veränderte Kundenwünsche
- Sicherung von Arbeitsplätzen
- Imagepflege
- Förderung des Gemeinwohls und Verbesserung des Umweltschutzes

Damit wird klar, dass eine Vielzahl von Gruppen von Innovationen profitiert. Dies sind neben Anteilseignern, Mitarbeitern, Kunden und Lieferanten durch höhere Steuereinnahmen auch der Staat und die Gesellschaft im Allgemeinen.

1.3   Grundmuster ermöglichen systematisches Innovationsmanagement

Auf der Suche nach einer systematischen Herangehensweise an das Thema Innovationsmanagement ergeben sich folgende Probleme:

■ Innovationen können nicht einfach per Dekret verordnet werden. Innovationsprozesse sind einmalig, haben zahlreiche Einflussfaktoren und ein unsicheres Ergebnis. Innovationsprozesse sind also komplex und daher schwer beherrschbar.

■ Die vorhandene Innovationsliteratur hilft Unternehmen nur bedingt weiter. Erfolgsfaktoren werden jeweils bei bestimmten Grundbedingungen ermittelt und sind kaum verallgemeinerbar.

■ Innovationen unterliegen keinen einfachen, reproduzierbaren Gesetzmäßigkeiten. Es ist nicht anzunehmen, dass man für alle Branchen und Unternehmen einheitlich geltende Erfolgsfaktoren des Innovationsmanagements finden kann. Erfolgsrezepte für Innovationen lassen sich nicht einmal innerhalb einer Branche einfach von einem auf ein anderes Unternehmen übertragen. Sehr wohl muss es jedoch möglich sein, von Erfolgsprinzipien einzelner Unternehmen zu abstrahieren und auf diese Weise Gemeinsamkeiten erfolgreicher Innovationsprozesse zu finden. Diesen Gemeinsamkeiten, den **„Grundmustern"**, fehlen zwar dann die unternehmensspezifischen Anteile, sie weisen jedoch einen entscheidenden Vorteil gegenüber einer Sammlung von Erfolgsfaktoren auf: Sie lassen sich auf weitere Unternehmen übertragen, indem man die Grundmuster – gewissermaßen in Umkehr des Abstraktionsprozesses – mit den Eigenheiten der „Zielfirma" anreichert.

1.3.1   Grundmuster weisen den Weg zu beständigem Innovationserfolg

Innovationserfolge gelingen nicht durch einfaches Kopieren von Erfolgsrezepten. Die aktuelle Situation eines Unternehmens spielt eine wichtige Rolle für die Wirksamkeit der eingesetzten Mittel. Selbst im gleichen Unternehmen bedarf ein erfolgreiches Schema zu einem späteren Zeitpunkt einer Erneuerung.

Compaq und *IBM* z. B. erlebten mit ihren bewährten, als nachahmenswert gefeierten Erfolgsrezepten einen zwischenzeitlichen Niedergang – bis sie sich den veränderten Gegebenheiten anpassten.

Eine entscheidende Rolle kommt folglich der Fähigkeit eines Unternehmens zu, sich verändernden Rahmenbedingungen und Erfolgsfaktoren flexibel anzupassen. Hierzu ist ein System der fortlaufenden Überprüfung der Erfolgsfaktoren erforderlich, um Veränderung frühzeitig zu erkennen oder, besser noch, zu antizipieren. Es entsteht die Notwendigkeit von Orientierungsrichtlinien, die ihre Gültigkeit auch in einer wechselhaften Zeit behalten und als Leitschnur für die Beobachtung der Erfolgsfaktoren dienen. Auch diese Funktion vermögen Grundmuster zu erfüllen. Sie werden folgendermaßen definiert:

Abbildung 1.4 Prinzip der Grundmuster (Quelle: Eigene Darstellung)

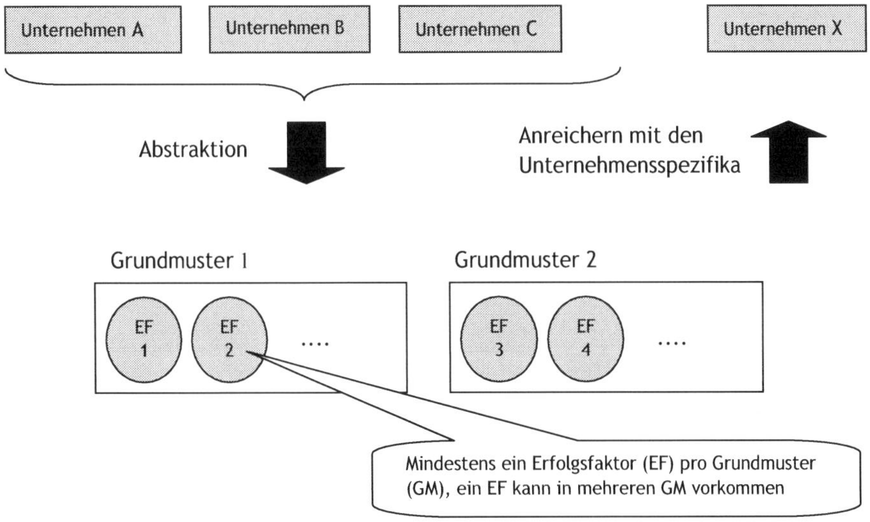

Grundmuster von Innovationsprozessen sind einzelne oder Kombinationen von Erfolgsfaktoren, die

- über einen längeren Zeitraum,

- in der Mehrzahl der Innovationsprozesse und

- in der Mehrzahl der Unternehmen

vorliegen (in Anlehnung an den Expertenkreis Zukunftsstrategien 1996).

Damit repräsentieren die Grundmuster verallgemeinerte Erfolgsrezepte für das Innovationsmanagement, die in angepasster Form dem individuellen Unternehmen als Leitfaden dienen.

Abbildung 1.4 skizziert sowohl den strukturellen Aufbau als auch das Prinzip der Ableitung und der Übertragung der Grundmuster.

Das Ziel unserer Nachforschungen war das Auffinden dieser Grundmuster sowie deren probeweiser Einsatz zum praktischen Gültigkeitsnachweis. Insbesondere kleine und mittlere Unternehmen („KMU") sollten im angestrebten Ergebnis einen praxisrelevanten Leitfaden zur Optimierung ihrer Innovationsprozesse finden.

1.3.2   Untersuchte Unternehmen

Folgende Unternehmen standen uns als Kooperationspartner und „Versuchsobjekte" zur Verfügung:

■ SERO Pumpenfabrik GmbH, Meckesheim

■ WILO Oschersleben GmbH

Beide Pumpenhersteller werden in den Kapiteln 4.4 und 4.11 in Praxisfällen näher vorgestellt.

Mit ihrer Hilfe konnte ein Modell des Innovationsprozesses und dessen Einflussfaktoren erstellt werden. Danach konnte dieses anhand von Untersuchungen in elf weiteren

Unternehmen bzw. Geschäftsbereichen bestätigt und untermauert werden. Die Anzahl der insgesamt mit Mitarbeitern geführten Interviews beträgt etwa 110.

Die zusätzlich analysierten Unternehmen und Unternehmensbereiche sind:

Alois Scheuch GmbH, Aurolzmünster/Ried

Andritz AG, Geschäftsbereich Hydraulische Maschinen, Graz

BBS Kraftfahrzeugtechnik AG, Schiltach

CWW-GERKO Akustik GmbH & Co. KG, Werke Bielefeld, Frankfurt und Worms

Jung Pumpen GmbH & Co., Steinhagen

Röhren- und Pumpenwerk Bauer GmbH, Voitsberg

Rosenbauer International AG, Geschäftsbereich Löschsysteme, Leonding/Linz

WILO GmbH, Dortmund

3K-Warner Turbosystems GmbH, Kirchheimbolanden

Es handelt sich um renommierte Maschinenbauer sowie, aus Gründen des Quervergleichs, um vier weitere Unternehmen aus dem Verarbeitenden Gewerbe. Vier Firmen sind Automobilzulieferer: *3K, BBS, CWW Worms* und *Bielefeld.* Vier der inklusive *SERO* und *WILO* Oschersleben dreizehn untersuchten Unternehmen bzw. Unternehmensbereiche haben ihren Sitz in Österreich, die übrigen neun in Deutschland.

Die praktische Anwendbarkeit des hier beschriebenen Modells zur Optimierung von Innovationsprozessen wurde anhand von zwei Praxisfällen in den Unternehmen *SERO Pumpenfabrik GmbH* und *WILO Oschersleben GmbH* demonstriert (s. Kapitel 4.4 und 4.11).

2 Das Modell „Grundmuster erfolgreicher Innovationsprozesse" im Überblick

Das Ziel war klar: Grundmuster erfolgreicher Innovationsprozesse sollten identifiziert und deren Tauglichkeit zur Steuerung des Innovationsmanagements in der Unternehmenspraxis nachgewiesen werden. Ein herausforderndes Vorhaben, an dessen Anfang sich eine Reihe von Fragen stellte:

■ Wie viele Grundmuster sind zu identifizieren?

■ Wie lassen sich Grundmuster aus den herkömmlichen Erfolgsfaktoren bilden?

■ Gibt es verschiedene Arten von Grundmustern?

■ Welcher Zusammenhang besteht zwischen den Phasen eines Innovationsprozesses und den Grundmustern?

■ Welcher Zusammenhang besteht zwischen den einzelnen Grundmustern?

In diesem Kapitel wird durch die Beantwortung der vorstehenden Fragen geschildert, wie aus dem Konzept der Grundmuster und der analytischen Betrachtung des Innovationsprozesses ein umfassendes Modell zur Beherrschung des Innovationsmanagements entstand.

In einem Ergebnisüberblick werden die gefundenen Grundmuster vorgestellt und in zwei Kategorien eingeteilt. In den danach folgenden Kapiteln stehen die Grundmuster dann detailliert im Zentrum der Betrachtung.

2.1 Das Zusammenspiel von Erfolgsfaktoren als Basis für Grundmuster

Aus Literatur, Expertengesprächen und der Forschung in den Unternehmen wurden Erfolgsfaktoren von F&E-Prozessen abgeleitet. Bei der Auswertung fiel uns auf, dass sich gewisse Erfolgsfaktoren, wie z. B. das Einbeziehen der Mitarbeiter in die Abläufe oder ein fortschrittliches Projektmanagement, wiederholten, wobei andere Erfolgsfaktoren wiederum nur für bestimmte Unternehmen Gültigkeit zu haben schienen. Für die weitere Betrachtung kamen im Hinblick auf die Grundmuster nur diejenigen in Frage, die zumindest in gewissem Umfang für alle Unternehmen von Bedeutung waren. Die übrigen wurden aussortiert.

Während sich die konkrete Ausprägung einzelner Erfolgsfaktoren als unternehmensindividuell herausstellte, konnte das Zusammenspiel oder Wirkungsgefüge der Erfolgsfaktoren – unter bestimmten Überbegriffen geordnet – als unternehmensübergreifend ausgemacht werden. Die so zustande gekommenen Cluster aus Erfolgsfaktoren erfüllen die an Grundmuster gestellten Anforderungen (s. Kapitel 1.3).

Abbildung 2.1   Ausschnitt: eng vernetztes Wirkungsgefüge – Zuordnung von Erfolgsfaktoren und Grundmustern (Quelle: Eigene Darstellung)

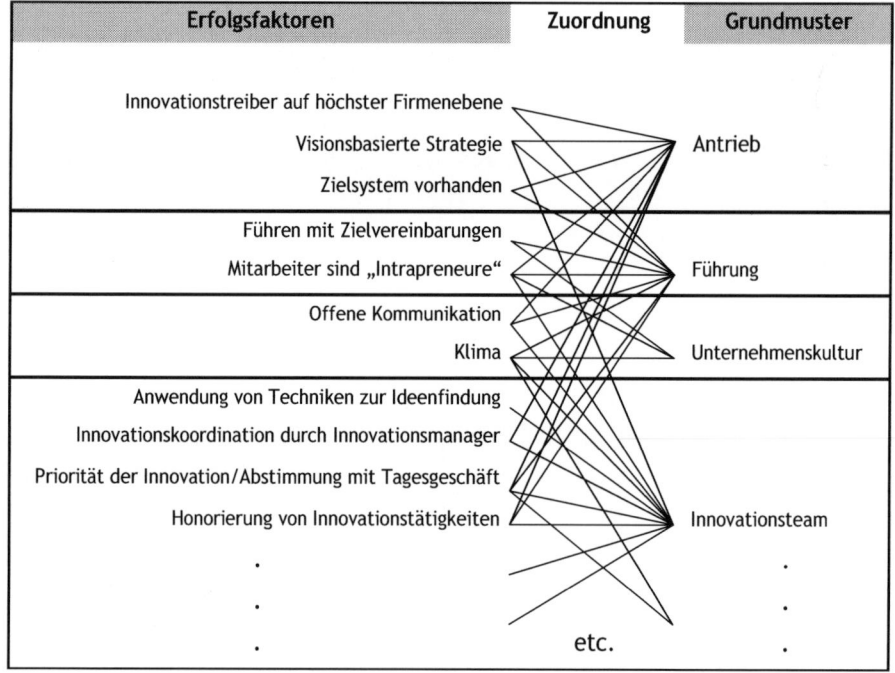

Bei der Zuordnung kam es wiederholt vor, dass derselbe Erfolgsfaktor mehreren Grundmustern zugeteilt werden konnte. Insgesamt ergab sich also ein eng vernetztes Wirkungsgefüge, sodass jedem Grundmuster mindestens drei Erfolgsfaktoren und jedem Erfolgsfaktor mindestens ein Grundmuster zugeordnet wurde (s. Verstrebungen in **Abbildung 2.1**).

Um das Modell übersichtlich zu halten, wurden die Zusammenhänge in einem weiteren Schritt so vereinfacht, dass jeder Erfolgsfaktor nur einmal bei demjenigen Grundmuster genannt wird, zu dem er den größten Bezug aufweist (s. Trennlinien in **Abbildung 2.1**).

Ausschlaggebend war hier die Häufigkeit der Nennungen der einzelnen Zusammenhänge von Unternehmensvertretern und in der Literatur. Das Bündeln der extrahierten 53 Erfolgsfaktoren zu letztlich elf Grundmustern wurde darüber hinaus nach dem Kriterium der Verständlichkeit vorgenommen. Es ergab sich eine Art „Checkliste Innovationsmanagement" (vgl. **Tabelle 2.1**).

Im Hinblick auf die Anwendung und Übertragung des Modells erfüllen damit die Erfolgsfaktoren die Rolle der „Stellschrauben", an denen das Innovationsmanagement individuell gestaltet und optimiert werden kann. Hier werden die unterschiedlichen Voraussetzungen und Handlungsbedarfe jedes einzelnen Unternehmens sichtbar. Die Grundmuster dagegen erfüllen die Funktion der Leitschnur und des Übertragungsmediums.

Tabelle 2.1   Zuordnung von Erfolgsfaktoren zu Grundmustern
                   (Quelle: Eigene Darstellung)

Grundmuster	Erfolgsfaktor
Antrieb	Innovationstreiber auf höchster Firmenebene
	Zielsystem vorhanden
	Zielsystem bei allen Mitarbeitern bekannt (Zielsystem „angekommen")
	Visionsbasierte Strategie wird verfolgt (Zielsystem ist Handlungsgrundlage)
	Innovation Unternehmensziel und Aufgabengebiet
Führung	Führung nach Zielvereinbarung (MbO), Innovationszielsetzungen in Zielvereinbarungen
	Honorierung von Innovationstätigkeiten
	Vorgesetzte als Coaches
	Mitarbeiter als Intrapreneure
	Flexible, reaktionsfähige, verantwortliche kleine Einheiten (Fraktale)
	Flache Hierarchie, kurze Wege
Unternehmenskultur	Offene Kommunikation
	Klima
	Freie Weitergabe von Wissen (kein Zurückhalten aus Machtüberlegungen)
	Frühzeitiger Einbezug/Information d. Belegschaft bei allen wesentlichen Entscheidungen
Spannungsfeld aus K, W und U	Wissensmanagement: Erreichen Infos von außen das Unternehmen und erreichen sie intern alle?
	Kundenorientierung aller Mitarbeiter
	Wettbewerbsorientierung aller Mitarbeiter

Grundmuster	Erfolgsfaktor
	Alle Mitarbeiter sind über Ziele und Ressourcen des eigenen Unternehmens im Bilde
Kundennähe	Aufnahme des Kundenwunsches für den Innovationsprozess
	Nutzung verschiedener Methoden zur Kundennähe
	Aktive Zusammenarbeit mit dem Kunden
Innovations-team	Einbeziehen von Mitarbeitern aller Unternehmensbereiche (interdisziplinäres Ideenfindungsteam)
	Innovationstätigkeit erhält ausreichende Priorität bei Mitarbeitern (Abstimmung mit Tagesgeschehen)
	Ausschöpfung aller Quellen zur Ideenfindung
	Anwendung von Techniken zur Ideenfindung (Kreativitätstechniken)
	Koordination der Ideenfindung und -sammlung durch Innovationsmanager
Value Innovation	Entwicklungsteam zielt auf Kern des Kundenwunsches/(Ressourcen-) Konzentration auf wichtigste kaufentscheidende Faktoren
	Team strebt nach Alleinstellungsmerkmalen/ist bereit, herkömmliche Pfade zu verlassen
	Wettbewerbsorientierung des Teams: Beobachten und Übertreffen des Wettbewerbs
	Mut zur beharrlichen Entwicklung/Früherkennung zukünftiger Kundenwünsche
Chancen-Risiken-Analyse	Klare Kriterien zur Ideenbewertung
	Priorisieren der verschiedenen Ideen (anhand der Kriterien) und Ableitung von Maßnahmen
	Interdisziplinäre Entscheidungsvorbereitung
	Einsatz von Strategieportfolios oder ähnlichen Instrumenten
	Erstellen von Finanzszenarien
Prozess-organisation	Flexible Projektorganisation, Einbeziehen von Mitarbeitern aller Unternehmensbereiche
	Verantwortung beim Team (Abgabe von Verantwortung nach unten, Empowerment)
	Angemessene Ausstattung mit Ressourcen

Grundmuster	Erfolgsfaktor
	Innovationstätigkeit erhält ausreichende Priorität bei Mitarbeitern (Abstimmung mit Tagesgeschäft)
	Ausreichendes Vorhandensein von Motivation, Erfahrung und Qualifikation im Team
	Anwendung von Projektmanagementtechniken wie Zielplanung, Balkenzeitplanung, Szenariotechnik
	Nutzung von Entwicklungstechniken (z. B. QFD, FMEA, Target Costing, Simulation, Rapid Prototyping)
	Lernendes Unternehmen: Fruchtbare Rückbetrachtung
Kern-kompetenz-management	Kenntnis der eigenen Kernkompetenzen
	Konzentration auf die Kernkompetenzen
	Bewusste Entwicklung (Wissensmanagement)/ Aufgabe von Kernkompetenzen (KK-Strategie)
	Offenheit für Allianzen/Zukäufe
	Planung von Synergien (Plattformkonzept, Verwendung gleicher Teile)
Internes Marketing	Frühzeitiges Einbeziehen von Mitarbeitern aller Funktionsbereiche (Interdisziplinarität)
	Frühzeitiger Einbezug/Information der Belegschaft
	Frühzeitiger Einbezug/Information anderer Unternehmensbereiche / Werke
	Nutzung verschiedener Methoden des Internen Marketings (z. B. Aushänge, Innovationspatenschaft)

2.2 Ein einfaches Modell des Innovationsprozesses

Da es neben den hier untersuchten Grundmustern auch **Phasen** eines Innovations- bzw. F&E-Prozesses gibt, stellt sich die Frage nach der Beziehung zwischen den beiden. Hierzu muss man sich zunächst über die Phasen im Klaren sein. Eine phasenspezifische Betrachtung ist aufgrund der unterschiedlichen Anforderungen an das Innovationsmanagement in den verschiedenen Abschnitten des Innovationsprozesses sinnvoll. Der Innovationsprozess besteht in der einfachsten Ausprägung aus der Idee und deren Umsetzung. Für unsere Zwecke werden die vier Phasen Ideenfindung, Ideenbewertung, Interne Umsetzung und Externe Umsetzung unterschieden (vgl. **Abbildung 2.2**) – ausreichend detailliert, aber auch noch überschaubar.

Abbildung 2.2   Der Innovationsprozess (Quelle: Eigene Darstellung)

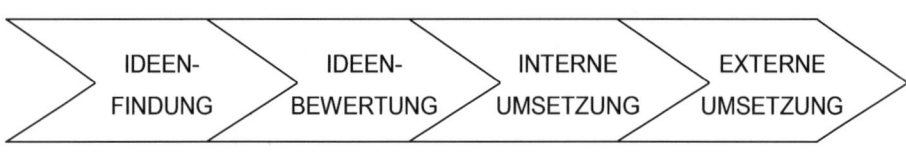

Zwei Arten von Grundmustern

Als die Grundmuster diesen einzelnen Phasen des Innovationsprozesses zugeordnet wurden, konnten zwei verschiedene Arten beobachtet werden (vgl. **Abbildung 2.3**):

Erstens ergaben sich Grundmuster, die gleichermaßen in allen vier Phasen des Innovationsprozesses vorkamen und daher den Namen *„permanente Grundmuster"* erhielten. Sie betreffen den menschlichen Umgang, kurz: „Soft Skills" oder den „Faktor Mensch". Zweitens ergaben sich Grundmuster, die hauptsächlich, aber nicht ausschließlich in einer oder zwei der Innovationsphasen zur Geltung kommen und daher *„variable Grundmuster"* genannt wurden.

Abbildung 2.3   Zwei verschiedene Arten von Grundmustern
                      (Quelle: Eigene Darstellung)

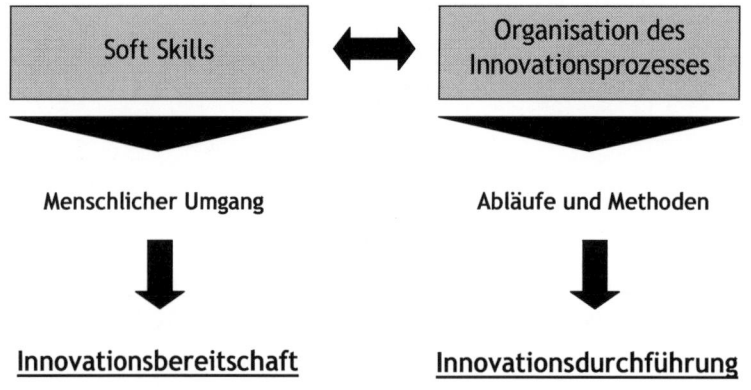

In den übrigen Phasen des Innovationsprozesses sind diese Grundmuster keineswegs irrelevant, jedoch nur von untergeordneter Bedeutung. Sie lassen den Innovationsprozess schnell, systematisch und mit einer hohen Erfolgswahrscheinlichkeit ablaufen und stellen kurzfristig erlernbare „Werkzeuge" dar.

Die vier Soft Skills

■ **Antrieb:**

Ein Innovationstreiber auf oberster Firmenebene identifiziert sich mit dem Projekt und schafft dem Team unternehmerischen Freiraum. Ein Zielsystem des Unternehmens muss existieren und vermittelt werden. Dabei ist aus einer Vision die Innovationsstrategie abzuleiten, aus der wiederum konkrete Ziele entstehen.

■ **Führung:**

Führen mit Zielvereinbarungen bringt (Innovations-)Ziele des Unternehmens mit individuellen Motiven der Mitarbeiter in Einklang. Weiterhin wird durch den Führungsstil „Coaching", d. h. die Mitarbeiter zu aktivieren anstatt anzuweisen, Motivation erzeugt. Ziel ist es, aus Angestellten und Arbeitern „Unternehmer im Unternehmen" („Intrapreneure") zu machen.

■ **Unternehmenskultur:**

Auf das Fördern von offener Kommunikation auf allen Ebenen kommt es an. Damit wird auf ein „Wir-Gefühl", ein angenehmes Betriebsklima und die freie Weitergabe von Wissen abgezielt. Somit können auch für das Innovationsmanagement wichtige Informationen schneller fließen, die Unternehmung wird flexibler und die interdisziplinäre Teamarbeit funktioniert besser. Eine Lernkultur anstelle einer „Schuldkultur" führt zur ständigen Weiterentwicklung der Organisation und ihrer Mitglieder.

■ **Kunde, Wettbewerb und eigenes Unternehmen – das entscheidende Spannungsfeld:**

Um eine erfolgreiche Innovation durchführen zu können, sollten stets die Faktoren „den Kundenwunsch treffen", „den Wettbewerb übertreffen" und „den Unternehmenszielen sowie den Unternehmensfähigkeiten folgen" im Bewusstsein der Mitarbeiter verankert sein. Dies wird um eine angemessene Berücksichtigung des sonstigen Umfeldes des Unternehmens ergänzt, wie z. B. der gesellschaftlichen und politischen Entwicklung. Hierzu sind neben der richtigen Einstellung der Mitarbeiter auch Wissenserwerb und Wissensverteilung gefragt. Informierte und damit bewusst agierende Mitarbeiter schaffen es, die Querbeziehungen der drei Aspekte in Einklang zu bringen und entwickeln damit eine zielgerichtete Innovationsdynamik mit minimalem Ideenausschuss, weil ihre Gedanken in den gewinnversprechenden „Bahnen" verlaufen.

Diese vier Grundmuster können in der Praxis nur langfristig verändert werden, weil sie über Jahre gewachsene und „fest verdrahtete" Denk- und Handlungsmuster der Beteiligten wiedergeben.

Während die Soft Skills die Bereitschaft und den Willen der Menschen zur Innovation (**Innovationsbereitschaft**) abbilden, stehen die Prozesswerkzeuge für die Fähigkeit zum systematischen, methodenunterstützten Vorgehen zur Erzeugung von Innovationen (**Innovationsdurchführung**):

In **Abbildung 2.4** wird das gesamte Modell im Überblick dargestellt.

Abbildung 2.4   Modell Grundmuster erfolgreicher Innovationsprozesse: Mensch und
Prozess – Wollen und Können (Quelle: Eigene Darstellung)

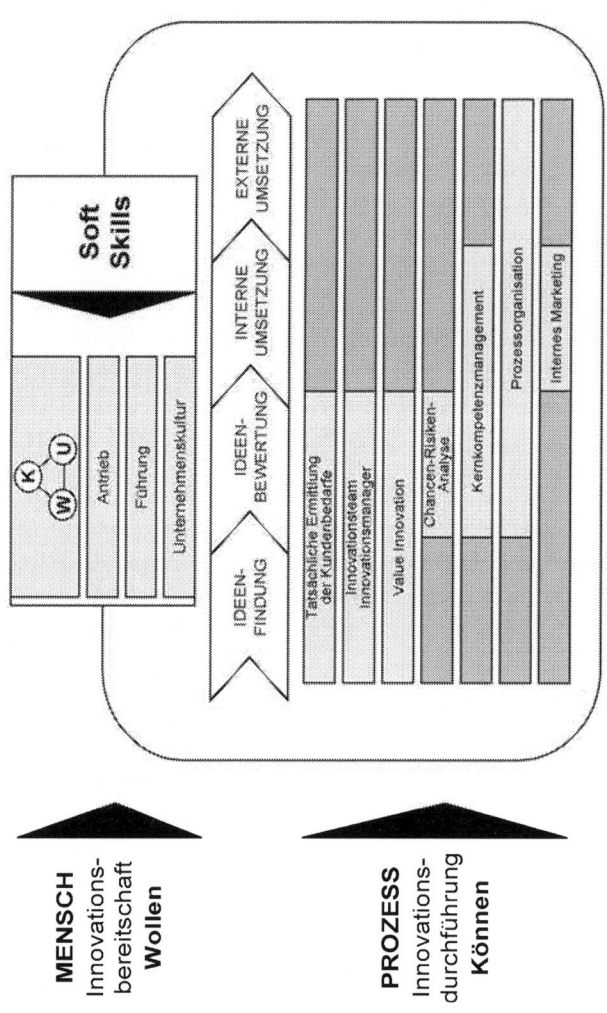

Die sieben „Werkzeuge"

■ **Innovationsmanager und Innovationsteam:**

Eine gezielte Ideenfindung ist der erste Schritt im Innovationsprozess. Alle praktikabel erreichbaren Ideenquellen müssen „angezapft", die Kreativität der Mitarbeiter gezielt gefördert werden. Eine wichtige Rolle spielt auch die Organisation und Koordination der Ideenfindung und -sammlung durch verantwortliche Innovationsmanager und Ideenfindungsteams.

■ **Tatsächliche Ermittlung der Kundenbedarfe durch Kundennähe:**

Kundennähe darf nicht auf dem Status einer Behauptung belassen werden – sie muss gelebt werden. Orientierung am Kundennutzen sowie ständiger Kundenkontakt auch der Technik sichern von Anfang an eine marktgerechte Entwicklung. Entscheidend ist das Verständnis der Mitarbeiter für die Probleme und Bedürfnisse der Kunden, die diese nicht als Wünsche äußern. Auf eine Interaktion mit den (Ziel-)Kunden ist nicht nur vor, sondern auch während und nach dem Innovationsprozess zu achten.

■ **Value Innovation:**

Durch Überwinden des bisher in der eigenen Industrie als gegeben Vorausgesetzten wird ein bisher undenkbarer Kundennutzen erreicht. Übliche Produktmerkmale werden in Frage gestellt, völlig neue Leistungen dagegen realisiert. Damit werden mehr als nur Alleinstellungsmerkmale angestrebt, nämlich systematisch neue Maßstäbe gesetzt.

■ **Kernkompetenzmanagement:**

Innovationen sollten auf den Kernkompetenzen des Unternehmens aufbauen – diese müssen gezielt erarbeitet und erhalten werden. Zukäufe und Kooperationen erlauben die Optimierung des eigenen Wertschöpfungsanteils.

■ **Chancen-Risiken-Analyse:**

Eine systematische Projektpriorisierung nach festgelegten Kriterien und mit interdisziplinärer Beteiligung sorgt für Transparenz und Akzeptanz von Entscheidungen. Technologie- und Marktportfolios hinsichtlich Reife und eigener Position sowie eine möglichst präzise und frühzeitige Bestimmung der zu erwartenden Umsätze und Kosten sind wesentliche Bestandteile.

■ **Internes Marketing:**

Frühzeitiges Einbinden und Überzeugen von entscheidenden Stellen und Personen, die am Innovationsprojekt nicht von Anfang an persönlich beteiligt sind: Nur das, von dem man selbst überzeugt ist, wird man auch motiviert betreuen.

■ **Prozessorganisation:**

Die Grundlage des Erfolgs der Prozessorganisation besteht in erster Linie in einem kundennah agierenden, interdisziplinären und verantwortlichen Entwicklungsteam sowie einem entsprechenden Projektmanagement. Ebenfalls relevant ist die Zusammensetzung des Teams – vorhandene Kompetenzen, Motivation und gegenseitige Ergänzung der Mitglieder begünstigen den Entwicklungserfolg. Entwicklungstechniken wie QFD und FMEA steigern die Effektivität und die Effizienz des Prozesses. Zum Projektabschluss ist auf eine lernorientierte Rückbetrachtung zu achten.

Die Grundmuster beeinflussen sich gegenseitig und entfalten erst im Zusammenspiel ihre volle Wirkung. Anhand der beschriebenen Vernetzung über die Erfolgsfaktoren werden die Wechselbeziehungen deutlich (vgl. **Abbildung 2.1**). Trotz der absichtlichen Simplifizierung hat sich das Modell prinzipiell als gültig erwiesen und hilft, das Innovationsmanagement phasenspezifisch zu optimieren.

Im Folgenden werden die Grundmuster und Erfolgsfaktoren des Innovationsmanagements genauer erläutert. Zunächst stehen im Kapitel 3 die Soft Skills im Mittelpunkt, danach sind in Kapitel 4 die den Innovationsprozessphasen zugeordneten Grundmuster Gegenstand detaillierter Betrachtung.

> **Checkliste:**
>
> Finden Sie die Grundmuster erfolgreichen Innovationsmanagements in Ihrem Unternehmen vor?
>
> – **Antrieb:** Verfügen Sie über einen Innovationstreiber auf höchster Führungsebene und ein klares, kommuniziertes Zielsystem?
>
> – **Führung:** Denken Ihre Kollegen unternehmerisch, wenden Ihre Führungskräfte MbO und Coaching an?
>
> – **Unternehmenskultur:** Funktionieren die Kommunikationswege in Ihrem Unternehmen, haben Sie ein gutes Betriebsklima und werden Fehler als Chance begriffen?
>
> – **Kunde, Wettbewerb und eigenes Unternehmen – das entscheidende Spannungsfeld:** Verfügen alle Mitarbeiter über das relevante Wissen zu Kunden, Wettbewerb und das eigene Unternehmen?
>
> – **Innovationsmanager und Innovationsteam:** Verfügen Sie über eine systematische Ideenfindung, -sammlung und -weiterentwicklung?
>
> – **Tatsächliche Ermittlung der Kundenbedarfe durch Kundennähe:** Verstehen Ihre Mitarbeiter das Geschäft Ihrer Kunden?
>
> – **Value Innovation:** Achten Sie in jedem Innovationsprozess darauf, übliche Produktmerkmale in Frage zu stellen und bisher undenkbare aufzunehmen?
>
> – **Kernkompetenzmanagement:** Sind Sie sich Ihrer Schlüsselfähigkeiten bewusst, entwickeln Sie diese und setzen Sie sie bewusst bei Innovationen ein?
>
> – **Chancen-Risiken-Analyse:** Bewerten Sie Ideen objektiv nach einem klaren Verfahren und nach fixen Kriterien?
>
> – **Internes Marketing:** Schaffen Sie durch Beteiligung und Information von Mitarbeitern intern eine breite Basis für Innovationen?
>
> – **Prozessorganisation:** Setzen Sie interdisziplinäre Entwicklungsteams ein, und beherrschen Sie Entwicklungs- und Projektmanagement?

3 Der Faktor Mensch im Innovationsprozess – Soft Skills für die richtige Einstellung und die Innovationsbereitschaft

„Manager, die sich nur auf Zahlen und Analysen, auf Strategien und Vorausberechnungen stützen, werden auf Dauer keinen Erfolg haben. Die entscheidende Rolle spielen die Menschen. Innovationen lassen sich nur mit ihnen verwirklichen!"[6]

Ohne den Willen der Mitarbeiter zur Umsetzung, ohne ihre Veränderungsbereitschaft verbleibt ein noch so gut organisiertes Innovationsmanagement suboptimal. Sehr häufig sind die Mitarbeiter des Unternehmens das größte Innovationshindernis.

■ Angst vor Umstellungen,

■ Angst vor dem Verlust von Besitzständen sowie

■ die Unsicherheit bezüglich der bevorstehenden Veränderungen

lassen sie allem Neuen skeptisch gegenüberstehen.

Aus dieser Erkenntnis heraus ergibt sich für ein Unternehmen die Frage, durch welche Maßnahmen und Verhaltensweisen das gewaltige Potential der Mitarbeiter in den Dienst des (Innovations-)Interesses des Unternehmens gestellt werden kann.

In diesem Kapitel wird beschrieben, wie die Mitarbeiter anhand der vier Grundmuster Antrieb, Führung, Unternehmenskultur und dem Spannungsfeld aus Kunde, Wettbewerb und eigenem Unternehmen vom Innovationshindernis zu Innovationsmotoren werden.

3.1 Der Antrieb: beim Willen fängt alles an

„Wir haben einfach keine Zeit für mittel- und langfristige Planung" ist ein so oder ähnlich häufig von Geschäftsführern und Vorständen geäußerter Satz. Angesichts eines zweifellos vorrangigen – und oft übermächtig erscheinenden – Tagesgeschäfts fällt es den Unternehmenslenkern offensichtlich schwer, dem Thema Forschung und Entwicklung eine entsprechende Aufmerksamkeit zu widmen.

---

[6] Klaus Fischer, Geschäftsführender Gesellschafter der Unternehmensgruppe *Fischer*

Das erste Grundmuster geht in erster Linie das Top-Management etwas an: Das Verhalten der Führungsspitze hat einen wesentlichen Einfluss auf den Erfolg des Innovationsmanagements im Allgemeinen und jeder einzelnen Innovation im Speziellen.

Allzu häufig scheitern F&E-Vorhaben, weil die Unterstützung seitens des Geschäftsführers oder Vorstandes ausbleibt. Die möglichen Gründe dafür sind vielfältig:

- In dem einen Unternehmen fehlt eine klare Innovationsstrategie,

- in einem anderen Unternehmen hat man die Wichtigkeit des Zukunftsmanagements noch nicht erkannt und

- in einem dritten Unternehmen will der Firmenchef seinen Namen nicht mit dem risikobehafteten Innovationsmanagement in Verbindung bringen.

Die Auswirkungen jedoch sind identisch: F&E-Prozesse sind mangelhaft mit Ressourcen ausgestattet, es werden viele Projekte gleichzeitig, aber kein einziges konsequent durchgeführt.

In diesem Kapitel wird dargestellt, dass Innovation Sache des Top-Managements sein muss. Es geht vor allem darum, dem Thema im Unternehmen einen hohen Stellenwert einzuräumen und dies mit Taten – nicht nur mit Worten – zu untermauern.

- Agiert der Firmenchef als wahrhafter Innovations(an)treiber und

- besteht ein klares Zielsystem für die Innovationsbestrebungen,

so steigt die Wahrscheinlichkeit für mehr als befriedigende Entwicklungsergebnisse.

3.1.1 Innovation als Unternehmensziel und Aufgabengebiet - Stellenwert

Hat ein Unternehmer oder Geschäftsführer die Wichtigkeit von Innovationen erkannt, lautet die Schlüsselfrage für ihn: Wie kann die Innovationsfähigkeit meiner Firma so gesteigert werden, dass durch Innovationen die Rendite steigt und Arbeitsplätze gesichert werden?

Innovationsmanagement, richtig praktiziert, ist Sache des ganzen Unternehmens und damit aller seiner Mitarbeiter. Um diesen Zielzustand zu erreichen, bedarf es jedoch ganz besonders des fortdauernden Engagements der Unternehmensführung. Ohne deren Impulse und Vorgabe des Stellenwertes erhält das Thema nicht die angemessene zentrale Bedeutung für die gesamte Organisation. Damit ist Innovation in erster Linie Führungssache: Gesinnung, Ziele und Motivation bedürfen einer bewussten Steuerung. Ein Blick auf die Führungsrealität zeigt jedoch, dass Anforderung und Unternehmenspraxis in diesem Punkt selten übereinstimmen.

Innovationsmanagement wird häufig verkannt

Anstelle der notwendigen Risikokultur herrscht bei KMU häufig eine Kontinuität statt Wandel favorisierende Sicherungskultur vor: Das heutige Produktportfolio wird gepflegt, es fehlt jedoch der kritische Blick auf das Produktportfolio von morgen. Dies wirkt als Innovationsblockade, da Innovationsmanagement einer langfristigen Denkweise bedarf.

> **Tipp:**
>
> Reagieren Sie nicht nur auf aktuelle Kundenanforderungen – fragen Sie sich, welche Produkte und Dienstleistungen für Ihren Erfolg in fünf Jahren notwendig sein werden und ziehen Sie Konsequenzen für Ihre Entwicklungstätigkeit.

Die vorgebrachten Argumente der Führungskräfte gegen Produktinnovationen sind vielfältig:

- ■ Risiken sind zu hoch,

- ■ bei unsicherem Ergebnis ist der Zeitaufwand beträchtlich,

- ■ die Finanzierung ist schwerlich zu sichern,

- ■ gesättigte Märkte akzeptieren keine beliebig kurzen Innovationszyklen,

- ■ Neuprodukte erhöhen potentiell die Komplexitätskosten,

- ■ Neuprodukte kannibalisieren eigene Altprodukte und

- ■ der Innovationsprozess ist hochkomplex, weil viele Personen zusammenwirken.

Hier kann noch einmal beobachtet werden, was eingangs schon belegt wurde: Innovationsprozesse werden aufgrund ihrer Komplexität selten beherrscht. Sie laufen häufig ungesteuert und unbewusst ab. Damit ist die vorhandene Innovationsscheue zu erklären und das „Gegenmittel" in Form eines systematisch geplanten Innovationsmanagements identifiziert. Wer Innovationsmanagement erlernt, weiß mit den genannten Gegenargumenten umzugehen: Je besser die Unternehmen die Grundmuster bei sich einsetzen, desto stärker können sie ihr Unternehmensergebnis steigern (s. Kapitel „Innovationsanalyse und -optimierung").

Das Bewusstsein, ständig innovieren zu müssen

Innovationsplanung beginnt damit, dass die Unternehmensführung dem Thema den angemessenen herausragenden Stellenwert zukommen lässt. Dazu bedarf es einerseits einer Neuorientierung in den Köpfen und andererseits einer organisatorisch-praktischen Umsetzung in die Tat.

Was für den mentalen Bereich zählt, ist die Erkenntnis, dass Innovation für die Existenzsicherung notwendig ist. Es muss dem Unternehmer klar sein, dass längerfristig das größte Risiko darin besteht, nicht zu innovieren und von Wettbewerbsprodukten aus dem Markt gedrängt zu werden. Das *„Bewusstsein aller Mitarbeiter, ständig innovieren zu müssen"* (vgl.

Simon 1996, S. 118) ist ein Merkmal erfolgreicher Unternehmen. Damit besteht die Herausforderung für die Unternehmensführung darin, nach der eigenen Erkenntnis auch die Mitarbeiter mit dem „Innovationsvirus" zu infizieren.

Innovation muss als **permanenter Prozess** begriffen werden.

Verantwortung und Ressourcen für Innovation

Mit Lippenbekenntnissen ist es nicht getan: *„Innovation ist bei uns als Schlagwort seit Jahren präsent, wird aber nicht gelebt"*, sagte uns ein Geschäftsbereichsleiter eines Unternehmens.

Die praktische Konsequenz der großen Bedeutung des Themas manifestiert sich in der expliziten Eingliederung der Innovationsfunktion in die Aufbauorganisation des Unternehmens und in einer entsprechenden Ausstattung mit Ressourcen.

Im Tagesgeschäft ist Innovation zunächst einmal gleichgültig bzw. nicht gefragt.

Bei einem Maschinenbauer unserer Studie z. B. waren fast alle Entwickler mit Auftragskonstruktionen beschäftigt, für eigene Innovationsprojekte blieb so gut wie keine Zeit.

> **Tipp:**
>
> Trennen Sie Innovationsmanagement und Tagesgeschäft organisatorisch! Nur so wird Innovation zum permanenten Prozess.

Die Zuständigkeiten für das Innovationsmanagement müssen klar verteilt sein und Schlüsselfunktionen an hoher Stelle der Unternehmenshierarchie stehen. Es bietet sich an, die Position eines „Innovationsmanagers" direkt der Unternehmensführung zu unterstellen oder sogar als Geschäftsleitungsressort zu vergeben. Ob dazu eine neue Stelle geschaffen oder die Funktion als zusätzliches Aufgabengebiet einer vorhandenen Stelle – etwa dem Marketingleiter – angegliedert wird, hängt von mehreren Faktoren, wie z. B. der Unternehmensgröße ab.

Das Thema „Innovationsmanager" wird im Kapitel 4.1 weiter vertieft. Worauf es ankommt, ist die klare Zuordnung von Zuständigkeit und Verantwortung für die Aufgaben des Innovationsmanagements wie Ideenmanagement, Ideenpriorisierung und Produktentwicklung.

Innovation braucht Investition

„Wir arbeiten dafür, dass es dem Unternehmen in fünf Jahren gut geht. Dafür muss man bereit sein, heute Geld auszugeben – gegen kurzfristige Gedanken muss man sich wehren." [7]

Neben der Aufnahme in die Unternehmensorganisation und -planung bedarf das Thema Innovationsmanagement vor allem auch einer angemessenen Ressourcenausstattung

---

[7]   Christoph Freist, Geschäftsführender Gesellschafter der *CWW-GERKO Akustik GmbH*

(Ernst 1998). Unter „Ressourcen" sollen grundsätzlich Personal, Finanzmittel und Zeit verstanden werden. An diesem Punkt scheiden sich Lippenbekenntnisse von tatsächlichem Innovationsengagement, viele Firmen **sprechen** nur von der Wichtigkeit von Innovationen, lassen aber keine **Taten** folgen.

Wirtschaftlicher Erfolg setzt einerseits Innovationen voraus, dieser Zusammenhang gilt andererseits aber auch umgekehrt. Ein mit neuen Produkten erfolgreiches Unternehmen kann sich durch die verdiente Rendite weitere Forschung und Entwicklung leisten. Ein Unternehmen, das dagegen aufgrund fehlender neuer Produkte weniger Geld verdient, kann weniger in Innovationen investieren und wird genau deshalb bald noch schlechtere Ergebnisse aufweisen. Daraus folgt: **Wer sich Innovation nicht leistet, wird sich bald keine Innovation mehr leisten können.** Es ist ein Teufelskreis, in den man nicht geraten darf.

Erfolgreiche Unternehmen haben in der Regel eine höhere Quote „Aufwand für F&E bezogen auf den Umsatz" zu verzeichnen als erfolglose:

- Der mittlere Aufwand für F&E aller Unternehmen in der EU war Mitte der 90er-Jahre etwa zwei Prozent, während er in der Branche Maschinenbau in Deutschland bei 2,8 Prozent lag. Der Werkzeugmaschinen- und Laserhersteller Trumpf aus Ditzingen z. B. lag bei fünf bis sechs Prozent.

- Der Automobilzulieferer *CWW-GERKO Akustik GmbH* investierte bei einem Umsatz von 280 Millionen DM 1,4 Millionen DM in ein neues Unterbodenkonzept für PKW. Mit diesem nicht unerheblichen Aufwand gelang es allerdings, mehrere Vorteile gleichzeitig zu realisieren: Die Körperschalldämmung des Fahrzeuges – d. h. die Akustik – wurde verbessert, und gleichzeitig wog der *„Pro Silence"* genannte Unterboden ein Drittel weniger als bisher eingesetzte. Damit gelang zusätzlich eine Reduzierung des Kraftstoffverbrauchs.

„Bei uns ist nie eine sinnvolle Innovation an mangelndem Geld gescheitert ... Jeder Forscher, der eine gute Idee hatte, wurde von uns gefördert ... und zwar von der Unternehmenszentrale ... In der entsprechenden Fachabteilung wäre die Gefahr zu groß gewesen, dass der Chef einfach sagt, dafür haben wir kein Budget."[8]

Tipp:

Wehren Sie sich gegen zu kurzfristiges Denken. Betrachten Sie Innovation als Investition in den Umsatz und Gewinn der Zukunft.

Exkurs: Finanzierung von Innovationsvorhaben

Gerade für KMU stellt der teilweise erhebliche Finanzierungsbedarf von Innovationsvorhaben oft ein vermeintlich unüberwindliches Hindernis dar. *„Für Innovation haben wir*

---

[8]   Hermut Kormann, Ex-Vorstand des Maschinenbauers Voith AG

kein Geld", oder *„unsere Ressourcen sind streng limitiert"*, sind Aussagen, die uns vor allem von kleineren Unternehmen – z. B. einem Hersteller von Lagersystemen und einem Pumpenhersteller – häufig erreichen. Die Wege zur Umgehung dieser Restriktion und die Beschaffung von Finanzmitteln können wie folgt unterschieden werden:

■ Erhöhung der Ressourcenzuordnung für Forschung und Entwicklung aufgrund der Erkenntnis deren gestiegener Wichtigkeit

■ Erhöhung der Effektivität und Effizienz des F&E-Mitteleinsatzes

■ Kooperationen mit anderen Unternehmen oder mit Forschungseinrichtungen und damit Verteilung des Aufwandes

■ Öffentliche Fördermittel, die durch die EU, Bund und Länder in diversen, zum Teil allerdings schwer zu überblickenden Förderprogrammen zur Verfügung gestellt werden

■ Venture-Capital-Gesellschaften oder Beteiligungsgesellschaften, deren zunehmende Bedeutung auch im deutschsprachigen Raum deutlich zu beobachten ist. Das meist zugrundeliegende Geschäftsprinzip ist die Genehmigung einer sofortigen Finanzhilfe gegen eine Unternehmensbeteiligung, deren erhoffte Wertsteigerung den Kapitalgebern ihren späteren Gewinn beschert. Ein Nachteil ist die üblicherweise zu erwartende Einflussnahme der Beteiligungsgesellschaft auf Geschäftsentscheidungen. Teilweise werden auch Managementkapazitäten zur Verfügung gestellt.

■ Bankkredite

Gerade die Entwicklung am Wagniskapitalmarkt zeigt das zunehmende Bewusstsein in Deutschland für die Notwendigkeit des Innovationsmanagements und die damit verbundenen Chancen. Während vor wenigen Jahren Venture Capital eine rein amerikanische Angelegenheit zu sein schien, sind in letzter Zeit verstärkt Gründungen von Corporate-Venture-Gesellschaften zu beobachten. Damit steigen Konzerne wie *Siemens, Bayer, BASF, Henkel, Daimler* und *SAP* – mittlerweile sind es etliche mehr – in den Wagniskapitalmarkt ein. Sie spekulieren selbst auf Beteiligungsgewinne abseits des Kerngeschäfts, halten Kontakt zu talentierten Erfindern und Managern und behalten obendrein die neuesten technologischen Entwicklungen im Auge. Aufstrebenden Unternehmen – auch der traditionellen Industrien – eröffnen sie damit eine große Chance auf Finanzierung ihrer Vorhaben.

Selbstverständlich ist eine Erhöhung des F&E-Budgets nicht um ihrer selbst Willen erstrebenswert. Die reine Quote „F&E-Ausgaben bezogen auf den Umsatz" sagt noch nichts über die Effektivität und Effizienz der Ressourcenverwendung aus. Sie dient lediglich als ein Indikator im Kontext etlicher Erfolgsfaktoren des Innovationsantriebs. Mit anderen Worten: Erhebliche Effekte lassen sich bereits durch den effizienteren Einsatz der Mittel erzielen.

Ein gutes Beispiel für ein innovatives Unternehmen ohne hohen F&E-Aufwand ist die *Alois Scheuch GmbH*, Hersteller von Entstaubungs- und Filtertechnik. Sie erzielt etwa 50 Prozent ihres Umsatzes mit Produkten, die jünger sind als fünf Jahre, und das bei einer jährlichen F&E-Investition von konstant etwa zwei Prozent!

Sparsamkeit und überlegtes Wirtschaften stehen damit nicht im Widerspruch zu einer adäquaten Mittelausstattung des Innovationsmanagements. Investiert wird lediglich dort, wo entsprechende Chancen erkennbar sind. Dort aber ist die adäquate Innovationsfinanzierung ein wichtiger Aspekt des Innovationsmanagements.

Erfolgreiche Innovatoren weltweit zeichnen sich also dadurch aus, dass sie Innovation nicht nur verbal einen hohen Stellenwert geben, sondern dies auch durch entsprechende Zuteilung von Verantwortung und finanzielle Ausstattung in der Realität umsetzen.

Bei *Trumpf* z. B. manifestiert sich der genannte Zusammenhang in einer direkten Verantwortung der Unternehmensspitze für F&E und in überdurchschnittlichen Ausgaben für diesen Bereich. Der Geschäftsführer und sein Stellvertreter, Professor Leibinger und Dr. Klingel, waren zum Zeitpunkt der Untersuchung direkt für Innovationen verantwortlich und die F&E-Ausgaben liegen wie bereits erwähnt deutlich über dem Schnitt der Werkzeugmaschinenbaubranche – mit dem Erfolg, dass 81 Prozent der Produkte jünger als drei Jahre sind und der Umsatz sich innerhalb von sechs Jahren verdreifachte.

Die Unternehmensführung trägt für die Innovationsfähigkeit ihrer Firma also eine wichtige Verantwortung. Damit rückt die Frage ins Blickfeld, welche Rolle sie den Mitarbeitern gegenüber spielen sollte bzw. wie sie ihrem Engagement am besten Ausdruck verleiht.

3.1.2 Innovationstreiber auf höchster Firmenebene

Erfolgreiches Innovationsmanagement benötigt einen „Innovationstreiber auf höchster Firmenebene". Dabei ist es entscheidend, dass die Aufgabe vom Geschäftsführer oder Vorstandsvorsitzenden selbst ausgefüllt wird: Innovationsmanagement ist damit Sache des Top-Managements. Der Innovationstreiber agiert als Motor für Innovationen. Seine Aufgaben liegen darin,

- Innovationsimpulse zu geben,
- Zielvorstellungen und Perspektiven aufzuzeigen,
- Wertvorstellungen und Orientierung weiterzugeben,
- Fähigkeit und Kompetenz mitzuteilen,
- Zufriedenheit und kämpferischen Optimismus auszustrahlen und
- ständig aufzumuntern und zu ermutigen („Initiative zur Initiative").

> **Tipp:**
>
> Ein im Hintergrund wirkendes Anreizsystem reicht nicht aus – verbales Motivieren ist unverzichtbar.

Damit gelingt es dem Innovationstreiber, einen Großteil der Mitarbeiter mit der eigenen **Innovationsbegeisterung** anzustecken. Und diese Begeisterung ist von enormer, oft unterschätzter Wichtigkeit.

Bei allen Veränderungsvorgängen im Unternehmen gibt es zunächst einmal potentiell drei Kategorien von Mitarbeitern: Die Überzeugten, die Gegner und die unentschlossenen Zauderer. In der Regel sind Verhältnisse zu erwarten, die der Gauß'schen Normal-verteilung nahekommen. Das bedeutet, man hat es im Normalfall etwa mit 20 Prozent von sich aus Begeisterten, 60 Prozent Unentschlossenen und 20 Prozent Gegnern zu tun (Coo-per, Markus 1996). Viele der Zauderer nehmen dabei clever eine abwartende Haltung ein, um sich zu einem späteren Zeitpunkt, wenn sich die im Prozess befindliche Veränderung als positiv oder negativ herauskristallisiert, opportunistisch auf die siegreiche Seite zu schlagen.

Tatsächlich beeinflussen die Zauderer aufgrund ihres fehlenden Engagements die Erfolgs-chancen von Innovationen.

Tipp:

Bekennen Sie als Innovationstreiber von Anfang an deutlich Farbe zugunsten des Inno-vationsvorhabens – somit wird auch die entscheidend wichtige Gruppe der Opportuni-sten zum engagierten Mitziehen von Beginn an bewegt.

In der Praxis fehlt der Innovationstreiber nicht selten. Statt „Machertypen" dominieren die „Denker" und „Koordinatoren". Sehr häufig findet sich eine Führungsmannschaft, die diesen Namen nicht verdient. Da Innovation mit Risiko verbunden ist, gescheiterte Inno-vationsvorhaben als Fehler ausgelegt werden und schädlich für die Karriere des Verant-wortlichen sind, verfährt so mancher nach dem Motto: „Wer nichts unternimmt, macht auch nichts falsch". In besonderem Maße tritt diese Einstellung daher auch in nicht inha-ber-, sondern managergeführten Unternehmen auf.

Da die Unternehmensführung einen erheblichen Einfluss auf die Innovationsressourcen hat, werden die Unternehmen in Folge oftmals phlegmatisch und innovationsfeindlich. Berth (1997, S. 20) spricht gar von einer typisch deutschen Mentalität des „Vollkasko-denkens". Damit bleiben Impulse ebenso aus wie die Übernahme von Verantwortung und damit die Rückendeckung für Innovationsvorhaben.

Während der Soll-Zeitaufwand der ersten Führungsebene für das Thema Innovations-management immerhin 45 Prozent beträgt, liegt der tatsächliche Aufwand, den Manager für Innovation betreiben, nur bei vier bis fünf Prozent ihrer Arbeitszeit (s. **Abbildung 3.1**). Ein Fehler: Der Aufwand korreliert mit dem Gewinn vor Steuern (Berth 1994).

Abbildung 3.1 Chefs kümmern sich zu wenig um Innovation
(Quelle: In Anlehnung an Berth 1994 und Rust 1996)

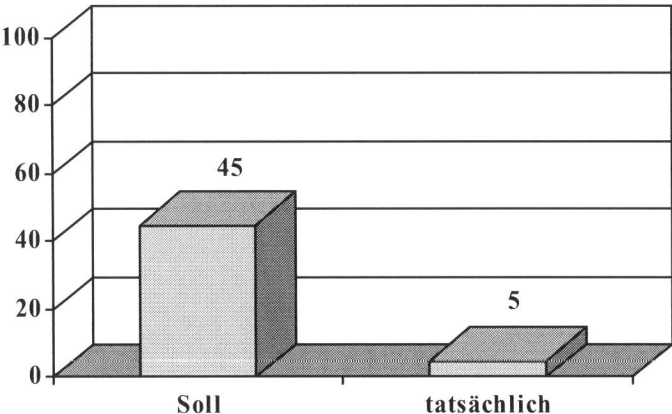

Prozentualer Zeitaufwand der ersten
Führungsebene für Innovation

Beispiel zum Innovationstreiber:

Zu den Eigenschaften eines Innovationstreibers muss gehören, auch loslassen zu können: Der Vorstandsvorsitzende eines international agierenden Mittelständlers nahm entscheidenden Einfluss auf ein Entwicklungsprojekt, nachdem er die Meinung eines Kunden persönlich in Erfahrung gebracht hatte. Dieser Kunde hatte ihm gegenüber eine bestimmte Produktidee geäußert. Aus diesem Anlass brachte er – gegen die Empfehlung seiner Mannschaft – eine entsprechende Entwicklung auf den Weg. Damit beging er zwei Fehler: Erstens verallgemeinerte er eine einzelne Kundenaussage, und zweitens nahm er durch sein „Hineinregieren" der Entwicklungsmannschaft die Motivation. Das Projekt wurde zum Flop: Neben dem Engagement der Mitarbeiter erwies sich auch der erhoffte Markt als nicht existent.

Bei besonders innovativen Unternehmen fungiert die Unternehmensführung als Motor für Innovationen und verfolgt oft sogar persönlich den Projektfortschritt.

Nach unseren Beobachtungen sehen die Mitarbeiter ihren Chef in vielen Fällen zu unrecht als Innovationstreiber – so mancher Geschäftsführer bzw. Vorstand versteht es zwar, sich eindrucksvoll in Szene zu setzen, verweigert im entscheidenden Moment jedoch die Verantwortungsübernahme.

Checkliste für die charakteristischen Tätigkeiten eines Innovationstreibers auf höchster Firmenebene:

– Innovationstreiber ...

– engagieren sich selbst für das Thema Innovationsmanagement,

– motivieren und treiben Sie an,

– übernehmen selbst Mitverantwortung für Innovationsprojekte und sichern deren Ressourcenausstattung,

– bestimmen über Entwicklungsrichtlinien, nicht jedoch über Entwicklungsdetails und

– sorgen für die Existenz, Konsistenz, Durchgängigkeit und Umsetzung eines Zielsystems.

3.1.3   Das Zielsystem: von der Vision über die Innovationsstrategie zum Suchfeld für Ideen

„Wenn Du mit anderen ein Schiff bauen willst, so beginne nicht, mit ihnen Holz zu sammeln, sondern wecke in ihnen die Sehnsucht nach dem großen weiten Meer."[9]

Wirkung bzw. Vorteile eines Zielsystems für das Innovationsmanagement

Eine Vision kommt erst durch ihre Konkretisierung in Maßnahmen zu der angestrebten Umsetzungswirkung (vgl. **Abbildung 3.2**).

Abbildung 3.2   Zielsystem (Quelle: Eigene Darstellung)

Vision → Strategie → Ziele → Maßnahmen

Unter einem **Innovations-Zielsystem** wird hier die Gesamtheit der lang- und kurzfristigen Innovationsziele eines Unternehmens von der Vision über die Strategie und Suchfelder bis hin zu konkreten Ideen verstanden (s. **Abbildung 3.3**). Das Zielsystem sorgt für eine gemeinsame Innovationsausrichtung im Unternehmen. Es ermöglicht den Ausgleich zwischen Langfristorientierung und Kurzfristorientierung: Die langfristige Vision erfährt eine „Übersetzung" in kurzfristige Aufgaben im Tagesgeschäft.

Fehlt ein Zielsystem oder einzelne Komponenten davon, sind folgende Auswirkungen in den betreffenden Unternehmen zu beobachten:

---

[9]   Antoine de Saint-Exupéry

- Langfristige Entwicklungen werden unzureichend berücksichtigt, es fehlt die Zukunftsorientierung.

- Potentiale werden nicht erkannt und ausgeschöpft.

- Entscheidungen des Managements besitzen keine Glaubwürdigkeit.

- Die Marktorientierung fehlt.

- Durch Innovationsanstrengungen in falsche Richtungen werden Ressourcen vergeudet und Frustration erzeugt.

Ein Zielsystem gibt also neben einer gemeinsamen Richtung auch Sicherheit: Entscheidungen werden vorhersehbar und nachvollziehbar.

Ohne Zielsystem wird Innovation also entweder planlos betrieben, wo immer technische Entwicklungspotentiale vermutet werden, oder Innovationstätigkeiten unterbleiben ganz, da alle nicht für das operative Geschäft notwendigen Kosten minimiert werden.

Ein von uns analysierter Mittelständler z. B. konnte durch die Kooperation mit einem Maschinenbaukonzern über Jahrzehnte auch ohne eigene Innovationstätigkeit gut leben. Es bestand für ihn kein zwingender Bedarf, sich selbst um den Absatzmarkt und um Neuprodukte zu kümmern. Der plötzliche Wegfall des großen Partners hatte einen ebenso plötzlichen immensen Innovationsdruck zur Folge. Dadurch, dass es über lange Zeit kein Zielsystem gegeben hatte, war die Ideenquote gleich null, die Investitionen in F&E betrugen jährlich zwischen 0 und zwei Prozent.

Die Vision – Bestandteile und Nutzen

Wichtigkeit einer Vision

Es besteht eine große Einigkeit über die hervorragende Bedeutung der Visionsorientierung. Eine Vision besitzt eine hohe Sogwirkung – ein wünschenswertes Ziel übersteigt bei weitem die Motivationswirkung einer konkreten Handlungsanweisung. Unternehmensführer mit Vision haben gegenüber verwaltenden Managern motiviertere Mitarbeiter und sind wesentlich erfolgreicher hinsichtlich Innovationsmanagement und Unternehmensergebnis. Die Vision ist wichtiger als Managementmethoden, mit ihr lässt sich sowohl auf qualifizierte Mitarbeiter als auch auf Kapitalgeber eine anziehende Wirkung erzielen.

Der erste Bestandteil des Zielsystems, die Vision, ist zugleich ihr wichtigster.

Abbildung 3.3   Innovations-Zielsystem: von der Vision zur konkreten Idee
                      (Quelle: Eigene Darstellung)

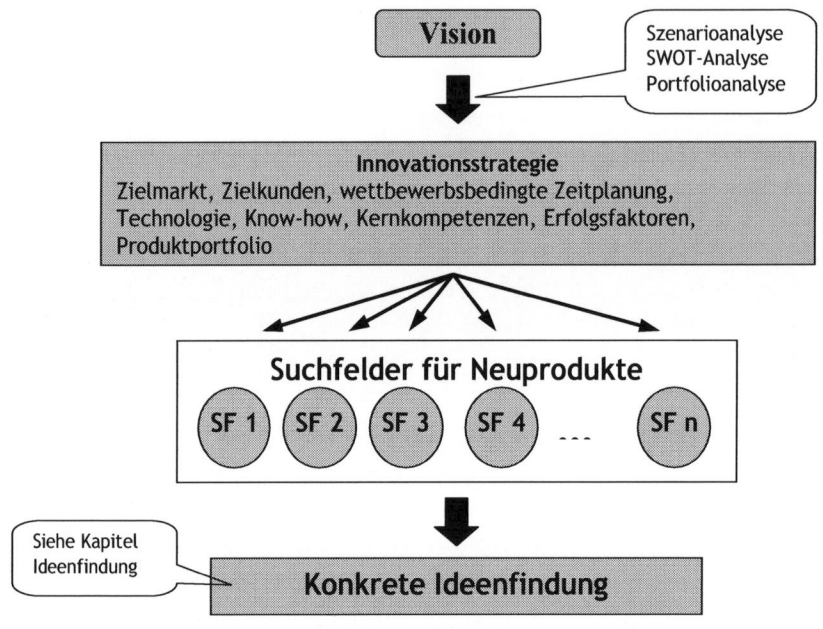

Hohe Anforderungen an die Vision

Die Anforderungen an eine Vision sind vielfältig und anspruchsvoll.

■ Sie soll verständlich, attraktiv, nachvollziehbar, prägnant und glaubwürdig sein, einen ethischen Kern haben und täglich vorgelebt werden.

■ Neben kurz, treffend und herausfordernd soll sie ansprechend und realistisch sein. Weitere Forderungen sind Langfristigkeit und Klarheit, sie soll weit über ökonomische Richtzahlen hinausgehen.

■ Sie soll etwas Positives für die Gesellschaft beinhalten, eine dramatisch veränderte Situation zum Gegenstand haben und Begeisterung auslösen.

Mythos Vision

Das Problem ist jedoch, dass der Begriff „Vision" von Unternehmen sehr unterschiedlich interpretiert wird. Von qualitativ-bildlichen Zukunftsbeschreibungen über Umsatzziele bis zu Unternehmensleitbildern reichen die Deutungen. Die fehlende Begriffseinheitlichkeit und vor allem -klarheit führt soweit, dass Visionen bisweilen sogar als etwas Mystisches angesehen werden. So fordert Nonaka (1991), Manager ganz oben sollen *„Schwärmer auf der Spurensuche nach dem Ideal"* sein.

Einer Definition des Begriffs kommt somit für das Verständnis der folgenden Ausführungen eine entscheidende Bedeutung zu.

Definition der Vision

Die Vision lässt sich in die Bestandteile

- **Unternehmensphilosophie** und

- **Unternehmensleitbild**

gliedern (Collins, Porras 1992, **Abbildung 3.4**).

Abbildung 3.4   Die Unternehmensvision (Quelle: Collins, Porras 1992)

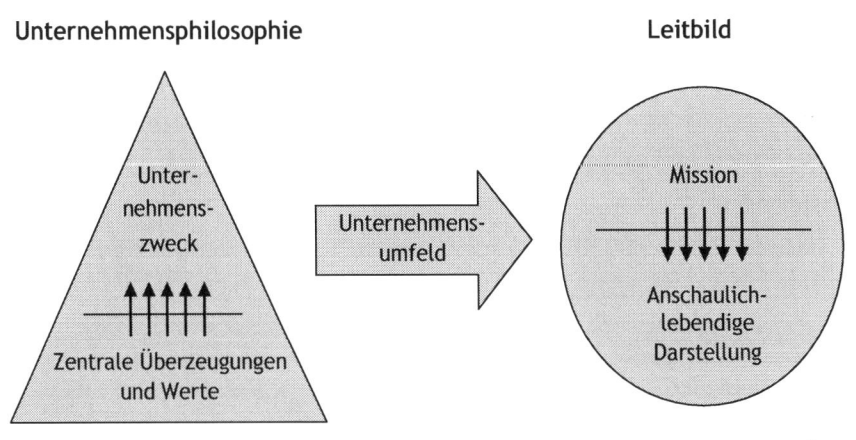

Die Unternehmensphilosophie wiederum besteht aus

- den zentralen Überzeugungen und Grundwerten eines Unternehmens und dem daraus abgeleiteten

- Unternehmenszweck,

sie ist unumstößlich festgelegt und bildet den „ruhenden Pol im Hintergrund".

Der Unternehmenszweck beantwortet die Frage, was der Welt ohne das Unternehmen verloren ginge. Die Mitarbeiter erhalten durch ihn den Stolz auf ihr Unternehmen – das Gefühl und die Gewissheit, für eine große Sache zu arbeiten. Damit werden der Charakter und die Wertebasis des Unternehmens auch für Außenstehende klar, das resultierende wertegleiche Verhalten der Mitarbeiter macht das Unternehmen berechenbar und verlässlich.

Nutzen bzw. Problemlösung vor Produkt

Dabei muss vermieden werden, den Unternehmenszweck zu produktbezogen zu definieren. Wird ein Produkt durch einen Paradigmenwechsel wie eine neue Technologie substituiert, so kann dies schnell verheerende Konsequenzen haben:

Ein erfolgreicher Hersteller von Rechenschiebern – die Firma *Olympia* aus Wilhelmshaven – ging bankrott, weil er das Aufkommen der Taschenrechner zu spät ernst nahm und seine eigentliche Aufgabe in der Produktion von Rechenschiebern sah. *Agfa* wiederum konnte hervorragende herkömmliche Photoapparate herstellen, verpasste jedoch den Trend zur digitalen Photographie.

Es empfiehlt sich ein funktionsbezogenes bzw. problemlösungsbezogenes Verständnis der Unternehmensaufgabe. Diese Erkenntnis muss im ganzen Verlauf des Innovationsprozesses hochgehalten werden. „Wir helfen Menschen, Rechenprobleme zu lösen", anstelle von: „Wir bauen die besten Rechenschieber", also. An diesem Beispiel wird auch die Leitfunktion des Unternehmenszwecks für das Innovationsmanagement deutlich.

Einige Beispiele für den Unternehmenszweck sind:

■ „Wir helfen, Leben zu retten" (Hersteller von Feuerwehrausrüstung)

■ „For a green world" (*Röhren- und Pumpenwerk Bauer GmbH*, u. a. Anbieter von Beregnungstechnik für die Landwirtschaft)

■ „Wir geben die Luft zum Atmen" (Hersteller von Lüftungssystemen)

■ „Wir sorgen für eine umweltgerechte Schadstoffentsorgung" (Hersteller von Mülltrennanlagen)

Die **Grundwerte** des Unternehmens geben über den Umgang untereinander und mit Außenstehenden Auskunft, wie an folgenden Beispielen deutlich wird:

■ Respekt vor dem Einzelnen

■ Dem Kunden dienen

■ Jederzeit freundlicher Umgang miteinander

■ Wir loben offen, Kritik äußern wir im persönlichen Gespräch

Automobilzulieferer *Bosch* z. B. führt folgende Grundwerte: Zukunfts- und Ertragsorientierung, Verantwortlichkeit für Gesellschaft und Umwelt, Initiative und Konsequenz, Offenheit und Vertrauen, Fairness, Zuverlässigkeit, Glaubwürdigkeit und Legalität sowie kulturelle Vielfalt.

Das **Unternehmensleitbild**, die zweite Komponente der Vision, hat mittelfristigen Charakter. Es besteht aus

- der Unternehmens**mission** und

- deren anschaulicher Darstellung.

Abgeleitet aus der Unternehmensphilosophie und dem aktuellen situativen Umfeld des Unternehmens steht die **Mission** für ein mittelfristiges, konkretes und herausforderndes Ziel, das alle Aufmerksamkeit auf sich zieht. Zur Klarheit der Begriffe sei explizit darauf hingewiesen, dass die Mission folglich ein (Bestand-)Teil der Vision ist (vgl. **Abbildung 3.4**). Es können vier verschiedene Arten von Missionen unterschieden werden:

1. **Gezielte strategische Vorgabe:** Erreichen eines klaren Zieles innerhalb einer bestimmten Frist, wie z. B. Kennedys Vision von der Mondlandung in den 60er-Jahren oder klare Umsatz- oder Renditeziele.

2. Das **Übertreffen eines gemeinsamen Feindes,** wie z. B. die schlichte und prägnante Mission von *Pepsi* in den 80er-Jahren: „Beat Coke".

3. **Modellhaftes Vorbild:** Erreichen eines prägnanten, eindeutigen und überzeugenden Vergleichsbildes. Ein Anbieter, der mit der Sportartikelbranche nichts zu tun hat, ließ verlauten: *„Wir wollen für unser Produkt werden, was NIKE für Sportschuhe ist."*

4. **Innere Verwandlung:** Diese Missionsart ist interessant für Unternehmen, die zur Erhaltung der Wettbewerbsfähigkeit einen Veränderungsprozess durchlaufen müssen. Jack Welch, CEO von *General Electric (GE),* formulierte 1986 die Mission, *GE* werde die Stärke eines Großunternehmens mit der Schlankheit und Beweglichkeit eines Kleinunternehmens kombinieren.

Eine Mission kann nur durch gemeinsame Anstrengung aller Mitarbeiter erreicht werden, dafür sorgt schon ihr herausfordernder Charakter. Um dazu die Wünsche jedes einzelnen Mitarbeiters mit der Mission des Unternehmens in Überdeckung zu bringen, ist die lebendige Darstellung der Missionserfüllung sehr hilfreich. Wenn es der Unternehmensführung gelingt, ein emotionales Bild davon zu zeichnen, welche Vorteile sich beim Erreichen der Mission für alle Mitarbeiter ergeben, so werden damit deren Begeisterung und Engagement geschürt. Aus der „Zieldarstellung" der Mission ergeben sich zwangsläufig Schritte in Richtung dieses Ziels – es gelingt die Provokation und gleichzeitige Kanalisierung von Innovationsideen.

Dabei ist zu beachten, dass Informationen nie passiv aufgenommen werden – sie verändern im subjektiven Blickwinkel ihre Bedeutung. Das menschliche Gehirn kann nur über Vergleiche beurteilen, daher sollten Ziele mit einem Bezugsrahmen transportiert werden, um eine einheitliche Interpretation zu sichern. Objektiv messbare Ziele erfüllen diese Anforderung am einfachsten.

Eine charismatische Führungspersönlichkeit kann die Umsetzung der Mission durch ihre Überzeugungskraft fördern.

Wichtig ist, nach Erreichen einer Mission sofort eine neue Mission aufzustellen, um nicht in Antriebslosigkeit zu verfallen.

Die Vision hat damit das Potential, alle Unternehmenszugehörigen im Hinblick auf Innovationsmanagement auf eine gemeinsame Linie zu bringen.

Ein Automobilzulieferer unserer Untersuchung verfolgt Grundsätze wie Kunden- und Qualitätsorientierung. Er hat die Mission aufgestellt, durch Umsatzverdoppelung und durch Lieferung innerhalb 24 Stunden nach Bestellung die Marktführerschaft im Segment zu erhalten. Um gleichzeitig die Technologieführerschaft zu erhalten, befindet sich ein revolutionäres Schmiedeverfahren in der Entwicklung. Da auf die interne Kommunikation der Mission großen Wert gelegt wird, fehlt dem Unternehmen damit zu einer kompletten Vision nach obiger Definition lediglich ein ethisch fundierter Unternehmenszweck.

„Shared Vision"

„Eine Firma mit Vision ist noch keine visionäre Firma."[10]

Eine Vision besteht nicht zum Selbstzweck, ihre reine Existenz reicht nicht aus, um die beschriebenen Wirkungen zu erzielen. Sie muss mit Leben gefüllt werden, d. h. vorgelebt, kommuniziert und in ein komplettes Zielsystem verfeinert werden. Erst, wenn alle Mitarbeiter die Unternehmensvision zu ihrem persönlichen Anliegen gemacht haben und entsprechend nach ihr handeln, kann diese ihre volle Wirkung entfalten – erst dann kann man von einer „shared vision", einer gemeinsamen Vision sprechen. Ohne sie verhält sich ein Unternehmen wie ein Chor, in dem jeder Sänger ein Notenblatt aus einem anderen Musikstück verfolgt.

Kompatibilität mit persönlicher Zielsetzung und Sinngehalt

„Umsetzungsschwung" für Ziele entsteht, wenn der Mitarbeiter aus den Unternehmenszielen sein eigenes Ziel machen kann, wenn Ideen transportiert werden, die seinen eigenen Wunschvorstellungen entsprechen. Damit die Vision aus persönlicher Überzeugung von den Mitarbeitern geteilt wird und damit ihre volle Wirkung entfaltet, ist die Beteiligung der Mitarbeiter am Visionsentstehungsprozess sinnvoll. Als realistisch kann ein Visionsworkshop betrachtet werden, der zumindest die Geschäftsleitungs- bzw. Vorstandsebene einbezieht. Es ist jedoch darauf hinzuweisen, dass sich Vorstand bzw. Geschäftsführung an dieser Stelle nicht ausklinken dürfen. Das Erstellen der Vision bleibt im Kern eine undelegierbare Top-Management-Aufgabe.

„Leadership", eine funktionierende und begeisternde Führung, entsteht also durch Ausrichtung von Einzelwünschen auf ein gemeinsames Ziel. Wenn die angestrebte Zukunft von den einzelnen Mitarbeitern aus ihren eigenen Werten heraus als wünschenswert erscheint, erreicht die Vision ihre maximale Wirkung. Wird diese Logik zu Ende gedacht, so ergibt sich die Erkenntnis, dass die visionäre Führung die Wünsche der Mitarbeiter kennen muss, um das Führungswerkzeug Vision effektiv nutzen zu können. Der Visionär als „Mann des Volkes" also.

---

[10]   Tushman und O'Reilly 1998, S. 70 ff

Die visionsbasierte Strategie

Der Visionsbestandteil Mission stellt ein motivierendes und wegweisendes, mittelfristiges Ziel dar. Um daraus konkrete Handlungen im Arbeitsalltag ableiten zu können, bedarf es einer weiteren Verfeinerung des Zielsystems in eine Innovationsstrategie und schließlich in konkrete Suchfelder und Ideen (vgl. **Abbildung 3.4**).

Die Verknüpfung der Unternehmensvision mit der Innovationsstrategie stellt einen typischen Problembereich der Unternehmen dar. Wird aus der Mission keine Strategie abgeleitet, so bleiben die formulierten Ziele unerreichbar fern.

Ein unvollständiges Zielsystem beobachteten wir z. B. bei einem Maschinenbauer aus Deutschland: Dieser hat die beiden Ziele, seine Selbstständigkeit zu bewahren und darüber hinaus die Marktführerschaft in der von ihm bearbeiteten Nische zu erobern. Allerdings wurde dieses Vorhaben nicht in eine entsprechend aggressive Entwicklungsstrategie umgesetzt, sodass bis dato keine Verbesserung der Marktposition erreicht werden konnte. Die produktmäßige Konzentration auf die Kernkompetenzen, eine sehr flexible und kostengünstige Fertigung sowie eine intelligente Vertriebsstruktur tragen zwar zum Erfolg bei, bleiben aber ohne ein durchgängiges – und durchgesetztes – Zielsystem in ihrer Wirkung suboptimal.

Im Gegensatz zur Vision existiert für die **Strategie** ein einheitliches Begriffsverständnis. Unter ihr wird der bewusst eingeschlagene Weg verstanden, der zu einem Ziel – in diesem Fall die Erfüllung der Mission – führen soll.

Trotz der begrifflichen Klarheit sind in der Unternehmenspraxis erhebliche Defizite in der strategischen Ausrichtung zu erkennen. Ein erheblicher Anteil der Firmen verfügt über keine klar definierte Innovationsstrategie, und fast alle Unternehmen entwickeln ihre Strategie aus der aktuellen Situation heraus, ohne dabei ein weiter entferntes Ziel klar vor Augen zu haben. Sie besitzen eine „Extrapolationsstrategie" im Gegensatz zu einer visionsbasierten Strategie. Sie vergeben damit die kräftebündelnde Wirkung der Vision – die Mitarbeiter verschwenden wertvolle Ressourcen, indem sie in für das Unternehmen letztlich irrelevante Richtungen denken und forschen.

An den folgenden Beispielen lassen sich typische Fehler aus der Unternehmenspraxis erkennen:

- Die bei einem österreichischen Maschinenbauer praktizierte Vorgehensweise sah zuerst die Erstellung der strategischen Vorgehensweise und im Anschluss daran erst die Ableitung einer Mission vor. Hierzu wurde ein interdisziplinär besetztes Strategieprojekt ins Leben gerufen, das die mittelfristigen Zielsetzungen des Unternehmens erarbeiten sollte. Auf Basis dieses Ergebnisses wiederum sollte die langfristige Geschäftsperspektive abgeleitet werden.

- Ebenso falsch herum ist die Abfolge bei einem deutschen Maschinenbauer: Die Geschäftsführung entzog sich ihrer Hauptverantwortung für Richtungsentscheide, indem sie von allen Abteilungsleitern Visionen für deren Zuständigkeitsbereiche abfragte und versuchte, daraus eine Gesamt-Unternehmensmission abzuleiten. Hierzu gab es ein Formblatt, in dem jeder Abteilungsleiter zweimal pro Jahr u. a. die mittelfristige Perspektive seines Führungsbereiches darlegen muss. Dabei ist das Ansinnen, von den Führungskräften strategisches Denken und ein konkretes strategisches Konzept zu erwarten, zunächst einmal positiv zu beurteilen.

Tipp:

Achten Sie auf die zeitliche Reihenfolge: Vorteilhaft ist es, zunächst Klarheit über die Vision und Mission zu schaffen und im Anschluss daran abgestimmte Bereichs- und Abteilungsstrategien zu entwerfen. Damit vermeiden Sie die Problematik der beiden hier genannten Beispiele, zum Teil divergente Bereichsstrategien zusammenbringen zu müssen, statt die Bereichsstrategien einem Überziel – der Unternehmensmission – unterzuordnen.

Als besonders positive Beispiele für visionsbasierte Strategien im Rahmen unserer Untersuchung lassen sich folgende Unternehmen hervorheben:

- Die *WILO-SALMSON AG* verfolgt die Mission, zum Komplettanbieter beim Wassertransport in der Gebäudetechnik zu werden. Bei den Heizungspumpen bzw. beim Heißwasser hat man seit langem eine sehr gute Marktposition, sodass sich für die Innovationsstrategie ein Fokus auf den forcierten Aufbau von Kalt- bzw. Abwassertransportkompetenz ergibt (vgl. Details in der Fallstudie im Kapitel 4.11).

- Auch die *CWW-GERKO Akustik GmbH* weist ein konsistentes Zielsystem auf: Um Systemanbieter in Sachen „Ruhe" im Automobil zu werden, wird der vorhandenen Kompetenz „Körperschallentdröhnung" systematisch die Kompetenz im Bereich „Luftschallabsorption" hinzugefügt.

- Um zum Komplettanbieter „Transportieren und Verarbeiten von flüssigen Medien und Feststoffen in der Landwirtschaft" zu werden, ergänzt die Firma *Röhren- und Pumpenwerk Bauer GmbH* den Bereich „umweltfreundliche Wasserversorgung" um den Bereich „Entsorgung von Gülle". Da hierzu schon erhebliche Kompetenzen im Hause vorhanden sind, erscheint das Zielsystem realistisch.

Typologie von Innovationsstrategien

Unter dem Begriff **„Innovationsstrategie"** ist die Gesamtheit einer ganzen Reihe von Substrategien zu verstehen. Um die Unternehmensmission zu erfüllen, bedarf es in Bezug auf Innovationsmanagement bewusster Strategien bezüglich des Zielmarkts bzw. der Kunden, der Technologie, des Know-hows und der Kernkompetenzen, der Produkte, der Erfolgsfaktoren und der wettbewerbsbedingten Zeitplanung (vgl. Checkliste).

Checkliste Innovationsstrategie:

– **Zielmarkt- bzw. Kundenstrategie**

Stark unterschiedliche Kundenwünsche und Kaufkraft lassen eine regionale oder typologische Kundensegmentierung wichtig werden. Eine Klärung, wen genau das Unternehmen mit einer bestimmten Innovation erreichen will, versetzt dieses in die Lage, eine maximal kundenorientierte Entwicklung durchzuführen.

– **Technologie-, Know-how- und Kernkompetenzstrategie**

Investitionen in zukünftig wichtige Schlüssel- und Schrittmachertechnologien sowie in den Aufbau des entsprechenden Wissens sind essentiell. Der Abgleich mit den heutigen Fähigkeiten des Unternehmens offenbart das Machbare, die zu schließenden Lücken und die dafür notwendigen Ressourcen (vgl. eigenes Kapitel „Kernkompetenzmanagement").

– **Produktstrategie**

Abgeleitet aus der Zielkunden-, Markt- und Technologiestrategie ergibt sich das optimale Produktportfolio. Insbesondere ist auf eine angemessene Anzahl von Produkten in der Entwicklungspipeline zu achten, welche das Potential vorweisen, die heutigen Umsatz- und Renditeträger in Zukunft abzulösen (s. u. „Marktportfolio"). Dabei haben Nachfolgeerzeugnisse in angestammten Märkten den Vorteil des geringen Risikos, da das Unternehmen auf bewährten Absatzkanälen bekannte Kunden anspricht. Dafür kannibalisieren Nachfolgeerzeugnisse ihre Vorgänger, d. h. sie liefern nur geringen Zusatzumsatz. Verlässt man angestammte Erzeugnisse und/oder angestammte Märkte, so steigt mit dem Risiko die Chance auf Mehrumsatz.

– **Erfolgsfaktorenstrategie**

Die Erfolgsfaktoren von morgen müssen ergründet, Unternehmensentwicklung und Mitarbeiterqualifikation darauf abstimmt werden.

– **Wettbewerbsbedingte Zeitplanung**

Es bestehen die Optionen, Innovationsführer, schneller Folger oder Nachzügler zu sein. Eine vierte Möglichkeit liegt in der weitgehenden Vermeidung von Wettbewerb durch Konzentration auf eine Nische.

Entscheidend für die richtige Wahl der wettbewerbsbedingten Zeitplanung ist neben der Vision die Ausgangssituation. Die strategische Entscheidung, eine Technologieführerschaft anzustreben, muss durch entsprechend vorhandene Ressourcen gedeckt werden. Ungleich weniger Kapitals bedarf die strategische Position des „schnellen Folgers". Bevor die richtige Strategie gewählt werden kann, müssen sowohl Markt- als auch Technologieposition bestimmt werden. Bei starker Technologie- und Marktposition sollte eine Innovationsführerschaft angestrebt werden, ansonsten verschlingt ein derartiger Versuch zu viele Ressourcen. Bei mittlerer Technologie-, aber starker Marktstellung wird eine schnelle Nachfolgerstrategie, bei mittlerer Markt- und guter Technologieposition eine Nischenstrategie empfohlen.

Brücke zwischen der aktuellen und der gewünschten zukünftigen Situation

Für alle Strategietypen ist es entscheidend, Erfolgspotentiale der Zukunft herauszufinden und aus einer Analyse des Unterschieds zwischen heutigem und zukünftigem Wettbewerb die jeweilige Innovationsstrategie abzuleiten. Es kommt auf eine genaue Kenntnis der aktuellen und wahrscheinlichen zukünftigen Lage an. Erst mit dieser Voraussetzung können eine zielführende Innovationsstrategie formuliert und Suchfelder für Produktideen abgeleitet werden.

Drei Parteien muss dabei eine besondere Beachtung zukommen: Den Kunden, den Wettbewerbern und dem eigenen Unternehmen. Schafft man es,

- ◼ zukünftige **Kunden**wünsche und -bedürfnisse

- ◼ früher oder zumindest drastisch besser als der **Wettbewerb** durch Produktangebote zu erfüllen, und hat man dabei

- ◼ **eigene** Stärken genutzt bzw. rechtzeitig an den richtigen Stellen aufgebaut sowie die **interne** Kostenstruktur im Griff,

so stellt sich der Erfolg zwangsläufig ein.

Ausgangsbasis für die Strategiefindung muss daher neben der Vision eine präzise Analyse der aktuellen Situation des eigenen Unternehmens bezüglich Kunden, Markt und Technologie im Abgleich mit den Wettbewerbern sein.

Megatrends

Innovationsziele müssen so gut wie möglich gesellschaftliche Rahmenbedingungen der Zukunft ins Kalkül einbeziehen, um daraus erwachsende Nachfrage zu prognostizieren. Zu den Megatrends gehören zweifellos demographischer Wandel, verstärkte Globalisierung, begrenzte natürliche Rohstoffe wie Wasser und Öl, Umweltschutz, Einwanderung und ethnische sowie religiöse Konflikte, aber auch Verschiebungen der weltweiten Machtverhältnisse zugunsten aufstrebender Staaten wie China, Indien und Russland. Aber auch kurze und mittelfristige, zum Teil daraus abgeleitete Trends, das eigene Produkt bzw. die eigene Branche betreffend, sind zu berücksichtigen. Sie sind wichtige Einflussgrößen bei der konkreten Ideenfindung. Beispiele werden im Kontext der Kreativitätstechnik „Trendanalyse" im Kapitel „Innovationsteam und Innovationsmanager" beschrieben.

Eine Innovationsstrategie wird umso erfolgreicher sein, desto eher die **zukünftigen Erfolgsfaktoren** richtig prognostiziert worden sind. Daher verschafft sich dasjenige Unternehmen einen Vorteil, welches sich möglichst lange alternative Vorgehensweisen offenhält – und zum richtigen Zeitpunkt die Entscheidung fällt.

Obwohl kein Mensch über die Gabe der Hellseherei verfügt, ist es zudem möglich, durch systematische analytische Betrachtungen **alternative Zukunftsbilder** zu erstellen, die bei der Strategiefindung wertvolle Orientierungshilfe bieten. Zu diesem Zweck dient die Methode **„Szenarioanalyse".**

Szenarioanalyse

Szenarien sind zunächst einmal „*... aus der gegenwärtigen Situation heraus entwickelte, mögliche Zukunftsbilder*" (Stein, Reventlow 1994, S. 556). Mit ihrer Hilfe kann die Unsicherheit über zukünftige Gegebenheiten reduziert werden. Anhand der vier Bereiche Gesellschaft, Ökonomie, Technik und Unternehmen werden denkbare Entwicklungen zu wenigen konsistenten Szenarien zusammengefasst und mit Wahrscheinlichkeiten belegt. Wichtige Determinanten der Szenarioanalyse sind demnach die Kundenbedürfnisse, das Verhalten der Konkurrenz, die Lage der Branche, das technische Umfeld sowie politische, ökologische und kulturelle Einflussfaktoren.

Die Szenarioanalyse kann je nach verfügbaren Ressourcen und Wichtigkeit der Problemstellung aufwendig und damit auch mit sehr genauen Ergebnissen, oder aber auch in rudimentärer Form durchgeführt werden. Eine einfache Variante empfiehlt sich, wenn das Anwendungsziel in einem groben Überblick über zukünftige Verhältnisse besteht. Es ist jedoch immer wieder erstaunlich, welches Wissen bei den Mitarbeitern eines Unternehmens bereits vorhanden ist. In zielgerichteten Workshops lassen sich ohne teure Informationsbeschaffung verwertbare Szenarien aufstellen.

Die Anwendung – oder Nicht-Anwendung – einer Prognosetechnik hat in der Praxis weitreichende Folgen:

Der Geschäftsführer eines Pumpenherstellers zeigte sich verblüfft über die Ergebnisse eines interdisziplinären Workshops mit dem Thema Risikomanagement: Das gebündelte Know-how der beteiligten Mitarbeiter sowie einzelne Beobachtungen bzw. Indizien ergaben zusammengesetzt ein deutliches Bild zu erwartender Marktentwicklungen. Das Vorgehen sah im Einzelnen wie folgt aus: Alle denkbaren Szenarien, technischer und wirtschaftlicher Natur, wurden zunächst erfasst. Im zweiten Schritt wurde jede potentielle Entwicklung erstens mit der Schwere ihrer Auswirkung, zweitens mit der Wahrscheinlichkeit ihres Eintritts und drittens mit der Wahrscheinlichkeit, dass das Unternehmen sie zu spät bemerkt, bewertet. Durch die verschiedenen Blickwinkel der anwesenden Mitarbeiter ergaben sich zum Teil kontroverse Diskussionen, letztlich jedoch auch eine von allen mitgetragene, objektive Punktevergabe. Auf der Basis der entstandenen Rangfolge von Szenarien konnten ein frühzeitiges Eingreifen und entsprechende Gegenmaßnahmen bei bedrohlichen und wahrscheinlichen Entwicklungen vorbereitet werden (vgl. auch Kapitel „Chancen-Risiken-Analyse").

Ohne vorangestellte Szenarioanalyse wagte sich ein österreichischer Maschinenbauer an ein millionenschweres Entwicklungsprojekt mit dem Ziel einer GPS-Steuerung[11] seiner Maschinen. Man musste nach Auskunft des Vertriebsleiters des Unternehmens jedoch

---

[11] Beim Global Positioning System (GPS) handelt es sich um eine satellitengestützte Bestimmung der Position auf der Erde, die bereits im Rahmen von Navigationssystemen eingesetzt wird.

erkennen, dass man zu langfristig gedacht hatte und die gewünschten Funktionen technisch derzeit noch nicht realisierbar sind. Durch eine Szenarioanalyse hätten wesentliche Erkenntnisse rechtzeitig gewonnen und erhebliche Entwicklungsressourcen eingespart werden können.

Konkretisierung der Innovationsstrategie: Ableitung von Suchfeldern für Produktideen

Sind sowohl die aktuellen als auch die zukünftig möglichen Verhältnisse bekannt, kann die Innovationsstrategie zur Erfüllung der Mission konkretisiert werden. In nicht seltenen Fällen bieten die beschriebenen Analysen dafür eine derart gute Grundlage, dass sich die Strategie als „Brücke zwischen Ist und Soll" und damit Produktideen beinahe zwangsläufig ergeben. Die Herausforderung besteht darin, externe Chancen mit dem internen Vermögen in Abgleich zu bringen – in beiden Aspekten muss die Ausgangsposition vielversprechend sein, um eine erfolgreiche Innovation zu starten.

Zur methodischen Unterstützung der Strategieerstellung haben sich

■ die *SWOT-Analyse* und

■ die *Portfolio-Technik*

bewährt.

SWOT-Analyse

Bei der SWOT-Analyse (oder „TOWS-Analyse", „<u>S</u>trengths, <u>W</u>eaknesses, <u>O</u>pportunities, <u>T</u>hreats") werden zunächst getrennt die Stärken, Schwächen, zukünftigen Chancen und Bedrohungen eines Unternehmens erarbeitet. Wertvolle Hilfestellung ist dabei von der Szenariotechnik zu erwarten. In einer Matrix lassen sich die Erkenntnisse in Beziehung setzen, sodass Felder lohnenswerter Investition – und damit die gewünschten Suchfelder für Produktideen – in der Schnittmenge von internen Stärken und externen Chancen ausgemacht werden können. Ferner lassen sich Ansatzpunkte für ein Unternehmens-Risikomanagement im Schnittfeld von Schwächen und Risiken erkennen (s. **Tabelle 3.1**).

Tabelle 3.1   SWOT-Analyse (Quelle: u. a. Vahs, Burmester 1999, S. 121)

intern / extern	Stärken/Strengths	Schwächen/Weaknesses
Gelegenheiten/ Opportunities	Konsequenter Einsatz von Stärken zur Nutzung von Gelegenheiten	Überwindung der eigenen Schwächen zur Nutzung von Gelegenheiten
Bedrohungen/Threats	Nutzung der internen Stärken zur (präventiven) Abwehr von Bedrohungen	Einschränkung der eigenen Schwächen zur Vermeidung von Bedrohungen

Portfolio-Technik

Die Portfolio-Technik ist zur Bestimmung der Markt- und Technologiestrategie einsetzbar. Bei ihr werden die vier Angaben

■ Marktreife,

■ eigene Marktposition,

■ Technologiereife und

■ eigene Technologieposition

ermittelt und in Matrizen anschaulich zueinander in Beziehung gesetzt. Daten bezüglich des Marktes lassen sich selbstverständlich nur dann einsetzen, wenn bereits ein Markt für das zu entwickelnde Produkt besteht. Gleiches gilt für die Technologieangaben.

Hier sollen ausschließlich das Technologieportfolio, das Marktportfolio sowie das Synthese-Portfolio aus den beiden dargestellt werden, obwohl auch die Option weiterer paarweiser Vergleiche der vier Basisangaben besteht. Diese bringen allerdings keine zusätzlichen Erkenntnisse.

Im **Technologieportfolio** werden die Technologiereife und die eigene Technologieposition einander gegenübergestellt. Die eigene Technologieposition spiegelt dabei wider, wie fortgeschritten die eigenen technologischen Fähigkeiten im Verhältnis zu den Wettbewerbern sind. Der Maximalwert auf der Skala wird dann erreicht, wenn das Unternehmen Technologieführer ist. Die Technologiereife besagt, ob eine Technologie erst im Entstehen ist („**Schrittmachertechnologie**"), sich im Stadium beschleunigter Entwicklung („**Schlüsseltechnologie**") oder bereits in der Phase befindet, in der keine nennenswerte Technologieverbesserung mehr stattfindet („**reife Technologie**").

Die Interpretation des Technologieportfolios erlaubt die Allokation von Entwicklungsressourcen: Wo bei Schrittmachertechnologien die eigene Technologieposition gut ist, lohnt sich ein Engagement: Vor allem hier befindet sich ein Suchfeld für Innovationsideen.

Treffen eigene Stärke und reife Technologie oder eigene Schwäche und entstehende Technologie aufeinander, wird ein sorgfältiges Abwägen notwendig. Bei selbst schwach beherrschten reifen Technologien ist von Investitionen abzuraten.

Tabelle 3.2 zeigt die Top 10 der Schrittmachertechnologien oder „Zukunftstechnologien".

Tabelle 3.2   Top 10 Zukunftstechnologien (Quelle: VDI-Expertenkreis 2003)

Sparte	Anwendungsbeispiel
Optische Technologien	Datenübertragung, Medizin, Kfz-Technik
Internet der Zukunft	Rechnerleistung, Telearbeit, Telemedizin
Nanotechnologie	Arzneimittel, Kosmetik, Oberflächen
Biotechnologie	Landwirtschaft, Arzneimittel, Gentherapie
Sicherheitstechnik	Personenerkennung, Schutz vor (Bio-)Waffen
Sensorik	Umwelttechnik, Medizin
Klimaschutz	Energietechnik, Motorenbau
Verkehrstechnik	Telematik, intelligente Straße
Virtuelle Realität	Auto-, Flugzeugentwicklung, Spiele
Nachhaltigkeitstechnik	Solar-, Windenergie, Ein-Liter-Auto

Das **Marktportfolio** offenbart den Innovationsbedarf. Mit aktuell erfolgreichen Produkten wird in Zukunft – in deren Niedergangsphase – kein Geld mehr zu verdienen sein. Daher müssen Unternehmer das erfolgreiche heutige Geschäft in Frage stellen und für die Entwicklung der Produkte von morgen sorgen.

Das bekannte Marktportfolio ist ein passendes Instrument zur Darstellung des eigenen Produktportfolios und zur Diagnose des Handlungsbedarfs. Es gilt, dasjenige Feld im Portfolio mit Produkten zu besetzen, in dem ein entstehender Markt auf eigene Stärken trifft.

Tipp:

Legen Sie die Positionen existierender oder geplanter Produkte in den Portfolios im interdisziplinären Team fest. Diese sind nicht mit mathematischer Exaktheit zu bestimmen und lassen sich nur durch die Einschätzungen der Wissensträger ableiten. Je mehr beteiligte Sachverständige, desto objektiver das Ergebnis.

Entscheidung anhand der Synthese der Technologie- und Marktportfolios

Die letztliche Entscheidung für eine Markt- und Technologiestrategie fällt anhand einer anschaulichen graphischen Zusammenführung von Informationen aus beiden einzelnen in ein Zielportfolio. Damit können sowohl Technologie- als auch Marktdaten berücksichtigt werden. Das Gesamtportfolio führt die Technologieattraktivität und die Marktattraktivität als Achsen – die abzutragenden Werte kommen durch die Vergabe von diskreten Punktzahlen für die Belegung der Felder der Ausgangsportfolios zustande (vgl. **Abbildung 3.5**).

Die aus den Portfolios zu ziehenden Schlüsse erscheinen zwar banal, finden aber in der Unternehmenspraxis allzu oft keine Berücksichtigung:

- ■ U. a. dem Einsatz der Portfoliotechnik verdankt das Unternehmen *WILO Oschersleben GmbH* eine sehr gute Produktidee aus dem Bereich der Kaltwassertechnik: Im Bereich der Abwasserhebeanlagen wurde eine vielversprechende Marktlücke entdeckt und erfolgreich besetzt (vgl. Details im Kapitel 4.11).

- ■ Mitte der 90er-Jahre investierte ein österreichischer Maschinenbauer zwei Entwicklungsjahre in ein Projekt, das nach Betrachtung mithilfe der Portfoliotechnik nicht gestartet worden wäre: Der Markt des Produktes hatte bereits den Status der Reife erlangt, die eigene Technologieposition war schwach. Das Ergebnis blieb hinter den Angeboten der Wettbewerber zurück und wurde zum Flop.

- ■ Ein Automobilzulieferer besaß in der zweiten Hälfte der 90er-Jahre ein Monopol in einer Technologie, die aufgrund von Substitutionsmöglichkeiten im Niedergang begriffen war. Statt seine Entwicklungsressourcen auf die aufstrebende neue Technologie zu konzentrieren, versuchte man erfolglos weitere Innovationen im Rahmen der alten Technologie.

Dynamisierung der Portfolios zur Abstimmung einer Markt- bzw. Technologiestrategie auf den Wettbewerb

Ein Nachteil der herkömmlichen Portfoliomethode ist sicherlich deren statischer Grundcharakter. Ziel der herkömmlichen Portfoliotechnik ist die Identifikation von lohnenden Entwicklungen. Dazu wird normalerweise eine Anzahl eigener Produkte bzw. Technologien verglichen, der Wettbewerb bleibt außen vor. Selbst wenn Konkurrenzprodukte mit aufgenommen werden, wird nicht ersichtlich, ob ein Wettbewerber gerade dabei ist, seine Technologieposition zu verändern. Abhilfe verschafft eine dynamische Variante der Portfoliodarstellung, bei der neben den Werten des eigenen Unternehmens auch die Markt- und Technologieposition der wichtigsten Wettbewerber zu ein oder zwei Zeitpunkten aus der Vergangenheit – je nach Dynamik der Branche z. B. vor sechs und vor drei Jahren – sowie die jeweilige aktuelle Position eingetragen werden. Im Gegensatz zur herkömmlichen Portfoliodarstellung wird nur ein Produkt bzw. eine Technologie betrachtet. Das Ziel ist ein etwas anderes: Eine bestehende oder geplante konkrete eigene Markt- bzw. Technologiestrategie kann direkt auf vorhandene Wettbewerber abgestimmt werden.

Abbildung 3.5   Portfoliotechnik (Quelle: Baier 1996, S. 245)

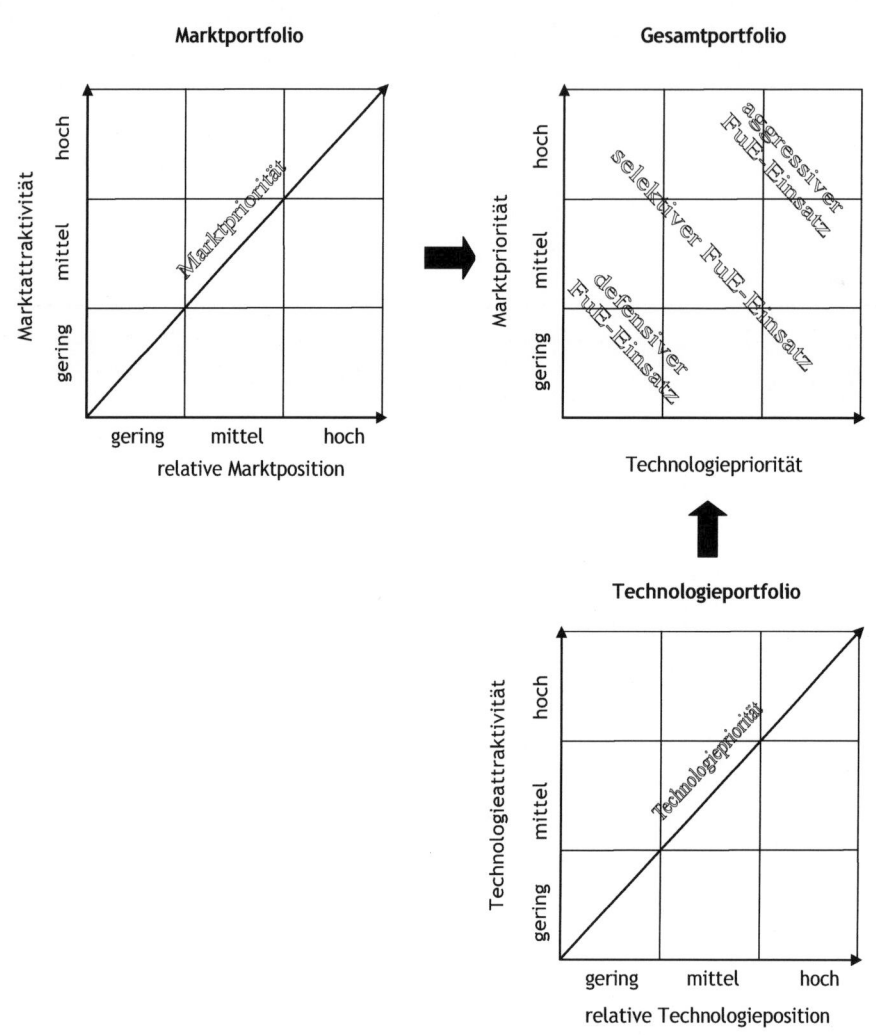

Zur besseren Übersichtlichkeit ist es ratsam, die Punkte einer Firma mit einem Pfeil zu verbinden, sodass ein sehr guter Einblick in Entwicklungstendenzen des Marktes und Strategien der Wettbewerber entsteht. Anhand dieser Darstellung wird eine Planung ermöglicht, die die wahrscheinliche Entwicklung von Konkurrenten berücksichtigt. Die gewünschten bzw. erwarteten zukünftigen Portfoliopositionen lassen sich dazu übersichtlich in die Graphik integrieren, sodass das Portfolio zum anschaulichen Planungsinstrument wird. Durch die Erweiterung um die Faktoren Wettbewerber und Zeit gelingt es, in die ansonsten unveränderten Portfolios zusätzliche planungsrelevante Informationen zu integrieren.

Das Beispiel in **Abbildung 3.6** zeigt ein dynamisches Technologieportfolio: Es wird ersichtlich, dass der Wettbewerber A bei der Technologieposition aufholt und – wird die eigene Entwicklung nicht forciert – das eigene Unternehmen überholen könnte.

Mit dem Hilfsmittel „dynamische Portfolios" hätte ein Konzern aus dem Maschinenbau den Niedergang seiner Elektronik-Sparte früher registrieren und rechtzeitig verhindern können. Nachdem drei Jahre lang keine Weiterentwicklung betrieben worden war, hatten die Wettbewerber einen deutlichen, nur noch schwer aufzuholenden Vorsprung erreicht. Das Unternehmen entschied sich mittlerweile zur Aufgabe dieses Bereiches.

Abbildung 3.6   Dynamisches Technologieportfolio (Quelle: Eigene Darstellung)

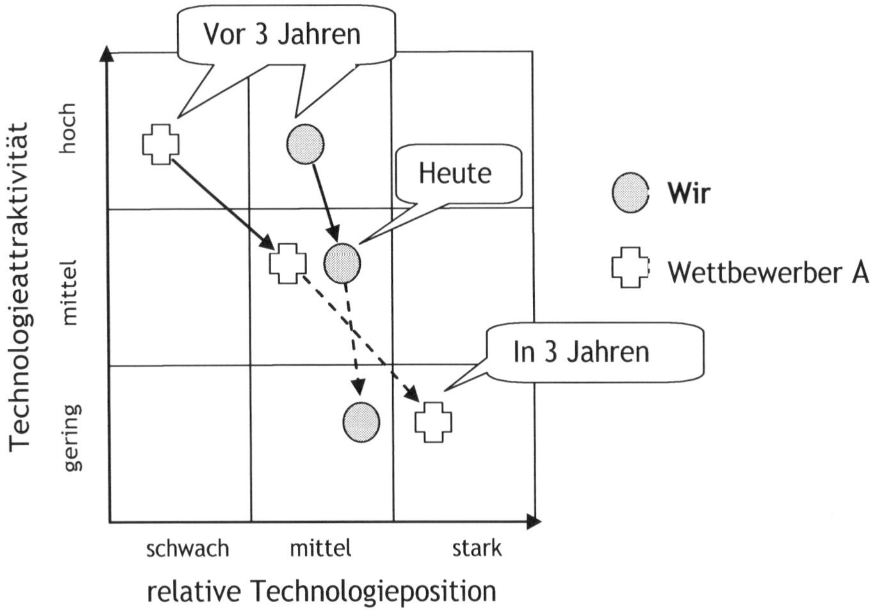

Berücksichtigung der Wettbewerberstrategie

Um Unklarheiten bezüglich der Strategie der Wettbewerber auszuräumen, bedarf es keiner Industriespionage. Aus herkömmlichen Informationsquellen (Fachliteratur, Messen, eigener Außendienst, Lieferanten, Kunden) lassen sich in den meisten Fällen so viele Indizien zusammentragen, dass diese nur noch zielgerichtet konzentriert werden müssen, um auf die Strategie des Wettbewerbers schließen zu können.

Dabei kommt es vor, dass eine Firma die Strategie eines Wettbewerbers besser ausmachen kann als dieser selbst, weil von außen die tatsächlich resultierende Strategie beobachtet wird – und nicht „nur" die Absicht.

Marktsegmentierung

Damit ein Unternehmen die innovationsstrategische Positionierung eines konkreten neuen Produktes im Markt bewusst auswählen kann, bietet sich der Einsatz von Methoden zur Marktsegmentierung an. Besonders interessant ist dabei die Berücksichtigung der Wettbewerberprodukte sowie der Marktgröße der Segmente.

Einfaches Beispiel: Man erkennt, dass der Markt für Schokoladen-Brotaufstriche groß ist, die Wettbewerber sich alle im Bereich der Geschmacksrichtung Nuss-Nugat positioniert haben, Hauptzielgruppe Kinder. Die wachsende Zahl an Senioren bevorzugt jedoch gesündere und weniger kalorienreiche Schokolade mit höherem Kakaoanteil – in den Kaufhausregalen ist eine steigende Produktvielfalt an „70-Prozent-Schokolade" zu beobachten. So liegt es für das Beispielunternehmen nahe, mit einem neuen Produkt die wachsende Nische zu besetzen und einen dunkleren Brotaufstrich mit z. B. 70 Prozent Kakaoanteil zu entwickeln.

Unterstützende mathematische Methoden zur systematischen Marktsegmentierung sind multivariate Verfahren wie die Regressions-, die Faktoren-, die Cluster- oder die Diskriminanzanalyse (näher beschrieben u. a. in Trommsdorff, Steinhoff 2007).

Strategieplanung als permanenter Steuerungsprozess

„Success is a journey, not a destination."[12]

Während die Mission des Unternehmens wie beschrieben eher langfristig (fünf bis zehn Jahre) angelegt sein sollte, besteht für die Strategie als direkten Weg vom Ist zum Soll eine erhebliche Abhängigkeit von – veränderlichen – Ausgangsbedingungen. Die Strategie ist somit nicht als Dogma zu verstehen, sondern sie muss in regelmäßigen Abständen überprüft und gegebenenfalls an neue Verhältnisse angepasst werden. Als konkrete Auswirkung auf das Innovationsmanagement können sich auf diese Weise veränderte Suchfelder für Produktinnovationen ergeben. Die Kontrolle, ob man sich noch auf dem zielführenden Pfad befindet, sollte je nach Branchendynamik – im Normalfall jedoch **mindestens einmal jährlich** – erfolgen. Dabei sind alle für die Strategiefindung relevanten Daten der aktuellen Situation zu berücksichtigen, zu denen insbesondere auch das Marktverhalten und die Strategie der Wettbewerber gehören. Wichtig ist, den Strategieplanungsprozess ebenso wie die Visionsfindung nicht einem einzelnen Mitarbeiter – auch nicht dem Chef – zu übertragen. Dafür sprechen nicht nur die zuweilen aufwendigen Arbeiten. Eine Strategie wird am ehesten von allen Abteilungen mitgetragen, wenn deren Vertreter konstruktiv am Entstehungsprozess beteiligt waren.

---

[12] Autor unbekannt

Umsetzung der Strategie

„You can come up with the best strategy in the world – the implementation is 90 percent of it."[13]

Die Umsetzung der Vision des Unternehmens in eine Strategie und schließlich in konkrete Ziele und Maßnahmen ist eine wichtige Herausforderung, die in der Praxis selten erfolgreich angenommen wird. Erst wenn die Mitarbeiter Klarheit darüber haben, welchen Beitrag sie zum Erfüllen der Mission im Unternehmensalltag leisten können, wird das Zielsystem für sie greifbar und mit Leben erfüllbar. Damit wird der Zusammenhang zwischen den Grundmustern „Antrieb" und „Führung" (s. nächstes Kapitel) offensichtlich: Der Innovationstreiber kann nur mithilfe motivierter Mitarbeiter die gewünschte Resonanz auf sein Wirken erwarten.

Unsere Beobachtungen bestätigen große Probleme bei der Kommunikation des Zielsystems an die Mitarbeiter. In den Köpfen der Unternehmensführer existierte zumeist sehr wohl eine Technologiestrategie, mitgeteilt oder gar abgesprochen ist diese jedoch nur in positiven Ausnahmefällen. Von der systematischen Umsetzung einer Vision in konkrete Maßnahmen ist die Unternehmenspraxis der meisten Firmen weit entfernt.

Zum Thema Zielsystem machten wir bei den untersuchten Unternehmen höchst unterschiedliche Beobachtungen, wobei hier zwei Beispiele aufgeführt seien:

- ■ Nur ein Drittel der befragten Mitarbeiter eines deutschen Unternehmens des verarbeitenden Gewerbes kannte den Leitspruch ihres Unternehmens. Die Unternehmensgrundsätze waren einzig zum Zwecke der Zertifizierung erstellt und abgeheftet worden – kaum jemand kannte sie, geschweige denn beachtete sie im Alltag.

- ■ Der Automobilzulieferer *3K-Warner Turbosystems GmbH* aus Rheinland-Pfalz vermag durch sein ausgereiftes Zielsystem das grundsätzliche Funktionieren der beschriebenen Systematik zu bestätigen. Die Vision mit der auf fünf Jahre angelegten Mission ist klar bestimmt. Schlüssel-, Schrittmacher- und Basistechnologien werden einmal jährlich in einem Strategieworkshop definiert und in konkrete Entwicklungspläne umgesetzt. Hier funktioniert auch die Kommunikation der Vision: Jeder Mitarbeiter bekommt eine Hochglanzkarte mit den wichtigsten Grundsätzen und Zielen. Auf dieser steht unmissverständlich: „Bester Turboladerhersteller der Welt". Der vertikale Informationsfluss wird durch regelmäßige Informationsrunden gewährleistet. Jährliche fünf Prozent F&E-Aufwendungen vom Umsatz dokumentieren eine adäquate Mittelausstattung des Innovationsmanagements. Das Ergebnis kann sich sehen lassen: Etwa drei Viertel aller gestarteten Entwicklungen werden zum Markterfolg, und zwar mit steigender Tendenz. Zwei verwandte Führungsinstrumente eignen sich zur Konkretisierung der Unternehmensziele in Ziele der einzelnen Mitarbeiter: Das bewährte *Management by Objectives* („MbO") und die neuere *Balanced Scorecard*. Beide werden im nächsten Kapitel „Führung" erläutert.

---

[13] Alfred Brittain, ehemaliger Vorstandsvorsitzender von *Bankers Trust* (aus: Simon 2000)

3.1.4   Zusammenfassung des Kapitels

Die maßgeblichen Aufgaben und Verhaltensweisen der Unternehmensführung für das Management des Grundmusters „Antrieb" sind in beistehender Checkliste aufgeführt.

Checkliste innovationsförderlicher Antrieb:

– Innovation ist ein hoher Stellenwert zu geben und als permanenter Prozess zu begreifen.

– Dieser Stellenwert ist durch eigenes Engagement und Unterstützung vorzuleben.

– Dieser Stellenwert ist durch Benennung von Verantwortlichen und Bereitstellung von Ressourcen in die Tat umzusetzen.

– Ein klares Zielsystem ist auszuarbeiten, in dem die Innovationsstrategie aus einer Vision, den Grundwerten des Unternehmens sowie der situativen Ausgangslage abgeleitet und regelmäßig aktualisiert wird.

– Durch Einbezug der Mitarbeiter sowie durch Kommunikation und Konkretisierung des Zielsystems ist für die Akzeptanz und Umsetzung der Innovationsstrategie zu sorgen.

3.2   Die Führung – von Coaches und Intrapreneuren

„Man findet soviel Grünes in der Erde, wenn man erst einmal zu gießen anfängt."[14]

■ Wie können Mitarbeiter dazu gebracht werden, sich engagiert an Innovationsprozessen zu beteiligen?

■ Welche Regeln und Anreize und welches Verhalten der Führungskräfte sind diesem Ziel dienlich?

■ Und welche Anforderungen an die Führungskräfte selbst ergeben sich daraus?

■ Lässt sich Innovation durch die vorhandene Organisationsstruktur fördern oder ist eine Reorganisation notwendig?

Diese und ähnliche Fragen ergeben sich für ein Unternehmen, das sein Innovationsmanagement im Grundmuster „Führung" verbessern will.

Die Führung ist unbestritten eine wichtige Determinante der Mitarbeitermotivation im Tagesgeschäft. Welchen Beitrag die geeignete Führung für ein erfolgreiches Innovati-

---

[14]   Bertolt Brecht

onsmanagement leisten kann, wird in diesem Abschnitt beschrieben. Es geht im Wesentlichen darum, die Mitarbeiter zur aktiven Teilnahme an allen Innovationsbestrebungen zu bewegen. Hierzu ist nicht nur deren Ausbildung und Motivation notwendig, sondern vor allem auch ein Rollenwechsel der Führungskräfte und eine geeignete Wahl der Organisationsstruktur des Unternehmens.

3.2.1   Aufgaben der Führung

Da Innovation eine Gemeinschaftsaufgabe aller Mitarbeiter eines Unternehmens ist, kommt es auf den Veränderungswillen und die Bereitschaft des einzelnen an, sich aktiv am Innovationsprozess zu beteiligen. Die Motivation durch die Unternehmensführung und durch ein ansprechendes Zielsystem bilden dafür das Fundament, doch sie reichen nicht aus. Der Umgang miteinander und das Selbstverständnis der Mitarbeiter sind wichtige Elemente eines innovationsorientierten Unternehmens. Für deren Ausprägung ist vor allem die im Unternehmen praktizierte Führung verantwortlich. Ihre Aufgabe ist es, Unternehmertum auszubilden, d. h. die Mitarbeiter fortschritts- und handlungsfähig zu machen.

Konkrete Aufgaben der Führung sind also:

- Fördern von Risiko- und Verantwortungsübernahme,

- Fördern von Teamgeist,

- Fördern von Veränderungsfähigkeit,

- Schaffen eines unternehmerischen Anreizsystems und

- Vorleben von Disziplin und Durchsetzungsfähigkeit.

Simon (1996) stellte bei erfolgreichen Mittelständlern einen in den Grundwerten autoritären, aber in der Umsetzung partizipativen Führungsstil fest. Ein weiterer Erfolgsfaktor der „heimlichen Gewinner" ist die Mitarbeiterorientierung: Führung mit Flexibilität und Vertrauen, hohen Gehältern und weiteren Anreizen wie einer hochwertigen Kantine sorgen für gute, motivierte Mitarbeiter. Auch die Fischerwerke begründen ihren Erfolg u. a. mit einer ausgesprochenen Pflege der „Humanressourcen".

Aber Mitarbeiterorientierung ist nur eine Seite, Mitarbeiterförderung und -forderung die andere Seite der gleichen Medaille. Auf die maximale Nutzung des Potentials der Mitarbeiter im Sinne des Unternehmens kommt es an. Leistungsfähigkeit und Leistungsbereitschaft müssen bewusst gefördert werden. Ein offener Umgang miteinander und Engagement für Fortschritt und Veränderung entstehen zum einen durch geeignete Führung, zum anderen jedoch auch durch adäquate Unternehmensstrukturen. Daher wird im Folgenden neben Führungstechniken, Anreizsystemen und dem Rollenverständnis der Führungskräfte und Geführten auch die dazu passende innovationsförderliche Unternehmensorganisation thematisiert.

3.2.2   Mitarbeiter als Intrapreneure

„Die meisten Menschen sind in einer autoritären Umgebung aufgewachsen. Als sie Kinder waren, hatten die Eltern die ‚Antworten'. In der Schulzeit hatten die Lehrer die Antworten. Wenn sie dann in ein Unternehmen eintreten, nehmen sie automatisch an, dass ‚der Boss' die Antworten hat. Tief im Innern sind sie überzeugt, dass die Menschen, die über ihnen stehen, wissen, wo es lang geht ...„15

Innovation braucht Intrapreneure

Das häufig immer noch anzutreffende Bild in Unternehmen gleicht – überspitzt formuliert – einer Zweiklassengesellschaft: auf der einen Seite die für ihr Denken bezahlten Manager und Führungskräfte, auf der anderen Seite die körperlich oder monoton-geistig arbeitenden Angestellten und Werker. Ein Zustand, der zwar zunehmend als unbefriedigend erkannt und bekämpft wird, der jedoch in den meisten Unternehmen bei ehrlich-kritischer Selbstreflexion im Grunde noch immer vorherrscht.

Die potentielle Auswirkung auf das Innovationsmanagement beschreibt folgendes Beispiel:

Der Geschäftsführer eines deutschen Maschinenbauers mit sehr autokratischen Strukturen hielt sämtliche „Fäden" selbst in der Hand – keine Entscheidung wurde ohne ihn gefällt. Die negative Auswirkung dieser Führung bestand darin, dass die Mitarbeiter keinen Sinn in einem Engagement sahen – sie leisteten zwar vorbildlich die von ihnen erwartete Arbeit, dachten aber nicht weiter über sie nach und entwickelten daher auch keine Ideen. Dazu kommt, dass das Innovationsmanagement dieser Firma außer Entwicklungsablaufplänen keine Innovationsorganisation besaß. Damit konnte das Tagesgeschäft zwar einwandfrei funktionieren – dieses Unternehmen erzielt eine im klassischen Maschinenbau bemerkenswert gute Rendite – doch war der Niedergang aufgrund des fehlenden Zukunftsgeschäfts vorprogrammiert.

Für ein gutes Innovationsmanagement ist es notwendig, auch und gerade das volle Potential der Nicht-Führungskräfte zu erschließen. Ein kreatives Umfeld braucht Mitunternehmer als Mitarbeiter, denn gerade im Spannungsfeld engagiert vertretener, unterschiedlicher Meinungen entstehen Ideen (vgl. Kapitel „Innovationsteam"). So werden zwar durchaus Konfliktpotentiale geschürt, die aber bei richtiger Handhabung zum Wohle des Unternehmens in offenen Auseinandersetzungen ausgetragen werden.

Die diesen Mitarbeitertypus beschreibende Wortschöpfung **„Intrapreneur"** meint den engagierten, unternehmerisch denkenden Mitarbeiter, den „Unternehmer im Unternehmen".

---

[15]   Peter M. Senge, Referent am Massachusetts Institute of Technology und Präsident der Society for Organizational Learning

Dieses Mitarbeiterbild erscheint zwar einerseits erstrebenswert, andererseits aber auch idealistisch oder sogar utopisch. Schließlich wachsen die meisten Menschen in einem autoritären Umfeld auf, in dem diejenigen „über" ihnen immer die Antworten zu kennen scheinen: Als logische Nachfolger von Eltern und Lehrer erwarten sie diese Autorität auch von ihren Chefs, Eigenverantwortung sind sie weniger gewöhnt. Wie bei jeder Vision bedarf es auch hier einer Konkretisierung sowie einer Umsetzung in Ausbildungsstrategien und Maßnahmen, um das Ideal doch weitgehend realisieren zu können.

Nicht jeder Mitarbeiter hat die gleiche Voraussetzung

Bei der Ausbildung von Intrapreneuren gilt die Einschränkung, dass naturgemäß nicht jeder Mitarbeiter das gleiche Talent mitbringt. Manche lehnen eine höhere Verantwortung und mehr persönliche Freiräume geradezu ab. Nicht alle Mitarbeiter sind zudem gleichermaßen empfänglich für die Anreize einer Mitunternehmerschaft. Vom Qualifikations- und Motivationspotential her in Frage kommen nach Ahlers (1996, S. 75) etwa 30 bis 40 Prozent der Belegschaft. Dennoch lehren praktische Erfahrungen, dass ein erheblich größerer Anteil der Mitarbeiter in hinreichendem Maße zu unternehmerisch denkenden Persönlichkeiten ertüchtigt werden kann.

> **Tipp:**
>
> Achten Sie schon bei der Einstellung von Mitarbeitern auf entsprechende Voraussetzungen der Bewerber zum Intrapreneur. Neue Mitarbeiter sollten zum Unternehmen passen und Kreativität sowie die Bereitschaft zur Übernahme von Verantwortung mitbringen.

Nach unseren Erkenntnissen wird die Bereitschaft zu mehr Verantwortungsübernahme in den Unternehmen unterschätzt. Die Mehrzahl der Mitarbeiter wünscht sich eine größere Beteiligung an den Entscheidungsprozessen – nur eine Minderheit zeigt sich mit der gewohnten Passivität zufrieden.

Dieses Potential wird von der Unternehmensführung allzu häufig unterschätzt:

- Der Geschäftsführer eines kleinen Unternehmens zeigte sich überrascht und erfreut, als er erfuhr, dass seine Mitarbeiter beinahe unisono eine stärkere Mitsprache wünschen. Er selbst war gerne dazu bereit, er hatte den Willen der Belegschaft allerdings falsch eingeschätzt.

- Die Mitarbeiter aus der Fertigung eines Pumpenherstellers hatten als zurückhaltend und verantwortungsscheu gegolten. Die gleichen Mitarbeiter opferten jedoch freiwillig 2,5 Stunden ihrer Freizeit für eine erstmalig einberufene Teambesprechung und begleiteten interessiert die Führungskräfte zu einer Messe, als das entsprechende Angebot geschaffen wurde.

Die Bereitschaft zur Übernahme von Verantwortung ist ein erster, wichtiger Schritt. Doch wie können die vorhandenen Mitarbeiter zu Intrapreneuren ausgebildet werden? Da die Anforderungen an Intrapreneure hoch sind, ist mit der Ertüchtigung der Mitarbeiter durchaus ein gewisser Aufwand verbunden. Änderungen in der Einstellung dürfen vor allem nicht „von heute auf morgen" erwartet werden. Die Anforderungen an die Führungskräfte sind ebenfalls hoch – sie müssen das individuelle Fähigkeitsportfolio jedes Mitarbeiters erkennen und mit situativem Führen die jeweils angemessene Unterstützung bieten.

Wie bildet man Intrapreneure aus?

„Das Unternehmen kann nicht jeden verändern. Aber es kann neue Führungspersönlichkeiten hervorbringen und die Leute befähigen, zu neuen Ufern aufzubrechen."[16]

Unternehmerischer Erfolg und Veränderungskompetenz der Mitarbeiter entstehen dann, wenn **Können, Wollen, Dürfen** und **Sollen** im Gleichgewicht stehen bzw. zusammenfallen. Alle vier stehen in einer Wechselbeziehung zueinander. Es ist sinnlos, von den Mitarbeitern Engagement und Verantwortungsübernahme zu erwarten, ohne ihnen auch gleichzeitig die damit verbundenen Kompetenzen zu übertragen. Aufgabe, Verantwortung, Motivation und Kompetenz gehören untrennbar zusammen.

Die **Ertüchtigung zum Intrapreneur** umfasst also (s. **Abbildung 3.7**)

a. die Befähigung, die Ausbildung der Kompetenz (Können)
b. die Motivation (Wollen) und
c. die Beauftragung sowie Übertragung von Verantwortung und Macht (Sollen und Dürfen).

---

[16]   Kim B. Clark, Takahiro Fujimoto, Professoren für Betriebswirtschaftslehre an der Harvard Business School bzw. an der Tokyo University, 1991

Abbildung 3.7   Die drei Charakteristika eines Intrapreneurs und daraus abgeleitete
Ausbildungsmaßnahmen (Quelle: Eigene Darstellung)

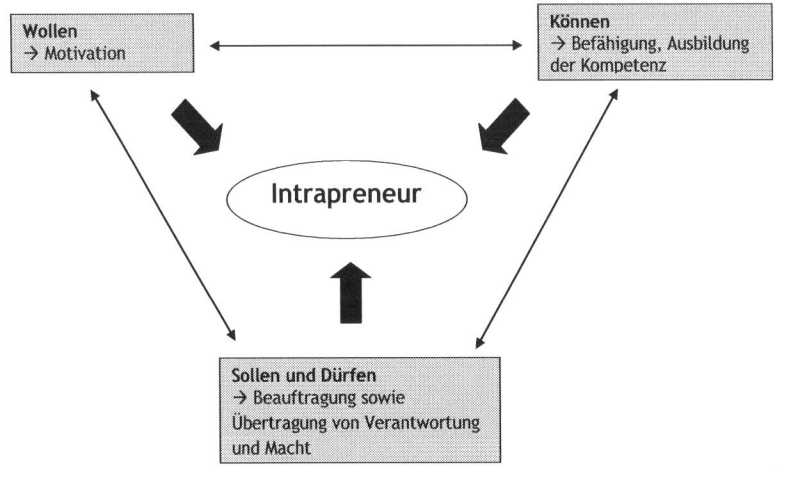

a. Befähigung

Schulungen

Da der Mitarbeiter als Intrapreneur in der Regel ein zusätzliches Aufgabenspektrum abde-
cken und zusätzliche Koordination und Kommunikation mit anderen Mitarbeitern bewältigen soll, werden in der Regel fachliche und überfachliche Schulungen notwendig.

Bezüglich der Auswahl der Schulungen ist ein systematisches Konzept zu erarbeiten, welches folgende Faktoren berücksichtigt:

■ Anforderungen der vom Mitarbeiter begleiteten Stelle,

■ Kenntnisse des Mitarbeiters,

■ Entwicklungswünsche des Mitarbeiters und

■ (Personal-)Entwicklungswünsche des Unternehmens.

Typische Themen überfachlicher Schulungen zur Ausbildung von Intrapreneuren sind
Führung, Teambildung, das Zielsystem des Unternehmens und Grundlagen der Gewinn-
und Kostenrechnung, um Nicht-Kaufleuten das Mitdenken und -reden in betriebswirtschaftlichen Zusammenhängen zu ermöglichen.

> **Tipp:**
>
> – Bilden Sie soweit möglich durch interne Problemerarbeitung aus.
>
> – Stellen Sie das Gelernte dann unbedingt weiteren Mitarbeitern zur Verfügung.

– Schicken Sie grundsätzlich eher Mitarbeitergruppen und nicht einzelne Mitarbeiter zu Schulungen, damit sich der Lerneffekt verstärkt. Ein einzeln Geschulter hat keine Möglichkeit zur weiteren Reflexion des Gelernten im Betrieb und mit seinen isolierten neuen Ideen gerät er leicht in die Rolle eines Einzelgängers oder sogar Außenseiters.

Viele Unternehmen bieten interne und externe Weiterbildungen an, andererseits liegt nur selten ein systematisches Schulungskonzept vor. In unserer Untersuchung fanden wir zumindest vielversprechende Ansätze:

■ Bei einem Maschinenbauer aus Österreich besteht der Ansatz, Mitarbeiter eine Art „Schulungswunschzettel" schreiben zu lassen. Die Ablehnung oder Genehmigung erfolgt durch die Vorgesetzten. Hier fehlt jedoch eine systematische Personalentwicklung aus Sicht des Unternehmens.

■ Ein mittelständisches Unternehmen empfiehlt seinen Führungskräften den systematischen Ansatz, im Gespräch mit jedem Mitarbeiter beiderseitig für wünschenswert gehaltene Themen zu identifizieren und entsprechende Schulungen zu genehmigen.

Während Unternehmen mit Konzernanbindung meist auf ein breites internes Kursangebot zurückgreifen können, beschränkt sich die Auswahl für die Belegschaft von Kleinunternehmen oft auf Kurse der regionalen Industrie- und Handelskammer.

Übung und Vergleichsmöglichkeiten

Der menschlichen Veränderungsbereitschaft ist es zuträglich, Erfahrungen mit Veränderungen zu machen oder zumindest andere Möglichkeiten kennenzulernen. Für die Ausbildung von Intrapreneuren ist es daher hilfreich, Mitarbeitern von Zeit zu Zeit die Übernahme völlig anderer Aufgabenbereiche sowie Aufenthalte bei anderen Firmen zu ermöglichen, z. B. im Rahmen von Kundenbesuchen oder Benchmarking-Aktivitäten. Dieser Aspekt fügt sich sehr gut in die ohnehin steigenden Anforderungen an die Kooperationsbereitschaft und Öffnung der Unternehmen nach außen (vgl. Kapitel „Kernkompetenzmanagement").

Eine wichtige Randbedingung der Befähigung der Mitarbeiter ist deren Versorgung mit den notwendigen Informationen. Wer wie ein Unternehmer agieren soll, braucht als Entscheidungsgrundlage auch die entsprechende Informationsbasis – wie etwa Daten zur Entwicklung der eigenen Leistung sowie der Leistung des Gesamtunternehmens. Informationen dürfen jedoch nicht immer als Bringschuld der Unternehmensführung verstanden werden. Im Gegenteil: Für den ausgebildeten Intrapreneur sind Informationen eine Holschuld, um die er sich entsprechend aktiv kümmert. Damit obliegt es der Unternehmensführung nicht, detailliert aufbereitete Informationen an jede einzelne Abteilung und Gruppe zu verteilen. Es ist vielmehr die Aufgabe der Mitarbeiter, benötigte Daten einzufordern. Anders verhält es sich naturgemäß mit außergewöhnlichen Informationen, die für das Aufgabengebiet des Mitarbeiters zwar relevant sind, deren Existenz der Intrapreneur aber nicht erahnen kann. Hier ist es sehr wohl die Pflicht der Führungskräfte, aktiv zu informieren.

Unternehmerisch agierende Intrapreneure kümmern sich damit prinzipiell selbst um diejenigen Informationen, die sie zum Erreichen ihrer Ziele benötigen. Zur Informationsgrundversorgung können z. B. die schon weit verbreiteten Informationstafeln genutzt werden:

■ Bei der *3K-Warner Turbosystems GmbH* z. B. stehen auf den Informationstafeln der Fertigungsgruppen keine einheitlich vorgegebenen Informationen, sondern genau diejenigen, die sich die Gruppe selbst wünscht.

■ Eine fortschrittlichere Variante ist die Darstellung im Intranet – dies setzt jedoch den Zugang aller Mitarbeiter voraus, damit nicht neue Informationshierarchien entstehen.

b. Motivation

Im Kern kommt es für das Unternehmen darauf an, erwünschtes Verhalten zu belohnen und es damit zu verstärken. Die Schlüsselfrage stellt sich nach der Art und Weise der Belohnung.

Motivation entsteht nach Warnecke (1992, S. 185 ff) durch das Verstehen und Akzeptieren des Systems sowie aus einer Beteiligung am Nutzen desselben. Das „natürliche **Sinn**streben" des Menschen wurde bereits im Kapitel „Antrieb" als wichtige Motivationskomponente erläutert, die in der Unternehmensvision Berücksichtigung finden sollte. Der weitere Nutzen, den ein Mitarbeiter aus seinen (Innovations-)Aktivitäten bzw. den (Innovations-)Aktivitäten seines Unternehmens ziehen kann, lässt sich im Kern auf die Komponenten **Geld**, **Ansehen** und **Spaß** zurückführen. Eine Reihenfolge der Wichtigkeit lässt sich dabei nicht angeben: Diese ist bei jedem Menschen verschieden.

Damit konkretisiert sich die Aufgabe der Führung zur Motivation der Mitarbeiter auf die „Vermittlung" von Sinn, Spaß, Ansehen und Geld – wobei sich die vier gegenseitig verstärken (vgl. **Abbildung 3.8**).

Spaß bzw. Freude an der Arbeit ergibt sich durch

■ einen selbstbestimmten Tagesablauf,

■ ein gutes Betriebsklima (s. Kapitel „Unternehmenskultur"),

■ die Vereinbarkeit von Berufs- und Privatleben,

■ einen sichtbaren Erfolgsbeitrag der eigenen Tätigkeit und

■ dadurch, dass die zu bewältigenden Aufgaben gleichzeitig im besonderen Interessenbereich wie auch im Fähigkeitsbereich des einzelnen liegen (*„authentischer Einsatz"* des Mitarbeiters, dann wird eine Aufgabe als angenehm und herausfordernd empfunden).

■ Psychologieprofessor Mihali Csikszentmihalyi argumentiert, motiviert sei ein Mensch, der gemäß seinen individuellen Fähigkeiten herausfordernde, aber realisierbare Ziele verfolgt. Dann erreicht er einen Glückszustand, den Csikszentmihalyi „Flow" nennt. Sowohl Über- als auch Unterforderung von Mitarbeitern ist demnach für Unternehmen und Individuum suboptimal.

Abbildung 3.8   Komponenten der Motivation (Quelle: Eigene Darstellung)

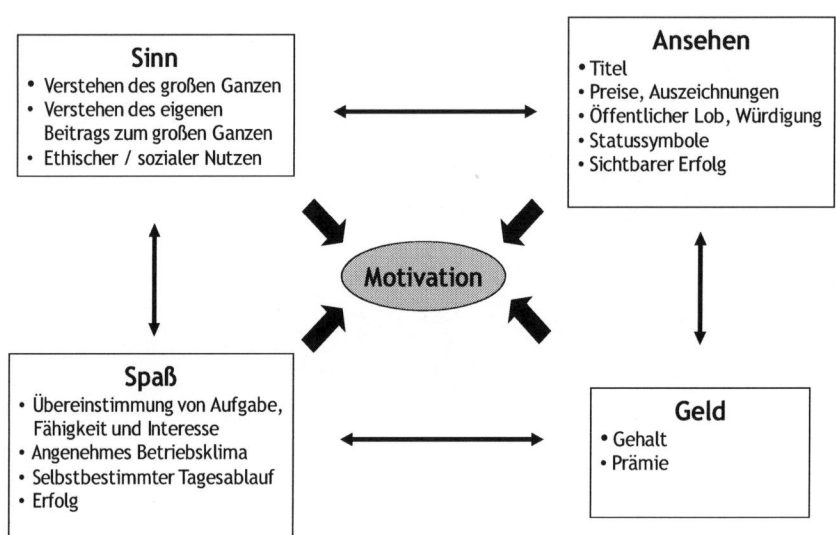

Zu den Motivationskomponenten Ansehen und Geld siehe Exkurs „Innovation und Führungsmethodik" sowie Abschnitt „Anreiz- und Entlohnungssystem".

Am angenehmsten für ein Unternehmen ist die Zusammenarbeit mit Mitarbeitern, die
ohne zusätzliche, unternehmensseitig eingebrachte Anreizsysteme von sich aus möglichst
hoch motiviert sind, ihre Ziele zu erreichen. Bei diesen intrinsisch Motivierten ist das Streben nach Erfolg hoch ausgeprägt. Eine Sonderform und zugleich eine mögliche Aus-
drucksweise von intrinsischer Motivation ist Begeisterung. *Google* wird nachgesagt, bei
Einstellungen auf das Persönlichkeitsmerkmal „Begeisterungsfähigkeit" zu achten.

Tipp:

Begeisterung ist ein meist unterschätzter Erfolgsfaktor, der als höchste Form der Motivation betrachtet werden kann. Haben Sie begeisterte Mitarbeiter, so lassen Sie deren Begeisterung freien Lauf – indem Sie beispielsweise einen begeisterten Ideengeber selbst
mit der Projektleitung bei der Umsetzung seiner Idee beauftragen. Achten Sie darauf,
vorhandene Motivation nicht zu bremsen, sondern zu nutzen.

Konkrete **Mittel zur Steigerung** aller Komponenten **der Mitarbeitermotivation** sind neben der passenden Verbindung von Mitarbeitern und Aufgaben

– die Führungsmethodik,

– das Entlohnungssystem und

– die spezielle Honorierung außergewöhnlicher Leistungen.

Management by Objectives: Führung nach Zielvereinbarung und Integration von Innovationszielsetzungen

Management by Objectives (MbO), oder „Führen mit Zielvereinbarungen", ist ein bewährtes und weit verbreitetes Führungsinstrument. Kern der Methode sind jährliche Zielvereinbarungsgespräche zwischen Führungskraft und Mitarbeiter, die Unternehmens-, Abteilungs- und Mitarbeiterziele in Einklang bringen. Die Ergebnisse müssen schriftlich festgehalten, erreichbar und messbar sein, um ihre volle Motivationswirkung zu entfalten.

Partizipatives Führen erfordert jedoch auch die Errichtung eines angepassten Informationssystems. Durch – mindestens quartalsweise stattfindende – Gespräche über den Fortschritt in der Zielerreichung kann auftretenden Abweichungen frühzeitig durch Gegenmaßnahmen begegnet werden. Am übersichtlichsten wird die Zielerreichung anhand von Graphiken visualisiert. Wenn die Mitarbeiter ihre Performance selbst überwachen können, ist dies ebenfalls von großem Vorteil. Ein unmittelbares Feedback sorgt für andauernde Motivation – Leistungsförderung beginnt mit Leistungs**transparenz**.

Ein Instrument zur Gewährung von Rückmeldung sind die bereits angesprochenen Informationstafeln, die in jeder Arbeitsgruppe aufgestellt werden und die aktuelle Leistung der Gruppe und des Unternehmens offenlegen, sodass jeder Mitarbeiter seinen eigenen Beitrag erkennen kann. Die Integration weiterer Informationen wie der Unternehmensvision, der Einladung zu Betriebs- oder Gruppenbesprechungen sowie des Krankenstandes macht aus den Tafeln umfassende Kommunikationsinstrumente. Einer der wichtigsten Leistungsanreize für einen Mitarbeiter ist der sichtbare persönliche Erfolg, auf den er stolz sein kann und für den er bewundert wird (Motivationsquelle „Ansehen"). Daher schließt dieses Feedback eine oft brachliegende Quelle der Motivation. Wesentlich ist die Transparenz über Organisationsziele sowie Beiträge der einzelnen Einheiten dazu. Beim österreichischen Maschinenbauer *Alois Scheuch GmbH* z. B. haben die Informationstafeln in

der Fertigung die Arbeitskräfteeinteilung nebst Urlaubszeiten, die erbrachten Leistungen und Informationen zum kontinuierlichen Verbesserungsprozess (KVP) zum Inhalt.

Der wesentliche Vorteil von MbO besteht darin, dass ein Interessenausgleich zwischen Unternehmens- und Mitarbeiterzielen erreicht wird und damit die individuellen Motive der Mitarbeiter in das Zielsystem eingebaut werden.

Um das Unternehmensziel „Innovation" in konkrete Mitarbeiterziele umzusetzen, bedarf es dessen Konkretisierung und Integration in die Zielvereinbarungen. Insbesondere Funktionsbereiche, die in herkömmlichen Innovationsorganisationen keine explizite Rolle spielen, können so zur engagierten Beteiligung an Innovationsteams bewegt werden. Daher kommt beispielsweise der Integration von Innovationszielsetzungen in die persönlichen Zielvereinbarungen der Marketing- und Produktionsmitarbeiter besondere Bedeutung zu, da diese Gruppe traditionell eher an kurzfristigen Umsatz- und Kostenzielen gemessen wird als am Erfolg von Entwicklungen. Gerade auch per MbO vereinbarte Gruppenziele lassen sich im Zusammenhang mit Entwicklungen einsetzen: Das Entwicklungsteam hat die gemeinsame Aufgabe, bestimmte Zeit-Kosten- und inhaltliche Ziele zu erreichen (vgl. Projektcontrolling, Kapitel „Prozessorganisation").

Damit gilt MbO auch im Zusammenhang mit Innovationsmanagement als optimal geeignete Führungsmethodik. Die Mitarbeiter erhalten den notwendigen Freiraum zur Entfaltung zum Intrapreneur, da ihnen der Weg der Zielerreichung und damit die Gestaltung des Arbeitsalltags selbst überlassen bleibt. Trotzdem findet eine Koordination bzw. Ausrichtung der Mitarbeiter an den Unternehmenszielen statt. Freiraumgewährung kann so mit der notwendigen Steuerung der Mitarbeiter verknüpft werden.

Das Innovationsmanagement profitiert also doppelt von MbO: Erstens werden Innovationsziele konkretisiert und in das Tagesgeschäft transportiert. Zweitens braucht Innovation Intrapreneure, und MbO unterstützt unternehmerisches Verhalten.

Trotz allgemein bekannter Vorzüge des MbO greifen nach unseren Erfahrungen viele Unternehmen nur zögerlich zu diesem Instrument und vereinbaren Ziele, wenn überhaupt, höchstens bis zur zweiten Führungsebene.

Balanced Scorecard

Ein geeignetes Instrument der Unternehmensführung, um das komplette Zielsystem formal abzustimmen und konsequent in die ganze Organisation zu kommunizieren, ist die Balanced Scorecard (Kaplan, Norton 1997). Diese erst in den 90er-Jahren erdachte Methode ist ein in sich geschlossenes und logisch verknüpftes Kennzahlensystem zur Steuerung des Unternehmens. Es baut auf dem Grundgedanken auf, dass die Nutzung allein finanzieller Kennzahlen zur Unternehmensführung zu kurz greift. Kern des Verfahrens ist ein Formblatt, das die individuellen strategischen Ziele des Unternehmens, aufgegliedert nach vier Perspektiven, enthält.

Diese Perspektiven sind: Die **finanzielle** Perspektive, die **interne** (Geschäftsprozess-) Perspektive, die **Kunden**perspektive und die **Lern- und Entwicklungsperspektive.** Wichtig ist, dass auch die nichtfinanziellen Kennzahlen in mittelbarem oder unmittelbarem Ursache-Wirkungs-Zusammenhang mit den letztlich entscheidenden finanziellen Ergebniszahlen stehen. Die vier Perspektiven respektive Kennzahlen lassen sich damit als geschlossene Wirkungskette darstellen. Dabei bildet die (Mitarbeiter-)Lernperspektive die Basis, auf der zunächst die internen Abläufe aufbauen. Aus den Kennzahlen der internen Abläufe ergeben sich wiederum die kundenbezogenen Kennzahlen und schließlich die resultierenden Finanzziele.

Alle Ziele werden in Unterziele verfeinert und lassen sich somit problemlos bis auf die Ebene der Abteilungsziele und Individualziele herunterbrechen. Ziele und Unterziele werden auf Bögen – den Unternehmens- bzw. Abteilungs-Scorecards – notiert und allen Mitarbeitern zugänglich gemacht (vgl. **Abbildung 3.9**).

Abbildung 3.9 Entwicklung der Balanced Scorecard am Beispiel der Continental AG
(Quelle: Fischer 1999)

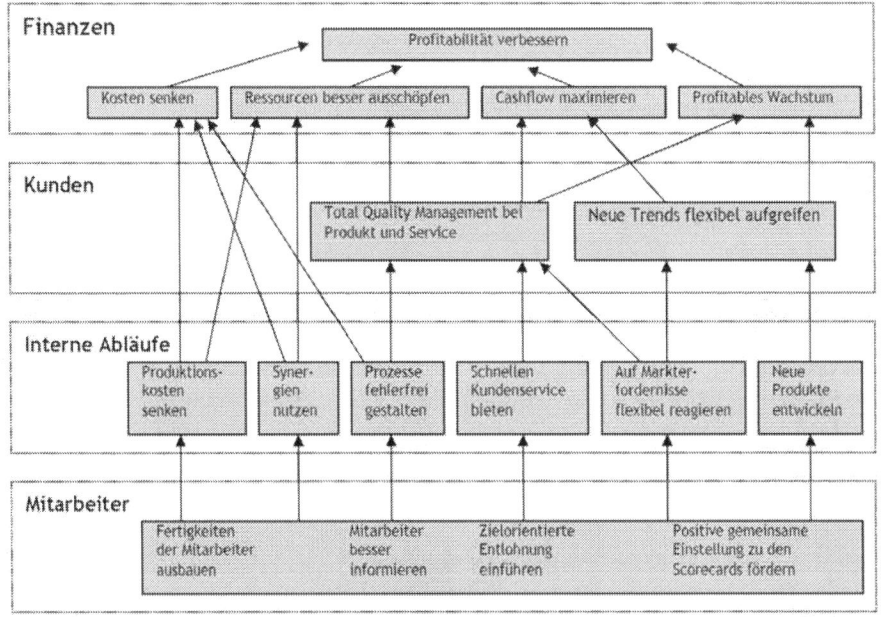

Aus der Vision abgeleitete strategische Ziele der aufeinander aufbauenden Perspektiven

Mitarbeiter-Scorecard

Strategische Ziele	Messgrößen	Operative Ziele für 1999	Initiativen (Beispiele)
Fertigkeiten der Mitarbeiter ausbauen	• Anteile der Angestellten mit Personalentwicklungsplänen • Anzahl der Weiterbildungstage pro Beschäftigtem • Unfälle pro eine Million Arbeitsstunden	• Auf 100 % ausbauen • Werkspezifische Ziele • Weniger als zehn Unfälle	• Karrierepläne umsetzen durch internationale Jobrotation
Mitarbeiter besser informieren	Index in Vorbereitung		
Zielorientierte Entlohnung einführen	Anteil der Beschäftigten mit zielorientierter Entlohnung	Mehr als 3,5 %	• Austausch von Mitarbeitern zwischen den Werken
Positive Einstellung zur Scorecard fördern	Index in Vorbereitung		

Die Balanced Scorecard ist ein umfassendes Instrument zur strategischen Unternehmenssteuerung und zur Implementierung des Zielsystems, das seine maximale Wirkung dann
entfalten kann, wenn das Top-Management uneingeschränkt hinter seiner Anwendung
steht und schon bei der Strategieplanung Mitarbeiter aller Funktionen beteiligt. Erfolgreiche Unternehmensbeispiele über den Einsatz des Instruments liegen bereits vor. So gehören *Continental, Heidelberger Druckmaschinen, Mannesmann Rexroth, BASF* und *Siemens* zu
den Anwendern.

Wie jedes Instrument kann jedoch auch die Balanced Scorecard durch falsche Anwendung
einen kontraproduktiven Effekt haben. Es ist zu vermeiden, die detaillierten Steuer- und
Kontrollmechanismen, welche die Balanced Scorecard bietet, zu einer generalstabsmäßi-
gen Überwachung der Mitarbeiter zu nutzen. Als „getarntes Instrument zur Beherrschung
der Mitarbeiter" mit befehlsgleichen Zielanordnungen hat das Instrument seinen Sinn
verfehlt. Erst die Freiheit in der Art der Zielerreichung und die Beteiligung am Zielfin-
dungsprozess sichern die Motivation der Mitarbeiter.

In Kombination sind die Abstimmungsprozesse des Management by Objectives und das
strukturierte Kennzahlensystem der Balanced Scorecard ein sehr wirkungsvolles Instrument zur motivierenden Führung der Mitarbeiter – auch und gerade im Hinblick auf Innovationsmanagement.

Anreiz- und Entlohnungssystem - variable Gehaltsanteile

Inkonsequent ist es, von den Mitarbeitern unternehmerisches Verhalten zu erwarten, ihnen aber gleichzeitig durch ein reines Fixgehalt den Anreiz einer Gewinnbeteiligung vor-
zuenthalten. Anders ausgedrückt: Eine geeignet zusammengesetzte Erfolgsbeteiligung
(s. u.) ist ein bewährter Schritt zur Motivation von Mitarbeitern, der den Unternehmenserfolg auch zu ihrem eigenen Erfolg macht und den Ausbildungsprozess zum
Intrapreneur somit sinnvoll unterstützt. Ergänzt werden sollte die Erfolgsbeteiligung
durch das Gewähren flexibler Arbeitszeiten und -orte soweit möglich. Die Prinzipien „Vertrauen" und „Führen mit Zielvereinbarungen" machen eine tägliche Kontrolle der Mitarbeiter überflüssig

MbO und die Balanced Scorecard stellen eine geeignete Basis für variable Gehaltsanteile
dar: Diese können einfach an die Zielerreichung gebunden werden. Damit gelingt die
Ausrichtung des Entlohnungssystems auf die strategischen Ziele des Unternehmens, wie
folgendes Beispiel belegt:

Dem Dübelhersteller *Fischer* (1998) gelingt die Abstimmung des Zielsystems mit dem Entlohnungssystem. Er leitet die Leistungskriterien für einen variablen Gehaltsanteil seiner
Mitarbeiter direkt aus den Firmenleitbildern „innovativ, eigenverantwortlich und seriös" ab.

Tipp:

Machen Sie die variablen Gehaltsanteile Ihrer Mitarbeiter neben der persönlichen Zielerreichung gleichzeitig vom Unternehmensergebnis und Gruppenergebnis abhängig, also
vom persönlichen Leistungsbeitrag und vom Geschäftserfolg. Durch diese Berech-

nungsweise können Sie zu starke innerbetriebliche Konkurrenz zwischen den Gruppen verhindern. Sorgen Sie weiterhin für die Transparenz des Entlohnungssystems, damit Misstrauen und Neid von vornherein unterbunden werden.

Richtig ausgestaltet, sorgt das System variabler Gehaltsanteile bei den Mitarbeitern für:

■ Identifikation mit dem Unternehmen,

■ Motivation,

■ Kostenverantwortungsgefühl,

■ Gruppendruck,

■ Teamorientierung und Wissensteilung und

■ permanente Suche nach Verbesserungen aus Eigeninteresse.

Innovationserfolg schlägt sich auf diese Weise im eigenen Geldbeutel des Mitarbeiters nieder.

Honorierung von speziellen Innovationstätigkeiten

Verstärkt werden kann der Effekt variabler Gehaltsanteile durch weitere Belohnungen für außergewöhnliche bzw. unerwartete Innovationsleistungen. Diese können in Form von

■ Lob,

■ speziellen Preisen oder

■ Erfolgsbeteiligungen

vergeben werden.

Da Geld nicht die einzige Motivationsquelle ist, sind auch nicht-monetäre Belohnungen in Betracht zu ziehen. Die sicherlich kostengünstigste und trotz ihrer Wirksamkeit oft vernachlässigte Form der Belohnung ist das Lob des Vorgesetzten. Das menschliche Streben nach Anerkennung wird schon durch wenige freundliche Worte oder ein „Schulterklopfen" direkt bedient, wobei der Effekt durch öffentliche Aussprache des Lobs noch verstärkt wird.

In der deutschen und österreichischen Unternehmenspraxis wird nach unseren Beobachtungen aus Angst vor nachfolgenden Gehaltsforderungen eher selten gelobt, sehr oft gilt das Schweigen der Führungskraft als Indikator für eine gute Leistung. Besonders in US-amerikanischen Unternehmen dagegen wird häufig explizit gelobt, was auch in formalen Auszeichnungssystemen zum Ausdruck kommt:

■ Bei *Wal Mart* wird der Mitarbeiter des Monats gewählt und dessen Bild dann in Großformat in den Geschäftsräumen ausgehängt.

■ Bei der Firma *3M* gibt es einen sogenannten „Innovator Award", der jährlich einer Reihe von Forschern zuerkannt wird.

Grundsätzlich sind in anderen Kulturkreisen funktionierende Methoden zwar nicht unreflektiert eins zu eins nach Europa zu übertragen, doch hier wird mit Sicherheit ein wirksames Motivationsmittel vernachlässigt, denn auch Europäer streben nach Anerkennung.

Neben **Auszeichnungen** sind auch anders geartete Preise denkbar und wirksam. Ein gemeinsames Abendessen mit dem Geschäftsführer, eine Wochenendreise nach Paris oder die Beteiligung des Preisträgers an einem Wunschprojekt sind nur wenige Beispiele einer kreativen Auswahl. Den größten Effekt für das Ansehen des Empfängers erzielt man durch die öffentliche Verleihung der Auszeichnung.

Dennoch bleiben Prämien bzw. monetäre Erfolgsbeteiligungen selbstverständlich eine wichtige Motivationsquelle. Variable Gehaltsanteile können abseits der Zielvereinbarungen auch auf spezielle, einmalige Projektleistungen bezogen werden. Sony operierte beispielsweise bereits in den 80er-Jahren erfolgreich mit dem Anreizsystem, Entwicklungsteams mit einem „kleinen, aber signifikanten" Anteil des späteren Produktumsatzes zu belohnen.

Als besonders vielversprechend kann die „mehrdimensionale" Kombination von Anreizen und Belohnungen wie in folgendem Beispiel gelten:

Ein wirkungsvoll motivierendes Unternehmen – ein Automobilzulieferer – gewährt nicht nur ausreichend Lob. Alle Mitarbeiter erhalten variable Lohnkomponenten, innovative Mitarbeiter zusätzlich Extra-Prämien.

Loslassendes Führen mit Zielvereinbarungen und Anreizen fördert also die Innovationsbereitschaft der Mitarbeiter – es verlangt jedoch auch entscheidende Veränderungen und Mut aufseiten der Führung.

Tipp:

Achten Sie bei der Ausgestaltung des Prämien- bzw. Preissystems auf folgende Rahmenbedingungen:

- Die Belohnung muss zur Firmenkultur passen. Ein mit einer hohen Geldsumme belohnter Mitarbeiter wird in einer sonst finanziell restriktiven Unternehmung schnell zum beneideten Außenseiter.

- Das Belohnungssystem darf nicht zum Bestrafungssystem für die anderen Mitarbeiter werden. Neid und Missgunst sind durch transparente Ermittlung des Preisträgers zu vermeiden. Denkbar ist beispielsweise eine interne Gremienwahl oder ein System, bei dem jeder Mitarbeiter oder Kunde eine bestimmte Anzahl von Punkten oder Coupons an Kollegen vergeben darf. Diese alternative Vorgehensweise hat einen entscheidenden Vorteil: Da die Belohnung in diesem Fall nicht vom Chef kommt, wird eine neue Ebene der Anerkennung und damit auch der Motivation erreicht.

> – Vorab ausgeschriebene Preise sind transparenter und damit unangekündigt anlass-
> bezogen vergebenen vorzuziehen, da letztere keine breite Motivationswirkung besit-
> zen und potentiell den Anschein von Willkür erwecken. Zudem setzen im Nachhin-
> ein ins Leben gerufene Auszeichnungen keinen positiven internen Wettstreit in Gang.

c. Übertragung von Macht und Verantwortung - Führungskräfte als Coaches

Befähigte und motivierte Mitarbeiter müssen in die Lage versetzt werden, ihr Engagement
zum Wohle des Unternehmens – und zu ihrem eigenen Wohl – in die Tat umzusetzen. Sie
brauchen Verantwortung und Macht. Für deren Delegation hat sich der englische Begriff
für Ermächtigung („Empowerment") eingebürgert. Der zu erweiternde Handlungsspiel-
raum der Intrapreneure im Vergleich zum herkömmlichen Mitarbeiter besteht nicht nur
aus einem vergrößerten Tätigkeitsspielraum („job enlargement"), sondern insbesondere
auch aus einem vergrößerten Entscheidungsspielraum („job enrichment").

Vorgesetzte lehnen die Abgabe von Verantwortung oft ab

Übertragung von Verantwortung heißt daher insbesondere auch Abgabe von Verantwortung und des damit assoziierten Entscheidungsspielraums. Das Empowerment ist für
viele Führungskräfte damit eine noch größere Herausforderung und Umstellung als für
die Mitarbeiter. *„Es ist wesentlich schwieriger, die Kästchen in den Köpfen loszuwerden als die
Kästchen im Organigramm"*, sagte uns ein Vertreter der Unternehmensleitung eines deutschen Maschinenbauers. Allzu oft ist es üblich, dass Vorgesetzte ihren Informationsvorsprung als Machtbasis ansehen und nutzen. Typischerweise sehen sie deshalb ihren Be-
sitzstand bedroht und versperren sich der angestrebten Veränderung, wenn sie ihre Mitarbeiter zu Intrapreneuren ausbilden sollen.

Nach einer Studie von Manz (1990, S. 145, 170) in KMU aus dem Maschinenbau trifft dies
vorrangig auf Manager der mittleren Führungsebene zu, da diese in besonderem Maße
betroffen sind. Neben ihrer Angst vor Degradierung fehlt ihnen die Erkenntnis, dass durch
die Integration der Mitarbeiter- bzw. Nutzungsperspektive die Systemperspektive der
Führungskräfte sinnvoll ergänzt wird und dadurch zeit- und ressourcenaufwendige
Anpass- und Einarbeitungszeiten verkürzt werden.

Unsere eigene Studie unterstützt diese Aussage im Kern: Zum Teil selbst nach der Teilnahme an diesbezüglichen Schulungen widersetzten sich die Führungskräfte der Abgabe
von Verantwortung und verharrten in ihrer herkömmlichen Auffassung von Hierarchie.
Auch bei zunächst hierarchiefrei erscheinender Teamarbeit zeigt eine nähere Betrachtung
oft die unveränderte Hackordnung: *„Der hierarchisch am höchsten gestellte trägt bei uns automatisch die Verantwortung im Team"*, sagte uns ein Mitarbeiter eines deutschen Unternehmens. Da Vertreter der Unternehmensführung in beinahe allen Gremien präsent sind,
sorgen diese letztlich alleine für alle Entscheidungen. Wie kontraproduktiv ein solches
Verhalten für die Ausbildung von Intrapreneuren ist, zeigt der Kommentar eines Verkäu-
fers eines anderen Unternehmens, bei dem sich die Situation ähnlich darstellt: *„Durch das
allgegenwärtige ‚Ober sticht Unter' wird den Leuten bei uns regelrecht die vorhandene Motivation*

genommen." Die wohl schwierigste und zugleich wichtigste Aufgabe liegt also darin, die Führungskräfte auf eine veränderte Rolle vorzubereiten.

Neue Art der Führung und Hierarchie

Führung und Hierarchie bleiben auch nach der Ausbildung von Intrapreneuren grundsätzlich vorhanden und notwendig, sie verändern jedoch ihr Gesicht.

Die Aufgaben des Coaches sind:

– Intrapreneure auszubilden,

– optimale Rahmenbedingungen für produktive Arbeit zu schaffen,

– Selbstführung und Selbstverantwortung der Mitarbeiter zu fördern und

– die Mitarbeiter zu beraten und ihnen Wege zu ebnen.

Führen heißt in Zukunft also eher dienen als anweisen, der Coach ist für die grobe Richtung und für das Umfeld verantwortlich. Er sorgt nicht wie ein Trainer direkt für Leistungssteigerung, sondern für Leistungsbereitschaft, Teamgeist sowie gemeinsame Wert- und Zielvorstellungen. Dabei verliert die formale bzw. hierarchische Macht zunehmend an Bedeutung zugunsten informeller Macht durch Fach- und zwischenmenschliche Kompetenz (s. **Tabelle 3.3**).

Tabelle 3.3   Unterschied zwischen herkömmlicher Führung und Coaching
(Quelle: Eigene Darstellung)

	Herkömmliche Führung	Coaching
Machtbasis	hierarchisch-formale Macht	zwischenmenschliche und Fachkompetenz als Machtbasis
Führungsfokus	Fremdführung, Fremdverantwortung	Selbstführung, Selbstverantwortung
Aufgabe der Führungskraft	Leistung direkt steigern	Leistungsbereitschaft steigern, Rahmenbedingungen schaffen
Mitarbeiterbild	Untergebener	Partner
Führungsverhalten	Anweisen	aktivieren, befragen, ins Spiel bringen
Bild des Vorgesetzten	Würdenträger	Helfer, Partner
Koordination	über Hierarchie und detaillierte Aufgabenverteilung	über Ziele und gemeinsame Werte

Am einfachsten auf den Punkt bringen lässt sich die Führungsweise durch die charakteristische Gegenfrage des Coaches: „Wie würden Sie es denn machen?", auf eine fachliche Frage eines seiner Mitarbeiter. Der Trend geht damit in Richtung einer Verschiebung von der Fremdführung hin zur Selbstführung.

Konsequent umgesetzt bedeutet die Entscheidungsfreiheit des mündigen Mitarbeiters auch, dass die von ihm getroffenen Entscheidungen unwiderruflich sind. Eine nachträgliche Korrektur darf daher nur im Notfall erfolgen, da sie auf Motivation und Engagement verheerende Auswirkungen haben kann.

Coaching bedeutet damit nicht weniger Führung, sondern bringt im Gegenteil eine größere Herausforderung für die Inhaber leitender Funktionen mit sich. Durch Befragen der Mitarbeiter entwertet sich eine Führungskraft nicht selbst – im Gegenteil, sie zeigt damit, dass sie die Mitarbeiter ernst nimmt.

Tipp:

Lassen Sie einen Mitarbeiter die von ihm selbst vorgeschlagene Vorgehensweise umsetzen, auch wenn es eine etwas bessere gibt. Er wird dies mit voller Motivation tun. Zwingen Sie ihn dagegen zu Ihrer Lösung, wird er im Zweifel alles daran setzen, zu beweisen, dass eigentlich seine Lösung die bessere war.

Nach unseren Beobachtungen haben innovative Unternehmen einen höheren Anteil an Intrapreneuren als nicht innovative Unternehmen – ein Indiz dafür, dass die Qualität der Führungskräfte und Mitarbeiter entscheidend für den Innovationserfolg verantwortlich ist.

Intrapreneure fehlen vor allem dort, wo weder Coaching noch MbO praktiziert wird. In solchen Fällen ist dringend zu entsprechenden Qualifizierungsmaßnahmen zu raten.

Trotz dieser Negativbeispiele ist insgesamt eine fortgeschrittene Wandlung der Vorgesetzten- und Mitarbeiterbilder zu beobachten. Obwohl bei den meisten von uns untersuchten Unternehmen eine unverändert formal-hierarchisch geprägte Führungsstruktur vorherrscht, ist bei ihnen ein allmähliches Umdenken unverkennbar. Nur in wenigen Unternehmen ist die Ausbildung von Intrapreneuren jedoch bereits ausdrückliches Ziel.

Eine der positiven Ausnahmen wird von der *3K-Warner Turbosystems GmbH* aus Rheinland-Pfalz gebildet:

Der Qualitätsleiter des Automobilzulieferers schilderte das Empowerment der Mitarbeiter als Herausforderung für situatives Führen: *„Wo Motivation fehlt, muss die Führungskraft durch Anreize helfen, wo das Können fehlt, ist ein Eingreifen durch Schulung angesagt und wo beides bereits vorhanden ist, genügt die Koordination durch Beschwören gemeinsamer Ziele."*

Damit ist ein wichtiger Punkt angesprochen: Gemäß dem Prinzip der Grundmuster ist es falsch, pauschal von jedem Unternehmen eine sofortige Umstellung auf partizipatives Führen zu erwarten. Eine Firma wie ein deutscher Maschinenbauer unserer Studie z. B., in der eine sehr straffe Führung praktiziert wird und die Mitarbeiter kaum eigenverantwortliches Arbeiten gewohnt sind, ließe sich mit solch einer Umstellung in kürzester Zeit zugrunde richten. Hier sind allmähliche Veränderungen zu empfehlen, welche die langsam wachsende Bereitschaft und Fähigkeit der Mitarbeiter und Führungskräfte berücksichtigen.

Die (Innovations-)Führung von *3K* kann nach unseren Untersuchungen als vorbildlich gelten: Management by Objectives wird nach den übergeordneten Zielen Kosten, Qualität, Kundenzufriedenheit und Mitarbeiter in messbaren Teilzielen bis zur untersten Mitarbeiterebene hinuntergebrochen und quartalsweise anhand von visualisierten Graphiken überprüft. Für zusätzliche Motivation sorgen ausreichendes Lob und Prämien für alle Mitarbeiter in Abhängigkeit vom Gesamtergebnis des Unternehmens und dem Erreichungsgrad der persönlichen Ziele – wobei hierbei auch der Entwicklungsfortschritt bzw. das Entwicklungsergebnis der Innovationsprojekte Berücksichtigung findet. Das Feedback über den Leistungsstand des Unternehmens und der Gruppen im Speziellen wird über Informationstafeln und mindestens monatliche Gruppenbesprechungen gewährleistet. Der Inhalt der Informationstafeln wird dabei wie gesagt von jeder Gruppe selbst bestimmt. Die Ausbildung zu Intrapreneuren wird unterstützt durch die Schulung des Könnens der Mitarbeiter: In den vier Untergruppen Fachkompetenz, Methodenkompetenz, Sozialkompetenz und Personalkompetenz findet unter der Verantwortung des jeweiligen Vorgesetzten ein regelmäßiger Soll-Ist-Abgleich statt, Defizite können so systematisch durch Schulungen behoben werden.

Als weiterer Beleg für die Erfolgswirksamkeit der veränderten Rollen von Mitarbeitern und Vorgesetzten ist der erfolgreiche Turnaround der *VA Stahl* anzuführen. Neben den organisatorischen Maßnahmen wurden dabei das Vorgesetzten- und das Mitarbeiterbild radikal verändert. Der Vorgesetzte gilt jetzt als Coach, der "teamfähig, innovationsbereit, vielseitig und Menschen schätzend" ist anstatt "Würdenträger". Titel wurden abgeschafft und Klassenschranken eingerissen. Der Wertewandel bezog sich jedoch nicht nur auf die Vorgesetztenseite. Die Mitarbeiter sollten bereit sein, mehr Verantwortung zu übernehmen und bekamen auch entsprechende Vollmachten. Ein Vorstandsmitglied wird zitiert mit: *„Ich wünsche mir viele, viele Unternehmer im Betrieb"* (Knoche 1997).

3.2.3   Innovationsförderliche Aufbauorganisation des Unternehmens

„Wer Zäune aufstellt, züchtet Schafe."[17]

Die beschriebene innovationsförderliche Führungsstruktur kann sich bis zu einem bestimmten Grad informell etablieren, also unabhängig von der formalen Unternehmensorganisation. Dennoch werden sich Coaches und Intrapreneure angesichts mit formal-hierarchischer Macht ausgestatteter Managementebenen und traditionell geprägter Verantwortungs- und Entlohnungsstrukturen schwertun. Die Unternehmensorganisation

---

[17]   Horst Höller, Österreich-Chef von *3M*

ist auch Unternehmensinfrastruktur und beeinflusst damit das Innovationsmanagement erheblich. Die Frage lautet: Welche ist die innovationsförderliche Organisationsform, die das beschriebene Führen optimal unterstützt?

Wichtigkeit der Organisation für die Innovationsfähigkeit

Die Innovationsfähigkeit eines Unternehmens muss neben dem effektiven und effizienten Ablauf des Tagesgeschäfts gleichberechtigtes Ziel bei der Auswahl der Organisationsstruktur sein. Daraus lässt sich die Empfehlung der Trennung von Innovationsorganisation und operativem Tagesgeschäft ableiten (vgl. Kapitel „Prozessorganisation"). Innovation erfordert Reaktionsfähigkeit auf veränderliche Rahmenbedingungen und Kundenwünsche, gewährleistet durch reibungslose Zusammenarbeit, Schnelligkeit, Flexibilität und Kreativität. Ziel muss es sein, schnellen Wandel als Wettbewerbschance und nicht als Problem aufzufassen.

Anforderungen an eine innovationsförderliche Organisationsform lassen sich als Überwindung von typischen Innovationshindernissen spezifizieren (s. **Abbildung 3.10**).

Abbildung 3.10   Innovation braucht flexible, kooperative und dezentrale Strukturen
(Quelle: In Anlehnung an Lutz et al. 1995, Hartmann, König 1996,
Schultz-Wild, Lutz 1997, Little 1997)

Typische Innovationshindernisse:		Anforderung an innovationsförderliche Organisationsformen:
• Funktionale Abläufe • Kommunikationsbarrieren • Bereichsegoismen • Hierarchien und Regeln • Strenge Arbeitsteilung		• Dezentrale Steuerung mit selbstverantwortlichen Einheiten (a) • Kooperative und kommunikative Strukturen (b) • Flache Hierarchie (c) • Prozeßorientierung (d)

(a) Dezentrale Steuerung mit selbstverantwortlichen Einheiten

Große, zentral gesteuerte Konzerne haben häufig Probleme mit ihrer Reaktionsfähigkeit. Schnelligkeit und Flexibilität werden ebenso wie Kreativität vor allem von kleinen, beweglichen Strukturen erreicht. Der Trend geht daher zu Recht zu sich selbst organisierenden und optimierenden, verantwortlichen Einheiten. Was auf Unternehmensebene durch autonome Konzerntöchter zum Ausdruck kommt, setzt sich innerbetrieblich durch die Aufhebung starker Arbeitsteilung und Spezialisierung sowie durch verstärkte Projektorganisation anstelle „starrer Organigramme" fort. Die Aufbauorganisation verliert an Bedeutung – damit entstehen veränderliche, also dynamische Strukturen, die sich schnell und flexibel an aktuelle Anforderungen anpassen können.

(b) Kooperative und kommunikative Strukturen

Eine innovationsförderliche Organisationsform zeichnet sich aus durch offene Strukturen nach außen und innen. Interne und externe Grenzen müssen aufgeweicht, möglichst viele statt wenige Kontakte geknüpft werden, sodass das Unternehmen eher einer *„Amöbe als einer Wagenburg"* gleichen (Eickhoff 1996, S. 175 ff).

Interdisziplinäre Teams und Arbeitsgruppen sowie interne und externe Netzwerke sorgen für ein „atmendes", „lebendiges", auf schnellen Informationsaustausch ausgerichtetes Unternehmen. Hilfreich ist hier der Grundsatz der kurzen Wege bzw. offenen Türen. Dazu eine typische Aussage des Geschäftsführers der *Jung Pumpen GmbH*: *„Bis hin zu meiner Person ist hier jeder Mitarbeiter grundsätzlich für jeden zu sprechen."*

(c) Flache Hierarchie

Eine ausgeprägte Hierarchie stellt Aufgabenverteilungen, Kompetenzabgrenzungen und Weisungsbefugnisse klar und hat bei sich ständig wiederholenden Abläufen ihre Berechtigung – dort sorgt sie für Ordnung und Effizienz. Bei wachsender Umweltdynamik und -komplexität – wie sie in der heutigen Unternehmensrealität zunehmend vorherrscht – wirkt sie jedoch als „Strukturkorsett". Hier sind kurze Wege, Entbürokratisierung und Entscheidungsgeschwindigkeit gefragt.

Eine Organisation mit wenig Hierarchieebenen ist damit förderlich für eine innovationsfreundliche Unternehmenskultur, in der Coaches und Intrapreneure gedeihen können. Die Enthierarchisierung führt zu einer veränderten Implikation des Wortes „Mitarbeiter" – an Stelle der Bedeutung „Untergebener" tritt die Bedeutung „Partner" im Streben nach einem gemeinsamen Ziel (vgl. Abschnitt zu „Coaching").

Flache Hierarchien begünstigen auch nach unseren Beobachtungen Innovation:

Während die *Rosenbauer International AG* bei mehreren hundert Mitarbeitern auf nur drei Hierarchieebenen (Vorstand, Bereichsleiter, Team) kommt, bringt es ein etwas kleinerer Pumpenbauer auf sieben Abstufungen: Geschäftsführer, Geschäftsleiter, Bereichsleiter, Abteilungsleiter, Gruppenleiter bzw. Meister, Gruppensprecher und einfaches Gruppenmitglied. Das erstgenannte Unternehmen schnitt bei unserem Innovationstest (vgl. Kapitel „Innovationsanalyse und -optimierung") erheblich besser ab.

Das Extrem – die völlige Hierarchielosigkeit – führt allerdings zu unklarer Kompetenzverteilung und damit zu verzögerten Entscheidungen. Früher oder später bilden hierarchielose Umgebungen „Schattenhierarchien" heraus, wenn die Know-how-Träger die Macht informell an sich reißen (Shapiro 1997).

Hierarchie ist also – im richtigen Maß – nach wie vor ein sinnvolles und wirkungsvolles Koordinationsinstrument. Solange die Hierarchie nicht einengend wirkt, sondern mit der „väterlichen Fürsorge europäischer Tradition" verbunden ist, sorgt sie im positiven Sinne für Vertrauen und Loyalität unter den Beschäftigten (ebenda). Zudem ist die Beförderung immer noch eine vielfach geschätzte Option der Unternehmensführung zur Nutzung der Motivationsquelle „Ansehen", wie uns der Inhaber einer mittelständischen Firma aus Niedersachsen berichtete.

Die Aufgabe besteht somit darin, die angemessene Anzahl an Hierarchieebenen zu finden. Quinn (1985, S. 86) beziffert ihre optimale Anzahl bezüglich Innovationsmanagement in KMU auf drei.

(d) Prozessorientierung

Werden eine weitgehend tayloristische Arbeitsteilung und organisatorische Zersplitterung aufgehoben und zusammengehörige Arbeitsprozesse zusammengefasst, kann die oft vorherrschende Funktionsdominanz durch eine Dominanz der Schlüsselprozesse abgelöst werden. Diese in den 90er-Jahren in der Managementlehre stark propagierte Prozessorientierung ist ein Prinzip, das für eine bessere Zusammenarbeit und Kommunikation entlang der Wertschöpfungskette sorgt – und damit nicht zuletzt auch der Innovationsfähigkeit des Unternehmens zugute kommt.

> **Tipp:**
>
> Führen Sie ein innerbetriebliches Kundenverständnis ein! Wenn die jeweils nachfolgende Einheit im Prozess der Leistungserstellung als (interner) Kunde betrachtet wird, so fördert diese Sichtweise einen Abbau von Schnittstellen und Informationsverlusten. Am Ende ist der externe Kunde Nutznießer der Prozessorientierung, da alle Aktivitäten auf ihn ausgerichtet sind.

Zum Einfluss der Unternehmensorganisation auf die Innovationsperformance machten wir folgende Beobachtungen:

- Die bereits erwähnte Firma *Rosenbauer International AG*, Produzent von Feuerwehrfahrzeugen und Löschsystemen, hat ihre Organisationsstrukturen vollständig auf Prozessorganisation umgestellt: Die Prozessteams sind für ein Produkt von dessen Entwicklung über die Fertigung bis hin zum Vertriebs- bzw. Auftragsprozess zuständig. Geleitet werden sie von „Prozessteamsprechern", intern gewählten „Primus inter pares". Die erreichte Kundennähe und die abgeschafften Schnittstellen zwischen Abteilungen sorgen für den Erfolg des Konzeptes, das sich auch in einem funktionierenden Innovationsmanagement niederschlägt.

- In einem anderen Unternehmen sorgt eine hochgradig arbeitsteilige Organisation dafür, dass sich niemand in einem anderen als dem eigenen speziellen Fachgebiet auskennt. Interdisziplinäres, unternehmerisches (Mit-)Denken bleibt in diesem Unternehmen ebenso weitgehend aus wie vielversprechende Innovationsideen.

Ein geeignetes Konzept zur Umsetzung der beschriebenen Anforderungen an die Organisationsstruktur und damit zur Unterstützung innovativer Mitarbeiter ist die von Warnecke (1992) erdachte „Fraktale Fabrik".

Exkurs: Das Organisationskonzept „Fraktale Fabrik"

Nach Warnecke (1992, S. 99 f) bringen aufgrund von bürokratischen Strukturen und dem gängigen Führungsverhalten nur etwa 20 Prozent der Mitarbeiter die volle Leistung. Weiterhin moniert er den Verlust des Kundenbezugs durch die Mitarbeiter, was er auf die weit verbreitete Anwendung des Prinzips Arbeitsteilung zurückführt.

Der von Warnecke entworfene Lösungsansatz, die **Fraktale Fabrik,** setzt im Wesentlichen auf die Entwicklung und den Einsatz der Fähigkeiten der Mitarbeiter, die in veränderten Organisations- und Führungsstrukturen stärker zur Entfaltung kommen sollen. Damit entspricht die anvisierte Rollenverteilung in der Fraktalen Fabrik den bereits erläuterten Coaches und Intrapreneuren.

Auf organisatorischer Seite werden agile Mitarbeitergruppen, sogenannte **Fraktale,** gebildet, die den Prinzipien **Selbstorganisation, Selbstähnlichkeit** und **Dynamik** genügen. Damit können den Vorteilen der herkömmlichen Gruppenarbeit noch weitere hinzugefügt werden.

Selbstähnlichkeit bedeutet, dass Struktur, Spielregeln und Ziele des Gesamtunternehmens in den Fraktalen wiederzufinden sind. Dabei spielt die Übereinstimmung von individuellen und Unternehmenszielen, die Zielkonformität, eine entscheidende Rolle für die Motivation der Mitarbeiter. Mit dieser Durchgängigkeit wird für eine Stabilität gesorgt, die ansonsten höchst flexible Strukturen ermöglicht.

Dynamik beschreibt die Tatsache, dass Veränderungsbereitschaft nicht nur innerhalb der Fraktale vorherrscht, sondern dass je nach Situation auch die Zusammensetzung der Fraktale selbst verändert werden kann. Die Gruppen richten sich dabei agil auf veränderliche Erfolgsfaktoren aus – und zwar eigenständig. Damit steht die Dynamik in engem Bezug zum dritten Prinzip, der **Selbstorganisation.**

Wie bestimmte Ziele erreicht werden, obliegt ganz allein dem Fraktal. Selbstorganisation bringt auch die Notwendigkeit von **Selbstkontrolle** mit sich, also die weitgehende Delegation der Kontrollfunktion in die Fraktale. Hier treten die oben geschilderten Anforderungen an Führungskräfte auf, die mit der Abgabe von Verantwortung verbunden sind. Da der Unternehmensführung „nur noch" die Überwachung der übergeordneten Ziele bleibt und der unmittelbare Einfluss auf das Tagesgeschäft verloren geht, ist das wichtigste von ihr zu erlernende Prinzip das Vertrauen in die Belegschaft, das die Kontrolle ersetzt.

Die Schwierigkeiten, die Führungskräfte beim Gedanken an dynamische Strukturen haben, führt Warnecke (1992, S. 125 f) auf unsere analytische Denktradition bzw. unser deterministisches Weltbild zurück. Eine planbare – im Sinne von sicher vorhersehbare – Zukunft und eine daraus ableitbare optimale Unternehmensstruktur sind jedoch Wunschvorstellungen, von denen sich die Realität immer weiter entfernt – ein Umdenken wird notwendig. Die dynamisch entstehenden, spontanen, situativ optimalen Ordnungen sind damit starren Strukturen überlegen.

Koordination in der Fraktalen Fabrik

Jede Art von Föderalismus, um diesen aus der Politik stammenden Begriff zu benutzen, wirft die Frage nach einer Koordination der einzelnen, weitgehend selbstständig agierenden Teile auf. In der Tat muss die Unternehmensführung einer Fraktalen Fabrik darauf achten, dass das Prinzip der Selbstorganisation nicht verbreitet zu Einzelkämpfertum und schlechter Zusammenarbeit der Fraktale führt. Jedoch darf Warneckes Organisationsmaxim nicht mit einem Laissez-faire-Liberalismus verwechselt werden, um im Vergleich mit der Politik zu bleiben. Führung findet auch in der Fraktalen Fabrik statt, entscheidende Koordinationsmechanismen sind die Vergabe von Ressourcen sowie gemeinsame Grundwerte und Ziele. Das Koordinationsinstrument Struktur verliert an Bedeutung zugunsten der Klammerwirkung des Zielsystems – das Zusammenfügen zu einem harmonischen Ganzen bleibt möglich.

Ein Nachteil der dezentralen Vergabe von Verantwortung ist der Verlust von Synergien. Hier muss zwischen den Vorteilen der Synergie und den Vorteilen der Dezentralität abgewogen werden. Besonders teure Betriebsmittel werden durch eine geeignete Segmentierung der Fraktale natürlich ausgelastet und nicht mehrfach beschafft. Gewisse Redundanzen sind in der Fraktalen Fabrik jedoch zu akzeptieren, da sie im positiven Sinn internen Wettbewerb stimulieren (Warnecke 1992, S. 75, 101).

Dezentrale Entscheidungen erfordern auch entsprechende Navigationssysteme. Die unternehmerisch agierenden Gruppen benötigen Informationen zum Verlauf ihres „Miniaturgeschäfts" und regelmäßige Gruppengespräche zu dessen Steuerung.

Die Prozessorientierung ist zwar kein notwendiger Bestandteil der Fraktalen Fabrik, ergänzt sich aber sehr gut mit ihr zu einer Organisationsform höchster Effektivität und Effizienz. Die durchgängige Verantwortung für einen Geschäftsprozess kann idealerweise von einem Fraktal wahrgenommen werden – bei komplexen Prozessabläufen sind auch mehrere fraktale Teams in Folge denkbar, die sich als interne Kunden und Lieferanten zuarbeiten. Die durchgehende Prozessverantwortung wird in diesem Fall durch einen entsprechenden Leiter gewährleistet.

Die Fraktale Fabrik funktioniert - nicht nur in der Fertigung

Die Fraktale Fabrik ist in der Lage, durch Entbürokratisierung, Schnittstellenreduktion, Einschränkung der starken Arbeitsteilung und Reduktion der Hierarchie den entscheidenden Innovationsbarrieren (s. o.) entgegenzuwirken und die oben genannten Anforderungen an eine innovationsförderliche Organisationsform zu erfüllen. Das Konzept wurde zwar ursprünglich für die Fertigung bzw. Fabrikhalle konzipiert, mittlerweile wurde jedoch die weitergehende Gültigkeit seiner Grundprinzipien nachgewiesen – beispielsweise auf den „Dienstleistungsbetrieb Krankenhaus" (Warnecke 1995). Praxiserprobungen zeigen, dass mit einem fraktal organisierten Vertrieb eine minimale Reaktionsgeschwindigkeit des Unternehmens auf geänderte Anforderungen des Marktes bei gleichzeitig minimalen Vertriebskosten erreicht werden kann (Jaberg 1997).

Einen eindrucksvollen Beleg für das Funktionieren des Prinzips „Fraktale Fabrik" liefert der Testfall *Dasa*. Der Hersteller von Flugzeugbaugruppen schaffte es, mit 50 Prozent weniger Führungskräften seine Durchlaufzeiten um 60 Prozent zu reduzieren, die DV-Kosten zu halbieren und eine taggenaue Lieferquote von 98,5 Prozent zu erreichen.

Fraktale Fabrik und Innovationsfähigkeit

Zwischen der Fraktalen Fabrik und der Innovationsfähigkeit des Unternehmens besteht ein direkter und ein indirekter Zusammenhang:

■ Kleine, autonome Produktionseinheiten sind unmittelbar zu schnellerer Innovation und Anpassung an veränderliche Erfolgsfaktoren im Wettbewerb fähig

■ Stärker einbezogene, motivierte Mitarbeiter engagieren sich mittelbar auch stärker für die Leistungsverbesserung des Unternehmens

Damit ist die Fraktale Fabrik ein ideal geeignetes Modell zur organisatorischen Unterstützung des Führungs- und Mitarbeitermodells von Coaches und Intrapreneuren und kann als zukunftsträchtige Unternehmensorganisation höchster Effizienz gelten.

Wichtiger als die Aufbauorganisation auf dem Papier ist jedoch die davon oftmals erheblich abweichende tatsächliche Struktur in der Praxis. Es kommt daher vor, dass ein scheinbar formal-hierarchisches Unternehmen informell über flexible, reaktionsfähige Strukturen verfügt.

Zwar werden nach unseren Beobachtungen zeitlich begrenzte Aufgaben immer häufiger von interdisziplinären, in vielen Fällen hierarchiefreien Projektteams bearbeitet, dennoch herrschen im verarbeitenden Gewerbe weiterhin herkömmliche funktionale Organisations- und Denkstrukturen vor. Ausgesprochen innovationsförderliche Strukturen wiesen die folgenden beiden Unternehmen vor:

■ Die *Alois Scheuch GmbH* besetzt Großprojekte mit Mitarbeitern aus Controlling, Fertigung bzw. Arbeitsvorbereitung, Konstruktion, Entwicklung, Einkauf, Verkauf und Projektabwicklung.

■ Bei der *3K-Warner Turbosysteme GmbH* beschränkt sich die Teamarbeit nicht auf die Fertigung – auch im Lager, in der Technik und im Vertrieb („Kundenteams") werden die Aufgaben von prozessverantwortlichen, selbstorganisierten Teams wahrgenommen.

3.2.4   Zusammenfassung des Kapitels

Aktive und engagierte Mitarbeiter sind Grundvoraussetzung für eine Innovations-Hochleistungsorganisation. Zielvereinbarungen, Schulungs- und Anreizsysteme sowie ein neues Verständnis von Führung schaffen die Voraussetzung für unternehmerisch agierende Mitarbeiter („Intrapreneure"). Wichtige flankierende Maßnahme ist die Wahl einer komplementären Unternehmensorganisation, die Selbstverantwortung, Flexibilität und Reaktionsfähigkeit unterstützt.

Checkliste: Haben Sie eine innovationsfreundliche Führung?

– Wird bei Ihnen auf allen Ebenen mit Management by Objectives geführt?

– Haben Sie Vorgesetzte, die Ihre Mitarbeiter coachen und entsprechend unternehmerisch denkende Mitarbeiter?

– Haben Sie weitere Innovationsanreize wie variable Gehaltsanteile, Prämien und Preise, und wird bei Ihnen ausreichend gelobt?

– Ist Ihre Organisationsform eher ausgeprägt hierarchisch, bürokratisch und arbeitsteilig oder verfügen Sie über flexible, reaktionsfähige, eigenverantwortliche Einheiten?

Mit der beschriebenen Ausprägung der Führung und der dazu passenden Organisationsform wird die Grundlage für eine innovationsfreundliche Unternehmenskultur geschaffen, welche im nächsten Kapitel thematisiert wird.

3.3 Die innovationsförderliche Unternehmenskultur

„Innovation entsteht nur in einer Innovationskultur. Entscheidend ist die Offenheit, Wissen zu teilen."[18]

3.3.1 Unternehmenskultur und Innovationsmanagement

Ob sich die Mitarbeiter für ein Unternehmen „ins Zeug legen", hängt auch davon ab, ob sie sich wirklich wohl fühlen und gerne zur Arbeit gehen. Niemand wird bestreiten, dass eine gute Unternehmenskultur dem Unternehmenserfolg zuträglich ist. Die Vermutung liegt daher nahe, dass auch das Gelingen der Forschungs- und Entwicklungsprozesse von einer guten Unternehmenskultur positiv beeinflusst wird. Dennoch sind selten Ansätze zur systematischen Beeinflussung der Unternehmenskultur zu beobachten.

Es stellt sich die Frage, welche die Determinanten der Unternehmenskultur sind und wie sich diese für das Innovationsmanagement förderlich gestalten lassen.

In diesem Kapitel wird der Zusammenhang zwischen der Kultur und der Innovationsfähigkeit des Unternehmens aufgezeigt. Es werden systematische Ansätze beschrieben, wie über den Umgang miteinander eine Lern- und damit Innovationskultur entwickelt werden kann.

---

[18] Jürgen Schrempp, ehem. Vorstandsvorsitzender der *DaimlerChrysler AG*, 2000 (aus: Leendertse 2000)

Ziele einer innovationsförderlichen Unternehmenskultur

Die Zielwerte der innovationsförderlichen Unternehmenskultur sind

– Veränderungsbereitschaft,

– Lernorientierung und

– teamorientierte Zusammenarbeit anstelle von Einzelkämpfertum.

Damit vermag die Unternehmenskultur einen Beitrag zur **Reaktionsfähigkeit** eines Unternehmens auf veränderliche Marktbedingungen und damit zu dessen Innovationsfähigkeit zu leisten.

Die Unternehmenskultur ist als *„System gemeinsam getragener Werte und Normen bzw. Grundannahmen"* definiert (z. B. Tushman, O'Reilly 1998, S. 128). Sie äußert sich in Symbolen, Ritualen, Leitsätzen bzw. Verhaltensnormen, Helden und Legenden. Diese Elemente dienen als effektives und effizientes soziales Kontroll- und Koordinationssystem, da es ohne tägliches Zutun der Unternehmensführung im Hintergrund wirkt. Dennoch geht die Unternehmenskultur von der Unternehmensspitze aus bzw. wird durch deren Verhalten geprägt.

Von *Robert Bosch* z. B. wird die Legende erzählt, dass er vor jedem neuen Mitarbeiter eine – zuvor absichtlich ausgelegte – Büroklammer aufhob, um das Prinzip der Sparsamkeit zu demonstrieren.

Die **positiven Funktionen der Unternehmenskultur** sind

■ Koordination,

■ Integration und

■ Motivation

der Mitarbeiter.

Ihr stabilisierender Charakter kann sich jedoch auch innovationsschädlich auswirken, wenn Erfolgsprinzipien der Vergangenheit institutionalisiert und gefestigt werden und damit unabänderlich erscheinen. Damit besteht die Gefahr, dass eine starke Unternehmenskultur die Firma im negativen Sinn nach außen abgrenzt und als Flexibilitätsbarriere wirkt.

Determinanten einer innovationsförderlichen Unternehmenskultur

„Um uns sicher zu fühlen, brauchen wir Erklärbarkeit, Vorhersehbarkeit und Beeinflussbarkeit von Ereignissen." [19]

---

[19]   Dieter Frey, Professor für Sozialpsychologie

Abbildung 3.11   Die innovationsförderliche Unternehmenskultur
(Quelle: Eigene Darstellung)

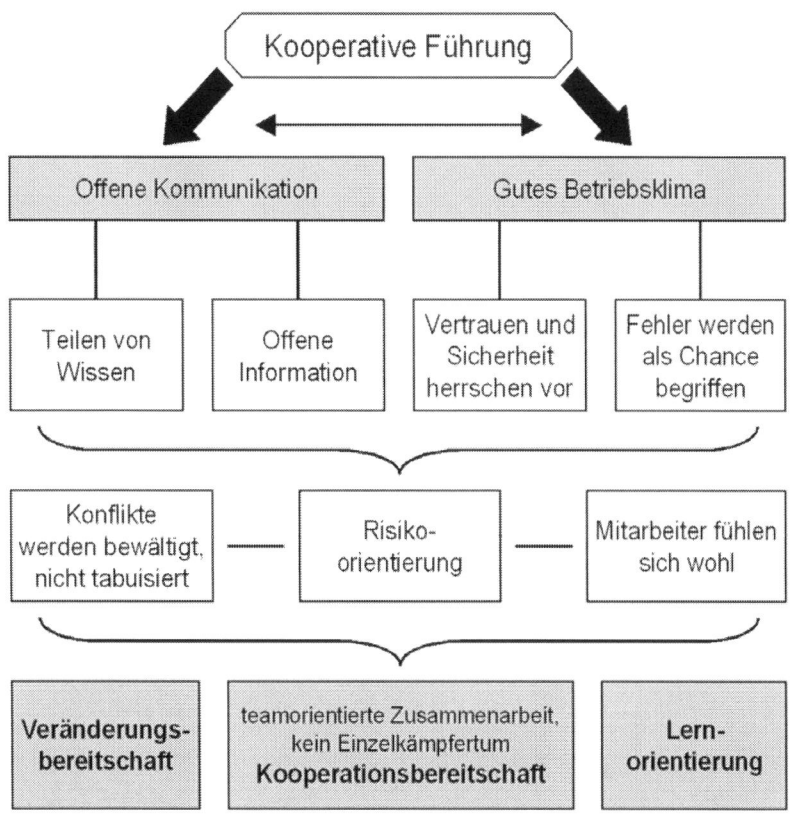

Der zentrale Einfluss auf die Unternehmenskultur geht von der Art der Mitarbeiterführung aus. Die empfohlenen Methoden und Ziele einer kooperativen Führung im Hinblick auf Innovationsmanagement wurden im vorigen Kapitel bereits dargelegt. Im Kontext der Unternehmenskultur hat die Führung insbesondere für eine **offene Kommunikation** und für ein **gutes Betriebsklima** zu sorgen, um die Innovationsfähigkeit des Unternehmens weiter zu unterstützen. Offene Kommunikation äußert sich im freiwilligen Teilen von Wissen seitens der Mitarbeiter und in einer offenen Informationspolitik der Unternehmensführung. Der Mensch strebt von Haus aus stabile Zustände an, er ist ein „Gewohnheitstier". Um ihn zu bestimmten Veränderungen zu motivieren, sollte ein Unternehmen daher möglichst viele Rahmenbedingungen stabil lassen. Ein gutes Betriebsklima ergibt sich durch eine Atmosphäre des Vertrauens und der Sicherheit, in der Fehler toleriert werden.

Als Resultat einer solchen Politik fühlen sich die Mitarbeiter im Unternehmen wohl – sie haben den „Rücken frei" und können ihre ganze Energie auf die Erfüllung ihrer Aufgabe verwenden. Konflikte werden nicht tabuisiert, sondern bewältigt, und notwendige Risiken werden nicht abgelehnt. Schließlich werden so die Zielwerte Kooperations-, Veränderungs- und Lernbereitschaft der Unternehmenszugehörigen erreicht (s. **Abbildung 3.11**).

Eine zentrale Rolle spielt das Verhalten der Führungskräfte. Nach ihrem Vorbild richten sich die Mitarbeiter: Wenn jene nicht veränderungsbereit sind und kontinuierlich nach Verbesserungen suchen, dann setzt sich dieses Manko durch die Hierarchieebenen hinweg fort. Nach den Erkenntnissen unserer Arbeit ist es daher häufig angebracht, vor den Maßnahmen zur Qualifikation der Mitarbeiter den Schulungsbedarf seitens der Führungskräfte zu überprüfen.

Eine weitere wichtige Rahmenbedingung darf nicht übersehen werden: Erheblich beeinflusst wird die Unternehmenskultur von der Kultur des größeren Unternehmensumfeldes (s. auch Kapitel 3.4). Damit wird klar, dass sich die Unternehmenskultur einer Firmenniederlassung immer auch an den regionalen Verhältnissen orientieren muss.

Es ist z. B. von vornherein zum Scheitern verurteilt, im stark vom Prinzip des Kollektivs geprägten Japan eine Firmenkultur der individuellen Leistungselite etablieren zu wollen.

3.3.2   Offene Kommunikation

„Transparenz ist immer gut. Leute sagen mir immer wieder, man könne Mitarbeitern doch nicht alles erzählen. Dabei sollten Mitarbeiter alles wissen. Wenn man Maßnahmen begründet, ... bekommt man eine motiviertere Truppe ..."[20]

Innovation braucht Dialog. Die Fähigkeit zum Zuhören und zur Konfliktlösung durch Konsens sind wichtige persönliche Voraussetzungen für die innovativen Mitarbeiter der Gegenwart und Zukunft. Die Dialektik – das Durchsetzen eigener Interessen mithilfe von Argumenten – tritt im gleichen Zug zwar weiter in den Hintergrund, wird aber keinesfalls obsolet – Innovation braucht Dialektik und Dialog. Kommunikation ist eine Basisfunktion, da der Einzelne im komplexen Umfeld nur dann erfolgreich den Weg finden kann, wenn er auch die Position der anderen genau kennt.

Offene Kommunikation lässt sich aufteilen in **vertikale** und **horizontale** offene Kommunikation.

---

[20]   Jack Welch, Ex-Chef von *General Electric*

Teilen von Wissen

Auf **horizontaler Ebene** ist der Informationsaustausch zwischen den Führungskräften und Mitarbeitern unterschiedlicher Abteilungen gefragt, der ganz entscheidend zur schnellen und fehlerlosen Bewältigung des Tagesgeschäfts beiträgt. Gleichzeitig fördert er jedoch auch die Entstehung und Weiterentwicklung von Innovationsideen.

Ein wichtiger Aspekt der horizontalen Kommunikation ist die Bereitschaft der Mitarbeiter, das eigene Wissen zu teilen. Weit verbreitet ist diesbezüglich immer noch die Einstellung, den eigenen Informationsvorsprung als Machtbasis und Daseinsberechtigung zu betrachten und zu nutzen. Wichtiges Wissen wird zurückgehalten – zum Schaden des Gesamtunternehmens. Unsere Beobachtungen zeigen allerdings eine Tendenz zur Besserung: Das Problem mangelnder Wissensweitergabe besteht zwar noch im Grundsatz, doch geben die meisten Unternehmen an, dass die „Informationsverweigerer" weniger werden.

Hinderlich für die Weitergabe von Wissen ist ein Gefühl der Unsicherheit beim Mitarbeiter. Vermittelt das Unternehmen dagegen Sicherheit, so erreicht es eine größere Offenheit:

Bei *Jung Pumpen* z. B., einem KMU aus Nordrhein-Westfalen, kümmert man sich um die Mitarbeiter: Es gibt sogar Hilfe bei Problemen im privaten Bereich und so gut wie keine Entlassungen – also hat niemand einen Grund, sein Wissen zurückzuhalten.

Für die Zukunft wird die Verlagerung von Expertenmacht zu Teamwissen zum wesentlichen Erfolgsfaktor. Wissensmanagement spielt im Innovationsmanagement auch über diesen Aspekt hinaus eine bedeutende Rolle, wie in Kapitel 3.4 näher erläutert wird.

Offene Information

Offene vertikale Kommunikation ist im Wesentlichen mit einer offenen Informationspolitik der Unternehmensführung und der mittleren Hierarchieebenen den übrigen Mitarbeitern gegenüber gleichzusetzen. Fließen die Informationen ungehindert von „oben nach unten", so werden Mitarbeiter umgekehrt beinahe zwangsläufig auch zu einem offenen Kontakt zu ihren Führungskräften bis hin zur Unternehmensspitze ermutigt.

Persönliche Informationsgespräche der Geschäftsleitung sind von Zeit zu Zeit sinnvoll und stärken deren realistischen Eindruck von den tatsächlichen Nöten „an der Basis". Außerdem demonstrieren diese Begegnungen ein wirkliches Interesse der Unternehmensführung an den Anliegen der Mitarbeiter – diese fühlen sich beachtet und als wichtiger Teil des Ganzen – ihre Motivation steigt. Darüber hinaus profitieren die Führungskräfte bei frühzeitigem Einbezug der Basis in wichtige Vorhaben vom wertvollen Wissen der Angestellten und Arbeiter.

Da sich persönliche Treffen der Geschäftsführung und der Mitarbeiter realistisch betrachtet nicht im Abstand weniger Tage durchführen lassen und sich damit nicht für den kontinuierlich notwendigen Informationsfluss eignen, sind andere Kommunikationswege einzusetzen:

Drei Kommunikationswege für den permanenten Informationsfluss zu den Mitarbeitern sind

■ Stellwände am Arbeitsplatz,

■ Intranet und

■ Informationsweitergabe nach dem „Schneeballsystem".

Das Schneeballsystem funktioniert folgendermaßen: Die Unternehmensspitze informiert zunächst die zweite Führungsebene, und die wiederum gibt die gleichen Informationen, angereichert um Abteilungsspezifisches, an ihre jeweiligen Mitarbeiter weiter und so fort. In kürzester Zeit lässt sich so jeder Mitarbeiter erreichen. Je nach Anzahl der Hierarchieebenen ist es empfehlenswert, zur durchgängigen Information den gleichen Foliensatz weiter verwenden zu lassen, um einer leicht möglichen Verfälschung des Weitergeleiteten vorzubeugen.

Dieses Kommunikationssystem ist universell einsetzbar: Gemeinsam mit der jeweiligen Unternehmensführung gelang es uns damit beispielsweise, in diversen Unternehmen die Mitarbeiter über den Sinn und Zweck der bevorstehenden Interviewgespräche im Rahmen der Datenerhebung für diese Arbeit zu informieren. Auf diese Weise konnten in kürzester Zeit das Vertrauen und die Akzeptanz der Belegschaft gewonnen werden.

Tipp:

Stellen Sie Information im „Rohzustand" zur Verfügung – etwa Innovationsziele, den Geschäftsverlauf oder Zielerreichungsgrade. Da Informationen in der Regel eine Holpflicht darstellen, obliegt es den Intrapreneuren in den Abteilungen bzw. Gruppen, relevante Neuheiten für den eigenen Bereich auszuwerten (vgl. Kapitel „Führung").

Folgende Beispiele aus unserer Studie sind in diesem Zusammenhang hervorzuheben:

■ Die *SERO Pumpenfabrik GmbH* aus Baden-Württemberg betreibt eine aktive Informationspolitik: Dieses Unternehmen verlässt sich nicht auf informelle Kommunikationswege: Betriebsversammlung, Aushänge, regelmäßige Abteilungsleiterrunden und eine zirkulierende Mappe mit Neuigkeiten sorgen für jederzeit gut informierte Mitarbeiter.

■ Die *3K-Warner Turbosystems GmbH* setzt darüber hinaus auf regelmäßige, für alle Mitarbeiter offene Gesprächsrunden mit der Geschäftsführung, das Informationsmedium „dezentrale Informationstafeln" und durchgängige Besprechungen mit gleichen Folien nach dem geschilderten Schneeballsystem.

Kommunikationsbarrieren

Unsere Untersuchung ergab, dass die offene Kommunikation im Unternehmen nur selten problemlos funktioniert. Am häufigsten existieren wie in folgendem Beispiel Reibungen und Verständigungsschwierigkeiten zwischen den drei Abteilungen Marketing/Vertrieb, Fertigung und Entwicklung:

Eine Vertriebs-Innendienstmitarbeiterin eines Maschinenbauers aus Österreich klagte symptomatisch, dass sie von der Fertigung zu spät erfahre, wenn es einen Lieferverzug gibt, und von der „Technik" zu spät erfahre, wenn es Konstruktionsänderungen gibt.

An den Mauern der Abteilungsräumlichkeiten scheinen trotz der modernen Kommunikationsmöglichkeiten häufig auch die Informationsströme zu enden. In der Unternehmenspraxis liegen die Probleme also eindeutig eher in der horizontalen als in der vertikalen Kommunikation. Die Ursache dafür ist in

- ■ unterschiedlichen und oft inkompatiblen Zielen der Abteilungen,

- ■ in der Abgrenzung durch räumliche Trennung und

- ■ in Verständigungsschwierigkeiten aufgrund andersartiger Ausbildungen

zu finden.

Zum einen werden Misstrauen und Verständigungsschwierigkeiten zwischen Abteilungen also durch räumliche und organisatorische Ferne geschürt. Einkaufs- und Produktionsmitarbeiter befinden sich oft in unterschiedlichen Gebäuden und begegnen einander, wenn überhaupt, nur in der Mittagspause. Der Abteilungschef sitzt im eigenen Büro und hat typischerweise nur selten Zeit, was für zusätzliche vertikale Kommunikationsbarrieren sorgt.

> Tipp:
>
> Sorgen Sie für kooperierende Organisationseinheiten im Sinne der Prozessorientierung und platzieren Sie sie in die gleichen Räumlichkeiten – das abteilungsübergreifende Denken wird sich wesentlich verbessern.

Unterschiedliche Ausbildungen und Zielsetzungen sind ferner Ursache für drei Subkulturen im Unternehmen, die sich untereinander nur schwer verstehen. Die Gruppe der Techniker strebt nach reibungslosen und möglichst ohne menschliches Zutun funktionierenden Abläufen, die Kultur der Führungskräfte wird traditionell von Hierarchiebewusstsein, finanzieller Ausrichtung und Kontrollorientierung geprägt, während sich die dritte Gruppe der Mitarbeiter letztlich oft zum Objekt degradiert fühlt (Schein 1997). Während das Hauptanliegen der Entwicklungsabteilung das längerfristige Wohlergehen des Unternehmens ist, suchen Vertrieb und Fertigung eher nach kurzfristigen Ansätzen zur Optimierung des aktuellen Betriebsergebnisses.

Die tieferliegenden Ursachen für Kommunikationsdefizite sind damit auf der Seite des Antriebs, der Führung und der Unternehmensorganisation zu finden. Damit lassen sich auch zielgerichtete Ansätze zur Förderung offener Kommunikation ableiten.

Förderung offener Kommunikation

Folgende Maßnahmen tragen zur **Förderung der Kommunikation** bei:

– Freiräume schaffen für offene informelle Kommunikation:

Informelle Kommunikation lässt sich kaum erfassen und modellieren. Günstige Voraussetzungen und Freiräume zu schaffen, ist das aus Unternehmensführungssicht Beste, was für das gegenseitige Verständnis getan werden kann. Das Einrichten von Gemeinschaftsräumen, Kaffeeecken, wöchentlichen Stammtischtreffen und betrieblichen Sportanlagen sind Beispiele dafür.

– Organisatorische Maßnahmen wie Entbürokratisierung, Vermeiden von Hierarchie, Einrichten von Prozessorientierung und den Prinzipien der Fraktalen Fabrik:

Eine prozessorientierte Aufbauorganisation sorgt für die räumliche und strukturelle Zusammengehörigkeit der benachbarten Abschnitte der Wertschöpfungskette. Die räumliche Nähe der auf Zusammenarbeit angewiesenen Abteilungen kann zusätzlich durch nicht-stationäre Arbeitsplätze unterstützt werden. Mit beweglichen Rollcontainern ausgestattet, platzieren sich die Mitarbeiter dann dort, wo es für die augenblickliche Aufgabe vorteilhaft ist.

Unterstützende Maßnahmen wie Teambildung und Job Rotation sollten durchgeführt werden.

– Regelmäßige Treffen über Hierarchieebenen hinweg, offene Information „von oben nach unten und umgekehrt":

Innerhalb der Arbeitszeit sind Besprechungen allerdings selbstverständlich effizient und zielgerichtet durchzuführen, eine „Besprecheritis" ist zu vermeiden.

– Kommunikationsnetze statt -kanäle

– Ausrichtung auf gemeinsame Ziele:

Es gilt, bei allen Gruppen das Bewusstsein zu schärfen, dass man aufeinander angewiesen und nur miteinander stark ist.

Im Allgemeinen geht es bei der offenen Kommunikation nach Mandl (1999) um *„das Äußern unterschiedlicher Meinungen und Sichtweisen, um gemeinsam neue Erkenntnisse zu erlangen".* Das Gegenteil von offener Kommunikation ist damit die konfliktvermeidende Kommunikation: Der Mitarbeiter äußert sich nicht, um Sanktionen zu vermeiden oder ganz einfach aus Angst vor Widerspruch.

Folgende Beispiele demonstrieren die möglichen Folgen fehlender offener Kommunikation:

- Ein Vertriebsmitarbeiter erfüllte einen Kundenwunsch durch eine Adaption seines Produktes vor Ort, meldete den Vorgang jedoch nicht dem Unternehmen – und verhinderte so, dass seine Idee dieser Produktänderung aufgegriffen wurde, obwohl sie der Mehrheit der Kunden einen großen Nutzen bieten und ein Verkaufsschlager werden konnte (Mandl 1999).

- Bei einem Maschinenbauer begingen die Geschäftsführer durch ihr Verhalten sogar einen Fehler, der die Mitarbeiter bis auf weiteres abgeschreckt haben dürfte: Jemand traute sich mit einem Anliegen direkt zur Geschäftsführung und schuf sich dadurch dort offensichtlich Feinde. Die Angst vor Sanktionen bringt seither in diesem Unternehmen die offene Kommunikation „von unten nach oben" praktisch zum Erliegen.

Daraus lässt sich ableiten, dass es zu den wesentlichen Aufgaben der Führung gehört, Konfliktängste zu vermeiden und zielgerichtete, sachlich-kontroverse Diskussionen zu fördern. Ebenfalls deutlich wird damit der enge Zusammenhang zwischen Konfliktfähigkeit, offener Kommunikation und dem Betriebsklima.

3.3.3 Innovationsförderliches Betriebsklima

Nicht selten besteht ein gewaltiges Defizit im Hinblick auf ein innovationsförderliches Betriebsklima der Firmen. Oft herrscht in den Unternehmen in einer Art „Sicherheitskultur" regelrecht Angst vor Neuem vor. Ziel des Innovationsmanagements ist demgegenüber die Ausprägung einer Kreativitätskultur, in der Freude am Neuen herrscht und die Mitarbeiter Ideen aufgeschlossen gegenübertreten. Bei den von uns untersuchten Mittelständlern fanden wir jedoch in der Regel ein gutes Betriebsklima vor – auch wenn der Unternehmensführung das zum Teil gar nicht bewusst war. Wahrnehmungsunterschiede wie in folgendem Beispiel waren kein Einzelfall:

Der Geschäftsführer eines Unternehmens war der Meinung, besonders auf der untersten Ebene seien das Klima und die Kommunikation schlecht. Seine Beobachtungen waren, dass die letzten Betriebsratsvorsitzenden alle nach kurzer Zeit zurücktraten und sich ihm gegenüber kaum einmal ein Mitarbeiter äußerte. Unsere Untersuchung brachte – zur Überraschung des Geschäftsführers – zu Tage, dass die Unternehmenskultur zu den großen Stärken eben dieses Unternehmens zählt: Das Klima wurde mit „gut" bewertet, es existieren zahlreiche persönliche Freundschaften, Wissen wird offen weitergegeben und auch die offene Kommunikation im Allgemeinen erhielt gute Noten.

Als Ursachen für das angenehme Miteinander in den meisten Unternehmen wurden uns verschiedene Punkte genannt:

- Bei Rosenbauer International, Hersteller von Feuerwehrfahrzeugen, führt der Leiter des Qualitätswesens an: „Bei uns entsteht das ‚Wir-Gefühl' durch die allseitige Identifikation mit einem attraktiven Produkt."

■ „Bei uns kennt jeder jeden", sagt der Geschäftsführer des Pumpenspezialisten SERO Pumpenfabrik GmbH aus Baden-Württemberg. „Wir haben eine ausgewogene Mitarbeiterstruktur und es gibt viele private Kontakte, begünstigt durch unsere Unternehmensgröße und die ländliche Umgebung", fährt er fort.

■ Die Begründung des Vertreters der Alois Scheuch GmbH aus Österreich lautet dagegen: „Die Einsatzbereitschaft und der Zusammenhalt, die bei uns herrschen, kommen auch durch unseren großen Erfolg zustande."

■ In die gleiche Richtung geht die Aussage des Automobilzulieferanten 3K-Warner Turbosystems GmbH aus Rheinland-Pfalz: Dort werden neben dem Unternehmenserfolg auch der offene Umgang und die offene Informationspolitik als Argumente angeführt.

Gerät das Betriebsklima in Schieflage, so sind ernst zu nehmende Folgen zu befürchten: Die Angst vor Entlassungen drückt bei einem Maschinenbauer auf das vorherrschende Betriebsklima. Die Mitarbeiter sind verunsichert und stehen unter starkem Druck sowie gegenseitiger Konkurrenz um die mutmaßlich verbleibenden Stellen. In dieser Situation bleibt die Kooperationsbereitschaft und damit die dringend benötigte Leistung auf der Strecke.

Dass Fehler in der Führung zu einem schlechten Betriebsklima führen, belegt ein österreichischer Maschinenbauer: Jeder der Vertriebsmitarbeiter dieser Firma erhält ein Prozent Provision – nur dass einige von ihnen durch die Betreuung von Großkunden eine wesentlich bessere Ausgangssituation haben. Stark ungleiche Einkommen bei gleicher Arbeitsleistung sorgen hier für Missgunst, Unzufriedenheit und Reibereien. Eine denkbare Lösung des Problems besteht hier in der Prämienzahlung nach Zielvorgaben und deren Erreichung.

Dem Betriebsklima wird im Unternehmensalltag meist keine gesonderte Beachtung geschenkt, weil seine Auswirkungen nicht unmittelbar sichtbar sind und daher bezweifelt werden.

Das Betriebsklima wirkt sich auf das Betriebsergebnis aus

Der Einfluss des Wohlbefindens der Mitarbeiter auf das Betriebsergebnis wird fast immer unterschätzt. Ursachen für die Beeinträchtigung des Wohlbefindens sind Konkurrenz mit Kollegen bzw. Vorgesetzten, fehlende Unterstützung seitens der Kollegen und Vorgesetzten, Unklarheit von Aufgabenstellungen, Arbeitsintensität, Verantwortung, Akkordarbeit, Veränderungsdynamik am Arbeitsplatz und die empfundene Gefahr, arbeitslos zu werden. Die daraus resultierenden Unsicherheiten äußern sich in Angst, Depression, Erschöpfung, Konzentrationsstörungen, Gereiztheit und Selbstwertproblemen. Das Betriebsergebnis bzw. die Produktivität wird damit in Form diverser Auswirkungen direkt negativ beeinflusst, wie z. B. durch steigende Fehlzeiten, höhere Unfallhäufigkeit, höhere Fluktuations- bzw. Neubesetzungskosten und Kosten der Problemhandhabung wie die Betreuungszeit des Vorgesetzten (s. **Abbildung 3.12**, nach Eckardstein, Lueger 1996).

Gutes Betriebsklima durch Offenheit, Vertrauen und Lernorientierung

Eine verbreitete Ansicht ist, dass erst eine Krisensituation bei ansonsten risikoscheuen Managern und Mitarbeitern zu Veränderungsbereitschaft führt. Die Anhänger dieser Theorie propagieren das Darstellen der Möglichkeit oder die Simulation einer Krise als logisch abgeleitete Managementmethode. In Schwarzmalerei auszuarten wirkt jedoch wiederum kontraproduktiv und muss vermieden werden. Ferner wird eine empfundene Krise zwar für kurzfristige Hyperaktivität sorgen, die eigentlichen Ursachen der Veränderungsscheu werden davon jedoch nicht berührt. Im Gegenteil: Die empfundene Unsicherheit wächst weiter und führt potentiell zu Fehlern aufgrund von Depression, Angst, Konzentrationsstörungen und Gereiztheit (s. o.). Weiterhin setzt das Erzeugen einer dauerhaften Veränderungsbereitschaft nach dieser Methode eine permanente Krisensimulation voraus – und diese kann niemand ernsthaft als wünschenswert bezeichnen.

Aus den beschriebenen Gründen für den mangelnden Veränderungswillen der Mitarbeiter und aus unseren Beobachtungen lässt sich eine ganze Reihe vielversprechender Maßnahmen zur nachhaltigen Gestaltung eines innovationsfreundlichen Betriebsklimas ableiten, die auf eine Krisensimulation verzichten (s. Checkliste).

Checkliste: Maßnahmen zum Aufbau eines „gesunden", innovationsförderlichen Betriebsklimas:

- Konflikte nicht tabuisieren, sondern offen austragen. Bei nicht zu lösenden zwischenmenschlichen Konflikten Trennung der entsprechenden Mitarbeiter.

- Umfassende Aus- und Weiterbildung sowie authentischer Einsatz der Mitarbeiter. Ein sowohl fähigkeits- als auch interessenbezogener (authentischer) Einsatz der Mitarbeiter führt zu Motivation und Zufriedenheit.

- Vertrauen statt Kontrolle. Stechuhren und Kontrollgänge weichen kooperativen Arbeits- und Führungskonzepten. Vermeiden von Hierarchie- und Revierdenken sorgt für gemeinsame Identifikation mit dem Unternehmen.

- Sicherheit bieten. Offene Informationspolitik reduziert die Unsicherheit und schafft Vertrauen. Ein Merkmal innovativer Unternehmen ist die Stabilität im Sinne langfristiger Bindung der Mitarbeiter. Dies ist nicht unmittelbar einleuchtend, da Innovationsfähigkeit mit ständiger Veränderung, dem Gegenteil von Stabilität, zu tun hat. Richtig verstandene Stabilität jedoch nimmt den Mitarbeitern die Angst vor Veränderungen und ermöglicht somit deren volles Engagement für Innovationen. Niemand wird ansonsten geneigt sein, mit Verbesserungsvorschlägen den eigenen Arbeitsplatz zu gefährden.

- Lernkultur statt Schuldkultur. Lernorientierte Haltung gegenüber Misserfolgen einnehmen, Sanktionsängste vermeiden – diese ersticken sonst jede gute Idee im Keim.

Die Maßnahme „Lernkultur statt Schuldkultur" handelt von einem weit verbreiteten innovationshemmenden Aspekt der Unternehmenskultur, besitzt eine zentrale Bedeutung und verdient es daher, im Folgenden genauer betrachtet zu werden.

Abbildung 3.12   Einfluss des Betriebsklimas auf die Produktivität
(Quelle: In Anlehnung an Eckardstein, Lueger 1996)

Probleme für das Betriebsklima:

• Konkurrenz mit Kollegen bzw. Vorgesetzten
• fehlende Unterstützung seitens der Kollegen und Vorgesetzten
• Unklarheit von Aufgabenstellungen
• Arbeitsintensität
• Verantwortung
• Akkordarbeit
• Veränderungsdynamik am Arbeitsplatz
• empfundene Gefahr, arbeitslos zu werden

Auswirkungen:	**Das Betriebsergebnis bzw. die Produktivität sinkt** durch
• Angst • Depressivität • Erschöpfung • Konzentrationsstörungen • Gereiztheit • Selbstwertprobleme	• Steigende Fehlzeiten • höhere Unfallhäufigkeiten • Höhere Fluktuations- bzw. Neubesetzungskosten • Kosten der Problemhandhabung • Betreuungszeit des Vorgesetzten

---

3.3.4   Lernkultur statt Schuldkultur

„The greatest mistake you can make in life is to be constantly fearing you will make one."[21]

„The man who makes no mistakes does not usually make anything."[22]

„Ich lerne, wenn ich gescheitert bin, und nicht, wenn ich Erfolg hatte."[23]

Die ständige Angst vor Fehlern lähmt. Risikobereitschaft ist daher eine Innovationstugend. Gemeint ist weniger, das Unternehmen mit unkalkulierbaren, spekulativen Investitionen in Gefahr zu bringen, sondern ein Klima der Experimentierfreude zu schaffen, das Fehlschläge mit einkalkuliert.

Es geht dabei nicht etwa um einen „Freifahrtschein" für vermeidbare Fehler, sondern darum, auf Risikobereitschaft und Lernerfolge statt auf die Suche nach Sündenböcken zu setzen, wie es weit verbreitet ist.

---

[21]   Eldred Hubbard 1927, aus: Pearn et al. 1998, S. 3

[22]   William Connor Magee 1868, aus: Pearn et al. 1998, S. 5

[23]   Reinhold Messner, Autor und Bergsteiger

Man kann von einer „**Schuld-Kultur**" sprechen, in der vor allem wir Europäer „gefangen" sind. Fehler gelten ausschließlich als negativ, sie werden vermieden, vertuscht und am Ende bestraft, wenn man sie doch entdeckt. Der Teufelskreis schließt sich, wenn die Menschen aus Angst, Fehler zu machen, gerade deren Wahrscheinlichkeit erhöhen.

Abbildung 3.13   Lernkultur und Schuldkultur (Quelle: Eigene Darstellung)

Lernkultur	Schuldkultur
• Fehler zugeben – auch Vorgesetzte • Fehler kommunizieren und daraus lernen • Fehler vergeben und als Chance für Verbesserungen nutzen • „Intelligente/konstruktive Fehler" und Experimente sind erlaubt • Wiederholte, destruktive Fehler sind natürlich zu vermeiden	• Fehler möglichst vertuschen • Schuldige suchen • Fehler bestrafen

Beispiel für die Auswirkungen einer Schuld-Kultur:

In einem Unternehmen wurde von einigen Angestellten ein ganzes Wochenende darauf verwandt, die Auswirkungen eines bestimmten Fehlers zu beseitigen. Sowohl der Fehler selbst als auch das Wissen, wie er zu vermeiden und zu beheben ist, wurden niemandem mitgeteilt. Die Wahrscheinlichkeit, dass der gleiche Fehler im gleichen Unternehmen an anderer Stelle nochmals auftritt, ist groß. Mit einer solchen Vorgehensweise wird damit ein erhebliches Produktivitätspotential vergeben.

Ein positiver Umgang mit Fehlern dagegen zeigt sich in einer **Lernkultur,** in der diese nicht als Zeichen von Schwäche, sondern als Quelle neuer Erkenntnisse betrachtet werden. Hier werden Fehler zugegeben statt auf andere abgewälzt und die aus ihnen zu ziehenden Lehren als neues Wissen verarbeitet.

Tipp:

Entscheidend ist die Vorbildfunktion der Führungskräfte. Geben Sie eigene Fehler zu und leben Sie das Eingehen intelligenter Risiken vor. Lernen Sie, Mitarbeiter nach Ursachen für Fehler und dem Erkenntnisgewinn zu fragen, statt Verurteilungen auszusprechen. Anstelle der Suche nach dem oder den Schuldigen ist es zweckmäßiger, die ganze Organisation am Gelernten partizipieren zu lassen und somit die Wiederholung des Fehlschlages zu vermeiden.

Um die Trennlinie der „positiven" bzw. verzeihbaren Fehlerart zu den auch im Sinne einer Lernkultur unbedingt zu vermeidenden Fehlern zu ziehen, haben Pearn et al. (1998, S. 35, 107 f) **sechs Charakteristika „intelligenter" Fehler** erarbeitet:

1. Die zum Fehler führende Handlung ist gut geplant – es liegt keine Gedankenlosigkeit vor.

2. Das Ergebnis der Handlung ist nicht absehbar – sonst wäre der Fehler leicht zu vermeiden gewesen.

3. Es geht weder um zu viel, noch um zu wenig – das Risiko ist gut gewählt.

4. Ein schnelles Feedback ist möglich – ein „Blindflug" in die Katastrophe ist ausgeschlossen.

5. Die Handlung kann aufgrund des vorliegenden Ergebnisses angepasst werden – dem Handelnden bleibt die Möglichkeit zu Korrektur und Verbesserung, also zur Vermeidung folgenschwerer Auswirkungen.

6. Die Handlung ist für den Handelnden und seine Ziele wichtig – unwichtige Ziele sind kein Risiko wert.

Auch für den individuellen Lernprozess sind Fehler hilfreich: *Bill Gates* sagte einmal, er stelle gerne Menschen ein, die Fehler gemacht haben. Er begründete dies damit, dass jene Leute mit Risiken und Fehlschlägen umgehen können.

IBM-Gründer Watson verlor durch einen schweren Fehler eines Mitarbeiters einmal viel Geld. Darauf angesprochen, ob er diesen Mitarbeiter jetzt feuern würde, soll er gesagt haben: *„Ich habe gerade 600.000 Dollar in seine Ausbildung investiert. Warum sollte jemand anderes diese Erfahrung gratis bekommen?"*

Eine Reihe unserer Beobachtungen belegt, dass auch bei den meisten Unternehmen die Lernkultur noch nicht sehr ausgeprägt ist:

■ Der Entwicklungsleiter eines größeren KMUs lehnte ein Interview ab, da auch ein Innovationsflop aus der Vergangenheit hinterfragt werden sollte – für den er sich offensichtlich mit verantwortlich fühlt und Jahre später immer noch Sanktionen fürchtet.

■ Ein Konstrukteur eines größeren Pumpenherstellers fühlte sich persönlich angegriffen, als ihm eine sofort als sinnvoll erkennbare Modifikation seines Produktes vorgeschlagen wurde. Hier steht das häufig zu beobachtende, sogenannte „Not-invented-here-Syndrom" einer Lernkultur im Weg: Eine von anderen gefundene Verbesserung der eigenen Arbeit wird als Affront empfunden, weil sie als Abwertung der eigenen Arbeit interpretiert wird.

■ Bei schwierigen Problemen halten sich die Führungskräfte eines Unternehmens zurück und überlassen den Mitarbeitern die Verantwortung. *„Unsere Chefs treffen keine kritischen Entscheidungen und lassen uns dann alleine"*, sagte uns ein Servicemitarbeiter.

■ Ein Mitarbeiter eines Maschinenbauers wurde sogar strafversetzt, nur weil er Kritik äußerte.

Die Lernende Organisation - Voraussetzung für das innovative Unternehmen

Denkt man den Ansatz einer Lernkultur zu Ende, so gelangt man zur Idealvorstellung einer permanent **„Lernenden Organisation"** – ein aktuell viel diskutiertes Konzept, das einen engen Bezug zum Innovationsmanagement aufweist. Innovative, reaktionsfähige Unternehmen sind auf einen ständigen Lernprozess angewiesen.

Die Lernende Organisation verfügt über folgende vier Charakteristika (Pearn et al. 1998):

1. Sie verfügt über eine leitende und inspirierende Vision.

2. Sie besitzt die Fähigkeit zu ständiger Erneuerung.

3. Sie unterstützt das ständige Lernen aller ihrer Mitglieder.

4. Sie sorgt für die wachsende Zufriedenheit aller Stakeholder.

Verfügt man bereits über eine Lernkultur wie oben beschrieben, so lassen sich diese vier Charakteristika und damit eine Lernende Organisation durch Zufügen einer Vision und selbstverantwortlicher Organisationseinheiten erreichen – alle hier genannten Voraussetzungen werden in den Kapiteln zu den „Soft Skills" in diesem Buch auch für ein maximal innovationsfähiges Unternehmen gefordert.

Wie sich damit schnell herausstellt, führt die Berücksichtigung des in dieser Arbeit vorgestellten Gesamtkonzeptes eines innovativen Unternehmens zwangsläufig auch zur Verwandlung in eine Lernende Organisation. Das Konzept „Grundmuster erfolgreicher Innovationsprozesse" geht sogar insofern noch einen Schritt weiter, als es auch die konkrete Umsetzung erworbenen Wissens in erfolgreiche Produkte am Markt thematisiert.

Somit ist die Lernende Organisation eine Untermenge und Voraussetzung für das innovative Unternehmen.

In jedem Fall wird das schnelle Auffassen von Markttendenzen, die Fähigkeit zu schnellem Lernen und dem Umsetzen des Lernvorsprungs in Produkte und Dienstleistungen zunehmend zum kritischen Erfolgsfaktor.

Eine immer wichtigere Rolle spielt somit das **organisationale Lernen,** definiert als *„Fähigkeit einer Institution, als Ganzes Fehler zu entdecken, diese zu korrigieren sowie die organisationale Wert- und Wissensbasis zu verändern, sodass neue Problemlösungs- und Handlungsfähigkeiten erzeugt werden"* (Probst, Büchel 1994).

Organisationales Lernen ist damit mehr als individuelles Lernen, individuelles Lernen ist jedoch Voraussetzung für ersteres. Schnelles und zielgerichtetes Lernen der Organisation wird angesichts der komplexer und rascher veränderlichen unternehmerischen Umwelt zum Erfolgsfaktor ersten Ranges. Die Elemente des Lernprozesses sind der Erwerb, die Sammlung, die Speicherung und Organisation von Informationen sowie die Generierung und Kommunikation von Wissen.

Die wichtige Thematik des Wissensmanagements wird im folgenden Kapitel noch näher betrachtet.

3.3.5   Zusammenfassung des Kapitels

Offene Kommunikation und ein gutes, auf Vertrauen basierendes Betriebsklima sind Voraussetzungen für eine hohe Innovationsfähigkeit. Eine vollständige Kulturveränderung von einer Bewahrungs- und Schuldkultur zu einer Innovations- und Lernkultur ist ein langwieriger Prozess. Mindestens fünf Jahre sind dafür einzukalkulieren.

Die wichtige Frage, wie Führungskräfte Angst vor Veränderungen und mangelnde Kooperationsbereitschaft seitens der Belegschaft abbauen können, kann mit dem Maßnahmenmix wie in beistehender Checkliste aufgeführt beantwortet werden (s. auch **Abbildung 3.14**).

Abbildung 3.14   Maßnahmen für eine innovationsförderliche Unternehmenskultur
(Quelle: Eigene Darstellung)

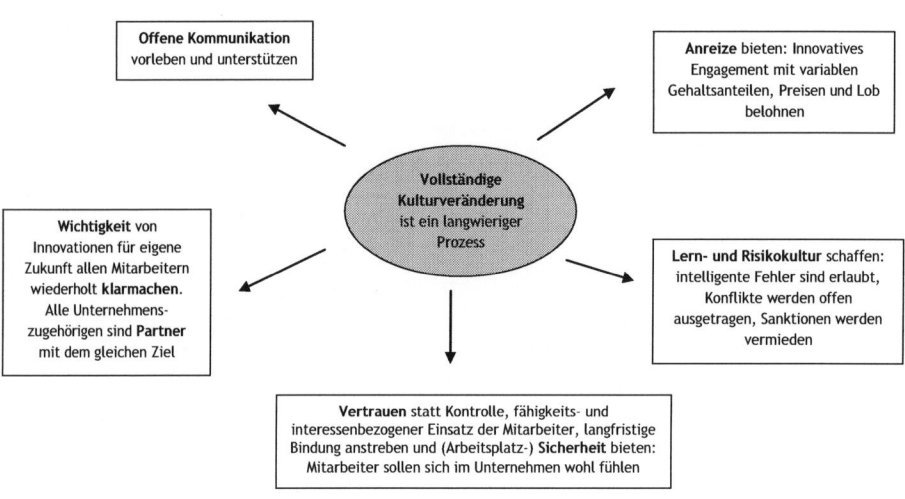

Veränderungsbereitschaft und die Fähigkeit zu kooperativer Zusammenarbeit müssen dabei zuallererst bei den Führungskräften vorhanden sein und sich in vorbildlichem Verhalten und innovationsorientierter Führungstechnik niederschlagen.

Checkliste: Innovationsförderliche Unternehmenskultur

Offene Kommunikation und Information vorleben und unterstützen – jeder Mitarbeiter sollte bereit sein, sein Wissen zu teilen.

Wichtigkeit von Innovationen für die eigene Zukunft allen Mitarbeitern wiederholt klarmachen und im Zielsystem verankern: Alle Unternehmenszugehörigen sind Partner mit dem gleichen, klar definierten Ziel.

Lern- und Risikokultur schaffen: Intelligente Fehler sind erlaubt, Sanktionen werden vermieden, Konflikte werden offen ausgetragen.

Langfristige Bindung anstreben und (Arbeitsplatz-)Sicherheit bieten: Mitarbeiter sollen sich im Unternehmen wohl fühlen.

Anreize bieten: Innovatives Engagement mit variablen Gehaltsanteilen, Preisen und Lob belohnen.

3.4 Kunde, Wettbewerb und eigenes Unternehmen: das entscheidende Spannungsfeld

Die Innovationsfähigkeit der Menschen im Unternehmen kann über die innovations-förderliche Ausgestaltung von Antrieb, Führung und Unternehmenskultur hinaus noch weiter gesteigert werden. In diesem Kapitel zu den Soft Skills wird erklärt, dass Inno-vationserfolge aus dem Einklang von Kundenwünschen, Wettbewerbsangeboten und der Ausrichtung des eigenen Unternehmens entstehen. Zielgerichtetes Innovations-management setzt voraus, dass den Mitarbeitern dieser Zusammenhang bewusst ist. Sie müssen sich darüber im Klaren sein, dass erfolgreiche Innovationen gleichzeitig den Kun-denbedürfnissen entsprechen, aus Sicht der Kunden Vorteile gegenüber dem Wettbewerb aufweisen und zu den Zielen und Fähigkeiten des eigenen Unternehmens passen.

Somit ist hier eine Geisteshaltung gefragt, die konkrete Auswirkungen auf das Infor-mationsverhalten und die Handlungsorientierung des einzelnen Mitarbeiters hat.

Die drei Elemente Kunde, Wettbewerb und eigenes Unternehmen können gewissermaßen als übergeordnete Denkmuster angesehen werden, deren Wechselwirkung von den Mitar-beitern gekannt und verstanden werden muss.

Diese Erkenntnis zieht zwei Schlussfolgerungen nach sich:

- Die kollektive Ausrichtung aller Mitarbeiter auf Innovationen setzt voraus, dass diesen der Zusammenhang zwischen „K, W und U" bewusst ist.

- Der Zusammenhang ist relevant – Einzelinformationen zu Kunden, Wettbewerb und eigenem Unternehmen sind systematisch zu sammeln, zu verdichten und intern zur Verfügung zu stellen.

Damit ergeben sich die Erfolgsfaktoren dieses Grundmusters zu Kundenorientierung, Wettbewerbsorientierung, der offenen internen Informationspolitik und dem Wissensma-nagement. Denn wenn die Mitarbeiter den Kunden, den Wettbewerb und die Möglichkeiten des eigenen Unternehmens gut kennen sollen, so sind mit diesem Anspruch vor allem Anforderungen an das Wissensmanagement des Unternehmens verbunden. Daher beschäftigt sich ein separater Exkurs in diesem Kapitel mit dem Zusammenhang zwischen Innovationsmanagement und Wissensmanagement.

3.4.1   Kundenorientierung aller Mitarbeiter

Die Kundenorientierung aller Mitarbeiter ist wesentlich für das Innovationsmanagement. Mehr noch: Für erfolgreiche Innovationen ist das marktbezogene Denken aller an der Innovationskette Beteiligten notwendig.

Jedes Unternehmen behauptet von sich, kunden- bzw. marktnah zu agieren. Dennoch basiert dieses Selbstbewusstsein in zwei Dritteln aller Fälle auf Selbsttäuschung: Nach einer Studie von Backhaus und Schlüter (1994) verhält sich nur jedes dritte deutsche Unternehmen marktorientiert. Nach unseren Erkenntnissen kann der ersten und zweiten Führungsebene meist eine gute Kundenorientierung attestiert werden, während die übrigen Mitarbeiter nur in Ausnahmefällen wirklich kundenorientiert agieren:

- ■ Der Qualitätsleiter eines Pumpenherstellers hatte keinerlei persönlichen Kundenkontakt und sah seine Aufgabe immer noch in der Fehlerkontrolle der Produktion, statt in der Sicherstellung eines überlegenen Kundennutzens.

- ■ Bei den drei Automobilzulieferern *3K-Warner Turbosystems GmbH, BBS AG* und *CWW-GERKO Akustik GmbH* dagegen haben nicht nur der Vertrieb und der Service, sondern auch Mitarbeiter aus Entwicklung, Fertigung und Qualitätswesen wöchentlichen persönlichen Kundenkontakt.

Die Ursache der allgemeinen Schwäche in der Kundenorientierung ist neben fehlenden persönlichen Kontakten in der fehlenden Auseinandersetzung mit Wünschen der Anwender zu suchen. Die Unternehmen sind sich offensichtlich der herausragenden Bedeutung der Kundenorientierung ihrer Mitarbeiter nicht bewusst oder lehnen es ab, Ressourcen in nicht unmittelbar ertragswirksame Aktivitäten zu investieren.

Im Idealfall setzen sich alle Mitarbeiter systematisch mit dem Kundenbedarf auseinander – sodass die ganze Mannschaft die Denkweise und Bedarfs-Nutzen-Relation der Kunden versteht. Erfolgreiche Firmen zeichnen sich durch regelmäßige Kundenkontakte auch von Nicht-Verkaufsmitarbeitern und des Top Managements aus.

> **Tipp:**
>
> Es ist sehr sinnvoll, reicht aber nicht aus, Informationen zum Kunden durch den Vertrieb in das Unternehmen zu schleusen. Besser als Informationen aus zweiter Hand sind dagegen eigene Erlebnisse: Lassen Sie F&E- sowie Produktionsmitarbeiter von Zeit zu Zeit Verkaufspraktika machen und Kundenbesuche absolvieren – dies stärkt die Kundenorientierung nachhaltig.

Während es an dieser Stelle – bei den Soft Skills – um die Geisteshaltung geht, wird die konkrete Aufnahme der Kundenwünsche für den Innovationsprozess detaillierter im separaten Grundmuster „Kundennähe" im Kapitel 4.3 betrachtet.

Trotz aller Plädoyers für die Kundennähe hat auch diese eine Grenze. Wie bei einem von uns untersuchten Maschinenbauer aus Österreich wird in manchem Unternehmen vergessen, dass auch Kundenorientierung letztlich nur ein Unterziel des Gesamtziels „Gewinnerzielung" ist. Wo die Mitarbeiter täglich nur damit beschäftigt sind, außergewöhnlichen und individuellen Kundenanfragen nachzukommen, wird die Profitabilität des Unternehmens früher oder später auf der Strecke bleiben. Kundenorientierung ist daher nur im Verbund mit Gewinnerzielung erstrebenswert.

3.4.2   Wettbewerbsorientierung aller Mitarbeiter

Überlegene Kenntnisse der Kundenanforderungen und Wettbewerbskenntnisse zeichnen innovative Firmen aus. Diese suchen den Wettbewerb mit den Weltbesten – auch durch Ansiedlung in deren geographischer Nähe – statt ihn zu vermeiden. Durch ein hochkarätiges Wettbewerbsumfeld wird ein hoher Innovationsdruck erzeugt, der in positive Energie umgesetzt werden kann. Ein Grund für die vielen Innovationen von US-Firmen, insbesondere im Silicon Valley, ist die dortige Existenz von etlichen kleinen, agilen Neugründungen, die die Wettbewerbsposition der großen ständig herausfordern.

Erst die genaue Kenntnis und Analyse der Wettbewerbsbedingungen erlaubt es einem Unternehmen, zu beurteilen, wo es die eigene Leistung intelligent steigern sollte – nämlich insbesondere dort, wo der Kunde mit der Erfüllung ihm wichtiger Funktionen oder Leistungen *nicht* zufrieden ist. Die Betrachtung der Wettbewerbsleistung und der eigenen Leistung aus Sicht des Kunden ist ein Beispiel für die zentrale Bedeutung der gleichzeitigen Berücksichtigung aller drei Elemente und deren wechselseitiger Beziehungen – auf das Zusammenspiel von „K, W und U" kommt es letztlich an.

Dabei gibt es bei der Wettbewerbsorientierung nach unseren Beobachtungen einen größeren Handlungsbedarf als in der Kundenorientierung. Hier ist das Gefälle entlang der Hierarchieebenen noch ausgeprägter: Während die Unternehmensführung in der Regel eine gute Kenntnis des Wettbewerbs besitzt, sind der Belegschaft zum Teil sogar die Produkte der Konkurrenz fremd. Was fast immer fehlt, ist eine Analyse der Strategie der Hauptkonkurrenten und die Kommunikation dieses Wissens in das Unternehmen.

Einige erwähnenswerte Beobachtungen zur Wettbewerberorientierung sind in folgender Aufstellung zusammengefasst:

■ Ein Lieferant von Komponenten für Kraftwerke erhielt eine unangenehme Lektion: Bei der Vergabe eines Großauftrages in China unterlag man deshalb, weil der Mitbewerber dem Kunden eine entscheidende Information über die Zulieferer des von uns analysierten Unternehmens geben konnte. So erfuhr der Kunde, dass hier Teile aus Osteuropa bezogen werden, und genau dies war von ihm zuvor als Ausschlusskriterium genannt worden. Damit hatte dieser Wettbewerber eindrucksvoll belegt, dass die genaue Kenntnis der Konkurrenz zu entscheidenden Vorteilen führen kann.

■ Ein österreichischer Maschinenbauer bietet seiner Belegschaft die Gelegenheit zu Messebesuchen.

■ Ein Unternehmen aus Österreich gibt regelmäßig neue Informationen zu Wettbewerbern in eine Umlaufmappe für seine Führungskräfte.

■ Ein Maschinenbauer aus Nordrhein-Westfalen beobachtet Konkurrenzaktivitäten systematisch über Messen, Veröffentlichungen und Kundenbefragungen zum Wettbewerb.

■ Nach den Gründen einer erfolgreichen Entwicklung befragt, sagte uns der Entwicklungsleiter der *WILO Oschersleben GmbH* u. a.: *„Dass wir uns über den gesamten Entwicklungsprozess immer wieder am Wettbewerb orientiert haben, war wichtig für unseren Erfolg."*

Tipp:

Die Wettbewerbsorientierung hat auch eine motivierende, sinngebende Komponente. Ein wohldefiniertes äußeres Feindbild ist in der Lage, eine Organisation durch ein gemeinsames Ziel zu motivieren und zu einen, auch wenn es nicht explizit als Unternehmensmission formuliert wurde: Nichts eint mehr als ein gemeinsamer Feind. Machen Sie jedem Mitarbeiter die Konkurrenzsituation klar!

3.4.3   Offene interne Informationspolitik: Mitarbeiter sind über Ziele und Ressourcen des eigenen Unternehmens im Bilde

Die Versorgung der Mitarbeiter mit Informationen zum Geschäftsverlauf ist wichtig für deren Entwicklung zum Intrapreneur und damit ein wesentlicher Erfolgsfaktor des Innovationsmanagements, der sich in allen Grundmustern der Soft Skills wiederholt. Im Kontext des Spannungsfeldes aus „K, W und U" erlaubt erst die Kenntnis der Situation des eigenen Unternehmens den Mitarbeitern, den Gesamtzusammenhang des tripolaren Denkmusters herzustellen. Ohne genaue Kenntnis der Komponente „U", d. h. der eigenen Ziele, Fähigkeiten, Ressourcen und Auftragsbestände, kann die Kenntnis der Kundenwünsche und Wettbewerbsschwächen vom Mitarbeiter nicht zielführend zu Innovationsideen verarbeitet werden.

Entsprechend eignen sich die in jeder Gruppe aufgestellten Infotafeln vorzüglich als universelles Instrument zum Einbezug der Mitarbeiter. Wie schon im Kapitel „Führung" geschildert vermögen sie es, bei der ganzen Belegschaft Informationsgleichstand bezüglich der Unternehmensleistung und der Gruppenleistung im Vergleich zu den angestrebten Zielen herzustellen. Hängt zudem ein variabler Gehaltsbestandteil von diesen Leistungen ab, wird bei den Mitarbeitern unternehmerisches Denken und, damit verbunden, ein Interesse an Kundenbedarfen und Wettbewerbsleistungen provoziert. Mangelnde Offenheit dagegen birgt Gefahren wie in folgendem Beispiel:

Die Fertigungsmitarbeiter eines Unternehmens aus Deutschland hielten das „Jammern" der Geschäftsführung über das schwache Ergebnis eines bestimmten Produktes für eine Lüge: Sie sähen täglich, dass etliche Produkte produziert und ausgeliefert würden. Was die Geschäftsleitung ihnen nicht mitgeteilt hatte, war, dass man aufgrund des Marktdrucks zu einem sehr geringen Preis verkaufen musste. Desinformation führt zu Missverständnissen und zu falschen Schlussfolgerungen.

3.4.4   Gesellschaftliche, politische und rechtliche Einflüsse auf das Spannungsfeld

Die Veränderungsdynamik der Märkte hat sich in den letzten Jahren wesentlich erhöht. Erweitert man den Betrachtungshorizont auf eine globale, gesellschaftliche Perspektive, so fällt auf, dass sich die Veränderungsdynamisierung nicht auf die Märkte beschränkt. Tiefgreifende marktbezogene Änderungen wie die Globalisierung und die Bildung von kontinentalen Wirtschaftsblöcken sowie technologische Veränderungen wie die Vermischung diverser Technologien in einem Produkt („Technologiediffusion") gehen einher mit politischen und sozio-kulturellen Veränderungen. Die ehemalige bipolare Weltstruktur aus Kapitalismus und Sozialismus verändert sich zugunsten neuer Blockbildungen. Es entsteht ein Wettbewerb verschiedener religiöser und gesellschaftlicher Wertesysteme und Weltanschauungen.

Unzweifelhaft bewegt sich ein Unternehmen damit nicht nur im „Mikrokosmos" aus Wettbewerb, Kunde und eigenen Mitarbeitern, sondern darüber hinaus in der gesellschaftlichen und politischen Umwelt, die mitunter einen erheblichen Einfluss auf das Unternehmen selbst und die Erfolgsaussicht seiner Produkte ausübt. Die angemahnte Beachtung der wesentlichen Bezugsgrößen Kunde, Wettbewerb und eigenes Unternehmen im Kontext von Innovationsmanagement darf daher nicht im Sinne einer Ausschließlichkeit verstanden werden.

Das Spannungsfeld und damit der Erfolg von Innovationen wird von weiteren relevanten Faktoren geprägt, die dann ebenfalls vom Unternehmen berücksichtigt werden müssen. Dazu gehören neben den Einflüssen der Lieferanten auch rechtliche, soziale, technische und institutionelle Tatbestände sowie zustimmungspflichtige Behörden, eventuelle Geldgeber etc.

Die folgende Auswahl an Beispielen belegt, dass das Agieren des Unternehmens immer ganzheitlich in der mikro- und makroskopischen Umwelt gesehen werden muss:

■ Die öffentliche Meinung zwang das Unternehmen *Shell*, den Plan zum Versenken der Bohrinsel „Brent Spar" trotz ökonomischer und, wie sich im Nachhinein zeigte, ökologischer Vorteilhaftigkeit zu verwerfen.

■ Eine starke Lobby kann Innovationen verhindern oder verzögern: Im Schweizer Kanton Graubünden gab es 1900 bis 1925 ein allgemeines Autoverbot, da Wagenbauer, Fuhrwerksbesitzer und Pferdezüchter um ihre Existenz bangten.

■ Die politische Stabilität der Länder spielt für die Auswahl des Standortes für eine neue Produktionsniederlassung eine mitentscheidende Rolle.

■ Ein gemeinsames Hobby des eigenen Geschäftsführers und des Geschäftsführers des wichtigsten Kunden kann mitunter entscheidenden Einfluss auf den Erfolg einer Innovation haben.

Die Einflüsse auf das Spannungsfeld lassen sich wie folgt strukturieren:

■ soziokulturelles Umfeld,

■ politisches Umfeld,

■ System der Wissenschafts- und Forschungsorganisationen,

■ Gesetzgebung bezüglich Umwelt, Sicherheit, Normen, Qualitätsstandards, Patente,

■ volkswirtschaftliches Umfeld und

■ außenwirtschaftliche Verflechtungen.

> **Tipp:**
>
> Obwohl die Komponenten des Umfeldes Rahmenbedingungen darstellen, auf die das Unternehmen in der Regel keinen direkten Einfluss ausüben kann, ist es unbedingt anzuraten, die von den unterschiedlichen Seiten zu erwartenden Einflüsse frühzeitig festzustellen. Seien Sie sensibel für Ihr Umfeld auch über Kunde und Wettbewerb hinaus. Schneller zu sein als der Wettbewerb bedeutet, hier Früherkennungsbereiche festzulegen, bereits auch schwache Signale wahrzunehmen und bei Potential zu nutzen. Ist eine Entscheidung wichtig und scheint die zukünftige Entwicklung der relevanten Einflussfaktoren schwer abschätzbar, so kann eine Szenario-Analyse (vgl. Grundmuster „Antrieb") zu mehr Planungssicherheit beitragen.

Wie Umfeldeinflüsse zu Innovationschancen führen können, zeigen folgende Beispiele:

■ Sowohl für einen Automobilzulieferer als auch für einen Maschinenbauer spielen zukünftige gesetzliche Auflagen im Hinblick auf den Umweltschutz eine erhebliche Rolle für den Erfolg ihrer Produkte. Die in dieser Hinsicht verschärfte Gesetzgebung in Kalifornien z. B. war mit ausschlaggebend für den Markterfolg der Hybridantriebe von Toyota. Somit zählt es zu den Aufgaben des Innovationsmanagements, sich über die Vorhaben der Legislative zu informieren.

■ Als gesetzliche Bestimmungen absehbar waren, die einen neuen Markt eröffnen würden, reagierte die *Jung Pumpen GmbH* schneller als der Wettbewerb und konnte das passende Produkt gleich bei Inkrafttreten der Verordnung auf den Markt bringen. Die Innovation entwickelte sich zu einem großen Erfolg.

Je eher jedem Mitarbeiter die aktuellen und zukünftigen Positionen von Kunden, Wettbewerb und eigenem Unternehmen sowie der weiteren Einflussfaktoren klar sind, desto sicherer wird die Gesamtorganisation in dynamischer Umgebung flexibel in Richtung Erfolg navigieren.

Kunden- und Wettbewerbsorientierung sind abhängig von diesbezüglich vorliegendem Wissen bei jedem einzelnen Mitarbeiter. Daher steht das Spannungsfeld aus K, W und U in engem Bezug zum Thema Wissensmanagement.

3.4.5   Wissensmanagement: Bildung und Verteilung von Wissen über Kunden und Wettbewerb

„Lernen ist heute das, was Wissen gestern war."[24]

Innovation entsteht aus Wissen: Wissensmanagement im Innovationsprozess

Das Wissen über Kunden, Wettbewerber und das eigene Unternehmen spielt für das Innovationsmanagement eine ebenso wichtige Rolle wie aktuelles Wissen über weltweite technologische Entwicklungen, das für eigene Produkte nutzbar ist. Alle Innovationen basieren letztlich auf externen Informationen und interner Know-how-Entwicklung im Unternehmen – daher muss verwertbares Wissen gezielt entwickelt und genutzt werden.

Folgende Beispiele aus unserer Studie zeigen innovationsbezogenes Wissensmanagement:

- ■ Der Maschinenbauer *Jung Pumpen GmbH* analysiert in grundsätzlich stattfindenden Vorprojekten die vorliegenden und fehlenden Informationen. Danach werden Wissenslücken gezielt beseitigt – durch Recherchen, Analysen von Wettbewerbsprodukten, Marktstudien und Kundenbefragungen, wo notwendig.

- ■ Erst die Kenntnis der Marktsituation, der Wettbewerbssituation, der notwendigen Entwicklungs- und Produktionstechnologie sowie der Hersteller hochwertiger Zukaufteile ermöglichte der *WILO Oschersleben GmbH* einen großen Innovationserfolg (vgl. dazu ausführliche Fallstudie im Kapitel 4.11).

Innovation entsteht aus Wissen. Die Informationsversorgung ist ein wesentlicher Erfolgsfaktor für strategische Innovationsentscheidungen. Eine wesentliche Aufgabe besteht für ein Unternehmen also darin, die Informationsaufnahme und den Know-how-Fluss von außerhalb nach innerhalb des Unternehmens nicht abreißen zu lassen und in geordnete Bahnen zu lenken.

---

[24]   Aus: Wildemann 1996

Exkurs: Wissensmanagement

Schnell schlägt langsam

Die Problematik des Wissensmanagements erwächst in der heutigen Situation aus der gleichzeitig steigenden Relevanz und Komplexität des Themas. Die Komplexität der einzelnen Produkte wächst – sie vereinen nicht selten mehrere Technologien in sich und erfordern daher Expertise auf mehreren Fachgebieten. Gleichzeitig lassen moderne Informations- und Kommunikationssysteme – wie über das Internet weltweit verfügbare Datenbanken und Forschungsergebnisse – das verfügbare Wissen exponentiell wachsen und vorhandenes Wissen immer schneller altern. Schon heute entsteht jede Minute eine neue Formel und alle drei Minuten eine Erkenntnis über einen neuen physikalischen Zusammenhang (Wenny 2000b). Eine Folge dieser Entwicklung sind die immer kürzeren Produktlebenszyklen – eine Produktgeneration „jagt" die nächste.

Es wird zunehmend zum Erfolgsfaktor, aus den verfügbaren Informationen die relevanten zu filtern und aus ihnen auch tatsächlich Wissen zu generieren. Ebenso wichtig wird es, das erworbene Wissen effizient dort zur Verfügung zu stellen, wo es gebraucht wird. Da der Geschwindigkeit im Wettbewerb immer mehr Bedeutung zukommt, sind diese Prozesse so weit wie möglich zu systematisieren und zu beschleunigen – Wissen muss gemanagt werden.

Definition von Wissen und Wissensmanagement

Einer systematischen Betrachtung des Wissensmanagements muss eine Begriffsklärung vorausgehen. *„Wissen bezeichnet die Gesamtheit der Kenntnisse und Fähigkeiten, die Individuen zur Lösung von Problemen einsetzen"* (Probst et al. 1998). Im Internet oder aus anderen Quellen verfügbare Daten sind zunächst noch kein Wissen, sondern lose Zahlen und Texte ohne übergeordneten Zusammenhang. Die Daten werden durch Strukturierung zu Informationen, und erst eine Bewertung dieser Informationen im gegebenen Kontext lässt Wissen entstehen (s. **Abbildung 3.15**).

Abbildung 3.15 Die Entstehung von Wissen
(Quelle: In Anlehnung an Little 1997, Probst et al. 1998)

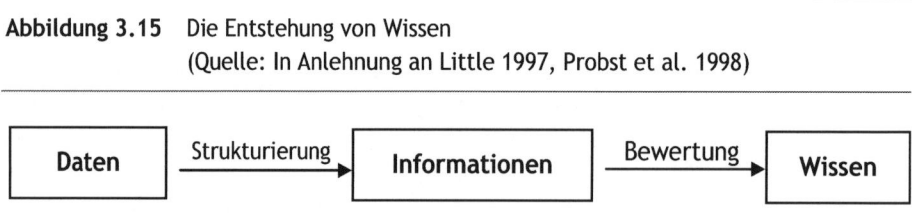

Die aktuellen Umsatzzahlen der Wettbewerber eines Unternehmens beispielsweise sind zunächst Daten. Werden sie z. B. in eine Statistik der vorangegangenen Jahre eingefügt, entstehen Informationen. Aber erst aus dem Bezug zur eigenen Umsatzentwicklung, zur letztjährigen Prognose und zur eigenen Strategie ergibt sich Wissen. Damit ist Wissen vernetzte, strukturierte und gewichtete Information.

> **Die zentralen Aufgaben des Wissensmanagements sind nach Pocsay (1999):**
>
> – Wissens**produktion:** Erkennen, Beschaffen, Erzeugen, Weiterentwickeln und Aktualisieren von Wissen
>
> – Wissens**dokumentation:** Darstellen, Aufbereiten und Verknüpfen von Wissen
>
> – Wissens**distribution:** Übermitteln und systematisches Bereitstellen von Wissen

An diese Prozesse anschließen muss sich selbstverständlich eine systematische und konkrete **Nutzung** des Wissens. Ein systematischer Umgang mit Wissensmanagement erfordert das Setzen von Wissenszielen und eine Bewertung des diesbezüglichen Fortschritts – also eine Integration des Wissensmanagements in das Führen mit Zielvereinbarungen.

Im Hinblick auf die konkreten Abläufe des Innovationsmanagements beeinflusst Wissensmanagement vor allem die erste Phase der Innovationsprozesse:

Vorhandenes Wissen zu Technologien, Markt und Wettbewerb sorgt für Ideen und schafft damit die Basis für erfolgreiche Innovationen.

Vorhandene Defizite

Obwohl etliche Unternehmen aktuellen Presseberichten zufolge das „Modethema" Wissensmanagement aufgegriffen haben, sind etliche Defizite auszumachen: Die Bereitstellung von Kundeninformationen für die Mitarbeiter gehört zu den Schwächen, pragmatische Methoden für alle Teilbereiche des Wissensmanagements sind ebenfalls noch kaum vorhanden. Das nicht vorhandene oder nicht genutzte Wissen führt zu vergebenen Innovationschancen. Dadurch, dass bei den meisten von uns untersuchten Unternehmen die Erkenntnisse zu Kundenwünschen wenn überhaupt nur informell weitergeleitet werden, erreichen sie nicht alle Mitarbeiter – ein wichtiges Potential zur Verbesserung der Kundenorientierung und für konkrete Innovationsideen bleibt unerschlossen.

Bei einem deutschen Maschinenbauers gibt es z. B. Defizite bei der Aufbereitung und Nutzung von Informationen: Es liegt jede Menge Informationen über das Umfeld vor, es findet jedoch kaum eine Bündelung und Ableitung von Maßnahmen statt.

Wenn überhaupt lagern die Informationen bei vielen Firmen unstrukturiert in diversen Ordnern, sodass fundiertes Kunden- und Wettbewerbswissen traditionell nur bei Vertriebsmitarbeitern und bei der Unternehmensführung vorzufinden ist. Eine zentrale Ablage für Kunden- und Wettbewerbsinformationen ist bei nur wenigen von uns analysierten Unternehmen vorhanden. Wenn sie vorhanden ist, wird sie wenig bis gar nicht genutzt – ein Zeichen von Desinteresse bzw. von fehlenden Intrapreneuren.

Da Informationen zu Wettbewerb, Kunden und eigenen Unternehmen nach unseren Beobachtungen meist unsystematisch erhoben, unsystematisch dokumentiert und unsystematisch zur Verfügung gestellt werden, bleibt der Erfolgsfaktor „Wissensmanagement" ein „Sorgenkind". Da greift auch das erkennbare Bemühen einiger Unternehmen zum Aufbau von Kunden- und Wettbewerbsdatenbanken zu kurz.

Gezielte Erzeugung und Dokumentation von Wissen

Informationen zu Kunden, Wettbewerbern und technologischen Entwicklungen lassen sich auf vielfältige Art gewinnen. Die Quellen für Innovationsideen werden in den Kapiteln „Innovationsteam" und „Kundennähe" genauer betrachtet. Hervorzuheben ist schon hier das Prinzip des kontinuierlichen und unaufwendigen Lernens. Leichte und ständige Befragungen beispielsweise sind aufwendigen wissenschaftlichen Erhebungen vorzuziehen.

Externe Informationen werden über den Prozess „wahrnehmen – bewerten – entscheiden – lernen" zu internem Know-how entwickelt und in Innovationen umgesetzt. Die zunehmende Wissensfluktuation führt dabei zur Notwendigkeit von Standards zur Wissensbeschreibung. Für das Unternehmen stellt sich somit speziell die Aufgabe, eine Form der Beschreibung für Kunden- und Wettbewerbsdaten sowie des bei den Mitarbeitern vorhandenen Wissens zu finden, die allen Mitarbeitern einsichtig ist und von allen Mitarbeitern eingesehen werden kann. Konkrete Maßnahmen können etwa

■ den Aufbau einer internen Wissensinfrastruktur nach dem Muster „wer weiß was" (Zugang zu personengebundenem Wissen),

■ die Auswertung vorliegender Datenmengen,

■ die Schaffung eines zentralen Ideenpools und eines Pools für geleistete, aber nicht beendete Entwicklungsarbeiten und

■ die Beschreibung und Darstellung von Erfahrungswissen wie z. B. vorteilhafter Entwicklungsabläufe oder typischer Fehler

umfassen.

Fruchtbare Rückbetrachtung von Entwicklungsprozessen

Lernfähigkeit ist eine der zentralen Anforderungen an ein innovatives Unternehmen. Ein wesentlicher Aspekt des „lernenden Unternehmens" ist die **Reflexion** und **Selbstoptimierung** der eigenen Vorgänge. In diesem Zusammenhang gewinnt das Wissen über den Entwicklungsweg an Bedeutung – es sollte erfasst und intern verteilt werden. Für Innovationsprojekte heißt dies konkret, dass sie einer Nachbetrachtung bedürfen, in der vom Team Gelungenes und Nicht-Gelungenes („lessons learned") kurz und prägnant aufgearbeitet und anderen zur Verfügung gestellt wird. Bei der *Rosenbauer International AG* beispielsweise erstellt das Entwicklungsteam nach Abschluss eines Projektes ein sogenanntes „Lernprotokoll".

Ein wichtiger Teil eines solchen Wissensmanagements besteht in standardisierten Protokollen der Projektsitzungen und des Nachtreffens. Diese sollten um die Rubrik „Was wurde Neues gelernt?" angereichert und im Unternehmenskommunikationssystem zur Verfügung gestellt werden.

Darüber hinaus können bewährte Abläufe vorgeschrieben werden, auch dies stellt eine Methode des Transfers von Prozesswissen dar.

Das Hauptproblem bei der Weitergabe von Wissen über systematische Entwicklung besteht darin, dass dieses Wissen zum Großteil nur **implizit** vorliegt. Das bedeutet, es beruht auf Erfahrungen und ist von der subjektiven Perspektive abhängig, es kann im Gegensatz zu **explizitem** Wissen nicht dargestellt werden. Mit anderen Worten: Wie Entwicklung funktioniert, kann einen Mitarbeiter zum Großteil nicht gelehrt werden, er muss es selbst entdecken – Menschen lernen am besten durch Erfahrung. Der Lerntransfer von implizitem Wissen kann vom Unternehmen trotzdem systematisch unterstützt werden, indem es für die Zusammenführung von erfahrenen Wissensträgern mit unerfahrenen Mitarbeitern in neuen Entwicklungsteams sorgt.

Die formale Aufbereitung des Wissens mithilfe moderner Informationstechnologie deckt nur einen Teilaspekt der Wissensorganisation ab – sehr schnell richtet sich der Fokus wieder auf menschliche Interaktion.

Wissensverteilung

Eine zentrale Aufgabe der Wissenserzeugung ist das Umwandeln von individuellem in organisatorisches Wissen. Gelingt dies nicht, macht sich das Unternehmen von einzelnen Personen abhängig. Die effektive, gemeinsame Nutzung von Informationen ist damit ein wesentliches Anliegen erfolgreicher Innovatoren. Schnell agierende Unternehmen sorgen zudem für eine rasche Verfügbarkeit relevanter Daten dort, wo sie gebraucht werden. Dazu ist ein direkter Zugriff auf Informationsquellen und Wissensträger notwendig – ein „Umweg über die Hierarchie" kostet wertvolle Zeit und ist zu vermeiden. Auch diese Anforderung stellt sich sowohl an die Informations- und Kommunikationstechnologie als auch an die Unternehmenskultur.

Damit Wissen wirklich nutzbar wird, bedarf es seiner Vernetzung: Einzelwissen bzw. einzelne Ideen oder Technologien erhalten erst dadurch ihren Wert, dass sie miteinander in Beziehung gesetzt werden. Dazu dienen vor allem Informationsaustausch-Mechanismen, die den Wissenstransfer durch persönliche Kontakte fördern. Beispiele dafür sind interdisziplinäre Teams sowie Meetings unterschiedlicher Abteilungen und Hierarchieebenen, wobei zusätzliche Bürokratie vermieden werden sollte. So wird ein permanentes Lernen aller Mitarbeiter über Kunden, Wettbewerb und das eigene Unternehmen unterstützt.

Die Wissenskultur ist der entscheidende Aspekt von Wissensmanagement

Das formale Wissensmanagement ist ein wichtiges, eigentlich aber kein neues Thema – es erhält nur durch die veränderten Möglichkeiten der Informations- und Kommunikationstechnik eine neue Dimension. Zum einen sind wie beschrieben wesentlich mehr Informationen verfügbar, und zum anderen steht für den Informationstransfer ein neues Medium zur Verfügung, welches alle Abläufe beschleunigt und die Wettbewerbsintensität steigert. Der Aufbau von entsprechenden Datenbanken und Informationspools ist unbestritten sinnvoll. Kein Unternehmen kann es sich erlauben, beim Kampf um den Produktivitätsfaktor der Zukunft, das Wissen, ins Hintertreffen zu geraten. Die Grenzen des formalen Wissensmanagements bestehen jedoch darin, dass

- wichtiges „negatives Wissen", also Wissen aus Fehlschlägen, Irrtümern und Flops in der Regel nicht erfasst wird,

- wichtiges implizites Wissen, also Erfahrungswissen und handwerkliches Wissen, nicht formalisierbar ist und damit ebenfalls unberücksichtigt bleibt (s. auch Grundmuster „Kernkompetenzmanagement") und

- Elemente wie Motivation, Ermutigung und Willensbekundungen wie auch das implizite Wissen nur über persönlichen Dialog und nicht über formal abgelegte Informationen vermittelbar sind.

Fehlt die Wissenskultur, so besteht die Gefahr, dass das formale Wissensmanagement ins Leere greift:

Alle Daten eines von uns untersuchten Unternehmens aus dem verarbeitenden Gewerbe beispielsweise sind in dessen Intranet für die Mitarbeiter abrufbar, doch fast niemand nutzt das Angebot.

Daher ist der „softe" Aspekt des Wissensmanagements, die Bereitschaft zur Herausgabe des eigenen Wissens und zur Aufnahme neuen Wissens, als mindestens ebenso wichtig einzuschätzen wie der Aufbau von intelligenten Datenbanken. IT ohne Berücksichtigung des Faktors Mensch ist sinnlos. Der Hersteller einer Software zur Bereitstellung von Wissen gibt zu: *„Wissensmanagement ist zu 80 Prozent eine Frage der Kultur, nur der Rest ist Technologie"* (Wenny 2000b).

Damit bestätigt sich auch im Kontext des Wissensmanagements die große Bedeutung der vorteilhaften Ausprägungen der Führung und der Unternehmenskultur. Freiräume für Kommunikation beispielsweise sorgen hier dafür, dass implizites Wissen – eine Quelle der Einzigartigkeit und wichtige Ressource jedes Unternehmens – weitergegeben werden kann.

Damit schließt sich der Kreis zu den anderen Soft Skills: Die Motivation der Mitarbeiter zum aktiven Engagement im Innovationsmanagement spielt auch im Grundmuster „KWU" eine Schlüsselrolle. Es sind sogar schon Ansätze zu beobachten, dass einzelne Unternehmen Wissensweitergabe im variablen Gehaltsanteil belohnen:

Ein Medienunternehmen hält seine Mitarbeiter an, Erfahrungsberichte in das Intranet zu stellen. Wird ein Bericht häufig von Kollegen heruntergeladen, steigt die Prämie des Urhebers.

3.4.6   Fallbeispiel: 3K-Warner Turbosystems GmbH

Ein ansehnliches Beispiel, wie ein Unternehmen das Spannungsfeld aus K, W und U im Griff haben kann, liefert uns der Automobilzulieferer *3K-Warner Turbosystems GmbH:* Eine große Anzahl seiner Mitarbeiter – aus allen Funktionsbereichen – hat permanenten persönlichen Kundenkontakt. Die Fertigung beispielsweise stimmt ihre Prozesskette optimal mit der Fertigung des Kunden ab. Daten zu den Kundenaufträgen wie Umsatz, Umsatzerwartung, Preisqualität usw. werden in das Intranet eingespeist und monatlich aktualisiert, sodass jeder Mitarbeiter die Geschäftssituation und die erwartete Entwicklung kennt. Dazu werden in regelmäßigen Abständen Kundenzufriedenheitsanalysen durchgeführt. Jeder im Unternehmen weiß, worauf es den Abnehmern ankommt, sodass im Ergebnis alle Mitarbeiter eine gute Kundenorientierung vorweisen. Gleiches gilt für die Wettbewerbsorientierung: Hier bemüht sich das Unternehmen, Informationen über die Presse, Fachzeitschriften, persönliche Kontakte und die Mitgliedschaft in Forschungsvereinigungen zusammenzutragen. Eine Informationsdatenbank zum Wettbewerb ist für alle Mitarbeiter zugänglich.

Ebenso gut funktioniert die offene Weitergabe von Informationen zum eigenen Unternehmen: Alle laufenden Projekte, der Business-Plan sowie Entscheidungsrichtlinien der Geschäftsführung werden im Intranet offen präsentiert. Monatliche Informationsgespräche der Unternehmensspitze sowie der Führungskräfte – jeweils für ihre Abteilungen – ergänzen die Kommunikation und sorgen für maximale Transparenz im Unternehmen. Jeder Mitarbeiter dieses Automobilzulieferers – vom Geschäftsführer bis zum Arbeiter an der Werkbank – kennt die aktuelle Situation und kann bezüglich innovativer Ideen selbst beurteilen, ob diese angesichts der Kunden und der Wettbewerbssituation dem eigenen Unternehmen helfen.

3.4.7   Zusammenfassung des Kapitels

Innovationen sind dann erfolgreich, wenn sie gleichzeitig verschiedenen Anforderungen gerecht werden. Die Kundenorientierung aller Mitarbeiter spielt eine ebenso zentrale Rolle wie das Eingehen auf die Fähigkeiten und Ziele des eigenen Unternehmens. Darüber hinaus ist es unabdingbar, die Erfolgsfaktoren zum Wettbewerb zu erfüllen und weitere erfolgsrelevante Außeneinflüsse zu berücksichtigen. Je eher alle Mitarbeiter die Einflussfaktoren kennen und verinnerlicht haben, desto besser gelingt das zielorientierte Kanalisieren von Innovationsideen. Dann wird das ganze Unternehmen „wie aus einem Guss" die Konstellation des „KWU-Dreigestirns" ausnutzen. Ein kundenorientiertes und wettbewerbsbereites Unternehmen muss daher auch ein systematisches Management der Kenntnisse seiner Mitarbeiter betreiben. Wissensfluktuation und Wissensexplosion führen zur Notwendigkeit einer geregelten Aufnahme, Verarbeitung, Verteilung und Nutzung relevanter Informationen.

Bei aller Wichtigkeit der formalen Wissensstruktur bleibt das entscheidende Element im Hintergrund die Wissenskultur auf Basis der Bereitschaft gegenseitigen Nehmens und Gebens von Wissen.

> **Checkliste „Spannungsfeld aus Kunde, Wettbewerb und eigenem Unternehmen"**
>
> – Denken und handeln Ihre Mitarbeiter kundenorientiert?
>
> – Sind sich Ihre Mitarbeiter über die Angebote der Wettbewerber, deren Stärken und Schwächen im Klaren?
>
> – Kennen Ihre Mitarbeiter die Ziele sowie die Möglichkeiten Ihres Unternehmens?
>
> – Erreichen wichtige Informationen zu Kunden, Wettbewerber und das eigene Unternehmen alle Mitarbeiter?
>
> – Sind Ihre Mitarbeiter bereit, das eigene Wissen zu teilen?
>
> – Sind Ihre Mitarbeiter in der Lage, aufgrund ihres Wissens über Kunde, Wettbewerb und eigenes Unternehmen vielversprechende Innovationsansätze zu erkennen?

3.5   Zusammenfassung der Soft Skills

Gelingt es, im Unternehmen eine Innovationsmentalität zu verbreiten, so wirkt sich dies über den Innovationserfolg auf den Unternehmenserfolg aus. Unternehmen, die ihre Soft Skills gut im Griff haben, verfügen meist auch insgesamt über ein gutes Innovationsmanagement.

Ohne den „Faktor Mensch", ohne die Soft Skills, ist ein erfolgreiches Innovationsmanagement unmöglich. Der Antrieb vonseiten der Unternehmensführung sorgt für einen angemessenen Stellenwert aller F&E-Bestrebungen und vermittelt die Vision des Unternehmens als gemeinsames Leitsystem. Durch eine visionäre Führung und das Innovationspotential entsprechend ausgebildeter und geführter Mitarbeiter ergibt sich ein Anregungszustand, der den optimalen „Nährboden" für eine (Innovations-) Hochleistungsorganisation bildet. Eine innovationsförderliche und damit lernorientierte Unternehmenskultur sowie eine Ausrichtung der Mitarbeiter an Kunden, Wettbewerbern und dem eigenen Unternehmen vervollständigen diesen Anregungszustand.

Die Optimierung der Soft Skills lohnt sich also – sie braucht jedoch auch Zeit. Das Verändern eingefahrener Verhaltensmuster und fest verankerter Denkweisen kann nicht von heute auf morgen gelingen (vgl. Kapitel „Innovationsanalyse und -optimierung").

Die Auswirkungen gut ausgebildeter Soft Skills betreffen nicht nur das Individuum, sondern insbesondere auch die Qualität der Teamarbeit im Unternehmen:

■ Eine Lernkultur sorgt für eine offene, kontroverse Teamarbeit, die auch dazu in der Lage ist, Prämissen in Frage zu stellen.

■ Das gemeinsame Entwicklungsziel leitet sich transparent aus den bekannten Unternehmenszielen ab und wird von allen akzeptiert.

■ Das Bewusstsein und das Verständnis des Zusammenhangs von Kunde, Wettbewerb und eigenem Unternehmen helfen, die eigenen Fähigkeiten zum Nutzen des Kunden einzusetzen und dabei den Wettbewerb zu übertreffen.

■ Die Motivation der Teammitglieder ergibt sich aus:

  – der Berücksichtigung der Entwicklungsaufgabe in den persönlichen Zielvereinbarungen und der Einplanung des entsprechenden Zeitaufwandes in der persönlichen Arbeitszeit, sodass auch ein Fertigungsleiter gerne bei Besprechungen anwesend ist und seine Zuarbeit leistet,

  – ihrem „authentischen Einsatz – die Tätigkeit der Teammitglieder steht möglichst im Einklang mit persönlichen Talenten und Vorlieben,

  – ihrer Ausbildung zum Intrapreneur.

■ Die Teamarbeit ist durch gute Kommunikation und gegenseitige Unterstützung geprägt, dadurch entstehen positive Gruppendynamik sowie ein motivierender Teamgeist bzw. ein „Wir-Gefühl".

■ Durch den Zielkonsens und die gute Teamarbeit identifizieren sich die Mitarbeiter mit der Entwicklungsaufgabe und deren Ergebnis.

■ Durch partizipative Führung und Coaching seitens des Projektleiters entsteht eine angenehme, durch Eigenverantwortung geprägte Arbeitsatmosphäre.

■ Die Teambildung gelingt durch klare und allgemein akzeptierte Regeln für die Führung, den Umgang miteinander und den Arbeitsstil.

Ein konkretes Beispiel für einen hinsichtlich der Soft Skills gelungenen und in der Konsequenz erfolgreichen Innovationsprozess liefert die *Andritz AG*, Geschäftsbereich Hydraulische Maschinen: Als man in den 90er-Jahren als erster am Markt eine zweistufige hydrodynamische Gleitringdichtung entwickelte, passte hinsichtlich des „Faktors Mensch" alles zusammen. Die Wichtigkeit der Innovation war durch ein ausreichendes Budget und die Unterstützung der Unternehmensführung manifestiert, ohne dass „von oben in das Projekt hineinregiert" wurde. Die vorhandenen Freiräume führten zu großem Engagement bei allen Beteiligten. Diesen war zudem bewusst, dass die Entwicklung zum eigenen Unternehmen passte, die Kunden eine solche Dichtung brauchten und der Wettbewerb damit übertroffen werden konnte.

Um den durch die Soft Skills „aus allen Kesseln dampfenden Innovationszug" jetzt auch noch schnell und zielführend fahren zu lassen, bedarf es noch geeigneter methodischer „Schienen". Die nächsten Kapitel beschäftigen sich daher mit der systematischen Ablauforganisation von Innovationsprozessen.

4 Die Organisation des Innovationsprozesses – systematische methodische Unterstützung und „Handwerkszeug"

Nachdem in Kapitel 3 der Faktor Mensch und damit die Innovationsbereitschaft im Mittelpunkt der Betrachtung stand, beschäftigt sich das Kapitel 4 mit der konkreten Ausgestaltung von Entwicklungsprozessen, also der Innovationsdurchführung. Die dazu gehörigen sieben Grundmuster zeigen auf, wie von der Ideenfindung bis zur Markteinführung durch ein systematisches Vorgehen die Erfolgsquote der Innovationsbestrebungen maximiert werden kann.

Ergänzt bzw. am praktischen Beispiel erläutert werden die Ausführungen durch zwei ausführlich beschriebene Fallstudien (Kapitel 4.4 und 4.11). Eine davon behandelt speziell das Thema „Kundennähe", während die andere den gesamten Entwicklungsprozess zum Gegenstand hat.

4.1 Innovationsmanager und Innovationsteam – die systematische Ideenfindung

„Wenn man etwas Neues machen will, ist man nicht sicher, ob es besser wird. Aber wenn etwas besser werden soll, muss man etwas Neues machen."[25]

Am Anfang jeder Innovation steht eine Idee – jede Neuerung wird irgendwann im Kopf eines Menschen als solche „geboren", und so stellt sich die erste konkrete Frage im Ablauf des Innovationsprozesses nach der Herkunft des entscheidenden Gedankens. Die Ideenfindung gehört somit zweifellos zu den Schlüsselprozessen erfolgreichen Innovationsmanagements. Dieses systematisch zu betreiben bedeutet also auch, die Ideenfindung nicht dem Zufall zu überlassen. Aus Sicht eines Unternehmens lautet die Schlüsselfrage: Wie können systematisch alle verfügbaren Ideenquellen angezapft und kreative Prozesse begünstigt werden – wie ist also die Ideenfindung zu organisieren?

---

[25] G. C. Lichtenberg, Physiker und Schriftsteller im 18. Jahrhundert

Daher wird in diesem Kapitel aufgezeigt, wie klare Verantwortlichkeiten für die Ideen-findung geschaffen werden können, wie Ideenquellen gezielt ausgeschöpft und die Kreati-vität der Mitarbeiter gezielt gesteigert werden können.

Dabei unterliegen sowohl Produktideen im engeren Sinn als auch neue Geschäftsfelder im weiteren Sinn im Grunde der gleichen Suchsystematik. Im letzteren Fall kann man auch von „Business Scouting" anstelle von Ideenfindung sprechen.

4.1.1   Quellen für Innovationsideen - Personen, Institutionen und Daten

„Es gibt nichts Neues mehr. Alles, was man erfinden kann, ist schon erfunden worden."[26]

Naturwissenschaftliche und technische Entdeckungen, Erfindungen und Weiterent-wicklungen sorgen ebenso wie die in vielen Fällen kaum rational vorhersehbare Evolution der menschlichen Bedürfnisse für ein andauerndes Innovationspotential.

Nachdem durch das Zielsystem (s. Grundmuster „Antrieb") ein eingegrenztes Suchfeld hinsichtlich der gewünschten technologischen Ausrichtung bestimmt wird, darf dies nicht zu einer gleichzeitigen Einschränkung bezüglich der Nutzung von Ideenquellen führen. Nicht nur der Kunde und der Entwickler können das Unternehmen auf den entscheiden-den Gedanken bringen, es gibt eine Vielzahl potentieller Impulsherde. Je mehr Quellen für Innovationsideen systematisch ausgeschöpft werden, desto größer wird die Wahrschein-lichkeit für einen „Volltreffer".

Wie im einführenden Kapitel dargestellt, können Innovationen aus kleinen Verbesse-rungsschritten oder revolutionären Neuheiten bestehen, wobei es natürlich auch Zwi-schenstufen gibt. Während kleine Verbesserungsschritte vorhandene Produkte und Pro-zesse kontinuierlich optimieren, erfolgen Sprunginnovationen eher selten und in unbe-ständiger Zeitfolge. Da beide Innovationsarten hinsichtlich ihrer Entstehung sehr unter-schiedlich sind, werden im Folgenden Ideenquellen für kleine Verbesserungsschritte und Ideenquellen für Sprunginnovationen unterschieden.

Der Ziel- und Ideenfindungsprozess wird aufgrund seiner schwierigen Beherrschung und der Unklarheit, welche Ideen am Ende ein Potential haben, von manchen neueren Quellen auch das *„Fuzzy front end"* des Innovationsprozesses genannt. Ziel muss es aber sein, gera-de auch diesen Prozessschritt effektiv und effizient zu gestalten.

---

[26]   Charles H. Duell, US-Patentamt, 1899

Der Kunde ist häufigster Ideenlieferant - Nutzung von Ideenquellen für die permanente Verbesserung

Interne und externe Quellen nutzen

Für die kontinuierliche Verbesserung steht eine ganze Reihe an Ideenquellen zur Verfügung, die genutzt werden kann – und muss, will eine Firma zu den Innovationshochleistungsorganisationen gehören. Das Ideenpotential relevanter Wissensträger außerhalb der Unternehmung muss ebenso systematisch ausgeschöpft werden wie das der Mitarbeiter. Die Unternehmen erkennen dies auch in zunehmendem Maße: Nicht nur Abnehmer, auch Lieferanten und Wettbewerber dienen heute als Kooperationspartner.

Exkurs „Open Innovation"

Bei Offenlegung der Entwicklung für die Öffentlichkeit spricht man auch von *„Open Innovation"*. Dabei können Entwicklung und Ideenfindung durch Einbezug Unternehmensexterner beschleunigt sowie potentiell in ihrer Qualität und Vielfalt erhöht werden. Preis für diese Verbesserung ist allerdings gegebenenfalls die Offenlegung betriebsinterner Daten und der Innovationszielrichtung sowie der Aufwand zur Beurteilung der Einreichungen und zum Feedback an die Einreicher, sicherlich verbunden mit einem Belohnungssystem. Grundsätzlich sind hier die gleichen Maßstäbe an eine Ideenselektion anzulegen wie bei intern eingereichten Vorschlägen (s. Kapitel Chancen-Risiken-Analyse). Darüber hinaus klar geregelt werden müssen zudem rechtliche Fragen wie Urheberschaft und Patentrechte.

Bereits ein Viertel der deutschen und österreichischen Unternehmen sammelt nach einer Studie der Universität Innsbruck und der Wissenschaftlichen Hochschule in Vallendar aus dem Jahr 2005 Ideen im Internet. Beispiele:

- Automobilhersteller *Webasto* z. B. gründete 2005 eine Internet-Diskussionsplattform. Über 300.000 Teilnehmer beantworteten Fragen zum Thema Standheizung. Wichtige Wünsche waren die Möglichkeit zum Ausbau in den Sommermonaten, um nicht unnötiges Gewicht zu transportieren. Daraus ergab sich – als Weiterentwicklung der Idee – die Variante einer flexibel nutzbaren, tragbaren Standheizung. Diese Idee wird von Webasto umgesetzt. (Aus: Focus Money, Ausgabe 12.2006)

- Die Internetplattformen „Ninesigma" und „Innocentive.com" werden von Unternehmen aus der chemischen und pharmazeutischen Industrie zur öffentlichen Ausschreibung von F&E-Aufträgen genutzt. Es beteiligen sich u. a. *Procter & Gamble, Eli Lilly, Du Pont* und *Abbott.*

- „Lebensrausch.com" motiviert Kunden zur eigenen Entwicklung von Brett- oder PC-Spielen.

- Der Geschäftsbereich Powertools der *Robert Bosch GmbH* sucht über das Internet neue Produktideen für Elektrowerkzeuge.

Wird der Aufbau eines Produktes komplett der Öffentlichkeit zugänglich gemacht, spricht man auch von *„Open Source"*. Ein solcher offener, verteilter Entwicklungsprozess wird idealtypisch von der Programmiergemeinde des für die Allgemeinheit zugänglichen Codes für das PC-Betriebssystem Linux vorgelebt. In diesem Extremfall wird das Produkt dezentral von vielen Nutzern optimiert – das durchaus erfolgreiche, atypische Geschäftsmodell des „Herstellers" beruht auf Einnahmen durch Service und Applikation statt durch Produktverkauf.

Aber auch der umgekehrte Weg – Initiative seitens der Bürger – ist bereits etabliert: Unter „Ideenreich.at" präsentieren kreative Menschen von sich aus Ideen, die von interessierten Firmen „abgekauft" werden können.

Der folgende Exkurs beschäftigt sich mit den Ideenquellen für die permanente Verbesserung.

Exkurs: Ideenquellen für die permanente Optimierung: eine Vielzahl an Möglichkeiten nutzen

Die **Ideenquellen für die permanente Verbesserung** lassen sich unterscheiden nach:

■ **Kunden und „(Noch-)Nicht-Kunden"**

Kunden sind die elementare Zielgröße des Innovationsmanagements und daher natürlich auch als Ideenquelle interessant. Die Aufnahme der Kundenwünsche wird im separaten Grundmuster „Kundennähe" detailliert beschrieben.

■ **Reklamations-, Service- und Vertriebsstatistiken**, z. B. Auswertung von Anfragen und Beschwerdemanagement (vgl. ebenfalls Kapitel „Kundennähe")

■ **das interne Vorschlagswesen** bzw. die eigenen Mitarbeiter

■ **Wettbewerber und branchenfremde Unternehmen**

Die **Analyse von Wettbewerberprodukten** („Reverse Engineering") kann der eigenen Produktentwicklung Impulse geben. Aber auch **Entwicklungskooperationen** unter Wettbewerbern werden zunehmend üblich (vgl. Kapitel „Kernkompetenzmanagement").

Erfolgreiche Prozesse der Wettbewerber und branchenfremder Unternehmen können durch Benchmarking in angepasster Form auf das eigene Unternehmen übertragen werden: Benchmarking bedeutet Suche nach Best Practice, Erkennen eigener Schwächen und Lernen aus der Erfahrung anderer. Damit ist Benchmarking gut geeignet, um vorhandene Defizite im Unternehmen auszumachen und zu beseitigen. Am besten werden dabei Konkurrenten aus Ländern bzw. Regionen mit größerer Wettbewerbsdichte und einem weiter entwickelten Markt betrachtet, da dort die fortschrittlichsten Lösungen zu erwarten sind. Ein Unternehmen muss sich jedoch auch darüber im Klaren sein, dass sich das ausgewählte Vorbild mithilfe von Benchmarking nach herkömmlichem Verständnis aus zwei Gründen weder einholen noch übertreffen lässt. Erstens wird eine anvisierte Zielmarke nie zu 100 Prozent erreicht, das Unternehmen verbleibt also unterhalb der Benchmark – und zweitens verbessert das Vorbild in der Regel während des Optimierungsprozesses selbst seine eigenen Abläufe weiter. Um das Zielunternehmen dennoch zu erreichen bzw. zu überholen, muss die Zielmarke entsprechend über 100 Prozent liegen.

■ **Internes Benchmarking**

Oftmals kommt es vor, dass intern bereits eine Lösung für ein Problem gefunden wurde, dies jedoch über Bereichs- oder Abteilungsgrenzen hinaus nicht bekannt wird. Eine interne Suche nach vorbildlichen Lösungen kann etliche Ideen ausfindig machen, vergleichen und übertragen.

■ **Lieferanten**

Auch vom Lieferanten können entscheidende Ideen kommen, wie unsere Untersuchungen bestätigen. Lieferanten besitzen Marktkenntnisse und haben ein Eigeninteresse an erfolgreichen Innovationen ihrer Kunden. Eine intensive, vertrauensvolle Zusammenarbeit zahlt sich aus.

■ (Zwischen-)**Händler**

Händler sind in der Regel als wichtige Kunden zu betrachten, deren Wünschen eine entsprechende Bedeutung zukommen muss.

■ **Wissenschaftler** sind nicht nur in der Grundlagenforschung, sondern auch in anwendungsnahen Fragestellungen mitunter kompetente Ansprechpartner. Die Vernetzung zwischen Hochschulen und Unternehmen in Deutschland gilt als sehr gut. Beispiele sind unternehmensseitig initiierte Forschungskooperationen, staatlich geförderte Entwicklungsprojekte mit meist mehreren Hochschul- sowie Unternehmenspartnern und Firmenausgründungen, die universitäre Forschungsergebnisse in anwendungsbezogene Produkte oder Dienstleistungen umsetzen.

■ **Marktforschungsinstitute**

■ **Handelskammern**

■ **Berater** und andere externe Spezialisten

Außer im Rahmen von Entwicklungskooperationen kann eine Zusammenarbeit mit den genannten externen Ideenlieferanten auch auf kurze Treffen oder sogar Treffen informellsporadischer Natur beschränkt sein. Die Palette potentieller Begegnungsforen reicht von

■ selbst veranstalteten oder besuchten Workshops, Seminaren und Schulungen über

■ die Teilnahme an Wettbewerben bis zu

■ zufälligen Gesprächen im Rahmen von Messen.

In jedem Fall gilt für alle Unternehmenszugehörigen die Maxime, Augen und Ohren für Ideen offen zu halten und Firmenexterne als unerschöpfliche Ideenquelle zu betrachten.

Interessant und vielversprechend ist auch der Gedanke, die Prinzipien der internen Motivation der Mitarbeiter auf Unternehmensexterne zu übertragen. Ein Beitrag der externen Zielgruppe zur Ideenfindung muss wahrnehmbar eingefordert werden, eine allgemein oder zumindest zielgruppenspezifisch erstrebenswerte Vision verkündet und Anreize wie Rabatte, Preise oder Prämien ausgesetzt werden. So kann beispielsweise die Öffentlichkeit von einem Automobilhersteller zur Teilnahme am Wettbewerb „das Auto im Jahre 2010" aufgefordert und ein innovativer Lieferant mit einer Abnahmegarantie motiviert werden.

Tipp:

Oft scheitert ein Beitrag von außen schon bei der Kontaktaufnahme – wenn ein aufwendiges Suchen nach dem richtigen Ansprechpartner notwendig wird. Legen Sie (einen) verantwortliche(n) Mitarbeiter fest und veröffentlichen Sie deren/dessen Adresse(n).

Die eigenen Mitarbeiter – wichtigster Ideenlieferant für Sprunginnovationen

„Es gibt immer Innovation. Wenn jemand sagt, es gibt keine guten Ideen, dann hat er sich noch nicht genug damit beschäftigt. Wir setzen Physiker, Chemiker, Ingenieure und Vertriebsleute zusammen, und es kommt immer etwas dabei heraus."[27]

Im Gegensatz zu Verbesserungsideen können Ideen für Sprunginnovation – bis auf Ausnahmefälle – nicht so einfach erhoben werden. Fragt ein Unternehmen seine Kunden nach Innovationsideen, so werden diese fast immer mehr oder Besseres vom Gleichen für weniger Geld verlangen. Völlig neue Problemlösungen werden in der Regel nicht dabei sein. Der Mensch denkt in den Kategorien, die er kennt.

Die Herkunft von Ideen für Sprunginnovationen ist trotzdem vielfältig und von den Ideenquellen für inkrementale Verbesserungen verschieden:

Ideenquellen für Sprunginnovationen

■ **Freidenkerkreise**

Den Luxus eigener „Zukunftsgruppen", deren Aufgabe in der Sondierung der mittel- und langfristigen Entwicklungsperspektiven liegt und die auch zunächst „verrückt" erscheinende Ideen weiterverfolgen dürfen, leisten sich derzeit immer mehr Großunternehmen. Mannesmann unterhält die Mannesmann Pilotentwicklung GmbH (MPE) in München (mit derzeit 40 Mitarbeitern), Audi leistet sich zumindest ein vierzehntäglich einberufenes „Traumteam" mit dem gleichen Ziel. Für KMU lautet das im Grundsatz übertragbare Ziel, im Rahmen der individuellen Möglichkeiten eigene Szenarien der mittel- und längerfristigen Zukunft zu erstellen. Sie können sich im Regelfall weder eine eigene Grundlagenforschung noch eine eigene Vollzeit-Zukunftsgruppe leisten, wenn dies auch für das Innovationsmanagement noch so wünschenswert erscheint. Dennoch müssen auch von den „Kleinen" ressourcenadäquate Lösungen gefunden

---

[27]   Christoph Freist, Geschäftsführender Gesellschafter der *CWW-GERKO Akustik GmbH*

werden, um hinsichtlich der Kundenbedürfnisse und der Technologie in die fernere Zukunft blicken zu können. Eine gangbare Lösung sind z. B. Kooperationen mit Universitäten und Forschungsinstitutionen sowie auch Kooperationen mit anderen KMU, um sich auf nicht unmittelbar mit der Wertschöpfung assoziierten Gebieten gemeinsam Vorteile zu verschaffen.

- Nutzung **herkömmlicher Kreativitätstechniken**

- Nutzung **fortschrittlicher Ideen- und Entwicklungstechniken** wie Value Innovation und TRIZ

  Beide Konzepte werden noch genauer erörtert – Value Innovation im gleichlautenden separaten Kapitel, TRIZ in diesem Kapitel bei den Kreativitätstechniken.

- Geduldiges, schrittweises **Ausreifen einer Technologie**

  Beharrliches Weiterentwickeln anhand von Experimenten und Prototypen – bei revolutionären Neuheiten wie dem Handy werden oft nur langsam Fortschritte erzielt und es kann weit über fünf Jahre bis zur Marktreife dauern.

- Kooperationen mit **Universitäten**, **Forschungseinrichtungen** und **Beratern**

- **Patentrecherchen** (vgl. Kapitel „Vorprojekt")

- Beobachtungen in **anderen Branchen, Lebensbereichen** und der **Natur**

- Konfrontation von **Kindern und Jugendlichen** mit dem Prinzip des Problems

  Einer auf den ersten Blick ungewöhnlichen Gruppe von Ideenlieferanten bedienen sich die Konzerne Xerox und Compaq: Sie unterhalten sogenannte Kid-Labs, in denen Kinder und Jugendliche erstaunlich simple Lösungen für von Experten ungelöste Probleme erdenken. Der Mensch besitzt im Alter von etwa 14 bis 17 Jahren seine höchste Kreativität!

- Wie **Kunden** in die Ideenfindung für Sprunginnovationen einbezogen werden können, wird im Kapitel „Kundennähe" betrachtet. Hier gilt: kundennah agieren, diesen allerdings einen Gedankenschritt voraus sein.

Allen Quellen ist eines gemeinsam: Selbst wenn ein gewisser „Input" von außen erfolgt, sind es letztlich die **eigenen** Mitarbeiter, welche die entscheidende Idee für eine Sprunginnovation haben.

Tipp:

Suchen und verfolgen Sie gerade auch auf den ersten Blick unmöglich erscheinende Ideen! Offensichtliche Ideen hat mit Sicherheit auch der Wettbewerb, Potential zur Differenzierung liegt gerade in den herausfordernden Ideen, wenn schließlich doch ein Weg gefunden wird, sie zu realisieren.

Systematische, weltweite Informationsrecherche

Außer durch eigene Befragungen oder Erhebungen, die **primären Datenquellen,** können hilfreiche Informationen auch aus **sekundären Datenquellen,** also Veröffentlichungen, gewonnen werden. Diese haben den Vorteil, dass sie günstiger und schneller verfügbar sind, dafür beantworten sie jedoch oft nicht genau die anstehende Frage. Heutzutage können Informationsquellen problemlos weltweit recherchiert werden – und müssen es auch, will ein Unternehmen systematisch auf Ideen für Sprunginnovationen kommen.

Relevante Quellen von Veröffentlichungen lassen sich in

- Internet,

- Fachliteratur,

- Patentdatenbanken,

- Wissenschaftliche Arbeiten und

- Marktstudien

unterscheiden – der explodierende Umfang des auf diese Weise verfügbaren Wissens wurde bereits erwähnt. Damit kommt es auf das geeignete Vorgehen an, um in der zur Verfügung stehenden Datenflut fündig zu werden. Das Internet und Bibliotheken bieten hier immer leistungsfähigere Suchmaschinen. Neben einer Suchstrategie ist auch eine klare Fragestellung bzw. ein definierter Suchbereich wichtig. Wer „einfach drauf los surft", wird höchstens einen Glückstreffer landen können.

Anhand der genannten Quellen können nicht nur relevante technologische Entwicklungen verfolgt werden, sondern nebenbei auch „umwelt"-gerichtete Analysen bezüglich Trends, des Verhaltens der Konkurrenten sowie der gesamtgesellschaftlichen und politischen Zukunft gefahren werden. Letztlich geht es darum, als Voraussetzung für zielgerichtete Kreativität das eigene Wahrnehmungssystem zu schärfen und sich der eigenen Position bewusst zu sein (s. Kapitel „Kunde, Wettbewerb und eigenes Unternehmen").

Bezüglich der Informationsrecherche sind die Unternehmen sehr unterschiedlich weit fortgeschritten: Während die Entwickler eines deutschen Maschinenbauers erst vor wenigen Jahren ihren eigenen Internetanschluss erhielten, nutzt beispielsweise die Firma *Hailo* die weltweit mögliche Recherche systematisch zur Erzeugung von Innovationsideen (vgl. Abschnitt „Organisatorische Eingliederung des Ideenmanagements").

Obwohl die Informationsrecherche oft suboptimal verbleibt, schöpfen die meisten Unternehmen bei den Ideenquellen aus dem Vollen:

- Eine Firma aus Österreich nutzt Lieferantenkooperationen, Kundenworkshops, die Analyse von Wettbewerbsprodukten, Kooperationen mit Universitäten und Fachmedien als Ideenquellen.

■ Ein mittelständisches deutsches Unternehmen aus der Pumpenbranche setzt auf Kundenwünsche, Wettbewerbsprodukte, Messen, Lieferanten, die Reklamationsstatistik, Kollegen aus der Branche und die eigenen Mitarbeiter.

■ Ein Zulieferer der Baubranche baut auf Patentliteratur, Fachzeitschriften, Kooperation mit Lieferanten von Rohstoffen, Kontakte mit Wissenschaftlern und Wettbewerbsvergleiche als Ideenquellen.

Der durchschnittliche Zeitanteil für Informationsbeschaffung liegt je nach Innovationshöhe bei 20 bis 50 Prozent der gesamten Entwicklungstätigkeit. Daran lässt sich erkennen, dass der systematische Erwerb und die Bereitstellung von Wissen ein erhebliches Produktivitätspotential bergen.

Etwa zwei Drittel aller Ideen gehen vom Kunden aus, das übrige Drittel Ideen wird im Wesentlichen von eigenen F&E-Mitarbeitern initiiert (vgl. **Abbildung 4.1**). Damit spielen alle weiteren potentiellen Ideenquellen wie Lieferanten, Wissenschaftler und die nicht in der Entwicklung beschäftigten Mitarbeiter des Unternehmens in der Praxis bisher nur eine untergeordnete Rolle. D. h.:

1. Die eigenen Mitarbeiter sind eine wesentliche Ideenquelle, gerade im Hinblick auf Sprunginnovationen.

2. Die Unternehmen nutzen diese wesentliche Innovationsquelle nur unzureichend.

Damit ist klar: Das naheliegende Potential der eigenen Mitarbeiter für die Ideenfindung muss besser genutzt werden!

Abbildung 4.1   Die eigenen Mitarbeiter außerhalb F&E werden als Ideenquelle vernachlässigt (Quelle: Eigene Darstellung, in Anlehnung an diverse Studien)

Herkunft von Innovationsideen

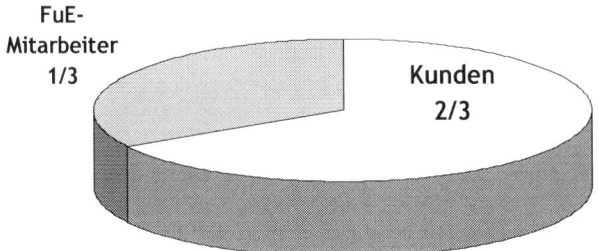

FuE-Mitarbeiter 1/3

Kunden 2/3

Das kreative Potential der eigenen Mitarbeiter nutzen

Durch die innovationsförderliche Ausprägung der den „Faktor Mensch" betreffenden Grundmuster befinden sich die Mitarbeiter in einem „Anregungszustand" – sie sind aufmerksam, motiviert und kennen das gemeinsame Innovationsziel. Jetzt kommt es darauf an, ihnen kreative Freiräume zu gewähren und ihre Ideen systematisch abzugreifen.

Ideenfindung ist Aufgabe aller Mitarbeiter, daher ist darauf zu achten, dass

- **die Aufmerksamkeit** des Managements und der Mitarbeiter **für die Ideenfindung aufrechterhalten wird** – beispielsweise wie schon beschrieben durch monatliche Auszeichnungen in Verbindung mit wechselnden Preisen. Zielführend ist es auch, die Mitarbeiter regelmäßig und in knapper Form mit bestimmten, aktuellen Reizfragen oder Suchfeldern zu konfrontieren. Innovationsteams können so z. B. derzeitige Fragestellungen für alle Mitarbeiter sichtbar kurz beim Start des Intranets einblenden lassen – natürlich mit Link auf eine Seite mit möglicher Eingabe von Antwortideen.

- **jeder Mitarbeiter die Möglichkeit hat, seine Ideen zu äußern**

  Von den meisten Ideen, die ein Mitarbeiter im Laufe seiner Unternehmenszugehörigkeit hat, profitiert das Unternehmen nicht. Mancher Mitarbeiter optimiert an seinem Arbeitsplatz die Abläufe und löst damit eigentlich auch andernorts bestehende Probleme. Dennoch verlässt eine gute Idee nur selten die Arbeitsgruppe ihres Ursprungs. Das Problem liegt nicht nur in einer mangelhaften Motivation der Mitarbeiter – oft fehlt schlicht eine zentrale Anlaufstelle oder verantwortliche Kontaktperson. Die Suche nach einem geeigneten Ansprechpartner stellt ein unnötiges Hindernis für kreative Köpfe dar. Konkrete Maßnahmen zur Abfrage von Ideen sind die Einrichtung eines Vorschlagswesens und Mitarbeiterbefragungen zu bestimmten Themen.

  Die Firma *Jung Pumpen GmbH* aus Steinhagen bei Bielefeld z. B. hat die beiden Vordrucke „Unterwegs notiert" für den Außendienst und „Im Werk notiert" für den Innendienst eingeführt. Hier kann jeder Mitarbeiter spontane Ideen äußern, eine Rückmeldung ist über die Antwortpflicht des Produktmanagements garantiert.

  Eine wichtige Methode ist auch die organisierte Ideenfindung in Teams, die in Abschnitt 4.1.2 näher betrachtet wird.

- **Ideen und Projektvorschläge auf einfache Art und Weise eingereicht werden können**

  Bei einer strengen Dokumentationssystematik zur Ideeneinreichung – symptomatisch sind detaillierte, umfangreiche Angaben – überlegen sich die Mitarbeiter schon zweimal, ob sie eine Idee äußern. Vorteilhaft sind einfache, übersichtliche Formblätter, die einen Antrag erleichtern und nicht erschweren. Ausführliche Vordrucke und mehrseitige Begründungen stellen bürokratische Hürden dar und haben eine abschreckende Wirkung auf Einreicher (Vorschlag hierzu s. „Produktbriefing" im Kapitel „Kundennähe"). Der Automobilzulieferer *3K-Warner Turbosystems GmbH* z. B. nennt seine Projektantragsformulare „Zielphoto" – mit ihrer Hilfe können Ideen kurz und prägnant dargestellt werden.

■ **ein Anreiz- bzw. Belohnungssystem für gute Ideen besteht**

Ein Ideenfindungswesen oder betriebliches Vorschlagswesen (BVW) darf wie alle Auszeichnungen, Preise und Prämien nur als eine Komponente der Motivation betrachtet werden. Sehr oft ist in Unternehmen zu beobachten, dass das BVW nicht zur Zufriedenheit funktioniert oder „eingeschlafen" ist, weil hinsichtlich der Soft Skills keine Anstrengungen zur Aktivierung der Mitarbeiter unternommen werden. Als isoliertes Mittel greift das BVW nicht: Einen unmotivierten Mitarbeiter wird man dadurch nicht für das Wohl des Unternehmens interessieren. Dazu kommt ein anderes typisches Problem des Vorschlagswesens: Wenn jemand Ideen zu einem abteilungsfremden Arbeitsgebiet einreicht, dann wird dies dort als Beleidigung gewertet. Weitere strukturelle Ursachen für schlecht funktionierende BVW liegen darin, dass

–   kein Verantwortlicher benannt wurde oder zumindest vom Verantwortlichen keine neuen Impulse ausgehen. Oft fehlt dem Ideenwesen einfach die Unterstützung durch das Top-Management (s. Kapitel „Antrieb").
–   das Ideenwesen mangelhaft organisiert ist: Ideen werden auf den Weg durch die hierarchischen Instanzen geschickt, Einreicher erhalten erst nach Monaten eine Rückmeldung und Ablehnungen werden unbefriedigend erläutert. Oft ist das Bewertungssystem nicht transparent und langsam.

Das herkömmliche Vorschlagswesen vermittelt den Eindruck, dass Kreativität im Tagesgeschäft nicht erwartet wird und Ideen extra honoriert werden müssen. Damit kann es sogar kontraproduktiv wirken. Letztlich muss es das Ziel des BVW sein, dass sich Intrapreneure gegenseitig behilflich sind und ihre Ideen selbst so schnell wie möglich umsetzen – und dies sollte auch belohnt werden.

■ **besonders kreative Mitarbeiter erkannt und unterstützt werden** sowie deren Potential genutzt wird – etwa durch Integration in Innovationsteams (vgl. Abschnitte „Persönlichkeitsmerkmale kreativer Menschen" und „Organisation und Koordination der Ideenfindung").

■ aufgrund ihrer Funktion und ihrem Wissen **mit den besten Voraussetzungen für Ideenfindung ausgestattete Mitarbeiter** wie Marketing-, Vertriebs- und Entwicklungsleiter ebenfalls **in Innovationsteams integriert werden.**

■ **Mitarbeiter soweit möglich selbst Kunden sind** und damit aus Anwenderperspektive mit dem Produkt konfrontiert werden – für diese Anregung der Ideenfindung lässt sich durch Preisnachlässe für die eigene Belegschaft Sorge tragen.

Kreativität muss also gefördert und gefordert werden. Doch wie kann verhindert werden, dass innovative Gedanken angesichts der Übermacht des Tagesgeschäfts untergehen?

Freiräume im Tagesgeschäft

Kreative Freiräume der Mitarbeiter gibt es für das Unternehmen nicht zum Nulltarif. Wie schon im Grundmuster „Antrieb" betont wurde, bedarf Innovation Ressourcen. Um zu gewährleisten, dass die Innovationstätigkeit bei den Mitarbeitern ausreichende Priorität erhält, reichen Parolen nicht aus – es müssen auch tatsächlich verfügbare Zeitfenster in Abstimmung mit dem Tagesgeschäft geschaffen werden. Die grundsätzlich notwendige Trennung des Innovationsmanagements vom Tagesgeschäft (s. Grundmuster „Antrieb") ist vor allem für das Arbeitspensum der Leistungsträger im Unternehmen von besonderer Bedeutung. Deren kreativer Beitrag zur Ideenfindung ist unverzichtbar und darf trotz hoher Belastung im Tagesgeschäft nicht verloren gehen. Das Zeitmanagement der Leistungsträger muss in dieser Hinsicht in etlichen Unternehmen verbessert werden. Wie im Kapitel „Antrieb" beschrieben wird effektiv zu wenig Zeit für Innovation aufgewendet. Die Klage: *„Das Tagesgeschäft lässt uns keine freie Minute"*, ist als typisches Syndrom zu werten.

Das herkömmliche Controlling ist in diesem Kontext keine Hilfe. Es beschäftigt sich nicht mit dem Zeitaufwand für Kreativität, da dessen Ergebnisse schwer erfassbar und zuzuordnen sind – auch wenn für das Unternehmen viel davon abhängt. Weil dem Aufwand kein zählbarer Nutzen gegenübersteht, wird klassisches Controlling zwangsläufig sogar zum Gegner und Behinderer kreativer Freiräume. Die daraus unmittelbar erwachsende Forderung nach einem angepassten Steuerungsinstrument bzw. einem innovationsorientierten Controlling wird im Kapitel 5 „Innovationsanalyse und -optimierung" wieder aufgegriffen.

Dass es sich letztlich auszahlt, den Mitarbeitern Freiraum zu gewähren und Teile des Entwicklungsbudgets flexibel halten, um Kreativität zu fördern, zeigt das folgende Beispiel:

Bei der Firma *3M* erhalten die F&E-Mitarbeiter schon seit den 40er-Jahren 15 Prozent ihrer Arbeitszeit zur freien Verfügung, um eigene Ideen voranzutreiben – wobei diese Quote nur als symbolischer Anhaltspunkt zu verstehen ist und keiner Kontrolle unterliegt. Auch bei *Google* haben Mitarbeiter aus der Entwicklung prinzipiell 20Prozent ihrer Arbeitszeit zur Verfügung, um eigene Innovationsideen zu verfolgen. Erfolgreiche Anwendungen wie „Google Earth", das Satellitenbilder der Erde für den Heim-PC ermöglicht, entsprangen so der Initiative einzelner Mitarbeiter.

Es widerspricht der Individualität des Menschen, bei allen Mitarbeitern das gleiche Kreativitätspotential zu vermuten. Daher ist es unvorteilhaft, der ganzen Belegschaft pauschal einen exakten Anteil der Arbeitszeit für Innovationszwecke zur Verfügung zu stellen. Ein höherer oder niedrigerer Satz lässt sich in den individuellen Zielen vereinbaren – worauf es ankommt, ist die Botschaft „Probiert es, ihr braucht euch nicht für misslungene Versuche zu rechtfertigen". *3M* bringt auf diese Weise erfolgreiche Neuerungen hervor und verfügt über ein als vorbildlich bewundertes Innovationsmanagement.

Persönlichkeitsmerkmale kreativer Menschen

Das Erkennen und Fördern besonders kreativer Menschen ist ein wichtiger Aspekt beim Ausschöpfen des innerbetrieblichen Innovationspotentials. Die Schlüsselfrage lautet: Wie erkennt man außergewöhnlich kreative Mitarbeiter bzw. wie zeichnen sich diese aus?

Kreative Menschen besitzen die folgenden, zum Teil scheinbar widersprüchlichen **Eigenschaften und Persönlichkeitsmerkmale** (s. **Abbildung 4.2**).

- Problemsensibilität – d. h. die Fähigkeit zum Erkennen und Analysieren von Problemen,

- vielseitiges Wissen,

- Neugier, denkt gerne und originell,

- Flexibilität,

- Spontaneität und Initiative,

- hohe Frustrationstoleranz – d. h. die Fähigkeit, mit Rückschlägen und hohen Belastungen umgehen zu können,

- Risikobereitschaft und

- Teamfähigkeit: die Bereitschaft, Hilfe anzunehmen und Hilfe zu geben – sie gewinnt mit zunehmender Problemkomplexität an Bedeutung.

Abbildung 4.2   Persönlichkeitsmerkmale kreativer Menschen
(Quelle: Eigene Darstellung)

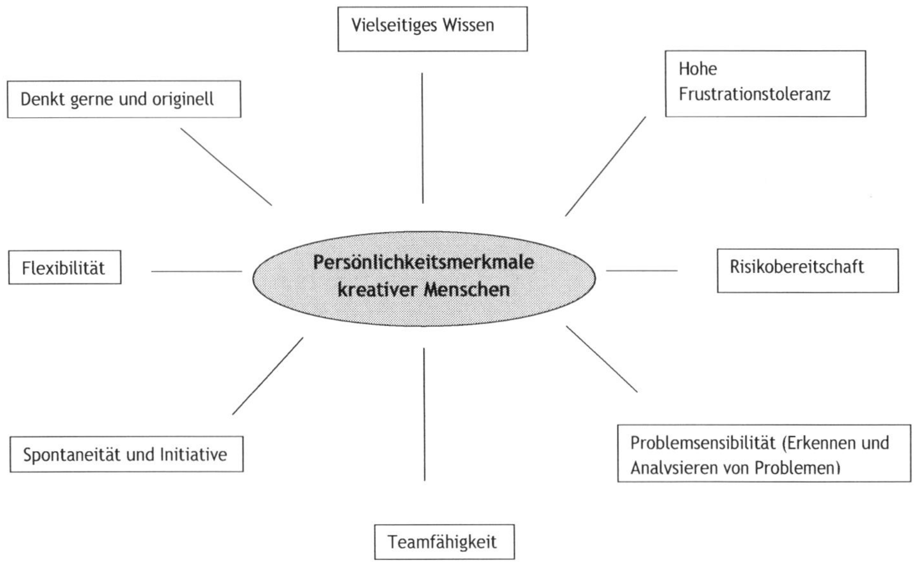

Innovative Menschen unterscheiden sich darin zu „nur" kreativen Menschen, dass sie nicht nur über ein hohes Kreativitätspotential, sondern darüber hinaus über ein gleichermaßen großes **Durchsetzungsvermögen** verfügen.

Tipp:

Identifizieren Sie kreative und innovative Mitarbeiter und räumen Sie ihnen einen höheren Anteil ihrer Arbeitszeit zur Verwendung auf den Themenkomplex Innovationsmanagement und insbesondere auf Ideenfindung ein.

Kreativität systematisch erzeugen

Demnach ist festzuhalten, dass Kreativität nichts „Mystisches" oder gar eine gottgleiche Gabe ist. Dass sich Kreativität in einem definierten Rahmen sogar systematisch erzeugen lässt, zeigt eine Studie israelischer Wissenschaftler aus dem Jahr 1999: Sie ließen menschliche Probanden und alternativ dazu eine speziell programmierte Software Vorschläge für Printwerbung erstellen. Das Rechnerprogramm war auf die Verwendung typischer Werbemittel wie Übertreibung, Vergleich, Wettbewerb und Abstufung als Kreativitätsschablone programmiert. Eine unabhängige Fachjury stufte die Computervorschläge als kreativer ein.

Zudem: Sind die kreativen Persönlichkeitsmerkmale nicht bei einem einzelnen Mitarbeiter vorhanden, so können sich mehrere Teilnehmer in einer Gruppe durch komplementäre Eigenschaften ergänzen.

4.1.2   Organisation und Koordination der Ideenfindung und -sammlung durch verantwortliche Personen und Gruppen

Kreativität entfaltet sich am besten in der Gruppe. Je besser es gelingt, dass sich interne Personenkreise in zielgerichteten Treffen gegenseitig befruchten, desto mehr Quantität und Qualität an Innovationsideen sind zu erwarten. Es lässt sich immer eine gute Idee finden, bringt man nur die richtigen Menschen zusammen! Denn *„neue Ideen zu entwickeln ist die Fähigkeit, Sichtweisen und Denkrichtungen zu verändern"* (Kaltenbach 1998).

Es ist also unbedingt notwendig, im Unternehmen regelmäßig tagende und interdisziplinär besetzte Ideenfindungsteams zu installieren. Um möglichst unterschiedliche Perspektiven im Team zusammenzuführen, ist neben der Mischung der funktionalen Sichtweisen auch eine Mischung verschiedener Menschentypen und Vertreter unterschiedlicher Hierarchieebenen anzustreben (s. auch Abschnitt „Kreativitätsfördernde Prinzipien" und Kapitel „Prozessorganisation"). Arbeiter und Management, Versand und Einkauf, Angehörige unterschiedlicher Kulturen, Realisten und „Spinner", Analytiker und Intuitive ergänzen sich in ihren Denkweisen zu einer vielversprechenden kreativen Mischung. Die fallweise Einladung von Externen kann dabei noch weitere Perspektiven ergänzen und damit für wertvolle Impulse sorgen. Da Ideen selbstverständlich auch außerhalb formaler Innovationsteams entstehen können, sind auch informelle Treffen zwischen Innovatoren und geeigneten internen oder externen Personen potentiell kreativitätsfördernd. Das Ermöglichen und Unterstützen geselliger Zusammenkünfte außerhalb der Arbeitszeit ist daher empfehlenswert (vgl. Kapitel „Unternehmenskultur").

> **Tipp:**
>
> Die beiden Innovationsarten „inkrementale, permanente Verbesserung" und „Sprunginnovation" sind hinsichtlich ihrer Ideenquellen und Entstehung wie beschrieben sehr unterschiedlich, und daher ist es sinnvoll, sie getrennt zu organisieren. Halten Sie separate Ideenteams für kontinuierliche Verbesserungen und für Sprunginnovationen vor.

Diese Innovationsteams müssen organisatorisch eingegliedert werden – es muss klar sein, wie sie sich zusammensetzen und an wen sie berichten. Wie im Kapitel „Antrieb" geschildert, ist es wesentlich, für Innovationsaufgaben und damit auch für das Ideenmanagement klare Verantwortungsbereiche festzulegen. Die folgenden Abschnitte befassen sich daher näher mit den Thematiken

- Team für die permanente Verbesserung,

- Team für Sprunginnovationen und

- Organisatorische Eingliederung des Ideenmanagements und Innovationsverantwortung.

Team für die permanente Verbesserung

Das Team zur inkrementalen Produktverbesserung und Prozessoptimierung sollte regelmäßig, d. h. je nach Unternehmensgröße alle zwei bis drei Wochen, tagen und interdisziplinär besetzt sein. Hier ist neben drei bis vier festen Teammitgliedern – etwa dem Entwicklungs-, Fertigungs-, Qualitäts- und Vertriebsleiter – auf eine wechselnde, auf freiwilliger Basis bestehende Integration verschiedenster Mitarbeiter der Belegschaft zu achten, sodass deren Ideenpotential voll ausgeschöpft wird. Niemand sonst hat einen so engen Bezug zu den Prozessen und Produkten.

Die Zusammensetzung des Teams ist flexibel und der jeweiligen Aufgabe angemessen auszuwählen. Werden besonders talentierte Mitarbeiter entdeckt, so können diese selbstverständlich wiederholt eingeladen werden. Dennoch sollte die Besetzung insgesamt in hinreichendem Maße variabel bleiben: Trifft sich der gleiche Personenkreis immer wieder, führt dies beinahe zwangsläufig zu eingefahrenen Sichtweisen und „Stammtischgesprächen".

Die Verbesserung des Bestehenden, also der aktuellen Produkte und Prozesse, ist eine permanente und zentrale Herausforderung für ein Unternehmen – Stillstand bedeutet Rückschritt, da sich die Konkurrenten im herrschenden Innovationswettkampf weiterentwickeln. Dennoch sind es im Wesentlichen nicht die kleinen Verbesserungsschritte, die für die Gewinne und die Sicherheit der Arbeitsplätze verantwortlich sind, sondern die Sprunginnovationen (vgl. Kapitel 1).

Team für Sprunginnovationen

Da der Mensch in den Kategorien denkt, die er kennt (s. o.), sind Ideen für Sprunginnovationen ungleich schwerer zu erzeugen als Ideen für kleine Verbesserungen. Gerade Fachleute sind oft in ihrer eigenen Gedankenwelt „gefangen" und neigen viel weniger als Nichtexperten dazu, den Stand der Technik in Frage zu stellen.

Im Jahr 2004 wurden in Deutschland nach Angabe des deutschen Instituts für Betriebswirtschaft von 2,2 Millionen Mitarbeitern 1,2 Millionen Verbesserungsvorschläge im Rahmen der betrieblichen Vorschlagswesen eingereicht. Als Ergebnis ergaben sich stolze 1,2 Milliarden Euro Einsparung, es gab 151 Millionen Euro Prämien für die Einreicher. Allerdings waren unter den eingereichten Vorschlägen in aller Regel keine Sprunginnovationen.

Das Ersinnen kompletter Neuheiten verlangt die intensive, unbefangene Auseinandersetzung mit der Materie.

Sprunginnovationen werden daher am vielversprechendsten von speziell zusammengesetzten Teams verfolgt. Das wiederum interdisziplinäre Stammteam sollte dabei aus besonders geeigneten Mitarbeitern – auch Nicht-Fachleuten – bestehen, die fallweise interne oder externe Gäste wie wissenschaftliche Experten, Kunden oder interessante Vertreter aus anderen Branchen einladen. Die weltweite Recherche nach relevantem und übertragbarem Wissen stellt eine wichtige Zuarbeit für das Team dar, welche systematisch von einzelnen Mitarbeitern geleistet werden muss.

Da die Integration verschiedener Technologien in einem Produkt zunehmend gefragt ist, müssen mitunter auch Know-how-Träger aus unterschiedlichen Disziplinen in einem Team zusammengeführt werden.

Entscheidet sich ein Unternehmen dazu, die Teams für beide Anliegen – Verbesserung des Bestehenden und Sprunginnovation – mit den gleichen Mitarbeitern zu besetzen, so müssen zumindest die Aufgaben klar getrennt werden. Gerade in kleinen Unternehmen wird es unvermeidlich sein, dass sich die gleichen Personen immer wieder „begegnen" – dennoch ist eine vollständige Personalunion nach Möglichkeit zu vermeiden. In jedem Fall muss möglichst häufig für neue Denkanstöße und Impulse gesorgt werden.

Eine weitere Gefahr eines fest besetzten Teams ist dessen Abgrenzung von der übrigen Organisation. Liegt die Zuständigkeit für Produktinnovation explizit und ausschließlich bei einem elitären Zirkel, so beschäftigt sich eventuell bald kein weiterer Mitarbeiter mehr mit dieser Thematik. Daher muss diesem Anschein entgegengewirkt und der Beitrag aller Mitarbeiter explizit eingefordert werden – die Innovationsteams müssen jederzeit offen bleiben.

Ergänzt werden sollten die beiden Teams um ein Team der „Freidenker", wie bei Ideenquellen für Sprunginnovationen beschrieben. Für eine kleinere Firma ist es durchaus ein gangbarer Weg, das vorhandene Team für Sprunginnovationen alle vier bis acht Wochen mit der Sonderaufgabe tagen zu lassen, jetzt einmal in die weitere Zukunft der Unternehmensprodukte zu planen.

Ideenworkshop

Um einen besonderen Impuls für die Ideenfindung zu setzen, können die regelmäßigen Innovationssitzungen punktuell zeitlich und teilnehmerseitig ausgeweitet werden. D. h., das Unternehmen investiert einen halben bis eineinhalb Tage in einen speziellen Ideen-workshop und lädt dazu einen erweiterten Teilnehmerkreis von sieben bis 15 Personen ein, der auch Kunden, externe Fachleute und Lieferanten mit einschließen kann – abhängig von Zielstellung und Budget. Erfolgsfaktoren sind

- die Mischung der Teilnehmer – Experten und Fachfremde, unterschiedliche Funktio-nen,

- eine detaillierte Vorbereitung mit Planung der Ziele sowie Abläufe,

- der Einsatz unterschiedlicher Kreativitätstechniken (s. Abschnitt Kreativitätstechniken) und Gruppenarbeit sowie

- eine versierte und motivierende Moderation.

Für die Vorbereitung des Workshops zeichnen der Moderator – am besten übernimmt dies der Innovationsmanager selbst – sowie ein fachlicher Experte aus Marketing oder Entwick-lung verantwortlich. Als Lokalität empfiehlt sich ein Veranstaltungsort außerhalb der Firma, um das gedankliche Loslassen der vorhandenen Produktlösungen zu unterstützen. Inhaltlich sollten Übungen zum „Aufwärmen" bzw. falls notwendig Kennenlernen, unter-schiedliche Kreativitätsübungen sowie Übungen zur Weiterentwicklung und zum Ab-schluss Vorbewertung der Ideen durchgeführt werden.

Eine Form des Ideenworkshops, die sich auf den Input von Kundenseite fokussiert, wird im Abschnitt „Kundennähe" als Kundenworkshop beschrieben.

Stabilität, evolutionären und revolutionären Wandel beherrschen

Das Erfolgsrezept liegt in der richtigen Mischung: Ständig und stufenweise zu innovieren – also sowohl kontinuierlich mit kleineren Verbesserungen als auch in gewissen Abstän-den mit Durchbrüchen – darauf kommt es an.

Da ein Übermaß an ständigem Wandel – vor allem im Hinblick auf das Tagesgeschäft – auch lähmen kann, muss jedes Unternehmen das angemessene Gleichgewicht finden. Berücksichtigt man diesen Aspekt zusätzlich, so wird klar: Je nach Betrachtungsbereich und Situation sollte ein Unternehmen in der Lage sein, Stabilität, evolutionären oder revo-lutionären Wandel zu fördern. Veränderung und Kontinuität gleichzeitig zu beherrschen, wird von Tushman und O'Reilly (1998) auch **„Duales Management"** genannt.

Organisatorische Eingliederung des Ideenmanagements und Innovationsverantwortung

Der Fertigungsleiter eines von uns untersuchten Automobilzulieferers erzählte selbst-kritisch, dass ihm Folgendes widerfahren war: Ein Mitarbeiter äußerte in einem Vier-Augen-Gespräch die Idee, einen umständlich zu transportierenden und zu lagernden

Klebstoff „irgendwie" in feste Form zu bringen, um so den Aufwand zu reduzieren. Der Fertigungsleiter wies ihn ab mit der Begründung, so etwas sei schlicht unmöglich. Wenige Zeit später wurde andernorts die Lagerung dieses Klebers in Kugelform mit einer selbstauflösenden Ummantelung ermöglicht. Diese Erfindung, so der Fertigungsleiter, hätte man leicht auch selbst machen können.

Was war in diesem Beispiel schief gelaufen?

■ Erstens hatte der Ideengeber nur einen Ansprechpartner eingeweiht – in einer interdisziplinär besetzten Gruppe hätte die Idee wesentlich intensiver reflektiert und weiterentwickelt werden können.

■ Zweitens ist es ein typisches Phänomen, dass Ideen nicht genügend beachtet und zu schnell zerredet werden. Es fehlt verbreitet an einer Organisation der Ideenfindung und -sammlung.

Ziel der Innovationsorganisation muss es sein, die Innovationsverantwortung zu regeln und in klarer Abstimmung mit der Aufbauorganisation und dem Tagesgeschäft eine systematische Ideenfindung stattfinden zu lassen.

Neben den beschriebenen Innovationsteams bedarf es vor allem noch zweier unabdingbarer Institutionen: einem oder mehrerer Innovationsmanager und der Innovationsscouts.

Der Innovationsmanager trägt die Hauptverantwortung für das Ideenmanagement. Er braucht die volle Rückendeckung der Unternehmensführung und sollte entsprechend der Wichtigkeit seiner Aufgabe organisatorisch in ihrer Nähe eingegliedert sein, wenn er ihr nicht sogar angehört. Sein Tätigkeitsbereich umfasst die Koordination der diversen Innovationsgremien sowie allgemein das systematische Erzeugen, Sammeln und Bündeln von Ideen.

Durch den Innovationsmanager wird gewährleistet, dass

– ein Verantwortungs- bzw. Aufgabenbereich „Ideenmanagement" existiert,

– ein „Motivator" für das Hochhalten der Innovationskultur und die bleibende Aktualität des Themas in den Köpfen aller sorgt,

– regelmäßig Impulse gesetzt werden und

– die Ideensammlung koordiniert und aktualisiert und deren Inhalte einem Team zugeführt werden.

Damit sollte ein guter Innovationsmanager sowohl über Moderations- und Kommunikations- als auch über Präsentationsfähigkeiten verfügen und darüber hinaus über Kompetenz in BWL bzw. Projektrechnung. Es existiert hierzu eine Ausbildung zum „Beauftragten für das Ideenmanagement" beim deutschen Institut für Betriebswirtschaft.

Geeignete Innovationsmanager werden in der Regel aus der Riege der Führungskräfte aus Entwicklung, Marketing und Produktmanagement rekrutiert, auch Geschäftsführer oder

Vorstände selbst kommen in Frage. Der Name „Innovationsmanager" darf jedoch nicht zu dem Missverständnis führen, dass dieser als einziger Mitarbeiter für Innovation zuständig ist und sich alle anderen „zurücklehnen" dürfen – Engagement in dieser Hinsicht wird unbedingt von allen Mitarbeitern erwartet. Um diese Fehlinterpretation zu vermeiden, nennt ein Pumpenhersteller seinen Hauptverantwortlichen „Ideencoach".

Es ist somit entscheidend, dass die Innovationsziele nicht ausschließlich in einer Stabsfunktion „Innovationsmanager" verankert werden, sondern vor allem bei den Produktbereichsexperten aus den produktnahen Linienfunktionen Marketing und Entwicklung. Erst, wenn neben auftragsbezogenen Entwicklungen auch grundlegende, also Plattformentwicklungen mit ausreichend Kapazität von den Verantwortlichen im Tagesgeschäft mit getragen werden, kommt ihnen die gebührende Bedeutung für die Zukunft des Unternehmens auch tatsächlich zu.

Eine Stabsfunktion „Innovationsmanager" ist also als Innovationsprozessexperte zu verstehen, er kann die Linienverantwortung für Produktinnovation nicht ersetzen. Als organisatorische Alternative ist es daher möglich, in jeder Produkteinheit einen eigenen Innovationsmanager zu verankern und die prozessbezogene Innovationsaufsicht mit wenig Kapazität, aber hohem Einfluss bei oder nahe einem Vorstand bzw. Geschäftsführer zu verankern. In diesem Modell bleibt dem Innovationsmanager die Aufgabe, für Synergien und Entlastung zu sorgen, indem er auf einheitliche Prozesse, Ziele und Präsentationen achtet oder übergeordnete Aufgaben wie Kooperationen und die Repräsentation des Innovationsmanagements nach außen übernimmt.

Das Innovationsteam für Sprunginnovationen benötigt für seine Arbeit ständig aktuelle Informationen, z. B. zu technologischen Weiterentwicklungen. Ein oder mehrere **Innovationsscouts** (s. o.) bekommen daher die Aufgabe, relevantes Wissen weltweit zu erwerben und intern dem Team zuzuarbeiten.

Für diese anspruchsvolle Aufgabe kommen nur sehr gute Mitarbeiter mit Fähigkeit zum selbstständigen Arbeiten in Frage. Die Scouts haben klare Innovationsaufgaben bzw. Suchfelder, jedoch große Freiheit in der Ausgestaltung ihrer Suche und Recherche. Sie suchen nach Trends auf Technologie- und Marktseite, nicht selten sind dabei Kooperationen mit Lieferanten, Kunden, Fachleuten und der Wissenschaft sinnvoll.

Die Arbeiten von Innovationsmanagern und Innovationsscouts sind wichtig und zeitintensiv. Nichtsdestotrotz können diese Aufgaben je nach individuellem Ressourcenspielraum eines mittelständischen Unternehmens auch als Teilzeitaufgaben vergeben werden. Der tatsächlich sinnvolle Zeitaufwand der Tätigkeiten kann nicht pauschal angegeben werden und muss im Einzelfall abgestimmt werden.

So ist es für einen Konzern in einer anderen Größendimension denkbar, ganze Teams von Innovationsscouts zu bilden. Der britische Pharma-Konzern *GlaxoSmithKline* z. B. beauftragt Teams von mindestens fünf Wissenschaftlern, gezielt und weitestgehend unabhängig nach Medikamenten gegen einzelne Krankheiten zu suchen.

Über die Finanzierung entscheidet alle drei Jahre das übergeordnete Steuerungsgremium „Drug Discovery Investment Board".

Mit Innovationsmanagern, Innovationsscouts und Innovationsteams ist die Palette an Strukturen für die Ideenfindung nicht notwendigerweise erschöpft. Weitere ständige Innovationseinrichtungen sind im Regelfall nicht anzuraten, aber anlass- oder ideenbezogene **Mitarbeiterinitiativen** und ähnliche Aktivitäten sind Ausdruck eines Innovationen lebenden Unternehmens und damit zu begrüßen und zu unterstützen.

Die praktische Umsetzung der beschriebenen Ideenfindungsorganisation lässt sich an folgendem Beispiel beobachten:

Der Leiter- und Bügeltischhersteller *Hailo,* der heute als besonders innovativ gilt, stand zu Beginn der 90er-Jahre vor einem Produktportfolio, in dem ein Großteil des Umsatzes von „alten" Produkten abhing. Das Unternehmen führte eine radikale Innovationsreorganisation durch, die folgende Strukturen hervorbrachte: Es wurden vier Innovationsmanager benannt, die alle diesbezüglichen Aktivitäten koordinieren. Elitäre „Champion-Teams" widmen sich systematisch mit externer Unterstützung der Erarbeitung von Durchbruchsinnovationen. Innovationsscouts spüren in zehn Prozent ihrer Arbeitszeit Trends und Entwicklungen auf, die für *Hailo* interessant werden können. Weiterhin gibt es regelmäßig tagende IBIS-Teams („Ich Bin Innovativ, Ständig") für kontinuierliche Verbesserungen, die auch die übrige Belegschaft aktiv in die Ideenfindung einbeziehen. Dort gelten die Prinzipien der freiwilligen Teilnahme und der Hierarchiefreiheit. Abgerundet werden die vielschichtigen Ansätze durch ebenfalls geförderte Mitarbeiterinitiativen für Sprunginnovationen und Programme zum aktiven Einbezug von Kunden. Ideenfindung bleibt bei *Hailo* auf diese Weise nicht dem Zufall überlassen, sondern wird systematisch betrieben. Kreativität wird durch differenzierte Ansätze zielgerichtet gefördert und „abgegriffen".

Jede Idee ist wertvoll: Ideenspeicher

Durch ein systematisches Ideenmanagement muss vor allem auch gewährleistet werden, dass Ideen die ihnen angemessene Bedeutung zukommt. Auch im ersten Augenblick unsinnig erscheinende Ideen dürfen nicht sofort verworfen werden – jede Idee ist wertvoll. Dafür sorgen schon rein statistische Gründe: Da nur jede 77. Idee zu einem erfolgreichen Produkt gedeiht, wächst die Anzahl an Chancen auf einen „Treffer" mit der Anzahl an Ideen (Berth 1997, vgl. Kapitel „Chancen-Risiken-Analyse"). Oft wird der interessante Kern einer Idee auch erst nach einiger Zeit oder nach der Weiterentwicklung durch eine Gruppe erkannt. Daher ist es auch von großer Bedeutung, Ideen grundsätzlich „wie mit einem Fischernetz" zu sammeln, möglichst vielen Mitarbeitern zugänglich zu machen und schließlich in einem Innovationsteam zu beratschlagen. Als Medien für einen Ideenspeicher bzw. eine Ideenbank sind

■ ein zentral abgelegter Ordner,

■ ein schwarzes Brett oder

■ ein jedermann zugänglicher EDV-Speicher

geeignet. Idealerweise kann ein Mitarbeiter dort seine eigenen Ideen und seine Gedanken zur Weiterentwicklung vorhandener Ideen einbringen, sodass eine Art ständiges, unternehmensweites Brainwriting stattfindet (s. Kreativitätstechniken). Das schwarze Brett hat als Medium der Ideenweiterentwicklung gegenüber den anderen zwei Alternativen den Vorteil, dass die Mitarbeiter zwangsläufig daran vorübergehen und somit permanent an die Ideenfindung erinnert werden. Als mittel- und langfristiger Ideenspeicher ist die EDV-Datenbank-Variante zu bevorzugen. Da in unterschiedlichen Stadien befindliche Ideen nicht verloren gehen dürfen und systematisch abgespeichert werden sollten, empfiehlt sich die Aufnahme des Ideenstatus in die Ideendatenbank – so können schon geleistete Arbeiten von der unreflektierten Anregung bis hin zum fertigen Prototyp zu einem späteren Zeitpunkt für wertvolle Impulse und Zeiteinsparung sorgen.

Die Botschaft lautet: Ideen müssen gewürdigt – also gesammelt, gemeinsam weiterentwickelt und dann erst einer Bewertung zugeführt werden. Das Ideenmanagement ist damit ein zentraler Aspekt des Innovations-Wissensmanagements.

Das Konzept zur systematischen Ausschöpfung aller möglichen Quellen für die Ideenfindung und das organisatorische Bündeln der Ideen durch verantwortliche Gremien ist in Abbildung 30 bildlich dargestellt und in der beistehenden Checkliste erläutert.

Checkliste: So funktioniert die systematische Ideenfindung in der Innovations-Hochleistungsorganisation als permanente Aufgabe des gesamten Unternehmens:

–   Alle Quellen potentieller Ideen müssen ausgeschöpft werden, und zwar sowohl im Hinblick auf den Ursprung der Informationen als auch im Hinblick auf diejenigen Gruppen von Menschen, die Träger der Informationen und damit Ausgangspunkt der Ideen sind.

–   Die Organisation innerhalb des Unternehmens sorgt dafür, dass Ideen systematisch eingesammelt sowie weitere erzeugt werden.

–   Unter der Koordination eines Innovationsmanagers bestehen zu diesem Zweck Teams für die permanente Verbesserung und für Sprunginnovation.

–   Während Innovationsscouts weltweite Quellen nach Ideen für große Entwicklungsschritte durchsuchen, sorgt das Ideenwesen für kontinuierlichen Nachschub an Verbesserungsvorschlägen.

–   Durch die Teilnahme am Vorschlagswesen, an Mitarbeiterinitiativen, Kreativitätssitzungen oder sogar am Verbesserungsteam werden ständig alle Mitarbeiter aufgefordert, Beiträge zum Ideenwesen zu liefern.

In den Teams selbst werden durch Kreativitätstechniken neue Ideen erzeugt sowie vorhandene zur Sprache gebracht, weiterentwickelt und ausgereift.

Abbildung 4.3   Systematisches Ideenmanagement
(Quelle: Eigene Darstellung, zum Teil in Anlehnung an Klimek 1999)

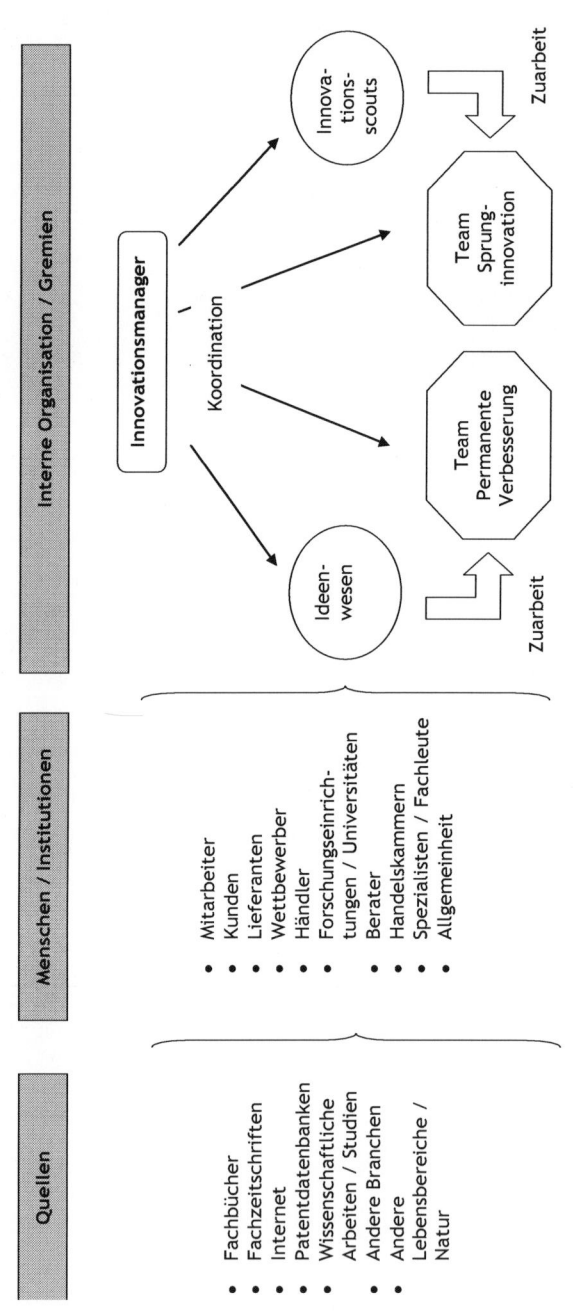

Beispiele zur Praxis der Organisation der Ideenfindung

Nach unseren Untersuchungen zu den „Grundmustern erfolgreicher Innovationsprozesse" liegt die Haupt-Innovationsschwäche der Unternehmen nicht etwa wie gemeinhin angenommen bei der Umsetzung der Ideen in marktgerechte Produkte, sondern bei der Ideenfindung und -bewertung. Es fehlt an Zeit für Innovationstätigkeiten, einem Speichermedium für Ideen, der Ideenweiterentwicklung und verantwortlichen Innovationsmanagern und Ideenteams. Ein systematisches Ideenmanagement findet bei KMU zumeist nicht statt. Symptomatisch ist das folgende Beispiel:

Bei einem Pumpenbauer werden Ideen nur an einzelne Personen weitergegeben, eine Betrachtung und Weiterentwicklung im Team gibt es nicht. Als Resultat wurden über Jahre keine wirklichen Neuprodukte mehr lanciert.

Positive Ansätze für interdisziplinäre Ideenfindung werden in den folgenden Beispielen angeführt:

- Bei der *WILO GmbH* Dortmund tagen die Einkaufsabteilungen alle drei Monate, um gemeinsam Prozessverbesserungen, Know-how-Transfer und Synergiepotentiale anzuregen.

- Bei einem stark wachsenden Unternehmen aus Österreich, der *Alois Scheuch GmbH*, greifen sogenannte „Steuerteams" und „Expertenteams" Mitarbeitervorschläge u. a. aus dem betrieblichen Vorschlagswesen auf.

- Bei der *SERO Pumpenfabrik GmbH* dienen die „Technik- und Marketing-Zirkel" gleichzeitig als Ideenteams.

- Vorbildlich ist die Organisation bei der *Rosenbauer International AG*. Dort tagen regelmäßig zwei unterschiedliche, interdisziplinär besetzte Teams, eines mit dem Fokus auf Produktverbesserung bzw. Effizienzsteigerung und das andere zur ganzheitlichen neuen Kundenproblemlösung, also zur Produktinnovation.

Ein betriebliches Vorschlagswesen existiert zwar beinahe in jedem Unternehmen – auch wenn es unterschiedlich benannt ist. Doch dessen Erfolg lässt bei vielen Firmen zu wünschen übrig. Das Hauptproblem liegt in der langen Zeitspanne zwischen Einreichung und Umsetzung der Ideen: Diese beträgt oft mehrere Monate, in einem Fall sogar bis zu einem Jahr (!) – kein Wunder, dass die Mitarbeiter keine Vorschläge mehr einreichen. Eine Führungskraft nannte uns als weiteren Grund für die Unbeliebtheit des BVW, dass etliche gewerbliche Mitarbeiter Hemmungen davor hätten, etwas schriftlich formulieren zu müssen.

Wie man an folgendem Beispiel sieht, kann eine sicherlich gut gemeinte Geste zur Motivation der Mitarbeiter das Gegenteil ihres eigentlichen Zwecks bewirken.

Die Mitarbeiter eines Unternehmens aus Deutschland fühlen sie sich „verschaukelt", weil es eine kleine Anerkennungsprämie in der stolzen Höhe von 10 Euro bei Ablehnung des Vorschlags gibt.

Bei drei Unternehmen lösen einzelne Führungskräfte die geschilderten Probleme auf ihre Art: Sie umgehen das langsame offizielle Vorschlagswesen, indem sie die guten Ideen sofort aufgreifen und den Mitarbeitern sofort eine Einmalzahlung zuerkennen. Auch die offiziellen Vorschlagswesen werden nach unseren Beobachtungen allmählich reformiert:

■ Der Automobilzulieferer *CWW-GERKO Akustik GmbH* aus Rheinland-Pfalz hat sein Vorschlagswesen in diese Richtung überarbeitet: Alle Ideen werden mit einer kleinen Sofortprämie honoriert und so schnell wie möglich umgesetzt. Je nach Erfolg der Änderung wird eine weitere Prämie fällig.

■ Bei der *Alois Scheuch GmbH* soll und darf ein Vorgesetzter gute Ideen sofort umsetzen und mit bis zu ca. 145 Euro belohnen. Abteilungsübergreifende Verbesserungsvorschläge werden von einem Gutachter geprüft, nach spätestens vier Wochen muss die Stellungnahme dem Einreicher vorliegen. Hier liegt die Prämienhöhe bei maximal ca. 364 Euro.

■ Noch etwas schneller soll es bei der *3K-Warner Turbosystems GmbH* gehen: Auch hier werden abteilungsinterne Ideen sofort umgesetzt, bei abteilungsübergreifenden Vorschlägen muss eine Entscheidung ebenfalls nach vier Wochen gefallen sein, eine Rückmeldung wird jedoch schon nach einer Woche garantiert. Der Bearbeitungsstand jeder Einreichung kann für alle Mitarbeiter transparent im Intranet eingesehen werden.

4.1.3   Wie Kreativität gezielt gefördert werden kann

Die Basis für die Ausrichtung der Kreativität der Mitarbeiter wurde durch das Zielsystem des Unternehmens geschaffen, und die Organisation des Ideenmanagements sorgt für einen effektiven Umgang mit den entstehenden Ideen. Offen ist jedoch noch die Frage, wie die Unternehmensführung die kreativen Vorgänge bei ihren Mitarbeitern unterstützen kann. Hier helfen die Beachtung bestimmter kreativitätsfördernder Prinzipien sowie die Anwendung konkreter Kreativitätstechniken.

Kreativitätsfördernde Prinzipien

Die Voraussetzungen für Kreativität können durch die Beachtung der folgenden sieben Prinzipien geschaffen werden:

(a) Autonomie und Freiheit zum Experimentieren

(b) konkurrierende Ansätze

(c) Problemnähe

(d) unterschiedliche Sichtweisen

(e) Trennung von Ideenfindung und -bewertung

(f) Aufmerksamkeit

(g) Ausdauer

(a) Autonomie und Freiheit zum Experimentieren

Kreativität zulassen bedeutet auch, Ruhepausen von der Reizüberflutung des heutigen Alltags zu nehmen. Wo der Mitarbeiter durch seine starke Beanspruchung keine Gelegenheit für einen Moment der Muße findet, wird er auch kaum über Übergeordnetes nachdenken und deshalb auch keine Ideen hervorbringen. Tugenden wie Ordnung und Disziplin, die im gleichförmigen Tagesgeschäft durchaus ihre Berechtigung haben, können im Ideenwesen kontraproduktiv wirken, da hier gerade in der kreativen Abwechslung interessante Impulse für Neues entstehen können. Belegt wird das eindrucksvoll von einem deutschen Pumpenbauer, der über ein äußerst erfolgreiches Tagesgeschäft, aber ein brachliegendes Innovationsmanagement verfügt (weitere Beispiele s. Kapitel 4.1.1 Absatz „Freiräume im Tagesgeschäft").

Starke Reglementierungen beeinträchtigen also die Kreativität. Eine weitgehende Autonomie der Mitarbeiter wurde bereits im Kapitel „Führung" als innovationsförderlich beschrieben. Die organisatorische Konsequenz liegt in einer „Arbeit im Garagenstil" von kleinen, selbstverantwortlichen Teams – wie mit dem Konzept der Fraktalen Fabrik (vgl. Kapitel „Führung") bezweckt.

Fabrik und Büro als Labor

Über die persönlichen Freiräume im Arbeitsalltag hinaus sollten die Mitarbeiter aufgefordert und ermutigt werden, eigenen Ideen durch Ausprobieren und Experimentieren nachzugehen. War früher eher noch Zeit dafür, so ist dies heute durch kurze Arbeitszeiten und strenge Zeitvorgaben vielerorts unmöglich geworden. Erst wenn man etwas „einfach einmal anders macht" gelingt mittels „trial and error" das Erkennen von Innovationspotentialen. Das Motto sollte lauten: „Versuch's doch mal!" Wer die Gelegenheit hat und über das Budget verfügt, seine Idee exemplarisch zu verwirklichen – beispielsweise in Form eines Prototypen – der wird bei dieser Aufgabe sehr motiviert sein. Zugleich lassen sich andere Menschen durch materiell vor Augen geführte Vorschläge wesentlich leichter vom Potential einer Idee überzeugen als durch rein verbale Schilderungen.

Ein angemessenes Budget sowie ein gewisser Zeitaufwand für Experimente sollten den Mitarbeitern damit zur Verfügung stehen, doch die Freiheit zu experimentieren hat auch ihre Grenzen bzw. muss in kontrollierbaren Bahnen gehalten werden. Um ein Ausufern zu vermeiden, kann beispielsweise vereinbart werden, dass bei höher werdendem Zeit- und Ressourcenbedarf stufenweise eine Genehmigung einzuholen ist. Zudem müssen die Abbruchkriterien für das „kontrollierte Experimentieren" klar definiert sein, um dem Phänomen der „unsterblichen Projekte" entgegenzuwirken (s. auch Kapitel „Chancen-Risiken-Analyse").

Es kommt letztlich darauf an, dass die Ideengewinnung zwar beherrschbar, zielgerichtet und strukturiert bleibt, kreative Vorgänge aber trotzdem frei und unreglementiert ablaufen können. Dieser Grundsatz kommt auch im Prinzip der konkurrierenden Ansätze zum Tragen.

(b) Konkurrierende Ansätze

Im Rahmen der Möglichkeiten des Unternehmens sind bei der Ideenfindung durchaus auch konkurrierende Entwicklungsansätze von verschiedenen Teams zuzulassen. Eine interne Wettbewerbssituation wirkt als positiver Anreiz und lässt mehr Raum für Unvorhergesehenes. Letztlich erhöht sich durch die Konkurrenz – beispielsweise verschiedener technischer Lösungen – die Wahrscheinlichkeit des Auffindens des optimalen Weges.

Selbstverständlich müssen redundante Entwicklungsansätze einer Kostenerwägung unterzogen werden. Nur solange die erwartete Überlegenheit des Endergebnisses den Zusatzaufwand übersteigt, erscheint dieser gerechtfertigt.

(c) Problemnähe

Wer ein Problem lösen möchte, sollte unmittelbar damit konfrontiert werden. Diesem Grundsatz kommt im Rahmen der Erforschung der Kundenbedürfnisse eine wichtige Bedeutung zu (s. nächstes Grundmuster „Kundennähe"). Problemnähe bedeutet für ein Unternehmen jedoch auch, sich eine eigene Produktion – zumindest der kernkompetenzrelevanten Teilprodukte – zu erhalten, um den Bezug zum eigenen Produkt nicht zu verlieren und damit innovationsfähig zu bleiben (vgl. Kapitel „Kernkompetenzmanagement").

(d) Unterschiedliche Sichtweisen

Ein klassisches Defizit unserer Gesellschaft ist die einseitige Schulung des logisch-analytischen Denkens, der Wahrheitssuche. Das konstruktive, vernetzte Denken kommt dadurch im westlichen Kulturkreis zu kurz und wird darüber hinaus als unwichtig erachtet, da im Nachhinein jede gute Idee logisch erscheint (Little 1997). Der entscheidende Aspekt der Kreativität liegt wie schon erwähnt darin, Sichtweisen und Denkrichtungen zu verändern. Dazu ist der Mensch zwar nicht von vornherein in der Lage, verschiedene Perspektiven lassen sich jedoch gezielt schaffen bzw. erarbeiten.

Kreativität wird durch ein Umfeld geistiger und kultureller Beweglichkeit gefördert. Um unterschiedliche Sichtweisen bei einer Problemstellung integrieren zu können, ist sowohl eine „äußere" Zusammenführung verschiedener Personen mit jeweils anderen Blickwinkeln als auch die Erweiterung des „internen" Horizontes des einzelnen Mitarbeiters sinnvoll. In Innovationsteams zur Ideenfindung ist daher wie erwähnt nicht nur auf eine funktionsbezogene, sondern auch auf eine typbezogene und kulturelle Vielfalt der Teilnehmer zu achten. Kreativität lässt sich steigern, indem sie geteilt wird.

Der fehlende Einfluss multipler Sichtweisen führte bei einem Beispielunternehmen unserer Studie zu verminderter Kreativität. Ganz ohne Fluktuation fehlten hier Impulse und Erfahrungen aus anderen Unternehmen, es herrschte eine Art „Betriebsblindheit".

Durch das eigene „Erleben unterschiedlicher Sichtweisen" lässt sich auch die Kreativität des einzelnen Mitarbeiters steigern. Einblicke in andere Firmen und andere Kulturen sind dem ebenso zuträglich wie innerbetriebliche Job Rotation, wobei der Mitarbeiter nach einigen Monaten oder Jahren einen anderen Arbeitsplatz übernimmt.

Die Firma *Continental* z. B. setzt auf Job Rotation und lässt ihre Mitarbeiter zwischen ihren Werken rotieren.

Eine positive Auswirkung auf die Ideenfindung ist nicht nur von der Kenntnis der Arbeitsabläufe anderer Funktionen zu erwarten, sondern auch von einer besseren Kenntnis der Arbeit auf anderen Hierarchieebenen. Zu empfehlen ist etwa der gegenseitige Besuch von Abteilungsleitern, Topmanager sollten möglichst häufig mit den betrieblichen Abläufen in Berührung kommen.

Eine einfache Kreativitätstechnik mit dem Ziel des strukturierten Einbezugs aller wesentlichen Denkweisen entwarf De Bono (Little 1997). Er leitete ein Verfahren ab, bei dem die wichtigsten Sichtweisen systematisch der Reihe nach von den Sitzungsteilnehmern eingenommen werden. Im Einzelnen läuft die Kreativitätstechnik so ab, dass die sechs Aspekte Informationsverarbeitung, Intuition bzw. emotionale Verarbeitung, Vorsicht und Risikobewertung, Vorteils- und Wertevergleich sowie Kreativität und Organisation des Denkens nacheinander diskutiert werden. Zur symbolischen Unterstützung können verschiedenfarbige Hüte aufgezogen werden, welche die jeweilige Sichtweise repräsentieren und der Technik den Namen „Hütchentechnik" einbrachten. Damit wird konstruktives Denken gefördert und bei Meetings erheblich Zeit eingespart.

(e) Trennung von Ideenfindung und -bewertung

„Eine wirklich gute Idee erkennt man daran, dass ihre Verwirklichung von vornherein ausgeschlossen erschien."[28]

Die Ideenbewertung ist streng von der Ideenfindung zu trennen, weil das „Ja, aber ..." gute Ansätze oft im Keim erstickt. Eine wichtige Regel beim Einsatz von Kreativitätstechniken verbietet daher das Äußern von Kritik, weder das Wort „nein", noch das Wort „aber" sind beispielsweise beim Brainstorming erlaubt. Auch und gerade im Arbeitsalltag muss jede Führungskraft darauf achten, verbal geäußerte Mitarbeiterideen nicht vorschnell abzuschmettern.

Bei einem von uns untersuchten Maschinenbauer z. B. wurden die meisten Vorschläge im Ansatz erstickt. In der Folge trauten sich die Mitarbeiter kaum noch, überhaupt Ideen zu äußern.

---

[28] Albert Einstein

(f) Aufmerksamkeit

Im Außergewöhnlichen liegt sehr oft Potential für Innovationen. Das bedeutet in der Konsequenz, dass ungewöhnliche Vorkommnisse bemerkt und auf ihren eventuellen Nutzen hinterfragt werden müssen, statt sie nach kurzer Überraschung oder nach kurzem Ärger zu vergessen.

Diese Aufmerksamkeit hat in der Vergangenheit bereits zu bahnbrechenden Innovationen verholfen:

■ Ein versehentlich angebrannter Radiergummi wurde von *Goodyear* auf seine Haltbarkeitseigenschaften getestet – so erfand man das Verfahren der Vulkanisierung und entwickelte eine neue Generation von Reifen.

■ *Sir Alexander Fleming* machte die entscheidende Beobachtung zur Entdeckung von Penicillin bei einem Experiment in einer ganz anderen Versuchsreihe: In einem Reagenzglas hielten bestimmte Pilze die Bakterien auf unerklärliche Weise fern. Statt den offenkundigen Fehlschlag beiseite zu schaffen, stellte er interessiert Nachforschungen an.

■ Die Idee des Kugelschreibers kam dem Journalisten *Laszlo Biro* in den 30er-Jahren des 20. Jahrhunderts beim Anblick von Kindern, die mit Murmeln spielten, welche eine Spur hinterließen, nachdem sie durch eine Pfütze gerollt waren.

Im Ungewöhnlichen kann also die Zukunft liegen, daher sind erfolgreiche Innovatoren sensibel und aufmerksam für unerwartete und nicht alltägliche Vorkommnisse.

Tipp:

Das Prinzip Aufmerksamkeit gilt jedoch auch eigenen Ideen gegenüber: Halten Sie Ideen sofort fest, wenn sie Ihnen einfallen – und sei es auf einem Schmierzettel. Sehr oft gehen gute Ideen verloren, weil sie der Urheber gleich wieder vergisst.

(g) Ausdauer

Nicht selten dauert es Jahre, bis aus dem Kern einer guten Idee durch hartnäckiges Weiterentwickeln endlich ein erfolgreiches Produkt wird. Gerade bei Durchbruchsinnovationen gehört Ausdauer zu den wichtigsten Erfolgsfaktoren.

Bei wirklichen Neuheiten kann das Marktpotential nicht genau erhoben werden (vgl. Kapitel „Kundennähe") und die Szenariotechnik oder der Einbezug möglichst vieler Experten liefern nicht mehr als Anhaltspunkte. Vor allem hier kommt es auf das richtige „Gespür" der Innovatoren an, um verlustträchtige Endlosprojekte von lohnenden Langfristinvestitionen unterscheiden zu können – und schließlich auch auf den Mut, ihrem Gespür zu folgen.

Die Gebrüder *Wright* beispielsweise brauchten über 800 Versuche, bis ihnen ein Flug mit einem selbst gebauten Fluggerät gelang. *Motorola* benötigte für die Entwicklung des ersten

Mobiltelefons „DynaTAC 8000 X" 15 Jahre Entwicklungszeit und 100 Millionen USD Aufwand. Das Gerät kam 1983 auf den Markt, wog 800 Gramm, war groß wie ein Buch und wurde für 4.000 USD verkauft.

> **Tipp:**
>
> Nach dem Prinzip der Ausdauer gilt auch für jede normale Idee: „Nicht bei der ersten Antwort stehenbleiben – sondern weiterdenken". Fast immer lässt sich der erste Ansatz weiter verbessern.

Ein Pumpenhersteller unserer Studie hatte eine hierzu passende Erfahrung gemacht: Er gab ein ehrgeiziges Projekt nach etlichen Monaten und signifikanten Investitionen enttäuscht auf und dachte nicht an die Verwertung von Teilergebnissen der getanen Arbeit. Erst später stellte sich heraus, dass einige Ansätze – auf andere Art weiterverfolgt – zu einem aussichtsreichen Produkt geführt hätten, wie uns ein Vertreter des besagten Unternehmens berichtete. Die fehlende Ausdauer in diesem Fall bescherte dem Wettbewerber – der eine analoge Idee weiterverfolgte – eine Alleinstellung am Markt.

Einige in US-amerikanischem Besitz befindliche Unternehmen lassen nach unseren Beobachtungen heutzutage den Mut zu beharrlichen Entwicklungen vermissen, da sie auf den nächsten Quartalsabschluss fixiert sind. Reines Kurzfristdenken ist „Gift" für das Innovationsmanagement.

Kreativitätstechniken

Zur Unterstützung der menschlichen Kreativität bei konkreten Problemstellungen erweisen sich bestimmte Vorgehensweisen als hilfreich. Kreativitätstechniken dienen der systematischen Erzeugung von mehr oder weniger ausgereiften Ideen und Lösungsansätzen. Sie lassen sich nach ihrem Problemlösungsprinzip in **systematisch-analytische** und **intuitive** Kreativitätstechniken unterteilen (s. **Tabelle 4.1**).

Tabelle 4.1   Typologie der herkömmlichen Kreativitätstechniken
(nach Baier 1996, Wohinz, Peritsch 1998)

Problem-lösungsprinzip	Einsatzfall	Beispiel	Besonderheit
systematisch-analytisch	Analyse komplexer Probleme	morphologische Methoden, Analyse-Methoden	Fachkenntnisse vorausgesetzt, als Einzelarbeit durchführbar
intuitiv	Suche innovativer Lösungen abgegrenzter Teilprobleme	Brainstorming, Brainwriting, synektische Methoden	Einsatz in heterogener Gruppe, auch mit Nicht-Fachleuten

Systematisch-analytische Methoden strukturieren komplexe Probleme und führen zu Hinweisen auf mögliche Neugestaltungen – sie hinterlassen detaillierte Entwicklungsaufgaben. Intuitive Methoden dagegen werden zur kreativen Lösung abgegrenzter Teilprobleme eingesetzt. Damit wird deutlich, dass sich beide Typen von Kreativitätstechniken ergänzen: Bei einem komplexen Problem ist es sinnvoll, schrittweise zuerst eine systematisch-analytische Methode und dann eine intuitive Methode auf herausgearbeitete Schlüsselprobleme anzuwenden.

Grundsätzliche Gedankengänge bzw. Heuristiken zur Ideenfindung

Alle herkömmlichen Kreativitätstechniken basieren letztlich auf einigen wenigen, grundsätzlichen Vorgehensweisen. Diese sind:

- Zerlegung, Variation und Zusammenfügung,

- Assoziation, Verknüpfung von Ideen,

- Analogiebildung und

- Abstraktion und Problemlösung auf übergeordneter Ebene.

Exkurs: Herkömmliche Kreativitätstechniken

Über die „herkömmlichen" Kreativitätstechniken existieren zahlreiche Veröffentlichungen (vgl. z. B. Vahs, Burmester 1999, S. 161 ff), daher sollen im Rahmen dieser Arbeit nur die wichtigsten vier kurz dargestellt werden.

Brainstorming

Die klassische Kreativitätstechnik für eine Gruppe aus fünf bis sieben Fach- und Nicht-Fachleuten. Ein Moderator gibt das Thema vor und ein Protokollführer notiert 20 bis 40 Minuten lang die mündlich geäußerten Ideen. Wichtig ist der freie Lauf der Ideen, auch deren Kombination und Weiterentwicklung sind erwünscht. Ideenquantität geht vor Qualität – jede Kritik ist verboten. Es folgt eine strukturierende und bewertende Nachbetrachtung.

Vorteile der Methode sind deren Einfachheit, Vielseitigkeit und Fruchtbarkeit – die Gruppendynamik wird voll genutzt. Zu den Nachteilen des Brainstormings gehört, dass es nur für einfache Probleme geeignet ist, die Lösungen in der Regel oberflächlich bleiben und extrovertierte Mitarbeiter wesentlich mehr Beiträge liefern als schüchterne.

Brainwriting

Bei der „schriftlichen Version des Brainstormings" ist kein Moderator notwendig. Hier soll das Beispiel der Brainwriting-Methode „635" erläutert werden: Sechs Teilnehmer haben fünf Minuten Zeit, um in drei Spalten eines vorgefertigten Formulars drei Ideen aufzuschreiben. Danach werden die Formulare im Kreis weitergegeben und jeder Teilnehmer kann in die nächste Zeile des jetzt vorliegenden Formulars entweder neue Ideen notieren oder schon vermerkte Ideen weiterentwickeln, Kritik ist wiederum verboten. Ein Zwang besteht nicht, leere Felder dürfen vorkommen. Das Verfahren endet, nachdem die Formulare fünfmal weitergegeben wurden – jeder hatte dann jedes Blatt einmal vor sich. Damit ergeben sich im Idealfall in 30 Minuten 108 Ideen (3 x 6 x 6).

Vorteile der sehr gut funktionierenden Methode sind das Einbeziehen schüchterner Mitarbeiter bzw. das „Ausschalten" dominanter Personen und Spannungen. Ein weiterer Vorteil liegt darin, dass sich das Sitzungsprotokoll „von selbst" erstellt. Nachteilig sind der begrenzte Raum zur Darlegung der Ideen sowie die nur teilweise Nutzung des Gruppeneffekts.

Der praktische Einsatz der Methode „635" bei einem Pumpenhersteller brachte im Rahmen eines Workshops, bei dem auch Kunden und externe Fachleute geladen waren, die beachtliche Anzahl von etwa 1.400 Ideen bei einem Zeitaufwand von wenigen Stunden inklusive Vorbereitung. Nach Abzug der Doppelnennungen und der weniger interessanten Vorschläge blieb am Ende des Bewertungsverfahrens immer noch eine ganze Reihe von Ideen mit dem Potential zu Sprunginnovationen (vgl. Kapitel „Chancen-Risiken-Analyse").

Synektik

Das Verfahren der Synektik beruht auf der Übertragung analoger Problemlösungen aus anderen Bereichen. Dazu muss das bestehende Problem zunächst genau erfasst und dann verfremdet werden. Anschließend wird versucht, auf abstrakter Ebene ähnliche Problemlösungen aus anderen Industrien, Lebensbereichen oder der Natur zu finden und schließlich auf das konkrete Problem zu übertragen.

Ein Beispiel für eine solche Übertragung ist der Kugelschreiber: Sein Erfinder soll auf die entscheidende Idee gekommen sein, als er beim Beobachten spielender Kinder wahrnahm, wie ein nasser Ball auf der trockenen Straße Spuren hinterließ.

Der Vorteil der Synektik ist ihre Anwendbarkeit auf hochkomplexe Probleme, für die potentiell einfache Lösungen gefunden werden können. Andererseits gilt die Methode als anspruchsvoll, zeitintensiv und erfordert vor allem einen geübten Moderator.

Morphologischer Kasten

Die Methodik „Morphologischer Kasten" beruht auf der systematischen Zerlegung und Neukombination von Gestaltungselementen. Zunächst wird das Ausgangsproblem in seine wichtigsten Parameter zergliedert – diese werden in der Vorspalte einer Matrix angeordnet. Danach werden zeilenweise alle denkbaren alternativen Ausprägungen des jeweiligen Parameters eingetragen. Innovative Lösungen können am Ende einfach durch Neukombination von Parameterausprägungen bestimmt und graphisch durch eine Linienverbindung im morphologischen Kasten dargestellt werden. Der Vorteil der Methode besteht in einer vollständigen und übersichtlichen Strukturierung komplexer Problem sowie in ihrer vielseitigen Einsetzbarkeit. Ihr Nachteil besteht darin, dass die Problemanalyse aufwendig ist und Expertenwissen erfordert.

Eine neuere, systematisch-analytische Kreativitätstechnik ist die Trendanalyse.

Trendanalyse

Trends spielen in der heutigen, schnelllebigen Gesellschaft eine große Rolle für die Absatzchancen – vor allem in der Konsumgüterindustrie. Neben kurzlebigen gibt es jedoch auch längerfristige Trends, die in der Lage sind, Märkte nachhaltig zu verändern (s. auch „Megatrends" im Kapitel Antrieb). Ein dreistufiges Verfahren macht vorherrschende Trends sichtbar und für die eigene Entwicklung nutzbar (Buck et al. 1998):

1. Erfassung bestehender Trends wie z. B. Mountainbiking, Inlineskating, Fitnessstudios,

2. Analyse der Trends auf Hintergründe und Gemeinsamkeiten, z. B. Körperkult, Naturkult und

3. Suche nach möglichen Neuprodukten für das eigene Unternehmen in der Schnittmenge der erkannten übergeordneten Trends und der eigenen Kompetenzen.

Bei der Suche nach Markttrends können sich Unternehmen heutzutage von professionellen Trendscouts unterstützen lassen oder interne Innovationsscouts damit beauftragen (s. Kapitel Innovationsteam). Eine wichtige Rolle dabei spielt es, führend innovative Kunden zu finden und diese zu beobachten bzw. mit diesen zu kooperieren (s. Kapitel Value Innovation). In der Modeindustrie mögen diese *„Lead User"* z. B. 15-jährige Straßenbasketballer im New Yorker Stadtteil Brooklyn sein, im Maschinenbau mittelständische Unternehmen mit Mut zu Neuentwicklungen oder Technologieführerschaft in bestimmten Bereichen.

„Die Zukunft ist eigentlich schon hier, sie ist nur noch nicht besonders weit verbreitet."[29]

Beispiele für derzeitige Entwicklungstrends wie Einfachheit, Individualisierung oder Technologieintegration werden im folgenden Abschnitt beschrieben.

Neue Heuristiken führen zu weiteren Kreativitätstechniken

In den letzten Jahren haben sich darüber hinaus zusätzliche Heuristiken zur Ideenfindung etabliert. Hierzu gehören

■ die Suche nach **typischen Entwicklungsmustern**,

■ die systematische Betrachtung von **Konflikten und Widersprüchen** als Quelle von Innovationen auf der Suche nach der **idealen Lösung** und

■ die Technik der **gezielten Provokation**.

Die Suche nach **typischen evolutionären Entwicklungsmustern** unterstellt eine in allen Industrien grundsätzlich ähnliche Form des Fortschritts. Beispielsweise werden einem zunächst simplen Produkt mit einer Kernfunktion nach und nach Zusatzfunktionen einge-

---

[29] William Gibson, Science-Fiction-Autor

baut. Quarzuhren erhielten Zusatzfunktionen wie Taschenrechner, Alarm und Stoppuhr, Mobiltelefone Funktionen wie Spiele und Internet. Sind diese Entwicklungsschritte ausgereizt, fällt der Trend zurück zu einfachen Produkten nur mit Grundfunktion, die sich eventuell ästhetisch oder dank ihrer Herstellungsmaterialien differenzieren: Heute sind wieder Zeigeruhren verbreitet, es besteht jedoch ein Markt für modische, hochwertige Chronographen. Bei Mobiltelefonen ist ein ähnlicher Trend erahnbar.

Ein wichtiger aktueller Trend ist die Betrachtung der ganzheitlichen Problemlösung anstelle des reinen Produkts. Es setzt sich die Erkenntnis durch, dass der Kunde zunehmend kein Produkt, sondern eine Funktion bzw. **Problemlösung** erwerben will. Damit erhalten auch die rund um das eigentliche Produkt Nutzen erzeugenden Dienstleistungen einen erhöhten Stellenwert und werden immer häufiger im Paket mit angeboten. Produkte sind also zunehmend als „Produkt plus verbundene Dienstleistungen" zu verstehen. Hier liegt derzeit in vielen Branchen – gerade auch im Maschinen- und Anlagenbau – ein großes Potential zur Differenzierung und Profilierung im Wettbewerb. Das vorhandene Knowhow befähigt die meisten Firmen auch ohne große Investitionen zu bestimmten Beratungsdienstleistungen. Dazu gehört die Auswahl der geeigneten Maschinenkonfiguration, also das Engineering.

Zwei Beispiele für die Ausweitung des Angebots auf Dienstleistungen sind:

- Ein Maschinenbauer aus Österreich möchte in Zukunft sein Beratungs-Know-how auch unabhängig von seinen Produkten vermarkten.

- Ein Hersteller von Lebensmitteln aus Nordbaden setzt verstärkt auf Ernährungsberatung.

Ein seit vielen Jahren beobachtbarer Trend ist die **Individualisierung** von Produkt- und Dienstleistungsangeboten („Mass customization"). Individuelle Einkaufsangebote ermöglichen z. B.

- vorausgewählte Kleidung nach persönlicher Größe und Geschmack als Dienstleistung (z. B. Kaufhaus *Breuninger*),

- mit persönlichen Zutaten konfigurierte Schokolade, Fruchtsäfte, Tee, Kaffee oder Müsli, bestellbar über das Internet und

- in der pharmazeutischen Entwicklung spielt die individuelle Anpassung der Medikamenten-Rezeptur auf die Wirkung bei bestimmten genetischen Menschentypen eine steigende Rolle.

Eine weitere typische Entwicklung besteht in den zunehmenden Gegensätzen innerhalb der Gesellschaft. Der zunehmende Wunsch nach Individualität und die Schnelllebigkeit in vielen Branchen führen oft zu gegenläufigen Trends. Innovatoren auf der Suche nach Ideen können sich also das Prinzip der **Differenz** zunutze machen: Oft liegt gerade im **Gegentrend** die Zukunft.

Die Handschrift beispielsweise erlebt eine Renaissance gegenüber der Computerschrift. Ein handschriftlich verfasster Brief wirkt persönlicher, hebt sich von Massensendungen ab und bietet damit die Gelegenheit, sich zu unterscheiden. Als weiteres Beispiel kann der Bucherfolg „Denken Sie negativ" von Paul Pearsall, Neuropsychologe und Professor an der Universität von Hawaii, gelten. Er setzte damit einen Kontrapunkt zur Populärphilosophie des positiven Denkens.

Auch der zunehmenden Integration mehrerer Technologien – meist alter und neuer – in einem Produkt kommt der Status eines typischen Entwicklungsmusters zu. Eine **Technologieintegration** ist beispielsweise im Zusammenwachsen von Uhren und Internet oder Fernsehen und Internet zu beobachten. In diesem Fall werden uns neue Technologien auf vertrauten Plattformen angeboten – der Widerstand gegen das Neue sinkt, dessen Markt wächst. Ein anderes Beispiel: *Apple* und *Nike* entwickeln in einer Kooperation Sensoren für Laufschuhe, die beim Joggen automatisch Entfernung und Geschwindigkeit messen. Die Ergebnisse können anschließend auf den Rechner geladen und statistisch ausgewertet werden.

Ein weiteres typisches Entwicklungsmuster besteht im **Trend zur Einfachheit:** In einer immer komplexer werdenden Umwelt haben gerade auch solche Produkte eine Chance, die durch Einfachheit in Design und Bedienung zu überzeugen wissen. Die Abwesenheit von Wahlmöglichkeiten für den Kunden gereicht damit zum Vorteil. Der Designer John Maeda z. B. vertritt das Prinzip „Simplicity" als Trend gegen den „technologischen Overload". Damit wird gleichzeitig dem Trend der seniorengerechten Produktgestaltung – und somit dem Megatrend Alterung der Bevölkerung – Rechnung getragen.

„Vollkommenheit entsteht nicht dadurch, dass man einer Sache nichts mehr hinzufügen kann, sondern dadurch, dass man einer Sache nichts mehr wegnehmen kann." [30]

In einer durch schnelle Veränderung geprägten Gesellschaft sind **Orientierung und Werte** gefragt. Die Musikband „Silbermond" hatte 2009 einen passenden Hit: „Gib mir irgendwas, das bleibt".

Gerade weil der Mensch von dem ausgeht, was er kennt, sind Ideen für Innovationssprünge nur über eine herausfordernde Denkweise zu erwarten. Gezielte **Provokationen** spielen in diesem Zusammenhang eine große Rolle für die menschliche Kreativität. Wer Sprunginnovationen erzeugen will, darf nicht von bestehenden Lösungen ausgehen. Er muss im Gegensatz dazu fragen, wie ein Problem ohne Rücksicht auf existierende Produkte und technische Möglichkeiten idealerweise gelöst würde. Im Vordergrund der Zielstellung muss der gewünschte **Nutzen** bzw. eine **Problemlösung** stehen, nicht die aktuell verfügbaren Erzeugnisse oder Dienstleistungen (s. auch Kapitel Antrieb). So werden bestehende Paradigmen bewusst überwunden. Die Suche nach der **idealen Lösung** (s. Exkurs TRIZ) eines Problems führt zwangsläufig auf nicht zu erfüllende Anforderungen bzw. Wider-

---

[30] Antoine de Saint-Exupéry

sprüche. Konflikte und Widersprüche sind eine wichtige Quelle von Innovationen und Kreativität, da sie zu neuen Lösungen anregen. Alle „unmöglichen" Anforderungen der idealen Lösung werden anschließend sukzessive in Frage gestellt und es wird nach Möglichkeiten, diese dennoch zu erfüllen, gesucht – beispielsweise mit der Methode **TRIZ** (s. u.). Es gilt, Widersprüche nicht hinzunehmen, sondern innovativ aufzulösen. Die gefundene Lösung wird sicherlich ein gutes Stück von der Idealität entfernt liegen, sie wird jedoch wesentlich innovativer sein als eine Verbesserung des Bestehenden.

Zwei zukunftsträchtige Techniken zur kreativen Innovation, die auf den genannten Heuristiken aufbauen und auf Sprunginnovationen abzielen, sind das bereits erwähnte TRIZ und die Prinzipien der sogenannten **Value Innovation.** Letztere wurden in den 90er-Jahren von Kim und Mauborgne an der Hochschule Insead in Fontainebleau entwickelt und werden in dieser Arbeit in einem separaten Kapitel behandelt. TRIZ ist eine eigentlich schon sehr alte Methode, der jedoch erst in den letzten Jahren der „Durchbruch" gelang und die sich wachsender Beliebtheit erfreut. Sie beschäftigt sich im Kern mit der Auflösung von Widersprüchen und wird im folgenden Exkurs näher erläutert.

Exkurs: TRIZ - Systematik für technische Sprunginnovationen

Trotz vielversprechender Ansätze und Denkhilfen bieten die herkömmlichen Kreativitätstechniken keine systematische Vorgehensweise zur Erzeugung von Sprunginnovationen. Die Frage, „wie" der häufig geforderte Entwicklungssprung erreicht werden soll, bleibt bis dato unbeantwortet. An dieser Stelle setzt eine Entwicklungstechnik an, die zwar schon in den 40er-Jahren des 20. Jahrhunderts ihren Ursprung hat, die jedoch erst in den letzten Jahren in den westlichen Industriestaaten zunehmend an Bedeutung gewonnen hat: TRIZ („Teorija Rezhenija Izobretatel'skich Zadach") oder TIPS („Theory of inventive problem solving", also die „Theorie des erfinderischen Problemlösens").

Sein Urheber, der Russe *Genrich Saulowitsch Altshuller*, untersuchte etwa 40.000 Patente und stellte dabei Folgendes fest:

- ■ Alleine die präzise Beschreibung eines Problems führt häufig schon zu kreativen Problemlösungen.

- ■ Der Ausgangspunkt von Innovationen ist immer wieder ein Widerspruch.

- ■ Gleiche abstrahierte Problemstellungen und -lösungen wiederholen sich in allen Industriesparten.

Die Weiterentwicklung technischer Systeme folgt bestimmten Grundregeln (s. u.).

Abbildung 4.4   Prinzip der Kreativitätstechnik TRIZ (Quelle: In Anlehnung an Teufelsdorfer, Conrad 1998, Terninko et al. 1998)

- Problemanalyse, Identifikation von widersprüchlichen Anforderungen an die geplante Innovation

- Auswahl und Anwendung eines von vier TRIZ-Problemlösungsverfahren:

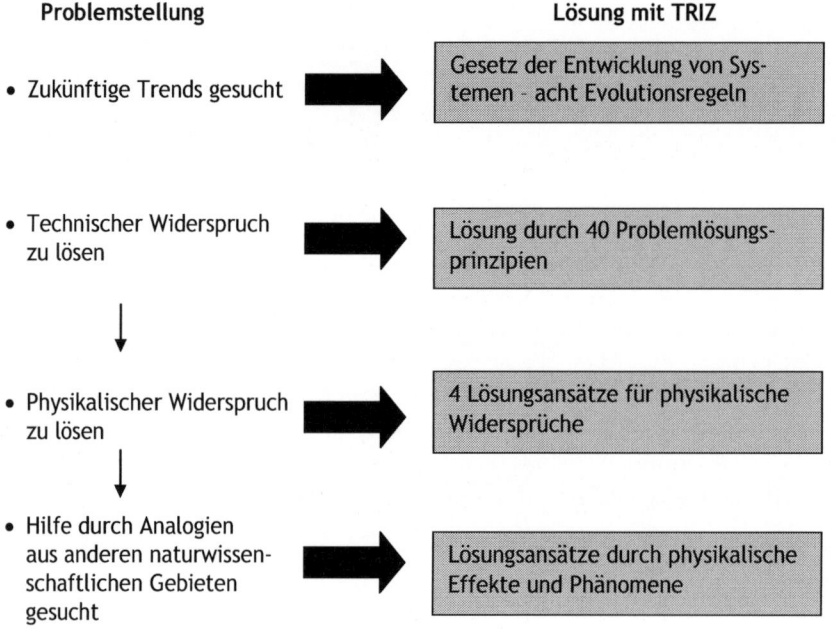

Problemstellung   Lösung mit TRIZ

- Zukünftige Trends gesucht   Gesetz der Entwicklung von Sys-
                                               temen - acht Evolutionsregeln

- Technischer Widerspruch   Lösung durch 40 Problemlösungs-
  zu lösen   prinzipien

- Physikalischer Widerspruch   4 Lösungsansätze für physikalische
  zu lösen   Widersprüche

- Hilfe durch Analogien
  aus anderen naturwissen-   Lösungsansätze durch physikalische
  schaftlichen Gebieten   Effekte und Phänomene
  gesucht

Daraus leitete Altshuller vier allgemeine Vorgehensweisen ab, die auf systematische Art
und Weise das Entwickeln von Problemlösungen ermöglichen und damit Kreativität zu
einer exakten Wissenschaft erheben. Die Inspiration zu Sprunginnovationen muss demnach kein Zufall sein – jeder, der denken kann, kann damit auch erfinden (Terninko et al.
1998). Die Vorteile der Methode liegen in der naturwissenschaftlichen Fundierung und in
der Unterstützung der Suche nach einer optimalen Lösung – widersprüchlichen Anforderungen wird nicht durch Kompromiss, sondern durch Auflösung begegnet.

Kern der Methode sind zwei Verfahren zur Auflösung von technischen und physikalischen Widersprüchen, vervollständigt wird TRIZ durch zwei Vorgehensweisen zur Entwicklungsunterstützung, welche parallel zu ersteren eingesetzt werden können. Vorgeschaltet wird eine Phase der Problemanalyse und der Zielformulierung (vgl. **Abbildung 4.4**).

Das ideale System

Ziel der widerspruchsorientierten Problemlösung ist das **ideale Design** bzw. **System.** **Idealität** ist definiert als *„die Summe aller nützlichen Funktionen geteilt durch die Summe aller schädlichen bzw. ungewollten Funktionen eines Systems"* (Terninko et al. 1998). Das ideale System stellt eine gewünschte Funktion zur Verfügung, ohne selbst existent zu sein. Mit anderen Worten: Im Idealfall steht der gewünschte Nutzen „von selbst", ohne jegliches Hilfsmittel zur Verfügung.

Am Beispiel der Kommunikation erklärt bedeutet dies: Ein Megafon ist nicht ideal: Die gewünschte Funktion, die Kommunikation, wird mit ihm nur über sehr kleine Distanzen möglich. Ungewollt ist, dass man die „Flüstertüte" erst produzieren, dann mit sich herumtragen und schließlich möglichst laut sprechen muss. Das ideale System besteht in diesem Fall aus der Gedankenübertragung: Die gewünschte Funktion „Kommunikation" gelingt damit mühelos über jede Distanz, es tritt keine einzige ungewollte Funktion auf – denn es wird überhaupt kein Produkt bzw. System mehr benötigt. Eine Kette steigender Idealität ist bei Kommunikationssystemen: Megafon – elektrische Verstärkung – konventionelles Telefon – Mobiltelefon – Gedankenübertragung (vgl. Teufelsdorfer, Conrad 1998). Und zwischen Mobiltelefon und Gedankenübertragung lassen sich immer noch Technologiesprünge erdenken wie die Integration der Handy-Funktion in eine Uhr und schließlich in einen Speicherchip, der auch unter die Haut implantiert werden kann und die Gesprächssignale an einen Mini-Ohrhörer funkt. Dass solche Innovationen eventuell gar nicht mehr lange auf sich warten lassen, zeigt das Beispiel des Baja Beach Club Barcelona, der das Bezahlen seiner Gäste auf freiwilliger Basis bereits mithilfe von in den Oberarm implantierten, auf RFID-Technologie basierenden Chips regelt.

Die ideale Lösung wird normalerweise nicht gefunden, doch die Suche nach ihr – ohne Rücksicht auf existierende Produkte und technische Möglichkeiten – führt zwangsläufig auf unerfüllbare Forderungen – die Widersprüche. Und ist ein Problem erst einmal als Widerspruch formuliert, existieren Methoden zu dessen Auflösung.

Das Prinzip, hohe Zielansprüche zu stellen, um durch einen großen Ergebnisdruck auf hervorragende Resultate zu kommen, ist keineswegs neu.

Honda verbuchte nicht zuletzt dank eines hohen Zielanspruchs einen durchschlagenden Erfolg bei der Entwicklung des Citycars, welcher gleichzeitig qualitativ hochwertig, benzinsparend und kostengünstig sein sollte. Da sich die Automobilentwickler aufgrund der Vorgaben nicht an existierenden Modellen orientieren konnten, gelang die Entwicklung einer neuen Generation Kleinwagen und damit die Überwindung des Status Quo.

Das Neue an TRIZ ist jedoch die Systematik zur erfinderischen Auflösung sich widersprechender Anforderungen.

Auflösung technischer und physikalischer Widersprüche

Außer der Suche nach dem idealen System gibt es weitere Möglichkeiten, Widersprüche zu identifizieren. Wünschenswerte, aber scheinbar unmögliche Produktgestaltungen können mithilfe der Funktionsanalyse oder eines morphologischen Kastens gefunden werden. Widersprüchliche Anforderungen an ein Produkt können außerdem mithilfe des Vergleichs der technischen Funktionen, der im Rahmen von QFD („Quality Function Deployment") stattfindet, aufgespürt werden. Damit liegen in der Regel zunächst **„administrative" Widersprüche** vor, d. h. offensichtliche Widersprüche ohne jeden Hinweis auf eine mögliche Lösung. Ziel ist es nun, diese Widersprüche soweit wie möglich zu abstrahieren, auf abstrakter Ebene eine Lösung zu finden und diese zuletzt in konkretisierter Form auf das ursprüngliche Problem anzuwenden.

Auf die zweite von drei nach Altshuller möglichen Abstraktionsebenen werden die administrativen Widersprüche gebracht, indem sie auf **technische Widersprüche** zurückgeführt werden. Technische Widersprüche zeichnen sich dadurch aus, dass sich ein Parameter im Sinne der gewünschten Eigenschaften gleichzeitig verschlechtert, wenn ein anderer verbessert wird, z. B. die gleichzeitige Zunahme des Energieverbrauchs bei Zunahme der Geschwindigkeit. Es sollte nun versucht werden, die technischen Widersprüche in **physikalische Widersprüche** zu überführen – die dritte und höchste Abstraktionsstufe (vgl. **Abbildung 4.5**).

Physikalische Widersprüche basieren auf sich gegenseitig ausschließenden Zuständen: Etwas soll gleichzeitig vorhanden und nicht vorhanden, groß und klein, weich und hart oder heiß und kalt sein. Für die Überführung muss diejenige Charakteristik identifiziert werden, die sowohl das gewünschte als auch das ungewünschte Resultat beeinflusst. Gelingt dieser theoretisch immer mögliche Schritt, der jedoch in der Praxis meist schwer fällt, so hat man den Widerspruch zu seinem Maximum gebracht. Hier fällt die systematische Lösung nach Altshuller am leichtesten, es stehen von ihm identifizierte vier Ansätze zur Verfügung:

1. zeitliche Trennung, d. h. die Vorgänge laufen hintereinander statt gleichzeitig ab,

2. räumliche Trennung, d. h. Aufspaltung in Bauteile,

3. Trennung durch Bedingungswechsel, sodass nur noch der nützliche Prozess abläuft, z. B. durch Überführung in einen anderen Aggregatzustand und

4. Trennung innerhalb des Systems und seiner Teile: Überführung in das übergeordnete oder ein untergeordnetes System.

Gelingt jedoch die Identifikation der den technischen Widersprüchen zugrundeliegenden physikalischen Widersprüche nicht, so lieferte Altshuller auch zu deren Auflösung eine Systematik: Er benannte 39 grundsätzliche Merkmale von Ingenieur-Problemstellungen, die sich widersprechen können. Für jedes Paar aus den 39 Merkmalen gab er bis zu fünf häufig passende Problemlösungsprinzipien („principles") an, von denen er insgesamt 40 identifizierte. Der Entwickler wird also systematisch auf empirisch abgeleitete Lösungsansätze geführt.

Abbildung 4.5   Die drei Ebenen des Widerspruchs nach Altshuller (Quelle: Eigene Darstellung, in Anlehnung an Teufelsdorfer, Conrad 1998)

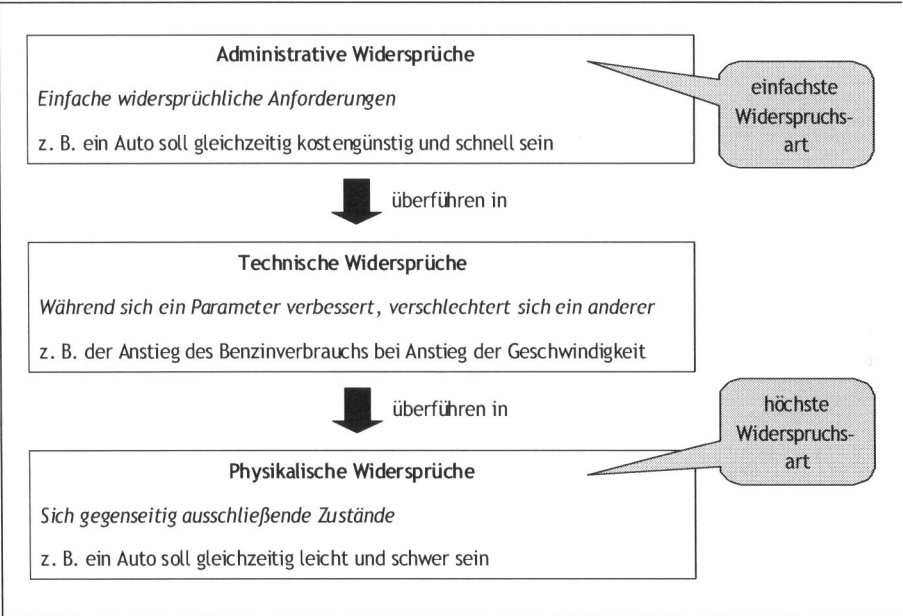

Evolutionsregeln technischer Systeme

Weitere Anleitung erhält der Anwender bei TRIZ durch insgesamt acht Evolutionsregeln technischer Systeme. Dabei werden bei allen Industriesparten gleichermaßen vorhandene Entwicklungstendenzen wie z. B. der Trend zu Mikrostrukturen oder das verringerte Eingreifen des Menschen genannt. Ziel ist es, die aktuelle Version des eigenen Betrachtungsgegenstandes in dieses Schema einzuordnen und so sinnvolle und absehbare Entwicklungsrichtungen zu erkennen.

Naturwissenschaftliche Effekte

Die Suche nach naturwissenschaftlichen Effekten („physical effects and phenomena") schließlich nutzt die Erkenntnis, dass ein Vergleich mit anderen Fachbereichen oftmals übertragbare Lösungsansätze liefert. Für dieses vierte TRIZ-Verfahren ist der Einsatz von spezieller TRIZ-Software anzuraten. Entsprechend aufbereitete Programme ermöglichen eine zielgerichtete Suche nach Problemlösungen aus fremden Industriesparten.

Verbreitung von TRIZ

In den USA ist TRIZ mittlerweile weit verbreitet. Erfolgreich eingesetzt wird es auch bereits von einigen namhaften deutschen Unternehmen wie *Siemens, Bosch, LUK, Boehringer-Mannheim* und *BMW*. Die Methode verlangt einen gewissen Einarbeitungsaufwand, der sich jedoch dank einer systematischen und wirkungsvollen Entwicklungsunterstützung schnell amortisiert. Damit ist TRIZ auch für KMU interessant, die systematisches Innovationsmanagement betreiben wollen.

Kritische Reflexion der Kreativitätstechniken

Kritiker von Kreativitätstechniken argumentieren, dass der Mensch nicht auf Kommando Ideen haben kann. Tatsächlich entfaltet sich Kreativität tatsächlich dann besonders gut, wenn die Gedanken schweifen können: In der Natur oder auf Reisen und in langweiligen Meetings eher als in interessanten. Der Anteil an guten Ideen während der Arbeitszeit dagegen ist gering (s. **Abbildung 4.6**). Berücksichtigt man zusätzlich, dass die meisten Ideen wieder verloren gehen, wenn sie nicht sofort umgesetzt oder notiert werden, so ergibt sich daraus eine wichtige Schlussfolgerung: Wer einen Einfall hat, sollte ihn sofort aufschreiben. Daher empfiehlt es sich, auch in der Freizeit ständig etwas zum Schreiben mitzuführen (s. o.: Prinzip der Aufmerksamkeit).

Die Erkenntnisse aus **Abbildung 4.6** scheinen zunächst gegen den Einsatz von Kreativitätstechniken zu sprechen, denn nur ein Prozent der Geistesblitze ist ihnen zu verdanken. Es ist jedoch zu berücksichtigen, dass

■ Kreativitätstechniken selten eingesetzt werden und so schon statistisch betrachtet kaum in Frage kommen. Viele KMU setzen lediglich Brainstorming ein. Nur in Ausnahmefällen wird auch auf andere Kreativitätstechniken wie den morphologischen Kasten zurückgegriffen.

■ in vielen Fällen in Kreativitätssitzungen auch Fragen aufgeworfen werden und das Bewusstsein für Probleme geschaffen wird, auf deren kreative Lösung ein Teilnehmer dann erst später in seiner Freizeit kommt.

Kreativitätstechniken haben folgende weitere vorteilhafte Effekte:

– Kreativitätstechniken bauen Denkblockaden ab.

– Kreativitätstechniken lenken Kreativität in zielgerichtete Bahnen.

– Latent vorhandene Ideen werden in den Sitzungen ins Gedächtnis gerufen und gezielt abgegriffen.

– Ideen werden in den Sitzungen geteilt und weiterentwickelt – erst durch gegenseitige Befruchtung gedeihen die Vorschläge.

– Auch schüchterne Mitarbeiter werden beim Einsatz bestimmter Techniken mit in die Ideenfindung einbezogen.

Abbildung 4.6   Kreativität hält sich nicht an Bürozeiten
(Quelle: Helfrecht, Beck 1998 S. 46)

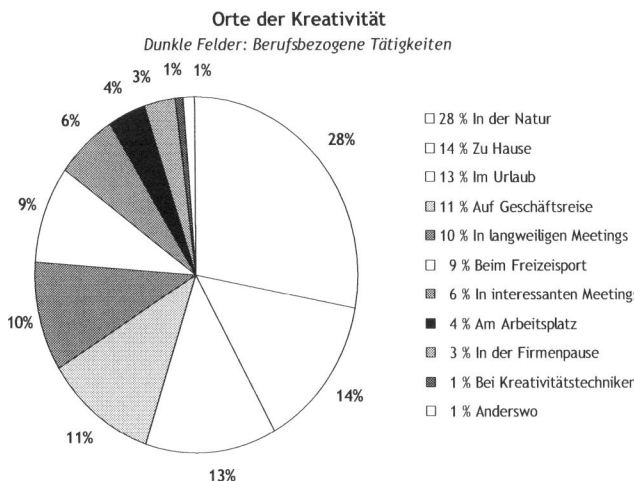

Orte der Kreativität
Dunkle Felder: Berufsbezogene Tätigkeiten

☐ 28 % In der Natur
☐ 14 % Zu Hause
☐ 13 % Im Urlaub
▨ 11 % Auf Geschäftsreise
▧ 10 % In langweiligen Meetings
☐ 9 % Beim Freizeisport
▩ 6 % In interessanten Meetings
■ 4 % Am Arbeitsplatz
▧ 3 % In der Firmenpause
▨ 1 % Bei Kreativitätstechniken
☐ 1 % Anderswo

Damit wird klar, dass Kreativitätstechniken zwar nicht als Wundermittel zum Erzwingen der „alles entscheidenden" Idee taugen, dass sie jedoch sehr wohl ihre Berechtigung zur Unterstützung und Beschleunigung kreativer Prozesse haben. Sie sind ein Eckpfeiler der systematischen Ideenfindung.

4.1.4   Fallbeispiel: 3K-Warner Turbosystems GmbH

Als Beispiel für eine erfolgreiche Organisation der Ideenfindung dient der bereits mehrfach herausgestellte Automobilzulieferer aus Rheinland-Pfalz. Dort nutzt man eine Vielzahl an Ideenquellen: Es besteht eine enge Zusammenarbeit mit Lieferanten und Universitäten, über den Besuch von Fachveranstaltungen und die Mitgliedschaft im VDI, im VDA und Forschungsvereinigungen werden ständig die „Fühler ausgestreckt". Regelmäßige Prozessanalysen und ein jährliches Benchmarking über die Teilnahme am Wettbewerb „Fabrik des Jahres" optimieren die internen Abläufe. Das ausgereifte betriebliche Vorschlagswesen schreibt eine Rückmeldung an den Einreicher nach spätestens einer Woche und eine sofortige Umsetzung von guten Ideen vor. Spätestens nach vier Wochen muss auch in Zweifelsfällen entschieden werden. Ein Punktesystem mit Bestenliste und verschiedenen damit assoziierten Prämien und Sachpreisen sorgt für dauerhaftes Interesse der Mitarbeiter am Ideenwesen.

Jeder Mitarbeiter kann auf einfachste Art und Weise ein Projekt beantragen: Vier Formblätter, die innerhalb weniger Minuten ausgefüllt werden können, reichen aus.

Ein interdisziplinäres Ideenfindungsteam mit Vertretern aus Entwicklung, Vertrieb und Fertigung kümmert sich um systematische Ideen für Produktinnovationen und greift Anregungen der Belegschaft – z. B. in Form der Projektanträge – auf. Fallweise werden weitere Mitarbeiter, aber auch Kunden und Lieferanten zu den Sitzungen eingeladen. Herkömmliche Kreativitätstechniken und TRIZ unterstützen die Kreativität. Ein Kreis der „Freidenker" aus sieben festen Mitarbeitern mit dem Namen „Advanced Engineering" hat die Aufgabe, für langfristige Produktideen zu sorgen. Auf diese Weise wird abgesichert, dass das Unternehmen auch in fünf bis zehn Jahren seine hervorragende Stellung am Markt behaupten kann.

4.1.5   Zusammenfassung des Kapitels

Eine Idee steht am Anfang jeder Entwicklung, und daher bildet eine systematische Ideenfindung den Auftakt eines systematischen Innovationsmanagements. Kreative Ideen der eigenen Mitarbeiter lassen sich weder erzwingen, noch fallen sie einem Unternehmen von selbst zu. Durch den richtigen Mix an Methoden und Maßnahmen kann Kreativität jedoch zielgerichtet entfacht werden. Alle potentiellen internen und externen Ideenquellen sind dabei auszuschöpfen, innerhalb des Unternehmens sorgen Innovationsverantwortliche und Ideenteams für den andauernden und systematischen Ideenfluss – die „Früchte der Kreativität" werden zielgerichtet „geerntet" und schließlich einer Bewertung zugeführt. Dabei ist ein ausgewogenes Verhältnis aus beidem, Produktverbesserungen und Sprunginnovationen, der Schlüssel zum Erfolg. Weiter angeheizt werden kann die Kreativität der Mitarbeiter durch die Beachtung einer Reihe von Prinzipien und den Einsatz von Kreativitätstechniken.

Es kommt jedoch auch darauf an, das richtige Maß zu wahren. Zu viele „Kreative" sind schädlich für das Tagesgeschäft, bei dem schließlich andere Qualitäten gefragt sind. Wandel in Überdosis kann auch lähmen, oder mit anderen Worten: Querdenker sind grundsätzlich erwünscht, aber zu viele davon dürfen es auch nicht sein.

Systematik und Kreativität dürfen bei der Ideenfindung nicht als Widerspruch betrachtet werden, das eine nicht mit Chaos und das andere nicht mit starrer Ordnung verwechselt werden. Kreativität braucht ihren Raum – und dieser kann systematisch gewährt werden.

Checkliste Innovationsteam und Innovationsmanager:

– Gibt es einen Innovationsverantwortlichen?

– Werden alle Ideenquellen systematisch ausgeschöpft?

– Gibt es regelmäßig tagende, interdisziplinär besetzte Ideenteams?

– Werden kreative Mitarbeiter identifiziert und kreative Prozesse gefördert?

– Werden Kreativitätstechniken eingesetzt?

4.2 Fallstudie zum Innovationsteam: Einführung und Aufgaben des Innovationsteams als Schritt der Unternehmensentwicklung bei Rosenbauer

Rosenbauer ist einer der Weltmarktführer im mobilen, abwehrenden Brandschutz. Das Produktportfolio umfasst die gesamte Ausrüstung für den Feuerwehrmann, Löschsysteme wie Pumpen u. v. m., Kommunalfahrzeuge in der für *Rosenbauer* typischen, selbsttragenden Aluminium-Spantenbauweise, Industrie- und Flughafenlöschfahrzeuge, Drehleitern und Teleskopbühnen.

Der *Rosenbauer*-Konzern hat seine Standortschwerpunkte in Europa, ist aber auch in den USA sowie in Südostasien vertreten, wo der Wachstumsschwerpunkt der nächsten Jahre liegen wird.

Interdisziplinäres Innovationsmanagement leistet auch einen Beitrag zur Kulturveränderung im Unternehmen, da Vorbehalte systematisch ausgeräumt werden können: Vorbehalte des Vertriebes, dass zu wenig innovative Produkte entwickelt würden und zu wenig Differenzierungsmöglichkeiten zum Wettbewerb bestünden („Gibt es nicht rasch Neuerungen, können wir nichts mehr verkaufen ...", „Der Wettbewerb überholt uns links und rechts ...") bzw. das Unverständnis der Technikbereiche, dass ohnehin ständig Neuerungen gebracht würden, die Vertriebsbereiche dies aber nicht ausreichend wahrnehmen würden („Der Vertrieb will immer genau das verkaufen, was wir nicht haben ...".) Damit wird Innovationsmanagement zu einem Baustein im Kulturveränderungsprozess KVP, den Rosenbauer durchführt; man kann sogar sagen, dass KVP durch Innovationsmanagement beschleunigt wird (Brunbauer, 2004).

4.2.1 Rahmenbedingungen für die Einführung von Innovationsmanagement bei Rosenbauer

Rosenbauer ist zwar in der Branche eines der größten Unternehmen weltweit, mit ca. 1.300 Mitarbeitern aber nur ein mittelgroßes Unternehmen. Daher war von vorneherein klar, dass es aus Kostengründen nicht möglich ist, eine Innovationsgruppe mit Fulltime-Mitarbeitern zu bilden, die sonst keine weiteren Aufgaben wahrzunehmen haben. Die Neuentwicklung von Produkten erfolgt bei *Rosenbauer* autonom in den einzelnen Geschäftsbereichen. Das Innovationsmanagement bildet eine bereichsübergreifende Klammer, das die Ideen aus allen Bereichen zusammenführt und Inputs für alle Bereiche liefert.

Aufgrund des hohen auftragsbezogenen Entwicklungsanteils und der damit verbundenen starken Vernetzung der F&E-Arbeit mit dem operativen Geschäft muss bei *Rosenbauer* auch das Innovationsmanagement stark mit dem laufenden operativen Geschäft verbunden sein und darf keinen vom Tagesgeschäft abgehobenen „Elfenbeinturm" bilden.

Tipp

– Aus Kostengründen keine Fulltime-Mitarbeiter

– IM darf kein „Elfenbeinturm" sein (starke Vernetzung mit operativen Bereichen)

– trotz „kreativem Freiraum" ist eine Kompatibilität zur Organisation erforderlich

– IM muss rasch zu umsetzbaren Ergebnissen führen

Weiterhin ist es wichtig, dass Innovationsmanagement trotz des erforderlichen „kreativen Freiraumes", ausreichend in die Organisation eingebettet ist, damit durch das Innovationsmanagement nicht ungeplant und unerwartet Ressourcen belegt, Inhalte und Termine verändert werden und die F&E-Organisation dadurch „außer Tritt" kommt.

Gerade bei einem Einzel- und Kleinserienfertiger wie *Rosenbauer* ist es wesentlich, dass Innovationsmanagement rasch zu umsetzbaren Ergebnissen führt. Der Entwicklungsaufwand für neue Produkte muss sich schnell amortisieren. Es besteht keine Möglichkeit, die Innovationskosten über eine längere Produktlebenszeit oder größere Stückzahlen wieder hereinzuholen.

4.2.2 Lösungsansatz für Innovationsmanagement in einer Matrixorganisation

Zunächst war es wichtig, im Haus ein gemeinsames Verständnis des Begriffes „Innovation" sowie der Inhalte und Ziele eines Innovationsmanagements zu finden und ein auf die Situation bei *Rosenbauer* zugeschnittenes Organisationsmodell zu entwickeln.

Der Leitgedanke bei der Gestaltung des Innovationsmanagements war dabei grundsätzlich, quasi als „Turbo", den normalen, über die Produktmanager gesteuerten Produktlebenszyklus (Entwicklung/Produktion → Markt → Inputs → Produktmanagement → Entscheidungsfindung → Entwicklung/Produktion → Markt …) sowohl inhaltlich anzureichern, als auch die Umsetzungsgeschwindigkeit zu steigern. Erreicht werden sollte dies, indem Ideen von Kunden und Mitarbeitern sowie aus anderen Bereichen der Technik gesammelt, aufbereitet und dem o. a. Produktlebenszyklus zugeführt werden bzw. indem abstrakte Ideen aus dem Produktlebenszyklus geklärt und aufbereitet und an diesen wieder zurückgegeben werden.

Als organisatorischer Ansatz wurde die Bildung eines Arbeitskreises Innovation (AK-INNO) festgelegt. Der Arbeitskreis besteht aus Mitarbeitern, welche die Innovationstätigkeit neben ihrer normalen Fachaufgabe durchführen. Der Arbeitskreis bildet keine eigene Organisationseinheit.

Promotor ist der Vorstand Technik, der den Arbeitskreis in Fragen der Innovationstätigkeit lenkt. Der Arbeitskreis selbst umfasst drei bis fünf Mitarbeiter aus möglichst vielen Bereichen und möglichst unterschiedlichen Funktionen wie Vertrieb, Marketing, Entwicklung, Produktion u. a.

Die Mitarbeiter im Arbeitskreis werden in regelmäßigen Abständen ausgetauscht. Das Rotationsprinzip stellt sicher, dass der Arbeitskreis nicht zum „Elfenbeinturm" und dass das Wissen und die Erfahrung ständig wieder in die operativen Bereiche getragen werden. Gleichzeitig sichert diese Vorgehensweise eine entsprechende Akzeptanz, da jeder Mitarbeiter selbst auch einmal Mitglied des Arbeitskreises werden könnte oder wird.

Die Mitarbeiter des Arbeitskreises sind bzw. werden bezüglich Innovationstechniken geschult. Für das „Herantragen" von Ideen an den Arbeitskreis wurden einfache, pragmatische Kommunikationswege geschaffen.

Die Entscheidungsplattform ist ein quartalsweise durchgeführtes Innovationsgespräch mit dem Lenkungsgremium aus Teilen des Vorstandes und des Führungskreises. In den Innovationsgesprächen informiert der Arbeitskreis über seine Aktivitäten und es werden dort unmittelbar und auf kurzem Weg Entscheidungen getroffen und Freigaben erteilt (Freigabe benötigter Mittel, Freigabe von Vor- und Hauptprojekten u. a.). Zwischen den Quartalsgesprächen finden regelmäßige Abstimmungsrunden mit dem Vorstand „Technik" statt.

Positiv abgeschlossene Vorprojekte werden vom zuständigen Produktmanager als F&E-Projekte in den Geschäftsbereichen zur Umsetzung eingebracht, für die jeweils individuelle Projektorganisationen gebildet werden.

Der Aufbau des Innovationsmanagements ist durch Vorstand und Führungskräfte gesamtheitlich in den Kulturveränderungsprozess KVP im Unternehmen eingebunden, weil Vorstand und Führungskräfte persönlich den Kulturveränderungsprozess KVP tragen, der parallel und flächendeckend eingeführt wird und Prozessoptimierung, Mitarbeitergespräche, Projektmanagement u. a. umfasst.

Abbildung 4.7   Integratives Innovationsmanagement

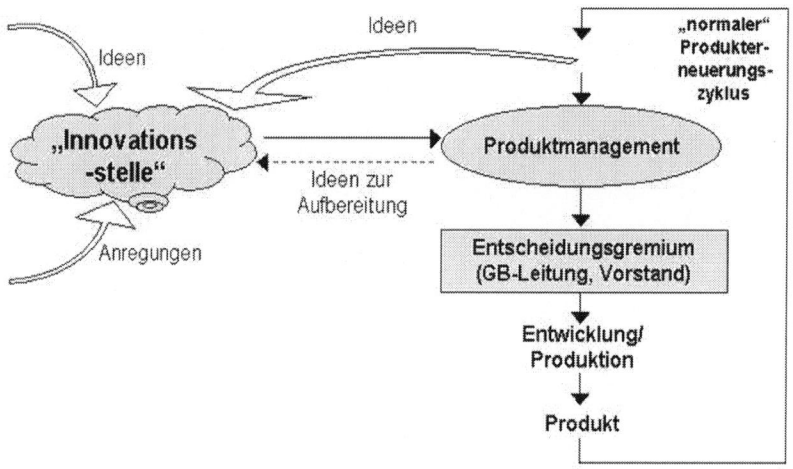

4.2.3   Der Weg zur Einführung von Innovationsmanagement bei Rosenbauer

Die Aktivitäten zur Einführung eines Innovationsmanagements bei *Rosenbauer* begann mit der internen Entwicklung des o. a. Lösungsansatzes (s. **Abbildung 4.7**) durch die beschriebenen beiden Arbeitskreise aus Führungskräften und Mitarbeitern aus Vertrieb und Technik.

Die detaillierten Vorbereitungen zur Einführung bzw. für die Projektphase erfolgten mit Unterstützung externer Kompetenz.

In der Vorbereitungsphase wurde ein Einführungskonzept entwickelt bzw. wurden jene Mitarbeiter ausgewählt, die in der ersten Phase den Arbeitskreis bilden sollten.

Mit externer Unterstützung wurde eine „Benchmark-Analyse" durchgeführt um festzustellen, wie gut die Innovationsgrundmuster bei *Rosenbauer* ausgeprägt sind bzw. wo im Zuge der Einführung eines Innovationsmanagements spezielle Schwerpunkte gesetzt werden müssen. Als besonders zu beachten haben sich die vier Soft Skills sowie die Elemente: Ermittlung der tatsächlichen Kundenbedarfe, Innovationsteam bzw. Innovationsmanager sowie internes Marketing herausgestellt.

Parallel wurden entsprechende interne Informationen und Schulungen bezüglich Innovationstechniken und -methoden durchgeführt bzw. wurde die Projektphase gestartet, in der einzelne Projekte konkret durchgearbeitet wurden (Marktanalyse, Lösungsfindung, Prüfung der technischen und wirtschaftlichen Machbarkeit). Die Projekteinführungsphase beanspruchte einen Zeitraum von ca. 7,5 Monaten.

Da Innovationsmanagement grundsätzlich vom Unternehmen selbst getragen und wahrgenommen werden muss, ist anschließend eine Überleitungsphase erfolgt, in der nur noch punktuell externe Experten unterstützt und mitgeholfen haben, die Entwicklung des Innovationsmanagements auf dem vorgesehenen Kurs zu halten bzw. in den operativen Betrieb überzuleiten. Nach einem Jahr läuft Innovationsmanagement operativ in der ausschließlichen Verantwortung des Arbeitskreises „Innovation".

4.2.4 Aufgaben des Arbeitskreises

Der Arbeitskreis nimmt Aufgaben des Innovationsmanagers sowie Innovationsteams wahr (s. Kapitel 4.1). Er besteht aktuell aus fünf Mitarbeiterinnen und Mitarbeitern aus Konstruktion, Vertrieb, Fertigung und Marketing, drei Mitarbeiterinnen und Mitarbeiter haben den Arbeitskreis nach dem ersten Jahr aus verschiedensten Gründen bereits wieder verlassen, dafür sind neue Mitarbeiter in den Arbeitskreis aufgenommen worden.

Prinzipiell bestehen die Aufgaben des Arbeitskreises darin, durch internes Marketing, durch Zugehen auf Kunden und Kollegen die Generierung von Ideen im Haus „anzukurbeln" bzw. durch eine entsprechende Vorentwicklungstätigkeit die Lücke zwischen „den abstrakten Ideen" und der Arbeit der Entwicklungsbereiche unter Zeit- und Kostendruck zu schließen.

Für die Sammlung der Ideen baute das Unternehmen den „Ideenspeicher" auf. In diese einfache Access-Datenbank können die Mitarbeiter ihre Vorschläge eintragen und einer bestimmten Kategorie – z. B. „Flughafen-Löschfahrzeuge" – zuordnen. Mitarbeiter, die keinen Zugriff auf einen Computer haben, können ihre Vorschläge auch handschriftlich abgeben. *Rosenbauer* hat im Unternehmen Innovationssäulen aufgestellt, die in der Nähe von Kaffeeautomaten einerseits als Kommunikationsinseln dienen, an denen Mitarbeiter aber auch einfach Ideen zu Papier bringen und in die Säule einwerfen können.

Die Ideen werden unter den Aspekten Marktchancen sowie technische und wirtschaftliche Machbarkeit vom Arbeitskreis soweit geprüft und selektiert, dass diese dann konkret als Entwicklungsprojekte weiterbearbeitet werden können. Unterstützende Instrumente zur Generierung und Sammlung von Ideen sind ein internes Diskussionsforum im Intranet, die Direktansprache von Kollegen, interne und externe Workshops sowie eine Ideendatenbank mit entsprechenden Ordnungskriterien.

Neue Ideen werden mittels eines definierten Schemas laufend bewertet, um aus der Fülle von Ideen jene herauszufiltern, die vor dem jeweils gegebenen Markt- und Technikhintergrund die besten Chancen auf eine erfolgreiche Realisierung haben. Konkrete Aspekte bei

der Ideenbewertung sind z. B. die Konformität mit der Unternehmensstrategie, das technische Umfeld, die verfügbaren personellen und finanziellen Ressourcen sowie das verfügbare Know-how zur Umsetzung, das Wettbewerbs- und Marktumfeld, die Kostensituation
u. a. Die Bewertung der Ideen ist im Ideenspeicher für alle Mitarbeiter sichtbar. Hat ein
Beschäftigter den Eindruck, dass sein Vorschlag missverstanden und unterbewertet wurde, kann er die Mitglieder des Arbeitskreises darauf ansprechen und seine Einwände vor-
bringen, meist wird er in die Bewertung der Idee direkt einbezogen. Gänzlich verworfen
werden die Ideen übrigens nicht. Sie werden lediglich zurückgestellt, bleiben aber im
Ideenspeicher.

Abbildung 4.8   Aufgaben des Arbeitskreises

Aufgaben des Arbeitskreises konkret	Aufgaben des Arbeitskreises konkret
• Ideen sammeln, Ideen einbringen, Ideen verwalten	• Lösungsansätze entwickeln
o Diskussionsforum im Intranet o Direktansprache Mitarbeiter o Workshops intern und extern o Ideendatenbank mit Ordnungskriterien	o Kreativitätstechniken (TRIZ, 635, u. a.) o Analogiebetrachtungen u.a.
• Ideen laufend bewerten	• Freigegebene Vorprojekte bearbeiten oder Bearbeitung koordinieren
o Definiertes Bewertungsschema o Strategiekonformität o Technisches Umfeld, Ressourcen o Wettbewerbs-, Marktumfeld o Kostensituation u. a.	o Marktanalyse o Technische Machbarkeit o Wirtschaftliche Machbarkeit
	• Umsetzung HAUPTPROJEKT begleiten
	o Begleitung oder Mitarbeit im Projektteam
	• Internes Marketing

Für die Realisierung einer Idee sind durch Analogiebetrachtungen, unter Zuhilfenahme
von Kreativitätstechniken wie 6-3-5, TRIZ o. a., entsprechende Lösungsansätze zu entwickeln. Für Ideen, die zur Bearbeitung als Vorprojekt freigegeben wurden, sind in der Folge
konkret die Marktsituation, die technische und wirtschaftliche Machbarkeit u. a. zu klären.

Ist ein Vorprojekt positiv abgeschlossen und wird zur Umsetzung in einem Hauptprojekt
freigegeben, ist die Umsetzung im Hauptprojekt durch den Arbeitskreis Innovation in
einer jeweils individuell festgelegten Weise zu begleiten, um die Innovation im Hauptprojekt auch vollinhaltlich umzusetzen.

Alle Schritte werden durch *interne* Marketingaktivitäten unterstützt, um möglichst viele
Mitarbeiter zu motivieren, ihre Ideen einzubringen und um eine entsprechende Akzeptanz
für die Tätigkeit des Arbeitskreises sowie der Ergebnisse aus dem Arbeitskreis zu schaffen.

4.2.5   Das neue Innovationsmanagement funktioniert!

Aktuell sind ca. 400 Ideen im Ideenspeicher verfügbar, sechs „Kleinprojekte" wurden im Zuge von Aufträgen schon in den ersten Monaten für den Markt freigegeben und geliefert. In den ersten beiden Jahren wurden neun Vorprojekte bearbeitet. Von diesen neun Vorprojekten gingen vier Ideen bereits als Hauptprojekte in die Umsetzungsphase.

Die wichtigsten Erfahrungen aus der Einführung von Innovationsmanagement bei *Rosenbauer* sind, dass Innovation ein integrierter Prozess und Teil der Unternehmensstrategie sein muss (s. auch Grundmuster „Antrieb" Kapitel 3.1).

Die Unternehmensführung muss voll und ganz hinter dem Innovationsmanagement stehen und dies auch kommunizieren. Ansonsten droht eine zu geringe Akzeptanz und es fehlt eine ausreichende Basis. Sowohl in der Einführung als auch im laufenden Betrieb muss Innovationsmanagement von der Unternehmensführung vorangetrieben und permanent begleitet werden, da sonst nicht genügend „Schub" für eine tiefgreifende Umsetzung vorhanden ist. Lange Entscheidungswege behindern die Einführung bzw. es besteht die Gefahr, dass sich Innovationsmanagement in Folge unklarer Vorgaben in eine falsche Richtung entwickelt.

Alle Schritte können gar nicht intensiv genug durch interne Informations- und Marketingmaßnahmen unterstützt werden. Das Unternehmen vergibt keine Prämien für Ideen. Stattdessen setzt der Feuerwehrspezialist auf internes Marketing und ein innovationsförderndes Arbeitsklima. Die Mitarbeiter des Arbeitskreises Innovation suchen immer wieder das Gespräch mit den Kollegen aus ihren Stammabteilungen und ermutigen sie, Ideen einzubringen. Auch der Vorstand bespricht mit den Ideengebern einzelne Vorschläge. Die firmeneigene Werbeabteilung hat Plakate entwickelt, die im Unternehmen für das Innovationsmanagement werben. Und im Intranet erinnert die Startseite an das „Suchfeld des Monats". Wenn die Beschäftigten in das firmeninterne Netz einsteigen, erscheint auf dem Bildschirm eine Frage, wie z. B.: „Wie können wir die Befestigung von Werkzeugen in unseren Feuerwehrautos verbessern?" Auf diese Weise werden die Beschäftigten immer wieder an das Ideenmanagement erinnert.

Trotzdem wird der Schwerpunkt bei *Rosenbauer* in der nächsten Zeit darauf liegen, genau diese internen Marketingmaßnahmen verstärkt fortzusetzen (Idee des Monats wird herausgestellt, interne Infotafeln u. a.), um Innovationsmanagement laufend auf eine noch breitere Basis zu stellen und die Kommunikation zwischen dem Arbeitskreis und den Mitarbeitern noch weiter zu verstärken.

Weiterhin muss die Verzahnung zwischen dem Arbeitskreis und den Fachbereichen bereits in der Vorprojektphase gegeben sein sowie durch einen laufenden Ressourcenabgleich noch mehr vertieft werden, sodass auch tatsächlich das für die Umsetzung erforderliche Personal und die Investitionen bereitgestellt werden können.

Ansonsten heißt es umsetzen, umsetzen, umsetzen, um den Umsatzanteil mit neuen Produkten, die nicht älter als fünf Jahre sind, sowie den Umsatzanteil mit neuen Geschäften bzw. Geschäftsfeldern gemäß der Unternehmensstrategie gezielt zu steigern.

Eine eindrucksvolle Erfolgsbilanz stellte Rosenbauer auf der weltweit wichtigsten Messe Interschutz 2005 in Hannover vor, die in der Branche auch unter dem Namen „Roter Hahn" bekannt ist: Nicht weniger als 18 Weltneuheiten wurden auf einem Walk of Innovations" der Fachwelt gezeigt: Von den Flughafen-Löschfahrzeugen Panther 8x8 und 6x6, über das Waldbrandlöschfahrzeug, das Fahrzeug CompactLine, Ausrüstungen, Werfer und Pumpen bis zu einem Feuerwehrmotorrad mit Schaumlöscher und einem schnellen Eingreiffahrzeug auf Quad- und Motorradbasis und völlig neuartigen Leitern und Hubrettungssystemen.

Wie heißt es so schön: „Der Wechsel allein ist das Beständige" (A. Schopenhauer) – *Rosenbauer* macht sich den Wechsel für eine erfolgreiche Gestaltung der Zukunft zunutze!

4.3 Kundennähe oder die tatsächliche Ermittlung der Kundenbedarfe

4.3.1 Innovationsmanagement und Kundennähe

Wie wichtig die Kundenorientierung aller Mitarbeiter für ein erfolgreiches Innovationsmanagement ist, wurde im Kapitel „Kunde, Wettbewerb und eigenes Unternehmen: Das entscheidende Spannungsfeld" herausgestellt. Im konkreten Innovationsprozess geht es um die Umsetzung, also darum, die Bedarfe der Kunden richtig einzuschätzen – oder besser noch – genau zu kennen. Ohne dieses Wissen ist die Gefahr groß, „am Markt vorbei" zu entwickeln. Was sich selbstverständlich anhört, erweist sich in der Praxis als Herausforderung, die bei weitem nicht von jedem Unternehmen bewältigt wird.

In diesem Kapitel werden Maßnahmen erläutert, wie Kundenwünsche für die fortlaufende Verbesserung der eigenen Produkte erhoben werden können. Dazu werden Konzepte aufgezeigt, wie zukünftige Kundenbedürfnisse erkannt und damit kundennahe Sprunginnovationen initiiert werden können.

Problem Kundennähe

Ein Kernproblem der deutschen Ingenieurskunst ist immer noch das Overengineering. Produkte erhalten viele fantastische Funktionen, die jedoch von den allermeisten Nutzern niemals in Anspruch genommen werden. Tatsächlich auftretende Probleme werden in der Bedienungsanleitung etwa eines Telefons oder Videorekorders oft vergeblich gesucht, diese scheint für Fachleute bestimmt zu sein.

Das grundsätzliche Problem, welches sich durch Overengineering äußert, liegt in der fehlenden Kundennähe vieler Entwickler – es wird sehr oft nach eigenem Gutdünken statt konsequent nach den Bedürfnissen der Zielkunden vorgegangen. Es herrscht keine kundennahe Entwicklungsmaxime, sondern eine technikorientierte Entwicklungsmaxime. Auch in anderen Branchen wie der Konsumgüterindustrie ist das Problem gegenwärtig: Nach einer Studie des Marktforschungsinstituts *GfK* im Jahr 2006 erweisen sich rund 70 Prozent von ca. 30.000 neuen Produkten jährlich in den Supermarktregalen wegen mangelnder Akzeptanz der Konsumenten als Flop und verschwinden schnell wieder. Verschiedene andere wissenschaftliche Untersuchungen zeichnen ebenfalls ein regelrechtes „Horrorszenario": 50 bis 80 Prozent (!) aller gescheiterten Innovationen sind auf fehlende Kundenorientierung zurückzuführen: Die Kundennähe ist eine zentrale Erfolgsgröße des Innovationsmanagements und gleichzeitig eine verheerende Schwäche vieler Unternehmen.

Kundennähe als entscheidende Erfolgsgröße des Innovationsmanagements

Kundennähe führt zu Wachstum, wenn es gelingt, einen Trend früher als der Wettbewerb zu erkennen und in Produkte umzusetzen. Im Idealfall einer kundenorientierten Organisation sind alle Mitarbeiter vorrangig damit beschäftigt, die Probleme der Kunden zu antizipieren und zu lösen. Es kommt nicht nur darauf an, auf geäußerte Kundenwünsche einzugehen, sondern gerade auch darauf, die Kundenprozesse und -bedürfnisse zu verstehen.

Ein wirklich kundenorientiertes Unternehmen versteht das Geschäftsmodell und die Erfolgsfaktoren der Kunden mindestens ebenso gut wie der Kunde selbst! Wer vor dem Kunden dessen Zukunft kennt, ist in der Lage, durch zielgerichtete, frühe Innovation sein eigenes Leistungsangebot darauf einzustellen und seinen Teil der zukünftigen Wertschöpfungskette zu sichern.

Grundsätzlich ist Kundennähe in allen Phasen des Innovationsprozesses gefragt. Mehr noch: Vor, während und nach dem Innovationsvorhaben ist alles Weitere auf die Interaktion mit Kunden abzustimmen.

Der Kunde im Innovationsprozess - zu Beginn liegt der Schwerpunkt

Genauer betrachtet, bringt der Einbezug von Kunden nicht in allen Phasen des Innovationsprozesses den gleichen Nutzen – zu Beginn des Prozesses sind Anregungen des Anwenders essentiell, während nach der Festschreibung des Pflichtenhefts wesentliche Korrekturen der Entwicklungsziele nur noch mit erheblichem finanziellen Aufwand möglich sind und daher auf Notfälle beschränkt bleiben müssen (vgl. Kapitel „Prozessorganisation"). Daher reduziert sich der sinnvolle Kundeneinfluss dann auf Ratschläge in relevanten Detailfragen und auf eine Kontrollfunktion, die eine weiterhin kundennahe Entwicklung garantiert und als Frühwarnsystem für signifikante Änderungen in den Kundenwünschen dient. Daraus leitet sich die Empfehlung ab, sich besonders am Anfang einer Entwicklung das Marktverständnis der potentiellen Kunden anzueignen.

Das Produktbriefing bringt den Nutzen auf den Punkt

Um vom ersten Moment an für Kundennähe zu sorgen, sollte der beabsichtigte Kundennutzen bereits bei Einreichung einer Idee dokumentiert werden. Es empfiehlt sich, dass eine Idee in einem sogenannten Produktbriefing dokumentiert wird. Das Produktbriefing wird am besten praxistauglich auf einer DIN-A4-Seite zusammengefasst und besteht im Wesentlichen aus zwei Teilen:

1. Kurzbeschreibung der aktuellen Situation bzw. des Kundenbedarfs: Wie ist der Status Quo ohne das neue Produkt, und wo liegt die Marktlücke bzw. das Kundenproblem?

2. Kurzbeschreibung des neuen Produkts: Mit welchen ein bis maximal drei Produktmerkmalen wird der unter Erstens beschriebene Nutzen erzielt?

In einer reizüberfluteten Gesellschaft können Kunden maximal drei, eher ein bis zwei Nutzen bzw. Vorteile mit einem Produkt assoziieren bzw. sich merken. Auch entwicklungsseitig lohnt sich die Konzentration auf wenige Hauptentwicklungsziele mit Wettbewerbsvorteil, anstelle sich bei der Jagd nach der berühmten „eierlegenden Wollmilchsau" zu verzetteln. Ziel ist ein klares Produktprofil mit wahrnehmbarem, kommunizierbarem Kundennutzen.

Das Produktbriefing bildet die Grundlage für die weiteren Schritte im Innovationsprozess, etwa für die weitergehende Untersuchung im Rahmen der Chancen-Risiken-Analyse (s. dieses Kapitel) und für das Lastenheft (s. Grundmuster Prozessorganisation).

Entscheidend für das Produktbriefing bleibt, Kundenwünsche zu kennen bzw. richtig einzuschätzen.

Die Schlüsselfrage ist also, auf welche Weise zu Beginn des Innovationsprozesses die Marktpotentiale von Ideen getestet und latent vorhandene Kundenbedürfnisse aufgenommen werden können.

4.3.2 Erfassung der Kundenwünsche und -bedürfnisse

Wie im Kapitel „Innovationsteam" beschrieben ist es sinnvoll, Neuerungen nach kontinuierlichen kleinen und Sprunginnovationen zu unterscheiden. Von Aussagen der Kunden dürfen zwar wichtige Hinweise zur Produktoptimierung, im Allgemeinen jedoch nicht Ideen für Quantensprünge erwartet werden, da auch sie sich schwer tun mit der Vorstellung völlig neuer Lösungen (vgl. Kapitel 4.1.2). Mit anderen Worten: Die Kunden äußern im Regelfall nur Wünsche innerhalb ihres eigenen Erlebnishorizonts. Daher werden im Folgenden nach einer allgemeinen Einführung die Themen

■ Aufnahme der Kundenwünsche zur Produktoptimierung (Abschnitt 4.2.3) und

■ Aufnahme der Kundenbedürfnisse zur Erzeugung von Sprunginnovationen (Abschnitt 4.2.4)

unterschieden (s. **Abbildung 4.9**).

Abbildung 4.9   Kundenwünsche und -bedürfnisse (Quelle: Eigene Darstellung)

Kundenwünsche		Kundenbedürfnisse
• Vom Kunden selbst artikuliert • Meist nur Hinweise auf Produktverbesserungen		• In der Regel nicht vom Kunden erfragbar • Potential für Sprunginnovationen

Marktbefragungen eignen sich in erster Linie dazu, den Status Quo festzustellen: Wie beliebt und bekannt sind Produkte heute, wo liegen Schwierigkeiten? Auf offene Fragen wie: „Welche Problemlösung würden Sie sich in Zukunft wünschen?", lautet der Tenor der Antworten in etwa: „Das gleiche, nur mehr, besser und billiger". Die Kunden tun sich tatsächlich schwer damit, sich heute noch nicht existierende Produktalternativen vorzustellen. Allerdings gibt es dennoch einen Weg, mit Kundenbefragungen die Zukunft „abzustecken": Firmenintern müssen denkbare Zukunftsentwicklungen ersonnen und in den Fragekatalog integriert werden. Fragt man den Kunden, ob er mit einem bestimmten, genau beschriebenen Produkt etwas anfangen könne – so es denn existiere – dann erhält man sehr wohl brauchbare Antworten. Damit ist das Marktpotential von konkreten Ideen bis zu einem gewissen Genauigkeitsgrad realistisch erhebbar. Mit der beschriebenen Methodik gelang es uns, das europaweite Marktpotential einer neuen Gattung von Abwasserhebeanlagen und die technische Zukunft einer bestimmten Pumpengattung herauszuarbeiten.

Grundsätzlich können Kundenwünsche und -bedürfnisse folgendermaßen in Erfahrung gebracht werden (s. auch **Abbildung 4.10**):

■ Auswertung schriftlicher Quellen,

■ Befragung von Kunden,

■ informelle Treffen mit Kunden,

■ Besuch von Kunden (bis hin zu Kundenpraktika),

■ Einladung von Kunden (z. B. Kundenworkshops),

■ Beobachtung von Kunden bei typischen Abläufen und

■ Zusammenarbeit mit Kunden.

Die Punkte sind in der Reihenfolge wachsender Intensität des notwendigen Kundenkontaktes aufgelistet: Während bei der Auswertung von Veröffentlichungen oder Reklamationsstatistiken überhaupt keine Begegnungen mit Kunden zu initiieren sind, setzen zumindest telefonische und persönliche Befragungen kurzzeitige Gespräche voraus. Der intensivste direkte Kontakt zum Kunden ist notwendig, wenn Kundenprozesse beobachtet oder sogar feste Partnerschaften etabliert werden sollen. Mit der Intensität des Kunden-kontaktes wächst in der Regel zwar die Qualität der erhaltenen Informationen, anderer-seits aber auch der zu erbringende Aufwand.

Abbildung 4.10 Prinzipielle Möglichkeiten zur Erfassung der Kundenwünsche und -bedürfnisse (Quelle: Eigene Darstellung)

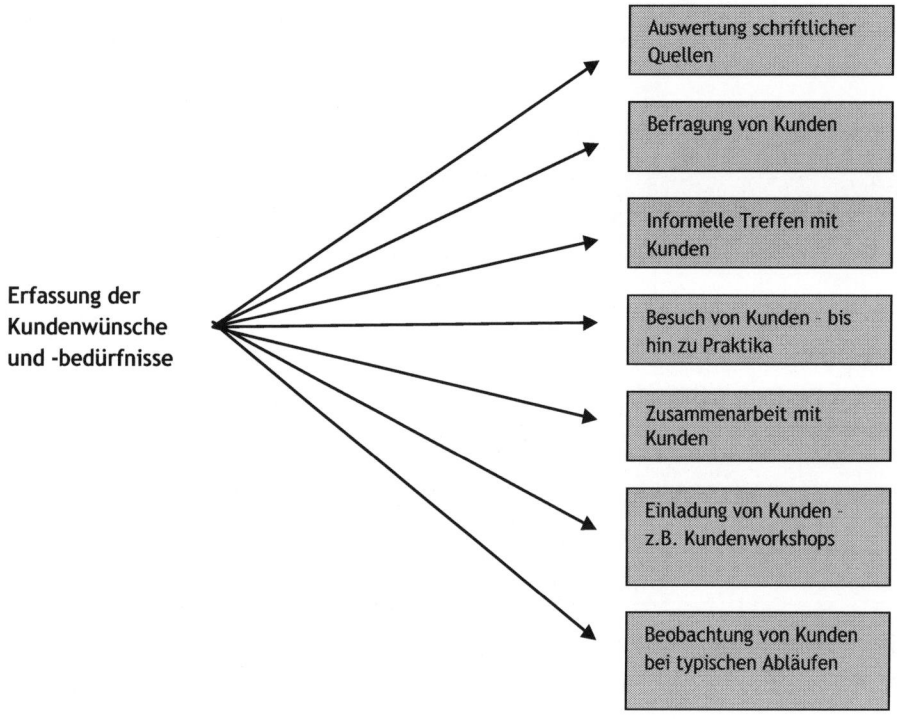

4.3.3   Aufnahme der Kundenwünsche zur Produktoptimierung

Zur kontinuierlichen Produktoptimierung können vor allem die folgenden Maßnahmen zur **Feststellung der Kundenwünsche** beitragen:

– Auswertung schriftlicher Quellen,

– Kundenbefragungen,

– Besuch und Einladung von Kunden und

– Zusammenarbeit mit Kunden im Innovationsprozess.

Auswertung schriftlicher Quellen

Häufig werden wichtige kundenbezogene Quellen für Neuproduktideen nicht genutzt, auch wenn dies oft ohne großen Aufwand möglich wäre. Neben allgemeinen branchenbezogenen Veröffentlichungen kommt vor allem der Auswertung interner Daten wie Kundenbeschwerden und -anfragen sowie Verkäufer- und Kundendienstberichten eine wichtige Rolle zu, weil sich diese unmittelbar auf die eigenen Produkte und den eigenen Kundenstamm beziehen – gezielte Verbesserungen werden möglich. Hier treffen sich Innovations- und Qualitätsmanagement. In den Unternehmen fanden wir u. a. folgende Beispiele für die Auswertung schriftlicher Quellen:

- ■ Die *CWW-GERKO Akustik GmbH* wertet Reklamationen sowie weitere Service- und Vertriebsdaten in monatlichen Gesprächen zwischen dem Qualitätsbeauftragten, dem betreffenden Meister, dem zuständigen Einkäufer, einem Vertreter der F&E-Abteilung sowie einem Geschäftsführer systematisch aus.

- ■ Die *Rosenbauer International AG* hat es geschafft, die Reklamationsquote zu senken und die Anzahl der Verbesserungsideen zu steigern, seit Schulungs- und Reiseberichte ebenso wie die Produktberichte des Kundendienstes systematisch genutzt werden. Schulungs- und Reiseberichte werden dabei im Geschäftsbereich zusammen mit Vertretern des Qualitätswesens ausgewertet, die Produktberichte werden einem Team zur permanenten Verbesserung mit Kundendienst, Technikern und Qualitätsbeauftragten zugeführt.

Nicht selten allerdings „verwalten" die Unternehmen ihre Vertriebs- und Servicedaten zwar, leiten jedoch zu wenige Konsequenzen – respektive Maßnahmen – daraus ab.

Kundenbefragungen

Um aktuelle, repräsentative Antworten der Zielgruppe auf eine spezifische Fragestellung zu erhalten, eignet sich kein Instrument so gut wie die Befragung von Kunden und Nicht-Kunden. Je nach Budget, gewünschter Repräsentativität und Erhebungsziel kann Marktforschung in „kleinem oder großem Stil", selbst oder durch neutrale Berater bzw. Marktforschungsinstitute und schriftlich, telefonisch oder persönlich durchgeführt werden. Wie bereits erwähnt kann damit am besten die aktuelle Situation beschrieben werden, also Know-how zum Status Quo aufgebaut werden. Es kann nicht erwartet werden, überraschende Ideen für Sprunginnovationen zu gewinnen. Gezielte Befragungen machen zur Feststellung des Marktpotentials einer konkret beschriebenen neuen Produktalternative oder zum Kennenlernen eines unbekannten Marktes jedoch sehr wohl Sinn. Die Ergebnisqualität solcher Befragungen wird im Wesentlichen vom Fragebogen bestimmt – es kommt auf präzise gestellte und damit von den Befragten klar und eindeutig zu verstehende Fragen an.

Möchte sich ein Unternehmen an die gesamte Öffentlichkeit wenden, können konkrete Fragen oder allgemeine Aufrufe zum Einreichen von Ideen auf der Firmenhomepage platziert werden. Vor- und Nachteile dieser *„Open Innovation"* werden im Kapitel „Innovationsteam" beschrieben.

Tipp:

Von aufwendigen Großerhebungen ist mittelständischen Unternehmen abzuraten. Die Beauftragung von Marktforschungsinstituten kommt schon aus finanziellen Gründen oft nicht in Betracht. Führen Sie Kundenbefragungen nicht in der Form durch, dass alle zwei bis vier Jahre mit großem wissenschaftlichem Aufwand dicke Ordner produziert werden, die beinahe ungelesen im Aktenschrank verschwinden. Effektive und effiziente Befragungen finden ständig und mit überschaubarem Aufwand statt. Ein Unternehmen muss in der Lage sein, den Kontakt zu seinen Kunden ständig zu halten – etwa über knappe, regelmäßige Befragung der Kunden durch die Außendienstmitarbeiter. Achtung: Eine ausschließliche Befragung durch Außendienstmitarbeiter hat für kleinere Innovationsvorhaben seine Berechtigung. Holen Sie darüber hinaus bei wichtigen Projekten die Meinung der Kunden in zielgerichteten Befragungen direkt – und damit ungefiltert – ein.

Die folgenden Beispiele aus unserer Studie zeigen praktische Auswirkungen:

■ Ein Unternehmen aus der Pumpenindustrie entwickelte eine neue Pumpe „am Markt vorbei", weil man sich auf die Aussage der Vertriebsmitarbeiter verlassen hatte.

■ Ein Automobilhersteller und ein Maschinenbauer aus dem Bereich Haustechnik konnten die Ursache von Entwicklungsflops klar darauf zurückführen, dass im Gegensatz zu anderen Innovationsprojekten „einfach darauf los" entwickelt worden war und der Kundenwunsch gar nicht oder zu spät eingeholt wurde.

■ Zwei Unternehmen aus der Automobilbranche – die *CWW-GERKO Akustik GmbH* und die *BBS AG* – ergänzen anlassbezogene Kundenbefragungen durch regelmäßige Messungen der Kundenzufriedenheit – ebenfalls auf dem Weg der Befragung. Die seinerzeit sehr erfolgreiche *BBS* nutzte zusätzlich das Internet: Endkunden können ihre Meinung in einem Fragebogen kundtun und erhalten dafür die Chance auf den Gewinn einer Reise. Über weitere Aktivitäten hinsichtlich Marktforschung kennt das Unternehmen mittlerweile sein Klientel von der Altersstruktur bis hin zu Kaufbeweggründen genau.

Repräsentative Befragungen beugen einer weiteren Gefahr vor: Wünsche einzelner Kunden werden nicht fälschlicherweise verallgemeinert, wodurch erhebliche Nachteile vermieden werden können:

Eine deutsche Firma berichtete uns von einer Entwicklung in den Jahren 1993 bis 1995. Die Ansprüche des ersten Geschäftskunden, der die Entwicklung ausgelöst hatte, konnten erfüllt werden. Zu spät wurde bemerkt, dass der Rest des Zielmarktes wesentlich höhere Qualitätsforderungen hatte – der Transfer misslang.

Besuch und Einladung von Kunden

Mögliche Formen der Treffen mit Kunden sind:

– Einladung einzelner Kunden,

- Besuch von Kunden,

- Nutzung des Rahmens von Kundenschulungen,

- Kundenstammtische,

- Kundenworkshops und

- Kundenbeiräte.

Bei der **Einladung** oder dem **Besuch einzelner Kunden** können relativ kostengünstig auch komplexe Fragestellungen erörtert werden, beim Besuch eines Kunden kommt der Vorteil der unmittelbaren Konfrontation mit dem Einsatzort des eigenen Produktes hinzu. In beiden Fällen ist jedoch nur ein sehr subjektiv eingefärbtes Ergebnis möglich. Daher sind unbedingt häufige Besuche unterschiedlicher Kunden anzustreben, vor allem für Entwickler sind sie eine wesentliche Quelle von Innovationsimpulsen.

Eine sehr gute und kostengünstige Gelegenheit bietet sich im Rahmen von **Kundenschulungen:** Die Kunden befinden sich schon vor Ort und haben in der Regel nichts gegen eine zeitlich begrenzte Erörterung ihrer zukünftigen Bedürfnisse einzuwenden.

Kundenworkshops stellen eine ideale, wenn auch teure Plattform dar, um ein Produktkonzept zu entwickeln oder auf seine Akzeptanz zu testen. Dabei wird einmalig eine Anzahl von fünf bis zehn sorgfältig ausgewählten Kunden – am besten Lead User (s. u.) – für einen halben bis maximal zwei Tage an einem Ort zusammengeführt. Eine gute Vorbereitung ist wichtig, eine intensive Auseinandersetzung mit Kundenproblemen und deren Lösung wird möglich (Durchführung ansonsten analog „Ideenworkshop", s. Grundmuster Innovationsteam). Anzuraten ist eine neutrale Moderation.

Kundenstammtische und **Kundenbeiräte** sind fest installierte Foren zum regelmäßigen „entspannten, aber gezielten" Abgreifen von Kundenwünschen. Der Baustoffhersteller *Ytong* beispielsweise lädt Händler und wichtige Endkunden in Beiräte ein, wo gemeinsam mit Mitarbeitern über Wünsche und Verbesserungsvorschläge beraten wird.

Die jeweils geeignete Organisationsform des Kundenkontaktes muss abgestimmt werden auf die Fragestellung, das zur Verfügung stehende Budget und – natürlich – die Bereitschaft der Kunden, sich zu engagieren. Ein mehrtägiger Workshop wird vom Kunden in den seltensten Fällen ohne finanziellen Ausgleich absolviert werden, ein Stammtischgespräch am Vorabend einer Messe oder einer Schulung hingegen ist sicherlich zu den Bewirtungskosten erhältlich. Beide können jedoch, wenn sie gezielt durchgeführt und ausgewertet werden, ihren Beitrag zur kundennahen Ideenfindung leisten.

Einige Firmen unserer Studie nutzen Kundenkontakte, um das eigene Innovationsmanagement zu befruchten:

■ Die *WILO GmbH* und die *Alois Scheuch GmbH* versammeln speziell ausgewählte Kunden einer Branche, um das zukünftige Innovationspotential bestimmter Produkte auszuloten.

■ Die Händler jedes Landes werden einmal pro Jahr in den Hauptsitz der Firma *Röhren-
und Pumpenwerk Bauer* zu einer Tagung eingeladen. Aus diesen Gelegenheiten entstehen Berichte, die vom Vertrieb – u. a. zum Thema Innovation – in Maßnahmenkataloge
umgesetzt werden.

■ Dass auch informelle Anlässe einen wertvollen Beitrag zur Erkundung der Wünsche
der Anwender leisten können, belegt die *Rosenbauer International AG* aus Ober-
österreich: Deren Kunden – die Feuerwehren – veranstalten in regelmäßigen Abständen Feste, und zu denen erscheinen immer wieder Mitarbeiter des Unternehmens, führen allerlei Gespräche und kehren am nächsten Tag oft mit vielversprechenden Anregungen zur Arbeit zurück.

In der Praxis bleiben Gelegenheiten zur Ergründung der Kundenwünsche wie Verkaufs-
und Serviceaktivitäten oder auch Schulungen dennoch zu häufig ungenutzt. Auch das
Instrument „Kundenworkshop" ist selten anzutreffen.

Zusammenarbeit mit Kunden im Innovationsprozess

Maßnahmen zur kundennahen Entwicklung dürfen sich nicht auf die Phase der Ideenfindung beschränken, wie schon eingangs erwähnt wurde. Erfolgreiche Innovatoren beteiligen ihre Kunden aktiv am Innovationsprozess und erhalten so regelmäßig ein Feedback
vom Markt. Im späteren Verlauf des Innovationsprozesses werden Produkte testweise bei
Referenzkunden zum Einsatz gebracht, um wertvolles Anwendungswissen zu sammeln (s.
Kapitel „Prozessorganisation").

Viele von uns untersuchte Unternehmen arbeiten eng mit Schlüsselkunden zusammen:

■ Bei der *3K-Warner Turbosystems GmbH* präsentiert ein Team zweimal jährlich persönlich
bei den wichtigsten Kunden die neuesten Entwicklungen.

■ Die *BBS AG* aus Deutschland und die beiden Maschinenbauer *Rosenbauer International
AG* und *Alois Scheuch GmbH* aus Österreich stehen bei größeren Neuentwicklungen in
ständigem direktem Kontakt mit Schlüsselkunden. Eine hohe Telefon- und Besuchsfrequenz zahlt sich aus: Die wichtigsten Kunden sind über alle Vorkommnisse während
der Entwicklung informiert – ihre Wünsche finden jederzeit Berücksichtigung.

■ *Lego* entwickelte 2006 einen programmierbaren Spielzeugroboter „NXT" und beteiligte
seine Kunden an der Entwicklung: Über das Internet wurden aus etwa 10.000 Bewer-
bern 100 junge Leute ausgewählt, die Prototypen testen durften. Darüber hinaus sollen
alle Roboterbesitzer später den Quellcode einsehen und weiterentwickeln dürfen – sie
werden sogar aufgefordert, neue Sensoren zu erfinden (Die Welt, März 2006).

4.3.4   Aufnahme der Kundenbedürfnisse zur Erzeugung von Sprunginnovationen

Orientierung an **geäußerten Kundenwünschen** bedeutet Orientierung an der aktuellen Nachfrage. Für mittel- und langfristige Entwicklungstätigkeiten jedoch ist eine Orientierung an Kunden**problemen** und allgemeinen zukünftigen **Bedürfnissen** der Bevölkerung sinnvoll. Hier gilt: Kundennah agieren, diesen allerdings einen Gedankenschritt voraus sein (vgl. „Innovationsteam").

Ziel muss also das Erkennen **zukünftiger** Kundenwünsche sein. Oftmals verschließen sich die Unternehmen jedoch durch eine zu starke Orientierung an aktuellen Kundenwünschen bzw. der aktuellen Marktsituation, es fehlt der Blick in die Zukunft.

> Tipp:
>
> Ein wichtiger Aspekt der Aufnahme der Kundenbedürfnisse ist die Berücksichtigung der (Noch-)Nicht-Kunden. Orientieren Sie sich an den Problemen aller potentiellen Kunden und nicht nur an den Problemen der aktuellen Kunden. Ansonsten vergeben Sie von vornherein den größten Teil des Marktpotentials (vgl. **Abbildung 4.11**).

Der Vertreter eines Maschinenbauers behauptete auf der Suche nach den Gründen der Innovationsschwäche des Unternehmens, in der Kundennähe liege bestimmt nicht das Problem – die Vertriebsmitarbeiter kennen die Kunden seit Jahren persönlich. Das Problem bestand darin, dass der Vertrieb zwar seine Kunden, kaum aber die Nicht-Kunden kannte und damit von wesentlichen Teilen des Marktes „keine Ahnung" hatte.

Bisherige Nicht-Kunden können dabei bisher von Wettbewerbern beliefert werden, sie können aber auch in völlig neuen Kundensegmenten liegen: Die Fitnessstudio-Kette *„Kieser Training"* bietet als Variante der üblichen Studios vor allem gesundheitsorientiertes Training, das im Gegensatz zu den herkömmlichen Studios vor allem ältere Menschen anspricht. Verzichtet wird auf TV, Bar, Sauna etc.

Auch für Bauklötze ließen sich bislang unbekannte Kundensegmente erschließen: *Lego* „Serious Play" wird erfolgreich für Manager zur Visualisierung von Problemen und deren Lösungen in Workshops vermarktet (Förster, Kreuz 2005, S. 68f).

Mit dem Computerspiel *„Wii"*, bei dem zur Steuerung mit bewegungssensitivem Controller körperliche Interaktion des Spielers möglich und nötig ist, gelang es *Nintendo,* die Zielgruppe solcher Spiele auch auf Mädchen und Erwachsene auszudehnen.

Kundenbedürfnisse können nicht einfach erfragt werden

Latent vorhandene Kundenwünsche und -bedürfnisse können nicht einfach durch Kundenbefragungen erforscht werden. Im Gegenteil: Kunden tun sich erfahrungsgemäß schwer bei dem Versuch, sich ein noch nicht existierendes Produkt vorzustellen. Gerade die nicht geäußerten, aber vorhandenen Kundenbedürfnisse bergen jedoch erhebliches

Innovationspotential (vgl. **Abbildung 4.11**). Bei bahnbrechenden Innovationen machen herkömmliche Kundenbefragungen daher keinen Sinn, sie können sogar zu fatal fehlerhaften Ergebnissen führen:

Abbildung 4.11 Nicht-Kunden bergen Chancen für das Innovationsmanagement (Quelle: Boutellier, Völker 1997)

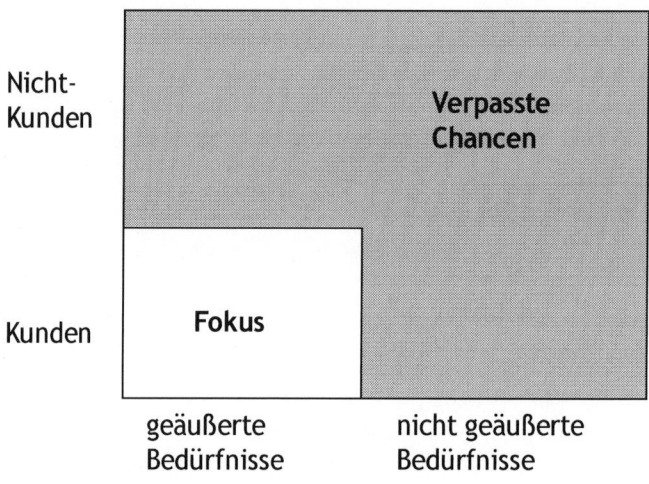

Der Kopiergeräteerfinder *Haloid* erwartete einer Marktanalyse zufolge einen schwachen Absatz von höchstens 5.000 Stück – bekanntlich trat das Gegenteil der Prognose ein: die Kopierer entwickelten sich weltweit zum unverzichtbaren Bürobestandteil. In die Reihe der berühmten Fehlurteile reihen sich folgende Voraussagen ein:

- Der Concord wurde ein großer Markterfolg vorhergesagt. *British Airways* und *Air France* betrieben letztlich gemeinsam nur etwa zwei Dutzend Maschinen.

- Den *Swatch*-Uhren wurde ein Misserfolg prophezeit. Keiner der Marketing-Experten ahnte, dass diese sich zu trendigen Sammlerstücken entwickeln würden.

- *IBM*-Gründer Watson vermutete einen weltweiten Markt „für vielleicht fünf Computer".

Gottlieb *Daimler* sah 1901 eine weltweite Nachfrage nach höchstens einer Million Automobilen, „alleine schon aus Mangel an Chauffeuren".

Drei Konzepte zur Aufnahme der Kundenbedürfnisse

Dennoch ist es mit den drei im Folgenden beschriebenen Konzepten möglich, latent vorhandene Kundenwünsche, -probleme und -bedürfnisse aufzunehmen und schließlich deren Innovationspotential zu nutzen (vgl. **Abbildung 4.12**):

Konzepte zur Aufnahme der Kundenbedürfnisse:

(a) Mit den Augen der Kunden sehen – Eintauchen in die Erfahrungs- und Gefühlswelt der Kunden: Von der Kundenbeobachtung bis hin zu Kundenpraktika

(b) Kundennähe durch persönliche Kundenkontakte aller Mitarbeiter

(c) Identifikation und enge Zusammenarbeit mit Lead Usern

Abbildung 4.12   Methoden zur Erfassung von Kundenbedürfnissen
(Quelle: Eigene Darstellung)

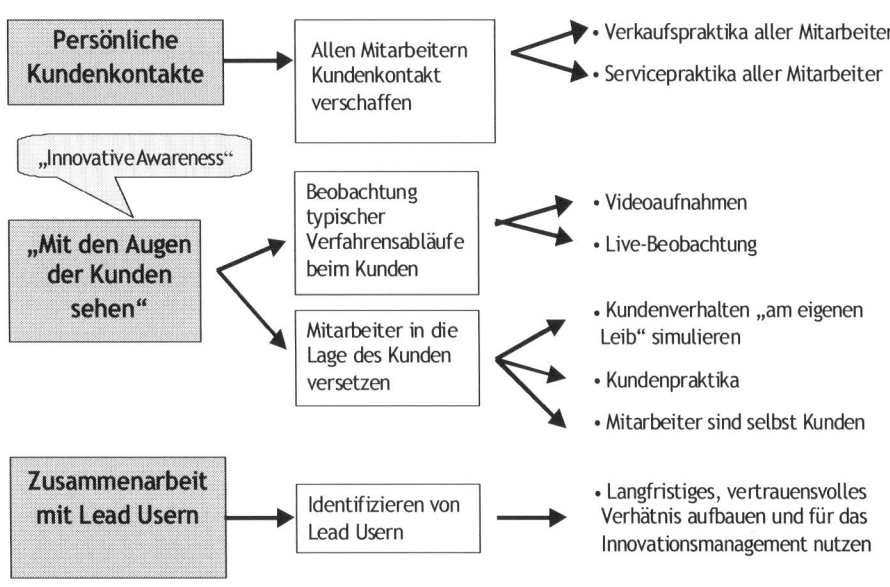

(a) Mit den Augen der Kunden sehen – Eintauchen in die Erfahrungs- und Gefühlswelt der Kunden: Von der Kundenbeobachtung bis hin zu Kundenpraktika

Erfolgreiche Innovatoren widmen sich mit großer Aufmerksamkeit, mit Interesse und Offenheit der Erfahrungswelt und der Gefühlswelt ihrer Kunden. Es kommt darauf an, das Geschäft und damit die Nutzenfunktion der einzelnen Kunden so gut wie möglich **selbst** zu kennen. Je besser die Ziele der Kunden im Gedächtnis der eigenen Mitarbeiter verankert sind, desto zielgerichteter lassen sich eigene Produkte finden, die dem Kunden helfen (vgl. Kapitel „KWU"). Kommt es dem Kunden auf die reine Funktionserfüllung an, kommt es ihm auf Zeit- oder Geldersparnis an oder ist für ihn aus Imagegründen ein hochwertiges Produkt von Nutzen?

Aufgrund dieser Erkenntnisse lassen sich Kundengruppen mit ähnlichen Nutzenfunktionen bilden und Innovationsaktivitäten ableiten.

Die Mitarbeiter des Automobilzulieferers *3K-Warner Turbosystems GmbH* beispielsweise analysieren auf das Genaueste die Wertschöpfungskette ihrer Kunden, um daraus eine dementsprechende Penetration der Wertschöpfungskette abzuleiten. So wissen sie, wo sie mit ihren Produkten noch einen Zusatznutzen stiften können.

Um die latenten Wünsche der Kunden aufzuspüren, derer sich die Kunden selbst nicht bewusst sind, können

- Anwender bei typischen Arbeits- und Verfahrensabläufen beobachtet werden und

- sich die Mitarbeiter selbst in die Lage des Kunden versetzen, um voll und ganz in die Denkkategorien der Kunden „einzutauchen" bzw. diese zu verinnerlichen. Mit anderen Worten: Die Mitarbeiter müssen lernen, „mit den Augen des Kunden zu sehen".

Der **Beobachtung von Anwendern** bei der Abwicklung des eigenen Geschäfts kann sich durchaus auf die ganze Wertschöpfungskette ausdehnen, um so weitere Hinweise auf mögliche Hilfestellungen durch das eigene Unternehmen zu bekommen (vgl. obiges Beispiel). Die technische Durchführung einer solchen Beobachtung ist beispielsweise mit einer Videoaufzeichnung möglich – was natürlich das Einverständnis des jeweiligen Kunden voraussetzt.

Beispiele:

- Beim deutschen Mittelständler *Faude*, Europas führender Bergsportmarke, gehen die Mitarbeiter in großen Gruppen am Wochenende in die Berge und testen Materialien. Dabei kehren sie nicht selten mit neuen Ideen zurück.

- Der von Frau *Meyer-Hentschel* aus Saarbrücken entwickelte „Age Explorer", ein Simulationsanzug mit Helm, versetzt auch jüngere Probanden in die Lage von älteren Menschen: Die Sicht ist getrübt und das Gehen fällt durch eingearbeitete Gewichte schwer. So können Firmen z. B. beim Gang durch einen Supermarkt selbst erleben, wie erkennbar und zugänglich ihre Produkte für die immer zahlreichere alte Kundschaft sind.

- Bei *L'Oreal* gehen Marketingleiter auf Hausbesuch zu Angehörigen von Zielgruppen. So werden nach Vereinbarung beispielsweise Frauen im reiferen Alter beim Schminken beobachtet.

Wie wichtig die Beachtung des ganzen Anwendungsumfeldes bzw. der exakten Einsatzbedingungen des eigenen Produktes ist, belegt das folgende Beispiel:

Bei einem Unternehmen der Automobilzulieferindustrie war ein Innovationsflop einzig und allein darauf zurückzuführen, dass die Zugänglichkeit des Einbauortes in der Fahrzeugkarosserie schlechter war, als es die Produktentwickler angenommen hatten. Mit anderen Worten: Das Produkt war nicht einbaugerecht konstruiert worden, weil die Konstruktionsmitarbeiter keine Ahnung von den genauen Gegebenheiten vor Ort beim Kunden hatten.

Die Mitarbeiter können sich selbst auf drei unterschiedliche Arten über die gedankliche Vorstellung hinaus **in die Lage des Kunden versetzen:** Sie können

– das Kundenverhalten simulieren,

– Seite an Seite mit dem Kunden arbeiten und

– selbst zum Kundenkreis gehören (wenn bei dem Produkt möglich).

Das zugrundeliegende Prinzip besagt, dass die Problemlösung am leichtesten fällt, wenn man selbst mit dem Problem konfrontiert wird (vgl. Prinzip „Problemnähe" im Kapitel „Innovationsteam").

Ein Beispiel für die **Simulation des Kundenverhaltens** ist die Idee des Innovationsteams einer Supermarktkette, das Einkaufsverhalten der immer wichtigeren Gruppe der Senioren nachzuempfinden, indem sich jedes Teammitglied Gewichte an die Beine bindet und so den Gang durch den Supermarkt testweise bewältigt. Und dieses Prinzip gilt nicht nur in der Konsumgüterindustrie: Wer einen Kundenbesuch auf einen Arbeitseinsatz ausdehnt, der erlebt „am eigenen Leibe" die täglichen Herausforderungen des Anwenders.

Tatsächlich werden **Praktika beim Kunden** für einen begrenzten Zeitraum immer häufiger durchgeführt – zumindest bei kundennahen Unternehmen. Die direkte Konfrontation der Mitarbeiter mit dem Problem ist eine sehr ergiebige Quelle von Innovation.

Beispiele für Kundenpraktika

■ Mehr und mehr Automobilzulieferer lassen beispielsweise eigene Mitarbeiter bei den Kunden am Band arbeiten, um ein besseres Gespür für die Erfordernisse zu bekommen. Selbstverständlich erfordert eine solche lohnenswerte, aber nicht unaufwendige Maßnahme einen besonders guten Kontakt zum ausgewählten Kunden.

■ Ein Unternehmen aus dem Maschinenbau, dessen Endkunden landwirtschaftliche Betriebe sind, machte entsprechend positive Erfahrungen durch Zufall. Da die Produkte fast ausschließlich über Händler vertrieben werden, fehlte der direkte Kontakt zu Endkunden. Als eine Maschine ausfiel, verbrachte ein Entwickler zwei Wochen auf einer Farm in den USA und kam mit einer ganzen Reihe erstklassiger Innovationsideen wieder zurück.

Steigern lässt sich die durch Kundenpraktika erreichbare Kundennähe nur noch damit, dass die Mitarbeiter nicht nur in die Lage von Kunden versetzt werden, sondern tatsächlich **Kunden sind.**

Tipp:

Ist dies vom Produkt her möglich, so tragen Sie durch entsprechende Anreize und Vergünstigungen dafür Sorge, dass die Unternehmenszugehörigen selbst zum Kundenstamm gehören. Die Mitarbeiter erleben das Produkt dann selbst aus Anwendersicht und haben im Hinblick auf Innovationsideen eine wesentlich bessere Ausgangssituation.

Nike ist ein positives Beispiel für sprichwörtliche Kundennähe aus einer ganz anderen Branche. Durch die Ausrichtung von Veranstaltungen, Sportsponsoring und Szene-marketing wurde der US-Sportartikelhersteller selbst Teil der Szene seiner Kundschaft. Das Ziel muss lauten, die Funktion der hergestellten Produkte im Kopf der Kunden un-trennbar mit dem eigenen Firmennamen zu verbinden. Genau wie es bei den Kon-sumgütern beispielsweise möglich war, das Wort „Tempo" als Synonym für Papier-taschentuch zu etablieren, muss es im Industriegüterbereich das Ziel sein, bei den Anwen-dern den Namen der eigenen Firma mit der Bezeichnung der eigenen Produktgattung gleichzusetzen.

Innovative Awareness

Sind durch Simulation oder Kundenpraktika Erfahrungen „durch die Augen der Kunden" gemacht worden, so bedarf das Erlebte einer intensiven Analyse und Reflexion mit Kun-den und Mitarbeitern, um daraus systematisch Nutzen für die Produktentwicklung zu ziehen. Dabei ist es wichtig, existierende Dogmen und eingefahrene Meinungen nach dem Muster „Das war schon immer so, also kann es gar nicht anders sein" hinter sich zu lassen und sich Neuem zu öffnen. Werden Grundannahmen in Frage gestellt, so ist stets Skepsis und Widerstand zu erwarten. Hier zeigt sich dann, wie offen eine Organisation bzw. wie innovationsfähig ihr „Faktor Mensch" tatsächlich ist. Je mehr die Mitarbeiter auf interne Vorgänge wie Umstrukturierungen, Machtkämpfe und Unzulänglichkeiten des Tagesge-schäfts fokussiert sind, desto weniger Energie und Zeit bleiben ihnen für die Hinwendung zum Kunden. Krogh und Durisin (1998) prägen für die beschriebene Aufmerksamkeit, Sensibilität und Offenheit der Erfahrungs- und Gefühlswelt der Kunden gegenüber die Bezeichnung **„Innovative Awareness"**.

Sie kann nur erreicht werden, wenn sich die Mitarbeiter über die Bedeutung der kun-dennahen Innovation im Klaren sind und ihre Motivation sichergestellt ist. Die angege-benen Maßnahmen sind also nur dann effektiv, wenn sie von den entsprechenden Soft Skills flankiert werden.

(b) Kundennähe durch persönliche Kundenkontakte aller Mitarbeiter

Der persönliche Kundenkontakt stellt das wichtigste Element der Kundenorientierung dar, da Menschen am leichtesten über Erfahrungen bzw. eigene Erlebnisse lernen (vgl. hierzu auch Kapitel „Kunden, Wettbewerb und eigenes Unternehmen: Das entscheidende Span-nungsfeld"). Dies gilt für alle Unternehmenszugehörigen gleichermaßen, d. h. insbesonde-re die Unternehmensführung darf sich nicht zu schade sein, sich vor Ort von den Belangen der Kunden zu überzeugen. Dies wird für die Kundenorientierung im Tagesgeschäft eine positivere Auswirkung nach sich ziehen als ein Besuch beim Geschäftsführer des Kunden-unternehmens. Ohne direkten Kundenkontakt ist die oberste Leitungsebene von gefilter-ten Informationen aus zweiter Hand abhängig.

Etliche Firmen haben dies erkannt:

■ Ein Vorstand eines Unternehmens des Personennahverkehrs z. B. ließ es sich nicht nehmen, an zwei Wochen des Jahres als Busfahrer zu arbeiten.

■ Bei *British Airways* müssen die 300 ranghöchsten Manager als „Praktikum" mindestens eine Woche jährlich Dienst am Schalter oder bei der Gepäckabfertigung tun.

■ Sogar bei *McDonald's* gibt es jährlich einen Tag, an dem Management und Mitarbeiter selbst in der Küche und an der Kasse stehen.

■ Es gilt jedoch, die Gefahr zu vermeiden, dass spezielle eigene Beobachtungen von der Unternehmensführung verallgemeinert werden. Nicht jeder unzufriedene Kunde ist repräsentativ. Es kommt also auf den richtigen Mix aus persönlichen Erlebnissen mit Kunden und objektiv zusammengetragenen Daten an.

Auch zum Thema „persönlicher Kundenkontakt außerhalb von Vertrieb und Geschäftsleitung" ist eine Reihe vorbildlicher Beispiele bekannt:

■ Systematische Kundenbesuchsprogramme mit dem Ziel, die fundamentalen Bedürfnisse und Perspektiven der Kunden herauszufinden, wurden zuerst in den USA von *Hewlett-Packard* durchgeführt, bald jedoch auch von anderen Unternehmen übernommen.

■ In der mittelständischen Unternehmensgruppe *Fischerwerke* ist es üblich, dass Beschäftigte aus Verwaltung, Produktion, Entwicklung und sogar Azubis für jeweils einige Tage Außendienstmitarbeiter begleiten.

Obwohl bei etlichen Unternehmen immerhin die Entwickler über die Kooperation bei Innovationsprojekten in direkten Kontakt mit Kunden kommen, repräsentieren immer noch Unternehmen den üblichen Standard, bei denen sich der persönliche Kundenkontakt auf die Geschäftsführung, den Vertrieb und den Service beschränkt.

(c) Identifikation und enge Zusammenarbeit mit Lead Usern

Vom Kunden geäußerte Wünsche beschränken sich wie bereits erwähnt in der Regel auf den Wunsch nach günstigeren Preisen oder kleineren Produktverbesserungen. Die Ausnahme zu dieser Regel wird von den sogenannten *Lead Usern* oder *Lead Customern* – beide Begriffe werden im Folgenden als Synonyme benutzt – gebildet.

Lead User zeichnen sich dadurch aus, dass sie

– selbst innovativ sind und oft bereits Lösungsansätze für vorhandene Probleme erkennen lassen, die in Produkte umgesetzt werden können,

– Neuerungen gegenüber aufgeschlossen sind und oft zu den Erstanwendern gehören und

– eine eigene Planung haben und von sich aus Entwicklungsanregungen geben.

Lead Customer sind rar und deshalb stark umworben. Für den erfolgreichen Innovator ist es wesentlich, seine Lead Customer zu identifizieren und mit ihnen eine vertrauensvolle Entwicklungskooperation anzustreben. Sie finden sich im Regelfall an den Rändern des Kundenspektrums und nicht unter den Durchschnittskunden. Lead User sind besonders vielversprechende Teilnehmer an Kundenworkshops, es lohnt sich in besonderem Maße, sie zu besuchen und sie aktiv mit in eigene Innovationsprozesse einzubinden. Um langfristige Innovationskooperationen mit Kunden zu erreichen, streben erfolgreiche Unternehmen faire beiderseitige Vorteile – also sogenannte Win-win-Situationen – an.

Die wenigsten KMU führen Kreativitätssitzungen mit Kunden durch – bei der Zusammenarbeit mit Lead Usern gibt es einen erheblichen Nachholbedarf.

Tabelle 4.2 stellt die unterschiedlichen Instrumente zur Aufnahme der Kundenwünsche und -bedürfnisse in Abhängigkeit vom Zeitbezug dar.

Tabelle 4.2   Übersicht: Aufnahme der Kundenwünsche
(Quelle: In Anlehnung an Boutellier, Völker 1997, S. 41 ff)

	Zeitbezug	Zielgruppe	Instrument zur Bedarfsfeststellung
Nachfrage	Kurzfristige Produktentwicklung	Aktuelle Kunden	Marktuntersuchung, einzelne Kundeninterviews, Kundenworkshops, persönliche Kundenkontakte
Kundenprobleme/ -bedürfnisse	Mittelfristige Produktentwicklung	Kunden plus Noch-Nicht-Kunden	Beobachtung des Wertschöpfungsprozesses des Kunden, Mitarbeiterpraktika beim Kunden, Zusammenarbeit mit Lead Usern, persönliche Kundenkontakte
Bedürfnisse	Langfristige Produktentwicklung	Bevölkerung	Beobachtung und Analyse langfristiger gesellschaftlicher, wirtschaftlicher und politischer Entwicklungen/Trends, Szenariotechnik

4.3.5   Praxiserfahrung und kritische Reflexion der Kundennähe

Selbstverständlich reicht es nicht aus, die Kundenwünsche und -bedürfnisse wie beschrieben aufzunehmen. Es kommt darauf an, die erworbenen Kenntnisse in erfolgreiche Innovationen **umzusetzen**. An dieser Stelle greifen die beiden Grundmuster „Innovationsteam" und „Kundennähe" ineinander: Die aufgenommenen Kundenwünsche werden im Team für permanente Verbesserungen aufgegriffen und genutzt, die erkannten Kundenbedürfnisse werden dem Team für Sprunginnovationen zugeführt und von dort aus nach eingehender Analyse in konkrete Entwicklungsprojekte umgesetzt. In der Regel wird die Initiative zur Erkundung der Kundenwünsche und -bedürfnisse auch vom entsprechenden Team koordiniert.

Folgende Beispiele entstammen unserer Studie:

- Bei der *CWW-GERKO Akustik GmbH* funktioniert die Einbindung von Schlüsselkunden in Innovationsprozesse vorbildlich. Hier sorgt man beispielsweise für wöchentliche Präsenz von Teams aus Verkäufern und Anwendungstechnikern bei den wichtigsten Abnehmern.

- Der Exportleiter der *Jung Pumpen GmbH* besucht einmal pro Jahr jeden Importeur der eigenen Produkte im jeweiligen Land. Um den sonst vorhandenen Filter zu beseitigen, legt er jedoch ebenfalls Wert darauf, im Rahmen seiner Reisen eine Auswahl an Endkunden direkt zu befragen.

- Ein weiteres Unternehmen strebt einen „permanenten kritischen Dialog mit Anwendern" an.

Die Mehrzahl der Firmen hat außerdem gelernt, dass dem Entwicklungsbeginn eine Erforschung des Marktbedarfs vorausgehen muss. Auch die Auswertung von Vertriebs- und Servicestatistiken wird in der deutschen Investitionsgüterindustrie weitgehend praktiziert. Wo die Produkte der Maschinenbauer von Privatpersonen genutzt werden, versuchen die Unternehmen in der Regel auch, ihre eigenen Mitarbeiter zu Kunden werden zu lassen. Und dies bewirkt – wie in folgendem Beispiel – Vorteile für das Innovationsmanagement:

Als es in einem Entwicklungsteam der *WILO Oschersleben GmbH* um die Verwendung einer bestimmten, in einer Vorversion ebenfalls eingesetzten Komponente ging, konnte das Teammitglied aus der Einkaufsabteilung die Diskussion der Servicestatistik um seine eigenen Erfahrungen bereichern: Er hatte das Produkt in seinem Keller stehen. Für ihn war es durchaus schwierig, zu diesem Zweck die Herstellersicht zu verdrängen und nur seine persönlichen Anwenderinteressen zu sehen. Mit etwas Übung gelang ihm dies im Verlaufe des Entwicklungsprozesses immer besser, sodass er in seiner „zweiten Rolle" als Kunde im Team wertvolle Beiträge liefern konnte.

Verbesserungspotentiale liegen im Wesentlichen in der Feststellung der zukünftigen Kundenbedarfe. Während die Zusammenarbeit bei aktuellen Entwicklungsprozessen wie beschrieben gut funktioniert, werden nur selten Mitarbeiter für ein Praktikum zum Kunden geschickt oder Abläufe der Kunden systematisch unter die Lupe genommen, um auf diese Weise auf Ideen für Sprunginnovationen zu stoßen. Regelrecht „kundenferne" Unternehmen sind bisweilen ebenfalls zu finden: Bei zwei Unternehmen konnten wir eine Art „Arroganz des Marktführers" ausmachen: Probleme des Kunden werden bei diesen als Unzulänglichkeit des Kunden interpretiert, nicht jedoch als mögliche Unvollkommenheit des eigenen, „einzigartigen" Produktes:

Ein Maschinenbauer änderte seine Konstruktion einer Kupplungsvorrichtung über Jahrzehnte nicht, obwohl bekannt war, dass viele Kunden die gleichen, einfach zu vermeidenden Schwierigkeiten bei der Anwendung hatten.

Die teilweise herrschende Scheu vor Kundenbefragungen ist unbegründet: Menschen sind im Allgemeinen stolz, wenn sie nach ihrer Meinung gefragt werden. Dies bestätigte sich in von uns durchgeführten Untersuchungen. Als wichtigstes Argument für die Ablehnung einer Befragung wurde der Zeitverlust durch das Gespräch angeführt. Durch einen straffen Fragenkatalog und eine Zeitschranke von 30 Minuten pro Interview konnten wir dieses jedoch entkräften, und folglich war die Zielgruppe gerne zur Auskunft bereit.

Kundennähe ist wirtschaftlich zu planen - eine kritische Reflexion

Mit Maßnahmen zum Einbezug von Kunden sind nicht nur ein Nutzen, sondern auch ein zum Teil nicht unerheblicher Aufwand bzw. einige Risiken verbunden:

- ■ Die Organisation von Befragungen, Beobachtungen, Einladungen, die Integration weiterer Einflussnehmer in den Entwicklungsprozess usw. verursachen **Kosten.**

- ■ Mitunter kann sich dadurch zusätzlich der Innovations**zeitbedarf** erhöhen.

- ■ Darüber hinaus vermögen Fehler und Störungen bei der Integration des Kundenwunsches, den erhofften Effekt in sein Gegenteil zu verkehren. So kann es beispielsweise zu Fehlinformationen durch **falsche Identifikation von Lead Usern** oder zum **Know-how-Abfluss** durch mit dem Wettbewerb in Verbindung stehende Kunden kommen.

Ein Unternehmen muss sich dieser verschiedenen Gefahren bewusst sein und ihnen gegenüber aufmerksam bleiben. Um die Risiken zu begrenzen ist es sinnvoll, auserwählte Kunden auch im weiteren Entwicklungsverlauf – mindestens indirekt über regelmäßige Befragungen – am Entwicklungsprozess zu beteiligen (vgl. Kapitel „Prozessorganisation").

Als mit einem bestimmten Nutzen und einem bestimmten Aufwand verbundene Vorgänge sind die Maßnahmen zum Einbezug von Kunden einer **wirtschaftlichen Planung** zu unterziehen und nicht unreflektiert durchzuführen. Intensität und Art des Kundenkontaktes sind dabei in Abhängigkeit vom Typ des Innovationsprozesses und von der Entwicklungsprozessphase zu optimieren. Es ist beispielsweise wenig sinnvoll, für eine routinehafte Weiterentwicklung einen mehrtägigen Workshop zu veranstalten.

> Tipp:
>
> Eine wesentliche Aufgabe des Unternehmens liegt auch darin, nach der Aufnahme der Kundenwünsche geeignete Kundensegmente zu bilden, die sich hinsichtlich ihrer Wünsche unterscheiden lassen. Wenden Sie die aus Marketing und Vertrieb hinlänglich bekannte Technik der Marktsegmentierung bereits im Stadium des Entwicklungsprozesses an!

Ein von uns untersuchter Pumpenhersteller beispielsweise vertreibt seine Produkte sowohl direkt zum Endkunden als auch indirekt über den Handel. Die Priorität der Anforderungen von Händlern und Endkunden an das Produkt unterscheiden sich erheblich – je nach Zielgruppe musste daher eine eigene, zielgerichtete Kommunikations- bzw. Werbestrategie gefahren werden. Bereits im Entwicklungsprozess wurde die Erkenntnis der diversen Kundenwünsche entsprechend berücksichtigt und es wurden zielgruppenspezifische Verkaufsargumente geschaffen.

4.3.6　Zusammenfassung des Kapitels

Ein kundennahes Unternehmen zeichnet sich durch offene Kontakte und Kommunikation mit den Anwendern aus. Im Innovationsprozess ist insbesondere in der Phase der Ideenfindung auf eine systematische Aufnahme der aktuellen Kundenwünsche und mittel- und langfristiger Kundenbedürfnisse zu achten. Kundenwünsche können durch Instrumente wie Befragungen und Workshops erfasst werden.

Der kundennahe Entwicklungsauftakt gelingt letztlich durch den richtigen Mix: Einzelne, persönliche Eindrücke aller Mitarbeiter werden durch die Ergebnisse repräsentativer Erhebungen ergänzt.

Die Maßnahmen zur Kundennähe verlangen einen nicht unerheblichen Aufwand – dieser ist zwar in der Regel eine lohnende Investition, muss aber dennoch ressourcen- und nutzenadäquat geplant werden.

> **Checkliste: Kundenähe oder die tatsächliche Ermittlung der Kundenbedarfe**
>
> – Sind alle Ihre Mitarbeiter über die aktuellen Wünsche Ihrer Kunden informiert, d. h. werden diese regelmäßig erkundet?
>
> – Pflegen Ihre Mitarbeiter häufigen Kundenkontakt, z. B. über gegenseitige Besuche, Workshops, Beobachtungen und Kundenpraktika?
>
> – Erkunden Sie auch die Wünsche Ihrer (Noch-)Nicht-Kunden?
>
> – Überprüfen Sie die Meinung Ihrer Kunden zu Beginn wichtiger Entwicklungen?
>
> – Pflegen Sie im Rahmen wichtiger Entwicklungsprojekte eine enge Zusammenarbeit mit relevanten Kunden?
>
> – Kennen Sie einige Ihrer Lead User und arbeiten Sie mit ihnen zusammen?
>
> – Reagieren Sie nur auf die aktuelle Nachfrage oder machen Sie sich auch Gedanken über die Kundenbedürfnisse der Zukunft?

4.4   Fallstudie zur Kundennähe: *SERO Pumpenfabrik GmbH*

Der Praxisfall der *SERO Pumpenfabrik GmbH* zeigt den Ablauf einer Optimierung des Innovationsmanagements (vgl. auch Kapitel „Innovationsanalyse und -optimierung"). Durch eine Analyse der Grundmuster werden Stärken und Verbesserungspotentiale erarbeitet. Von dieser Diagnose ausgehend wird die gezielte Ableitung von Maßnahmen zur Optimierung des Innovationsmanagements möglich. Besonders deutlich wird in diesem Kapitel, wie die Verbesserung eines zentralen Grundmusters, hier der Kundennähe, eine „mehrdimensionale" Optimierung etlicher Erfolgsfaktoren des Innovationsmanagements zur Folge hat.

Das Fallbeispiel der *SERO Pumpenfabrik GmbH* zeigt darüber hinaus, wie das Grundmuster Kundennähe auch in einer auf den ersten Blick wenig innovativen Industrie die Grundlage für die mittel- und langfristige Unternehmensabsicherung darstellt.

4.4.1   Ausgangssituation

Die SERO Pumpenfabrik GmbH wurde 1894 als Berliner Pumpenfabrik in Berlin gegründet und hat heute ihren alleinigen Standort in Meckesheim bei Heidelberg. Hier sind Entwicklung, Fertigung, Vertrieb und Service untergebracht. Das Unternehmen hatte zum Zeitpunkt der Untersuchung 1999 40 Mitarbeiter, die einen Umsatz von fast fünf Millionen Euro erwirtschaften, bei einer Exportrate von 45 Prozent. Heute – zehn Jahre später – hat SERO ein neues Serviceunternehmen gegründet, eine Tochtergesellschaft in den USA und eine Reihe neuer und patentierter (!) Produkte auf den Markt gebracht, ein neues Firmengebäude errichtet und die Exportrate sowie den Umsatz weiter gesteigert. *SERO* stellt eine sehr spezielle Pumpe zum Fördern von Medien nahe dem Siedepunkt her, die Kernkompetenz liegt in der Beherrschung von Flüssigkeiten mit sehr hohen und sehr niedrigen Temperaturen. In diesem Nischengeschäft hat sich *SERO* mit der Seitenkanalpumpe (s. **Abbildung 4.13**) die zweitstärkste Marktposition erarbeitet.

Seitenkanalpumpen haben gegenüber anderen Pumpenarten den Vorteil, dass sie neben Flüssigkeiten auch Gase mitfördern und zum Ansaugen von Medien eingesetzt werden können. Bei kleinen Fördermengen und hohen Drücken ist die Seitenkanalpumpe die günstigste Lösung. An der Entwicklung dieser Pumpenart ist *SERO* seit 1929 maßgeblich beteiligt und zählt zu ihren Wegbereitern: *SERO* ist weltweit die einzige Pumpenfabrik, die sich auf die Seitenkanalpumpe als alleiniges Produkt spezialisiert hat und ist heute das „technologische Kompetenzcenter" für diesen Pumpentyp.

Abbildung 4.13   Seitenkanalpumpe von SERO (Quelle: SERO Pumpenfabrik GmbH)

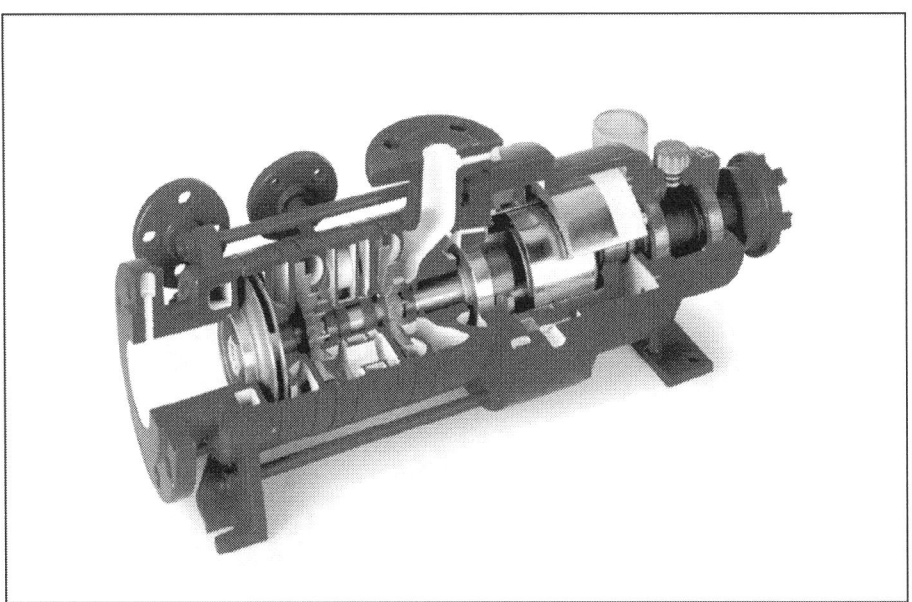

SERO-Pumpen finden Anwendung in der Prozess- und Verfahrenstechnik, im Umweltschutz, in der Kältetechnik, im Anlagen- und Apparatebau, in der Energietechnik, im Schiffsbau und allgemein in der Industrie. Die Geschäftsführung der *SERO* liegt in den Händen des Seniorchefs Albert L. Zientek und seiner Tochter, Dipl.-Betriebswirtin Beate Zientek-Strietz.

Das familiengeführte Unternehmen weist gesunde betriebswirtschaftliche Zahlen auf. Der Standort Meckesheim wurde 1959 gegründet. Dort wurde die Seitenkanalpumpe zum industriellen Einsatz weiterentwickelt. Um schnell zu einem Markterfolg zu kommen, wurde statt eines eigenen Vertriebs die Kooperation mit Pumpenfabriken in aller Welt gewählt. Diese Entwicklung verlief für *SERO* erfolgreich, und man konnte sich eine gute Reputation aufbauen. Heute hat *SERO* die meisten Partnerschaften der gesamten Pumpenbranche.

Der europäische Pumpenmarkt erlebt seit Beginn der 90er-Jahre eine Stagnation, sodass ein Verteilungskampf um vorhandene Marktanteile stattfindet. Bezüglich der Pumpen selbst gab es seit Jahren keine wirklichen Innovationssprünge, Produktverbesserungen bestanden z. B. in der Einführung neuer Werkstoffe, konstruktiven Veränderungen und verbesserten Dichtungsprinzipien. Wie alle europäischen Maschinenbauer steht auch *SERO* vor der Herausforderung eines globalisierten Marktes. Die Konzentration zu großen Pumpen-Allianzen nimmt zu. Der Preisdruck durch die entstehenden „global players" steigt, mittels modularer Baukastensysteme versuchen die „Großen", auch Nischen zu besetzen.

Angesichts dieser schwierigen Ausgangslage wird klar, dass nur ganzheitlich verän-
derungs- und innovationsfähige Pumpenfirmen dazu in der Lage sind, ihr Überleben langfristig zu sichern. Dies gilt in besonderem Maße für kleine Unternehmen wie *SERO*, wo die
Herausforderungen frühzeitig erkannt und eine Untersuchung eingeleitet wurde.

4.4.2   Innovationsanalyse

Um die ganzheitliche Innovationsfähigkeit der *SERO* Pumpenfabrik zu erhöhen, mussten
zunächst vorhandene Stärken und Schwächen identifiziert werden. Hierzu wurde eine
präzise Innovationsanalyse durchgeführt. Der Ablauf dieser Innovationsdiagnose bestand
aus strukturierten Interviews mit Mitarbeitern unterschiedlicher Hierarchieebenen und
Abteilungen, wobei alle Grundmuster und Erfolgsfaktoren der Innovationsprozesse untersucht wurden (zur Vorgehensweise vgl. Kapitel 5). Die Ergebnisse wurden nicht nur dem
Führungskreis, sondern im Rahmen einer Betriebsversammlung auch der Belegschaft
präsentiert.

Als ausgesprochene Stärken von *SERO* stellten sich heraus:

- ■ Visionen, Ziele, Leitbilder und Strategien werden an die Mitarbeiter kommuniziert.

- ■ Ein Innovationstreiber auf höchster Firmenebene ist in der Person des Geschäftsführers
  vorhanden.

- ■ Es existiert eine offene Unternehmenskultur. Das Geschehen im Hause *SERO* ist für
  alle Mitarbeiter transparent, die Mitarbeiter werden mit Informationen gut versorgt.
  Hierdurch entstehen Motivation, Zufriedenheit und Identifikation mit dem Unternehmen.

- ■ Die Konzentration auf nur ein Geschäftsfeld mit einem Leistungspaket für technisch
  anspruchsvolle Spezialpumpen in einem Modulsystem bringt *SERO* in eine gute Wettbewerbssituation.

- ■ Über ein dichtes Netz an Vertriebspartnern gelingt eine weltweite Präsenz des eigenen
  Produktes auf den Märkten.

- ■ Fortschrittliche Fertigungs- und Informationstechnologien – mit einem individuellen
  PPS-System – sorgen für günstige Rahmenbedingungen.

Kundennähe als entscheidender Handlungsbedarf

Die Analyse offenbarte aber auch einen entscheidenden Handlungsbedarf: Als Haupteng-
pass von *SERO* wurde das Fehlen des unmittelbaren Kundenkontaktes infolge der Ver-
triebsallianzen identifiziert. Aufgrund des indirekten Vertriebsweges war die für das Innovationsmanagement essentielle Kundennähe nicht ausreichend vorhanden. Daneben
ergaben sich Verbesserungspotentiale hinsichtlich der Ideenumsetzung, in erster Linie im
Projektmanagement, aber auch im Wissensmanagement. Beides konnte im Rahmen der
folgenden Aktivitäten zur Verbesserung der Kundennähe mit optimiert werden: Alle wei-

teren Maßnahmen wurden in einem interdisziplinären Projektteam mit klaren Zielen und Verantwortungsbereichen vereinbart. Das hier zum ersten Mal eingesetzte, neugestaltete Projektmanagement arbeitet nach einer einheitlichen Dokumentation und etabliert Projekt-Nachtreffen zur Sicherung eines kontinuierlichen Lernprozesses.

Im Zusammenhang mit einer größeren Kundennähe wurde auch der Aufbau eines Informationssystems beschlossen. Hier sollen nicht nur Kundendaten und Erfahrungen strukturiert bereitgestellt werden, sondern auch Ergebnisse von Innovationsteamsitzungen und Kooperationen mit Forschungseinrichtungen sowie Wissen über Lieferanten.

Das Hauptaugenmerk lag jedoch auf der dringend notwendigen Verbesserung der Kundennähe – ohne genaue Kenntnisse der Kundenwünsche ist marktgerechte Innovation nicht möglich.

4.4.3 Maßnahmen zur Steigerung der Kundennähe: Kundenbefragung und Innovationsstrategie

Die nachhaltige Steigerung der Kundennähe setzt einen permanenten Kundenkontakt voraus. Aus diesem Grund musste die etablierte Vertriebsstrategie von *SERO* mit dem fast ausschließlichen Verkauf über Partnerfirmen zwangsläufig in Frage gestellt werden.

Zunächst ging es jedoch darum, die Basis für eine neue Innovations- und Vertriebsstrategie zu schaffen: Um den Markt genau kennen zu lernen sowie technische und nicht-technische Kundenwünsche zu erheben, wurde eine Befragung von Kunden und Nicht-Kunden durchgeführt. Wesentliche Aufgabe war es, Innovationspotentiale zu identifizieren und Ansatzpunkte für eine direkte Vertriebsschiene zu finden. Die Auswahl der geeigneten Firmen und Interviewpartner sowie das Erstellen des Fragebogens waren entscheidende Vorfeldarbeiten, die vom Projektteam durchgeführt wurden. Es wurden sorgfältig 24 potentielle Anwender von Seitenkanalpumpen nach Anwendungssegmenten ausgewählt und ein ausgewogener Fragebogen entworfen.

Die Auswertung der Antworten brachte folgende Erkenntnisse:

- Die technische Zukunft der Seitenkanalpumpen ist u. a. von zunehmenden Möglichkeiten zur Frequenzregelung und einer häufiger nachgefragten hermetischen Abgeschlossenheit geprägt. Die Zuverlässigkeit des Produktes wiegt bei Kaufentscheidungen letztendlich schwerer als der Preis.

- Die Kunden wünschen sich weit mehr als das reine Produkt: Engineering-Kompetenz – d. h. die einsatzfallbezogene Beratung bei der Pumpenauswahl, eine termintreue Lieferung und ein schlagkräftiger Service – gehören zu den am höchsten bewerteten Kriterien. Gefordert sind in Zukunft technische Innovationen und produktnahe Dienstleistungen.

■ *SERO* hat eine günstige Ausgangsposition für eigene direkte Kundenkontakte: Erstens hat *SERO* trotz fehlender Marktpräsenz einen Bekanntheitsgrad von fast 60 Prozent bei Anwendern und zweitens steht *SERO* bei den Kunden für gute Technik und zuverlässige Belieferung.

Aufbauend auf den Ergebnissen der Kundenbefragung waren für *SERO* eine kundennahe Fokussierung der Entwicklungsaktivitäten und eine Neuausrichtung der Innovationsstrategie möglich.

Folgende kurz-, mittel- und langfristig wirksamen Maßnahmen wurden beschlossen:

■ Aufbau von Engineeringkompetenz

Es müssen Kenntnisse der gesamten Betriebsabläufe über das Pumpensystem hinaus erworben werden. Durch eine enge Kooperation mit ausgewählten Kunden, z. B. Anlagenplanern und -bauern in Systempartnerschaften erweitert *SERO* seine Engineeringkompetenz.

■ Produktinnovation

In der langfristigen strategischen Ausrichtung wird die Besetzung zusätzlicher Technologiesegmente geplant. Kurzfristig werden frequenzregelbare Pumpen und eine Tieftemperaturpumpe angegangen.

■ Entwicklungskooperationen
Schon vor dem Projekt begonnene Entwicklungskooperationen mit Universitäten und der Industrie wurden intensiviert. Die Zwischenergebnisse sind laut *SERO* bereits vielversprechend.

■ Nachhaltige Innovationsstrategie

Aufgrund der Ergebnisse der Kundenbefragung und der Marktanalyse wurde eine Mischstrategie für den Vertriebsweg beschlossen: Der Vertrieb über die Pumpenpartner wird weiter gepflegt („private label"-Konzept). Darüber hinaus wird ein eigener Vertrieb aufgebaut, um in Zukunft permanenten Kundenkontakt zu halten.

Abbildung 4.14 gibt einen Überblick über das Vorgehen bei der Optimierung der Innovationsfähigkeit von *SERO* vor dem Hintergrund der Grundmuster erfolgreicher Innovationsprozesse.

Abbildung 4.14   Die Optimierung der Innovationsfähigkeit bei der SERO Pumpenfabrik
GmbH (Quelle: Eigene Darstellung)

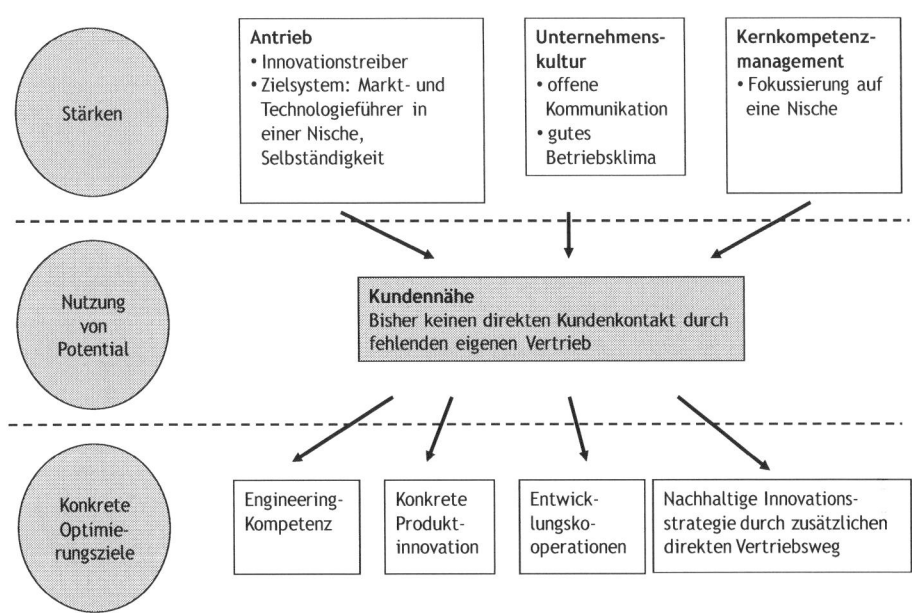

Nachhaltige Innovationsstrategie

Die überarbeitete Innovationsstrategie verfolgt zwei wesentliche strategische Ziele:

■ Optimierung des Kundennutzens durch anwenderorientierte Angebotsgestaltung
Dazu müssen fortlaufend Kundenwünsche ermittelt und Trends aufgespürt werden.
Das neue Leistungspaket aus Produkten, Systemen, Dienstleistungen und Partner-
schaften muss den Nutzen für den Kunden steigern.

■ Erreichen der Nischen-Marktführerschaft als Problemlöser

Der Aufbau einer eigenen Vertriebsstruktur und -kompetenz bedurfte einiger konkreter
Planungsschritte:

■ Die Strategie musste mit den Vertriebspartnern abgestimmt werden. Diese sollen weiterhin die zentrale Distributionsschiene bilden.

■ Eine Zielgruppenstrategie und Kundenselektion wurden erarbeitet und ergaben die
Konzentration auf drei Produktanwendungen und wenige Schlüsselsegmente.

■ In einem Vertriebshandbuch gelang die klare Regelung der Grundsätze zur Kunden-
betreuung sowie konkreter Arbeitsabläufe, also der Arbeitsaufteilung und Abstimmung zwischen Außen- und Innendienst.

■ Die Mitarbeiter mussten in den neuen Prozessabläufen und im Umgang mit Kunden geschult werden. Mit dem Verhalten der Menschen steht und fällt der Erfolg des eigenen Vertriebs.

■ Die Organisation des Außendienstes verlangt ein behutsames Vorgehen. Der schrittweise Aufbau eines Vertriebsnetzes erfolgt zunächst mit regional tätigen Repräsentanten und nur einem Außendienstmitarbeiter in Deutschland – dieser ist nach eingehenden Analysen dazu in der Lage, die Gesamtheit der vorhandenen und potentiell umsatzstarken Kunden mit einer jeweils angemessenen Besuchsfrequenz abzudecken. Parallel dazu wird ein Servicenetz mit acht regionalen Partnern in Deutschland und mit über 20 selbstständigen Partnern im Ausland geknüpft.

■ Als informationstechnische Grundlage zur Erfassung und Bereitstellung von Kundendaten dient das neue Informationssystem (s. o.).

Mit diesen parallel ausgeführten Schritten wurde die Ausgangsbasis für einen schlagkräftigen eigenen Vertrieb der Firma *SERO* geschaffen, der sich mittlerweile im Praxiseinsatz befindet. Die aktuellen Erfolge des Unternehmens zeigen, dass sich die organisatorischen Veränderungen bewähren. Ebenso bereits sichtbar ist eine erheblich gestiegene Kundennähe des Unternehmens, die sich in der konsequenten Ausrichtung der Entwicklungsplanung auf künftige Marktchancen äußert. Durch den direkten Kundenkontakt und ständige, unaufwendige Kundenbefragungen werden Zufriedenheit und Verbesserungswünsche der Anwender jetzt kontinuierlich erfahren. Damit kann jederzeit auf Marktentwicklungen reagiert werden – die gesteigerte Kundennähe führt zu einem nachhaltig verbesserten Innovationsprozess.

Tipp:

Oftmals kann das Innovationsmanagement einer Firma mit einfachen Maßnahmen optimiert werden, in Ausnahmefällen jedoch kann – wie das Beispiel der *SERO Pumpenfabrik* zeigt – auch der Mut zu tiefgreifenden Veränderungen erforderlich sein. Sind wesentliche Innovationshemmnisse – wie hier die mangelnde Kundennähe – ausgemacht, beseitigen Sie diese konsequent, um Ihr Unternehmen langfristig am Markt – und damit in seiner Existenz – abzusichern und voranzubringen!

4.5   Value Innovation – Systematik für Sprunginnovationen oder wie ein Unternehmen selbst Märkte schafft

„The reasonable man adapts himself to the world: the unreasonable one persists in trying to adapt the world to himself. Therefore, all progress depends on the unreasonable man."[31]

4.5.1   Innovationserfolg durch Value Innovation

In einem Punkt herrscht in Wissenschaft und Praxis uneingeschränkt Einigkeit: Einzigartige Produkte erzeugen einzigartigen wirtschaftlichen Erfolg. In der Entwicklungspraxis stellt sich die ernüchternde, meist ungelöste Frage nach dem „Wie". Denkblockaden und fehlende Systematiken verhindern immer wieder die ersehnte Sprunginnovation.

In diesem Kapitel wird eine solche Systematik für das Ersinnen völlig neuer Leistungsangebote vorgestellt. Mit Value Innovation wird es möglich, die Grenzen der eigenen Industrie hinter sich zu lassen, den Kundennutzen wesentlich zu erhöhen, den Wettbewerb damit zu dominieren und neue Märkte zu schaffen.

Hoher Innovationserfolg durch hohen Innovationsgrad

Die Unternehmen werden sich weltweit immer ähnlicher. Globalisierung der Märkte, internationale Standards und weltweite Benchmarkingprojekte führen zu diesem Trend der Vereinheitlichung. Strategien, Managementtools und Problemlösungsmechanismen werden gleichermaßen schnell imitiert. Gleich gut sein zu wollen, wird angesichts der rasenden Fortentwicklung zusehends zu einer Strategie für Verlierer. Der Wettbewerb unter vergleichbaren Angeboten findet über den Preis statt und nur wirklich innovative Neuerungen führen zu nennenswerten Gewinnen und zur Schaffung von Arbeitsplätzen (vgl. Kapitel „Herausforderung Innovationsmanagement"). Kurz: Ein höherer Innovationsgrad führt zu einem höheren Innovationserfolg.

Value Innovation – Bedeutung und Vorteile

Die wirkungsvollste Strategie für Innovation ist es demnach, Angebote mit einem überlegenen Wert hervorzubringen, die neue Märkte schaffen oder bestehende Märkte revolutionieren. Dieses ist jedoch auch zugleich ein schwieriges Unterfangen, die Flopquote entsprechender Versuche hoch.

Kim und Mauborgne (1997, 1999) vom Insead in Fontainebleau begaben sich fast ein Jahrzehnt lang auf die Spur der Geheimnisse außerordentlich erfolgreicher Innovatoren. Sie

---

[31]   George Bernard Shaw 1903, aus: Pearn et al. 1998, S. 136

untersuchten 30 Unternehmen verschiedener Branchen auf gemeinsame Verhaltensweisen und Vorgehensprinzipien, mit denen sie hervorragende Innovationserfolge erzielten – und wurden fündig: Das von ihnen abgeleitete Innovationsmuster nannten sie **„Value Innovation"** („Wertinnovation"). Bei ihrer anschließenden Untersuchung in 100 Unternehmen stellten sich nur 14 Prozent der betrachteten Innovationen als wahre Value Innovations heraus. Diese 14 Prozent schlugen jedoch mit 61 Prozent der insgesamt erzielten Gewinne zu Buche – Wertinnovation lohnt sich tatsächlich (vgl. **Abbildung 4.15**).

Es bedarf nicht unbedingt Erfindungen bzw. neuer technologischer Errungenschaften, um großes Marktwachstum zu erzeugen und Value Innovation zu betreiben. Revolutionär Neues kann sogar mit im Kern alten Produkten gelingen, wenn z. B. bisher undenkbare Zusatzleistungen angeboten werden. Je besser ein Unternehmen das „Prinzip Wertinnovation" in die eigenen Innovationsprozesse einbaut, desto erfolgreicher werden diese sein.

In den folgenden Unterkapiteln wird zuerst das Prinzip von Value Innovation und anschließend ein Verfahren zu deren systematischen Erzeugung erläutert, bevor zum Abschluss ein Instrument der Unternehmensführung zur value-innovation-orientierten Steuerung des Produktportfolios vorgestellt wird.

Abbildung 4.15   Value Innovation lohnt sich (Quelle: Kim, Mauborgne 1997)

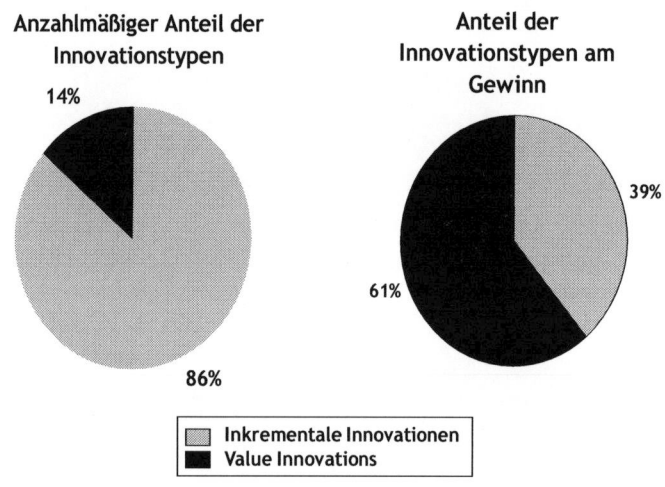

4.5.2   Value Innovation: Prinzip und Beispiele

„Find out what everybody else is doing, then do it differently."[32]

Paradigmen stellen ein großes Innovationshindernis dar. Modellvorstellungen, Werte, Vorurteile und Traditionen lassen den Menschen die Wirklichkeit weniger komplex erscheinen, verstellen andererseits jedoch den Blick hinter die selbst geschaffenen Denkmuster, die wie Scheuklappen wirken.

Der Mensch ist somit in seiner gewohnten Welt „gefangen":

- ■ Galileis Theorie der um die Sonne kreisenden Erde widersprach einem herrschenden Paradigma und brachte ihn in massive Schwierigkeiten.

- ■ Für schweizer Uhrmacher war es selbstverständlich und unumstößlich, dass „richtige" Uhren Zahnräder haben.

Wie das letztgenannte Beispiel durch den bekannten Feldzug der japanischen Quarzuhren und den vorübergehenden Niedergang der schweizer Uhrenindustrie zeigt, kann das Verharren auf Paradigmen zu erheblichen Schäden führen. Wie ist es jedoch zu schaffen, den Filter der Paradigmenwelt zu entfernen und auf wahrliche Neuerungen zu stoßen?

Die vier entscheidenden Fragen

Die vier entscheidenden Fragen für Value Innovation sind:

- Welche Werte, die in unserer Industrie als selbstverständlich gelten, sollten eliminiert werden?

- Welche Werte sollten erheblich unter den in unserer Industrie üblichen Standard gesenkt werden?

- Welche Werte sollten erheblich über den in unserer Industrie üblichen Standard gehoben werden?

- Welche Werte, die in unserer Industrie noch nie angeboten wurden, sollten geschaffen werden?

Dass Alleinstellungsmerkmale zu Wettbewerbsvorteilen führen, ist eine vielfach propagierte und hinlänglich bekannte Tatsache. Value Innovation setzt darauf auf, geht jedoch erheblich weiter: Value Innovation fordert zwar auch zur Suche nach vom Wettbewerb nicht angebotenen Leistungen auf, verknüpft dies jedoch mit dem Mut, auf andere, vom Wettbewerb durchaus angebotene Leistungen zu verzichten.[33] Dadurch entsteht eine völ-

---

[32]   Amerikanisches Motto (aus: Simon 2000)

[33]   Hilfe beim Herausfinden der aus Kundensicht am ehesten verzichtbaren Produktmerkmale liefert die *„Conjoint Analyse"* (s. Entwicklungstechniken, Kapitel „Prozessorganisation")

lig neue Nutzenstruktur der eigenen Produkte, die sich erheblich vom Wettbewerb unterscheidet und diesen damit hinter sich lässt (vgl. **Abbildung 4.16**). Value Innovation lässt die Frage nach den Marktvergleichspreisen nachrangig werden, weil es keine vergleichbaren Produkte gibt.

Abbildung 4.16   Das Prinzip Value Innovation – ein völlig neues Produkt
                (Quelle: Eigene Darstellung)

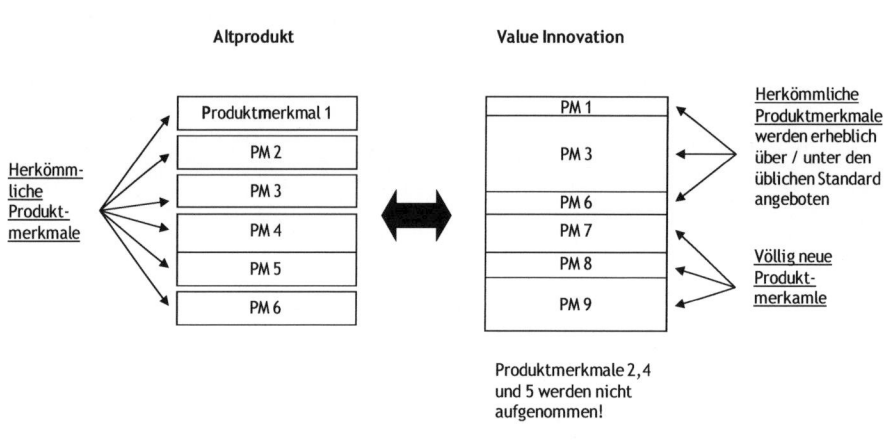

Der Lebensmitteldiscounter *Aldi* (in Österreich: *Hofer*) wagte es, die in Supermärkten übliche ansprechende Präsentation der Waren, die Produktauswahl und eine Wartezeiten minimierende Vielzahl an Kassen und Betreuungspersonal zu streichen bzw. zu reduzieren. Gleichzeitig ging man mit unspektakulären Bauten in außerstädtische Lagen und bot nur Waren mit sehr hoher Qualität an, dazu als erster eine wechselnde Auswahl an branchenfremden Erzeugnissen wie Bekleidung und Elektronikartikel. Mit dieser Value Innovation wurde das Geschäftsmodell „Supermarkt" von Grund auf revolutioniert und hohe Marktanteile bei sehr gutem Ergebnis realisiert.

In ähnlicher Weise gelang *Ikea* erfolgreich das Angebot einer völlig neuen Art von Möbelhäusern.

Der angestrebte Unterschied in der Nutzenstruktur ist natürlich kein Selbstzweck – mit ihm muss es gelingen, genau die wichtigsten Wünsche des Großteils der Kunden zu befriedigen. Value Innovation zielt also auf die Masse der Kunden ab und nimmt es bewusst in Kauf, kleinere Kundensegmente nicht zu erreichen. Wer das Gegenteil anstrebt, muss zwangsläufig scheitern, wie zwei von uns untersuchte Firmen exemplarisch belegen:

Zwei Unternehmen – ein Automobilzulieferer und ein Pumpenhersteller – berichteten uns von dem Versuch, ein „Multifunktionsprodukt" zu entwickeln, das alle erdenklichen Kundenwünsche gleichzeitig befriedigt. Beide scheiterten – an den Kosten bzw. daran, dass es kaum Kunden gab, die gleichzeitig alle zur Verfügung gestellten Funktionen brauchten und bereit waren, dies mit einem hohen Produktpreis zu bezahlen. Insbesondere der Automobilzulieferer hat daraus gelernt: Heute werden die Entwicklungsressourcen ausschließlich auf die wichtigsten Kundenwünsche konzentriert.

Gewissermaßen handelt es sich bei „Value Innovation" also um den Einsatz des gleichen Prinzips wie bei der Konzentration auf die eigenen Kernkompetenzen – nur bezogen auf die Konfiguration des Angebots. Während Kernkompetenzmanagement die Beschränkung auf die wichtigsten eigenen Fähigkeiten und deren Aktualisierung erfordert, besteht das Geheimnis von Value Innovation in der Konzentration auf bestimmte Produktmerkmale (vgl. Kapitel „Kernkompetenzmanagement").

Eine andere Wertekurve

Bildlich darstellbar ist die Struktur eines Angebots anhand der sogenannten „Wertekurve". Sie zeigt die einzelnen Merkmale bzw. Leistungsbereiche eines Angebots und deren jeweilige Erfüllungsqualität im Vergleich zum Wettbewerb. Während sich die Wertekurven alternativer Angebote normalerweise sehr ähnlich sehen, sieht die Wertekurve von Value Innovationen signifikant anders aus und macht damit den Unterschied in der Nutzenstruktur deutlich. Es wird ein unverwechselbares, einzigartiges Leistungsprofil erreicht. Ein typisches Beispiel zeigt **Abbildung 4.17**.

Teure Hotels hatten üblicherweise gute Restaurants, große Räume, eine gute Bettenqualität und boten Hygiene und Ruhe zu einem hohen Preis. Für einen niedrigeren Preis musste ein Gast bei allen Leistungen Abstriche hinnehmen. Der französischen Hotelgruppe AC-COR gelang mit dem Konzept der *„Formule 1"*-Hotels eine Value Innovation: Während beim Rezeptionsservice und der Zimmerausstattung das Angebotsniveau deutlich gesenkt und auf ein Restaurant sogar ganz verzichtet wurde, konzentrierte man sich auf hervorragende Bettenqualität, Hygiene und Schallisolierung bei einem gleichzeitig niedrigen Preis. Damit konnten die wesentlichen Wünsche der Zielgruppe der Geschäftskunden erfüllt und erhebliche Marktanteile gewonnen werden.

Bei Value Innovation ist durchaus auch wieder der unternehmerische Mut des Innovators gefragt, denn es gilt, herkömmliche Pfade zu verlassen.

Durch den Verzicht auf manche „Features" verliert das Unternehmen mit Sicherheit einige Kunden, ermöglicht sich jedoch durch die Beschränkung auf die wesentlichen Leistungen eine äußerst vorteilhafte Kostenstruktur. Value Innovation bringt also in der Regel gleichzeitig auch Kostenvorteile mit sich. Damit setzt sich ein „Value Innovator" über die klassische Lehre der Wettbewerbsstrategien hinweg und strebt gleichzeitig Produkt- und Kostenführerschaft an, was lange Zeit für nicht möglich bzw. einen Widerspruch gehalten wurde.

Abbildung 4.17   Die Wertekurve macht den Unterschied deutlich
                     (Quelle: Kim, Mauborgne 1997)

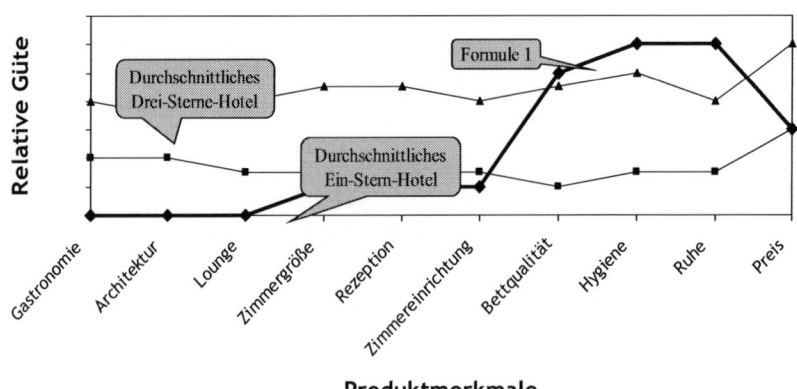

Wertekurven im Hotelgewerbe

Value Innovation und Wettbewerb

Das Prinzip Value Innovation stellt nicht die Tatsache in Frage, dass ein Unternehmen seine Wettbewerber gut kennen sollte und diese mit seinen Produkten letztlich übertreffen muss. Benchmarking und Wettbewerbsorientierung haben jedoch auch klar zu definierende Grenzen. Zum einen führt Benchmarking, wie schon erwähnt wurde, meist nicht zu einem Einholen der betrachteten „Best Practice", dafür aber besteht die Gefahr eines „blinden Nacheiferns" jeglicher Wettbewerbsaktivitäten. Dabei geht das individuelle Profil des eigenen Produktes bzw. der eigenen Dienstleistung mehr und mehr verloren. Value Innovation dagegen verfolgt die Maxime: Finde heraus, was alle anderen tun – und dann tue es anders! Value Innovation zu betreiben bedeutet, den Wettbewerb gerade nicht in jedem Detail des Angebots übertreffen zu wollen und gerade nicht alle erdenklichen Kundenwünsche befriedigen zu wollen, sondern durch clevere Auswahl der angebotenen Leistungen – die sich in ihrer Struktur und Ausprägung von denen des Wettbewerbs erheblich unterscheiden – den Kunden einen überlegenen Nutzen anzubieten. Natürlich wird es in jedem Markt ein Luxussegment geben, in dem zu in der Regel hohen Preisen kein geäußerter Kundenwunsch offen bleibt. Dieses Segment mit einer in sich stimmigen „Hochwert-Strategie" zu bearbeiten, ist legitim, sollte sich jedoch auch rechnen. Der Löwenanteil des Marktes wird auf diese Art jedoch nicht erreicht.

> **Tipp:**
>
> Die Masse der Kaufkraft und der größte Gewinn lassen sich meist mit einem abgespeckten Angebot erreichen, das sich nur an den wichtigsten Kundenwünschen orientiert!

Der britischen Fluglinie *Virgin* beispielsweise gelang mit einem solchen, in sich stimmigen Konzept ein großer Markterfolg. Sie reduzierte ihr Produktprofil auf die wichtigsten Kundenwünsche – das günstige, sichere und komfortable Befördern.

Im Zusammenhang mit Value Innovation sind Wettbewerbsorientierung und Wettbewerbskenntnisse also wichtig, aber wohlgemerkt unter dem Blickwinkel, damit sich ein Unternehmen darüber im Klaren ist, wovon es sich zu unterscheiden gilt.

Eine andere Denkweise

Wie in **Tabelle 4.3** dargestellt, erfordert Value Innovation eine radikale Umstellung in der Denkweise. Ziel ist es nicht mehr, sich an Vorgaben zu orientieren, sondern mit einer neuartigen Gesamtlösung den Markt zu dominieren.

> Grundsätzlich ist Value Innovation auf drei Plattformen möglich:
>
> – Produktplattform
>
> – Serviceplattform
>
> – Vertriebsplattform

Für den Vergleich mit dem Wettbewerb umfasst die Wertekurve demnach nicht nur das reine Produkt, sondern auch das Serviceangebot sowie den vom Vertriebsweg ausgehenden Kundennutzen.

Tabelle 4.3   Value Innovation – eine andere Denkweise
                     (Quelle: Kim, Mauborgne 1997)

Die fünf Dimensionen der Strategie	Konventionelle Denkweise	Value-Innovation-Denkweise
Annahmen über die Industrie	Die Bedingungen der Industrie sind vorgegeben.	Die Bedingungen der Industrie können geformt werden.
Strategischer Fokus	Ein Unternehmen sollte Wettbewerbsvorteile aufbauen. Das Ziel ist, den Wettbewerb zu schlagen.	Der Wettbewerb ist kein Benchmark. Ein Unternehmen sollte einen Werte-Quantensprung anstreben, um den Markt zu dominieren.
Kunden	Ein Unternehmen sollte seine Kundenbasis segmentieren und sich auf die unterschiedlichen Nutzenvorstellungen konzentrieren.	Ein „Value Innovator" zielt auf die Masse der Kunden ab und lässt bewusst einige existierende Kunden unberücksichtigt. Seine Konzentration gilt den Schlüssel-Kundennutzen.
Vermögen und Fähigkeiten	Ein Unternehmen sollte sein bestehendes Vermögen und seine bestehenden Fähigkeiten ausbauen.	Ein Unternehmen darf sich nicht behindern lassen von dem, was es bereits hat bzw. kann. Es muss sich die Frage stellen, was es tun würde, wenn es neu anfinge.
Produkt- und Serviceangebote	Die traditionellen Grenzen der Industrie legen die Produkte und Serviceleistungen eines Unternehmens fest. Ziel ist, den Wert dieser Angebote zu maximieren.	Ein „Value Innovator" denkt an Gesamtlösungen, die Kunden wünschen, auch wenn damit in der Industrie bislang undenkbare Angebote verbunden sind.

Beispiele für Value Innovation auf der Vertriebsplattform:

■ Der erfolgreiche PC-Spezialist *Dell* aus den USA belegt, dass etwa mit einer revolutionären Verkürzung der Lieferzeit ein erheblicher Kundennutzen erzeugt werden kann.

■ *Fleurop* machte als erster den Blumengruß fernversandfähig.

■ Die Firma *Spreewaldhof* verpackte Spreewaldgurken in Einzelverpackungen und nannte den neuen Lifestyle-Artikel „Get one". Durch den Vertrieb über Tankstellen, Discos und Sportstudios wurde aus einem stagnierenden Sauerkonservenprodukt ein margenstarkes Trenderzeugnis (Förster, Kreuz 2005, S. 137).

- Das katholische Hilfswerk *Kirche in Not* ließ sich von anderen „Branchen" inspirieren und bot das Beichten als mobile Dienstleistung an: Ein umgebauter VW-Bus als „Beichtmobil" kommt durch Präsenz auf Veranstaltungen auf die zunehmend kirchenscheuen Menschen zu und brach die rückläufigen Beichtquoten (Förster, Kreuz 2005, S. 36).

- *Netjets* bietet ein Privatjet-Sharing Modell an.

- In der Pumpenindustrie ist ein bis vor wenigen Jahren noch undenkbares Beispiel für eine „Revolution" im Vertrieb das Angebot an die Kunden, Pumpen zu leasen. Einige von uns untersuchte Unternehmen aus dieser Branche denken diesen Gedanken zu Ende und fragen sich, ob der Kunde überhaupt Pumpen erwerben muss. Sie sehen es als wahrscheinlich an, dass in Zukunft beispielsweise Anlagenbetreiber keine Pumpen kaufen wollen, sondern den Transport einer Flüssigkeit, und beschäftigen sich mit der Option, für ihre Kunden das **„Fluid Management"** zu übernehmen. Dazu müssen Kunden die Pumpen weder kaufen noch leasen – sie könnten die Problemlösung auslagern und der heutige Pumpenbauer würde zum Dienstleister mit voller Verantwortung im Tagesgeschäft.

Die folgenden Beispiele sind nicht auf die Vertriebsplattform beschränkt:

- Die Kinobranche schien in den 80er-Jahren keine Zukunft mehr zu haben. Videogeräte und große Fernsehbildschirme sorgten für einen schrumpfenden Markt. Die belgische Firma *Bert Claeys* gelang dann eine Value Innovation mit dem Konzept der Großkinos „Kinepolis". Während auf die als unumstößlicher Standard geltende Innenstadtlage verzichtet wurde, konnten durch ein riesiges Parkplatzangebot, große Kinosäle mit erstklassigem Sitzkomfort und uneingeschränkter Sicht von allen Plätzen, häufigere Filmanfangszeiten, ein größeres Filmangebot und eine angeschlossene Gastronomie Erlebniszentren geschaffen werden, die vor allem junge Menschen in Scharen anlocken. 50 Prozent Marktanteil im ersten Jahr und ein Gesamtmarktwachstum von 40 Prozent waren die Folge, wobei durch die billigeren Grundstücke außerhalb der Stadtzentren zusätzliche Kostenvorteile entstanden. Nach der Jahrtausendwende waren die Großkinos zum Standard geworden – eine neue Value Innovation wird gesucht. Es gibt Ansätze mit Luxus-Kinos mit Bewirtung auch während der Vorstellung.

- Die britische Fluggesellschaft *Virgin Atlantic* riskierte einen Tabubruch, indem sie die erste Klasse zugunsten einer wesentlich verbesserten Business Class abschaffte. Dort wurde der Sitzkomfort erheblich erhöht, es wurden am Flughafen Lounges zum Frischmachen eingerichtet und ein inklusiver Transfer von und zum Flughafen eingerichtet.

- Auf der Serviceplattform gelang einer KFZ-Versicherung über sogenannte „Rapid Response Vehicles" eine Value Innovation: Versicherten wird angeboten, bei einem Unfall mit einem Fahrzeug vor Ort zu erscheinen und dem Versicherten alle bürokratischen und finanziellen Angelegenheiten sofort abzunehmen.

- Der dänischen Firma *Grundfos* gelang eine „Emotionalisierung" (s. u.) ihres Produktes, der Heizungspumpen. Diese wurden mit einer Fernsteuerung ausgerüstet, obwohl dafür keine funktionale Notwendigkeit bestand. Der erhebliche Imagegewinn des Monteurs stellt dennoch einen Kundennutzen dar, der die Innovation zum Erfolg werden ließ.

■ Die Firma *WILO Oschersleben GmbH* entwickelte eine Abwasserhebeanlage, und hierbei wurden die Prinzipien der Value Innovation erfolgreich angewendet (vgl. auch Fallstudie in Kapitel 4.11). Bislang bei dieser Produktgruppe übliche Merkmale wurden bewusst weggelassen: Auf ein großes Behältervolumen – man ging an das von der Norm vorgeschriebene Minimum heran – wurde ebenso verzichtet wie den Zwang zur sichtbaren Installation im Bad. Durch die außergewöhnliche Zuverlässigkeit des Produktes sind Serviceeingriffe nicht notwendig – die Installation kann hinter der Wand erfolgen. Dafür schuf das Entwicklungsteam andere, völlig neue Produktvorteile: die neue Hebeanlage zur uneingeschränkten Verwendung (*„WILO Drain Lift S"*) bietet ein fortschrittliches Werkstoffkonzept, einen platzsparenden Einbau, Haltegriffe zum sicheren Transport der Anlage, eine große Laufruhe durch integrierte Dämmmatten und frei wählbare Zuläufe, die den Installationsaufwand minimieren. Damit wurden die wesentlichen Kundenwünsche „sauber, geruchlos und geräuscharm" erheblich übertroffen und ein großer Verkaufserfolg erzielt.

Value Innovation ist nicht vom Kunden zu erfragen - kann aber systematisch betrieben werden

Unbeantwortet ist nach wie vor die Frage, wie Value Innovation systematisch erzeugt werden kann. Begeisterte Kunden durch nicht erwartete Nutzenaspekte und „wirkliche Sprünge in der Kundennutzenfunktion" werden zu Recht von vielen Experten gefordert. Diesen und ähnlichen oftmals gegebenen Hinweisen, Alleinstellungsmerkmale anzustreben oder sich von der gewohnten Denkweise zu befreien, folgen allerdings selten praktikable Ratschläge.

Auch die meisten von uns untersuchten Unternehmen wirken an dieser Stelle hilflos: Sie geben zwar an, die wichtigen und unwichtigen Kundenwünsche zu kennen und unterscheiden zu können, die Entwicklungsteams beschäftigen sich auch mit den Wettbewerbsprodukten und sie verfolgen das Ziel, Alleinstellungsmerkmale zu erreichen. All diese im Kern richtigen Bestrebungen greifen allerdings in der Praxis zu kurz: Fast nie werden Alleinstellungsmerkmale – geschweige denn Value Innovations – tatsächlich erreicht.

Value Innovation geht nicht nur wie erwähnt erheblich über herkömmliche Bemühungen hinaus, sondern zu Value Innovation existieren auch konkrete, systematische Denkansätze. Von den Kunden selbst sind entsprechende Impulse allerdings nicht zu erwarten, wie schon in den vorhergehenden Kapiteln betont wurde. Die überwiegende Mehrheit der Innovationen geht zwar von den Kunden aus, diese sind jedoch in der Regel selbst nicht in der Lage, völlig neue Lösungen für ihre Probleme zu initiieren. Der Ausgangspunkt auch von „Value Innovation" muss also die richtige Einschätzung der Kundenbedürfnisse sein, wie im Grundsatz im Kapitel „Kundennähe" beschrieben. Hier kommt zum Ausdruck, dass erfolgreiche Innovationen nicht aus einzelnen Grundmustern, sondern auf Basis der Gesamtheit aller elf in dieser Arbeit beschriebenen Grundmuster erwachsen. Es muss also ergründet werden, welche Teile des Angebots aus Sicht der Mehrheit der Kunden essentiell sind, damit sich der „Wertinnovator" auf diese konzentrieren kann. Gleichbedeutend damit ist es, die übrigen Angebotsmerkmale zu erkennen, die nur von Randgruppen wirklich geschätzt werden und damit verzichtbar sind. Dies können durchaus Leistungen sein, die auf den ersten Blick für unverzichtbar gehalten werden, für den Löwenanteil des Marktes aber trotzdem keine Rolle spielen – wie das Restaurant eines Hotels im oben geschilderten Beispiel.

Die Schlüsselfrage lautet: Auf welche Weise kommt ein Unternehmen auf den entscheidenden Einfall, wie das eigene Angebot kundennah vom Wettbewerb unterschieden werden kann? Oder kurz: Wie finden sich systematisch Impulse für Wertinnovationen?

4.5.3   Value Innovation systematisch erzeugen

Value Innovation beginnt mit dem Anspruch, eine großartige Innovation hervorzubringen. Gerade im Entwicklungsalltag mag es jedoch trotz der Betrachtung der vier beschriebenen Leitfragen mitunter schwer fallen, diese Anforderung zu erfüllen und ohne weitere systematische Anleitung das Bewährte einfach „hinter sich zu lassen". Kim und Mauborgne (1999) haben daher eine Art Liste mit sechs Punkten erarbeitet, die jeweils typische Grenzen der Industrie repräsentieren und helfen, diese Barrieren gedanklich der Reihe nach in Frage zu stellen und zu überwinden.

> Damit stellen die sechs Grenzen auch **sechs systematische Suchfelder für Value Innovation** dar (vgl. **Abbildung 4.18**):
>
> – Industrie
>
> – Marktsegment
>
> – Kundendefinition
>
> – Reichweite der Produkt- und Serviceangebote
>
> – Funktionale bzw. emotionale Orientierung der Industrie
>
> – Zeit

Suchfeld Industrie

Während sich der herkömmliche Wettbewerb auf die eigene Industrie konzentriert, betrachtet ein Wertinnovator auch Industrien mit substitutiven Produkten. Die Frage lautet also wie in den folgenden Beispielen: Welche Produkte oder Dienstleistungen sind in der Gegenwart oder Zukunft in der Lage, an Stelle des eigenen Angebots den gleichen Zweck zu erfüllen?

■ Ein US-Hersteller von Software zur Erfassung und Steuerung der Haushaltsfinanzen machte nicht Konkurrenzfirmen, sondern den Bleistift als Hauptwettbewerber aus, da die meisten Haushalte handschriftlich geführt werden. Daraufhin berücksichtigte er die zwei Hauptvorteile des Bleistifts in seiner nächsten Softwaregeneration, die daraufhin zum Kassenschlager wurde: Einen niedrigen Preis sowie die Einfachheit im Gebrauch. Dem Unternehmen war der Blick auf die wesentlichen Kundenbedürfnisse durch Betrachten eines substitutiven Produktes jenseits der eigenen Industrie gelungen.

■ Ein von uns untersuchter Maschinenbauer beschäftigt sich intensiv mit Zukunftstechnologien, die das eigene Produkt überflüssig machen bzw. ersetzen könnten. Indem er sich als Problemlöser – und nicht als Hersteller eines bestimmten Produktes – versteht, gelang ihm bereits eine bahnbrechende (Wert-)Innovation – er selbst wurde zum Technologieführer hinsichtlich der neuen Methode.

Abbildung 4.18   Systematische Suche nach Value Innovation – Grenzen überschreiten (Quelle: In Anlehnung an Kim, Mauborgne 1999)

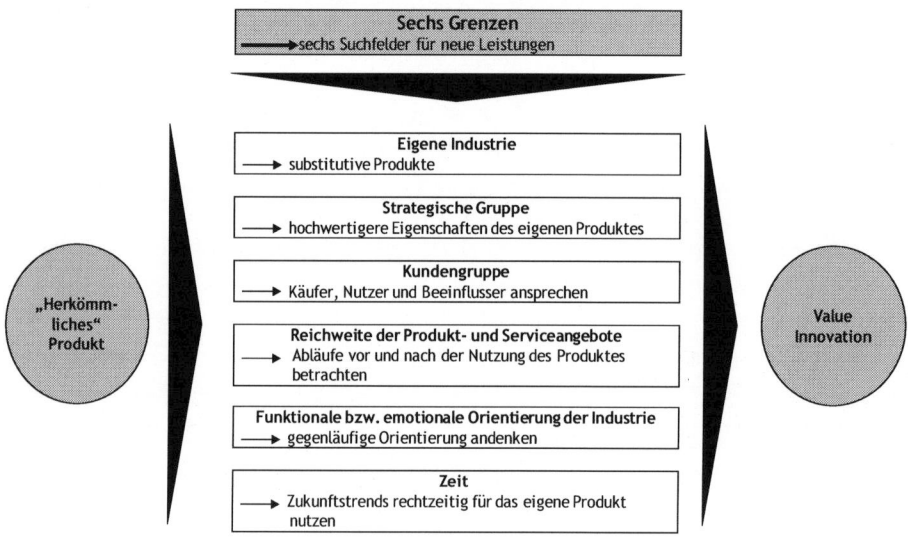

Suchfeld Marktsegment

Hinweise auf wichtige Kundenwünsche finden sich auch in anderen Marktsegmenten, deren Leistungen nicht von vornherein als unübertragbar gelten dürfen.

■ Hersteller von Kleinwagen können sich beispielsweise fragen, welche Produktmerkmale aus der oberen PKW-Klasse zum eigenen Vorteil und zum Vorteil der Kunden übernommen werden können. Der erste Kleinwagen mit Klimaanlage war Ergebnis einer solchen Überlegung. Aus der trendigen Klasse der Geländewagen übernimmt *VW* das Design auf die Kleinwagenklasse: So entsteht der „Cross-Polo".

■ Die Fertighausfirma *Champion Enterprises,* wiederum aus den USA, betrachtete den Markt der konventionellen Hausbauer und kombinierte dessen Vorteile mit den eigenen zu einer Value Innovation: Dadurch entstanden zum ersten Mal Fertighäuser, die zwar immer noch schnell und günstig erhältlich sind, aber auf Wunsch individuelle Merkmale und hochwertige Materialien enthalten.

Suchfeld Kundendefinition

Vielen Unternehmen ist nicht klar, wer sich genau hinter dem Einheitsbegriff „Kunde" verbirgt. Eine Unterscheidung in die drei Gruppen Käufer, Nutzer und Beeinflusser eröffnet die Sicht auf weitere, innerhalb der Grenzen der bisher betrachteten Kundengruppe unerkannte Bedürfnisse.

Folgende Beispiele zeigen den möglichen Nutzen einer Ausweitung des Kundenbegriffs:

■ Der Finanzinformationsdienst *Bloomberg* identifizierte für sein Geschäft mit Online-Finanzinformationen neben den bisher fokussierten Käufern – den IT-Managern der Firmen – die Aktienhändler als Anwenderkundengruppe. Entsprechend wurde ein System entwickelt, das durch Übersichtlichkeit, Nutzerfreundlichkeit, gute Analyseprogramme und weitere Serviceleistungen eine neuartige Wertekurve vorwies. In der Folgezeit zwangen die Händler die IT-Manager zum Kauf des Bloomberg-Systems.

■ Die US-Tochter des niederländischen Konzerns *Philips* „entdeckte" die Kundengruppe der Beeinflusser der Kaufentscheidung. Zuvor hatte sie sich bei den Eigenschaften ihrer Glühbirnen und Halogenlampen wie alle anderen Wettbewerber auf Preis und Haltbarkeit konzentriert, weil Entsprechendes von den Einkaufsabteilungen der Kundenfirmen gefordert wurde. Deren Finanzchefs und PR-Leute hatten stets ein zusätzliches Problem: die teure Entsorgung der Quecksilber beinhaltenden Birnen. Diese Gruppe der Beeinflusser der Kaufentscheidung sorgte für den großen Erfolg der umweltfreundlichen Lampe, die *Philips* aufgrund der beschriebenen Erkenntnis entwickelte.

■ In der Pumpenindustrie kann es einen erheblichen Unterschied bedeuten, ob ein Hersteller beispielsweise den Nutzen des Installateurs – also des Käufers – oder den Nutzen des Endkunden – also des Hauseigentümers – maximieren will. Entscheidend ist im Einzelfall die Antwort auf die Frage, wer inwieweit die Kaufentscheidung beeinflusst bzw. tatsächlich trifft.

Suchfeld Reichweite der Produkt- und Serviceangebote

Die Nachfrage nach einem Produkt hängt in vielen Fällen auch von den Geschehnissen vor und nach der eigentlichen Nutzungszeit ab. Kunden wollen nicht nur das Produkt kaufen, sondern auch dessen problemfreie Nutzung.

Damit wird der Betrachtungshorizont über die Momentaufnahme hinaus auf weitere Produkte und Dienstleistungen gelenkt, die zur Gesamtproblemlösung beitragen und eventuell mit angeboten werden können. Damit kann einerseits der Verkauf des ursprünglichen eigenen Produkts unterstützt werden, nicht selten jedoch können auch zusätzliche Wertschöpfung gewinnbringend vermarktet werden. Dazu passt der allgemeine Trend zum Outsourcing von Nicht-Kernkompetenzen vieler Unternehmen.

■ Ein anschauliches Beispiel findet sich im Markt der Kinos: Das Vermitteln von Babysittern oder Kinderhorten gehört sicher nicht zum Kerngeschäft der Kinobetreiber. Dennoch hängt die Anzahl der Kinobesucher auch davon ab, ob sich Eltern den entsprechenden zeitlichen Freiraum organisieren können. Das Einrichten von Kinderaufenthaltsräumen und das Angebot in diese Richtung gehender Dienstleistungen sollte für die Kinobetreiber also eine Überlegung wert sein.

■ Der ehemalige Weltmarktführer für Frankiermaschinen *Pitney Bowes* übernimmt heute als Dienstleister den kompletten Briefverkehr von Kunden.

■ *Braun*-Rasierer und Küchenherde der neuesten Generation beherrschen mittlerweile auch die Reinigung, die der eigentlichen Funktion zeitlich folgt.

■ Die Gartenhandlung *Pflanzen-Kölle* bietet Service weit über den Pflanzenkauf hinaus: Verladung, Lieferung, Einpflanzen, Auspflanzen sowie winterliches Zwischenlagern gehören zum Dienstleistungsangebot.

■ Das Bekleidungskaufhaus *Breuninger* bietet „Personal Shopping" für Klienten, die dem stressigen und mit Wartezeiten verbundenem Einkaufen entgehen wollen: Nach Übermittlung von Bekleidungsmaßen und Kaufwünschen wird eine Vorauswahl zusammengestellt, die Anprobe erfolgt in Ruhe nach Terminvereinbarung.

■ Ein Automobilzulieferer betrachtet systematisch die ganze Wertschöpfungskette seiner Kunden, also insbesondere nicht nur den Ausschnitt, in dem das eigene Produkt montiert wird. So findet diese Firma immer wieder Ansatzpunkte, wie mit der Produktgestaltung und mit Dienstleistungen ein höherer Kundennutzen geschaffen werden kann.

■ Dass die Reichweite des Angebots nicht nur zeitlich, sondern auch räumlich verstanden werden kann, belegt der Elektronik-Konzern *Philips:* Sein Flachfernseher „HD Flat TV mit Ambilight" hat hinter dem Bildschirm zusätzliche Lampen und verspricht ein einzigartiges, an das jeweilige Fernsehbild gekoppeltes Umgebungslicht zur Optimierung des Sehvergnügens im Raum.

■ Beim Wettbewerb um talentierte Informatik-Studenten ließ sich die *Universität Potsdam* offenbar von dem Gedanken leiten, was die Studenten nach den Vorlesungen machen: Es werden Flirt-Kurse als Hochschulveranstaltung angeboten.

Suchfeld funktionale bzw. emotionale Orientierung der Industrie

Die meisten Produkte sind entweder stark funktional oder emotional ausgerichtet, d. h., unter den Konkurrenten findet der Wettbewerb einheitlich über die vom Produkt erfüllten Funktionen oder über die von ihm vermittelten Gefühle statt. Exemplarisch für eine funktional orientierte Industrie sei der Maschinenbau genannt, exemplarisch für einen emotional orientierten Markt können Parfums genannt werden. Ein Infragestellen dieser „Normung" lohnt ebenfalls, wie folgende Beispiele belegen.

Wer auf dem Teppichmarkt in Marrakesch, Marokko, in ein Verkaufsgespräch gerät, der erfährt zu jedem feilgebotenen Teppich dessen rührselige – wenn auch sicher nicht immer wahre – Geschichte. Aus einem Stück Stoff wird so ein emotional aufgewertetes – und damit natürlich teurer verkaufbares – Objekt.

Der Schweizer Firma *SMH* gelang die Emotionalisierung des eigentlich funktionalen Produktes Uhr. Die *Swatch* wurde zum imageträchtigen Sammlerstück und damit ungemein erfolgreich. Die *Landesbank Berlin* vermarktet Design-Kreditkarten als Lifestyle-Objekt und Prepaid-Kreditkarten mit Gruß-Aufdruck. Selbst Briefmarken lassen sich mittlerweile mit eigenen Fotos bestellen.

Wie das obige Beispiel der Firma *Grundfos* belegt, ist gerade auch im traditionell rein funktional orientierten verarbeitenden Gewerbe die Emotionalisierung der Produkte eine vielversprechende Option. Selbst in der Investitionsgüterindustrie ist die Begeisterung für ein Produkt dreimal häufiger das entscheidende Kaufkriterium als die rationale Zustimmung (Berth 1997)!

Motoren stellen in der Pumpenbranche zumeist zugekaufte Komponenten außerhalb der Kernkompetenz dar, die wenig Beachtung finden. Sie bleiben unsichtbar, von ihnen wird in erster Linie erwartet, dass sie problemfrei funktionieren. Niemand würde ihnen eine Rolle unter den kaufentscheidenden Faktoren zutrauen. Als die *Rosenbauer International AG* einen Zuliefervertrag mit *BMW* abschloss, vermochte man, dessen positives Image auf das eigene Löschsystem zu übertragen. Damit konnte Rosenbauer das eigene, ohnehin auch schon sehr gute Image weiter stärken. Ein Übriges tat der Aufwand, mit dem das Design des Produktes entworfen wurde – ein funktionales Produkt konnte „emotionalisiert" werden. Die Kunden wussten sehr wohl, welcher Antrieb sich im Löschsystem verbarg und waren von dem Produkt begeistert.

Der umgekehrte Weg, die Funktionalisierung eines rein emotionalen Produktes, wurde von *The Body Shop* beschritten. Während die Kosmetikbranche ihre Produkte einheitlich über „Hoffnungen und Träume" vermarktet, setzte dieses Unternehmen erfolgreich auf natürliche Inhaltsstoffe und „gesundes Leben", während auf aufwendige Verpackungen und Werbung verzichtet wurde. Über den gleichen Ansatz ist auch ein schweizer Hersteller von Frauenhandtaschen erfolgreich: Bei diesem gewöhnlich über Design und Emotion verkauften Produkt bietet er „Hochfunktionalen Stauraum" zum Kauf.

Ein Markt, in dem die Wettbewerber bereits mehr oder weniger ausgewogen auf beide Aspekte setzen, ist der Automobilmarkt. PKW werden sowohl aus Imagegründen als auch aus rein rationalen Überlegungen, wie z. B. aufgrund der Anzahl zugelassener Passagiere und des Benzinverbrauchs, gekauft. Entsprechend werden sie z. B. sowohl als sportlich-dynamisch als auch als „sicherstes Fahrzeug seiner Klasse" angepriesen. Emotionale und funktionale Vermarktung stehen Seite an Seite.

Suchfeld Zeit

Häufig sind Unternehmen zu stark auf gegenwärtige Geschehnisse konzentriert und passen sich aktuellen Trends an. Diese Grenze hinter sich zu lassen und einen systematischen Blick in die Zukunft zu werfen, erfordert keine Hellseherei: Trends, die heute sichtbar sind und dabei unumkehrbar in eine klare Richtung weisen, sind auf ihren Einfluss auf die eigene Branche zu untersuchen. Zusätzlich sind gesellschaftliche Megatrends (s. Kapitel „Antrieb") und zukünftige Bedürfnisse der Kunden (s. Kapitel „Kundennähe") in die Überlegungen einzubeziehen, sowie eine Innovation zu suchen, die sich statt am aktuellen Produkt an der „idealen Lösung" orientiert (s. Kapitel „Innovationsteam"). Die Methoden der Szenariotechnik und der Trendanalyse, die bereits vorgestellt wurden, sind in diesem Zusammenhang wichtige Hilfsmittel (s. Kapitel „Antrieb" und „Innovationsteam"). Rechtzeitig erkannte Trends können für eigene Entwicklungen genutzt, in seltenen Fällen sogar mitbestimmt werden.

Value Innovation ist die einzige Systematik für nicht-technische Sprunginnovationen

Damit ist Value Innovation gemeinsam mit der Kreativitäts- bzw. Entwicklungstechnik *TRIZ* die einzige systematische Vorgehensweise zur Erzeugung von Sprunginnovationen. Der Unterschied zwischen beiden besteht darin, dass TRIZ im Wesentlichen zu neuartigen technischen Lösungen hinführt, während Value Innovation das Leistungsangebot auch auf nicht-technische Art revolutioniert.

4.5.4   Value Innovation - Controlling: Steuerung des Produktportfolios

Nachdem die prinzipielle Denkweise von Value Innovation und konkrete Anhaltspunkte für deren Einsatz im Entwicklungsalltag geschildert wurden, stellt sich jetzt die Frage nach der Integration von Value Innovation in die strategische Entwicklungsplanung. Hierzu ist es notwendig, die aktuellen Produkte des Unternehmens einer Analyse zu unterziehen und in die drei Kategorien „Siedler", „Wanderer" und „Pioniere" zu unterteilen (vgl. Kim, Mauborgne 1999). Die Siedler repräsentieren Produkte, bei denen weder Wettbewerbsvorteile noch Wettbewerbsnachteile vorhanden sind. Zu den Wanderern gehören die Produkte, bei denen das Unternehmen hinsichtlich bestimmter Leistungen besser abschneidet als der Wettbewerb, also über Wettbewerbsvorteile oder sogar Alleinstellungsmerkmale verfügt. Produkte mit signifikant anderer Wertekurve als Konkurrenzprodukte werden als Pioniere bezeichnet – in dieses Cluster fallen also die Wertinnovationen.

Das so entstehende Produktportfolio kann dann graphisch im sogenannten Siedler-Wanderer-Pioniere-Portfolio visualisiert werden. Damit kann der Handlungsbedarf abgelesen werden: Die strategische Zielstellung muss lauten, die Punktewolke im Diagramm von unten nach oben umzuverteilen, um über möglichst viele Pioniere und möglichst wenige Siedler zu verfügen (s. **Abbildung 4.19**).

Wird eine ehemals als Value Innovation gestartete Innovation nach einer gewissen Zeit von Konkurrenten kopiert – erkennbar durch eine Abfallen im Siedler-Wanderer-Pioniere-Portfolio – und droht der Wettbewerb über den Preis, so ist nach neuen Value Innovations Ausschau zu halten. Ein Beispiel dafür sind die Multiplexkinos, die sich inzwischen in einem Stadium der Reife befinden.

Abbildung 4.19   Das Siedler-Wanderer-Pioniere-Produktportfolio
                    (Quelle: Kim, Mauborgne 1997)

Pioniere
(Produkte mit
Wertinnovation)

Wanderer
(Produkte mit
Wettbewerbsvorteilen)

Siedler
(Produkte ohne
Wettbewerbsnachteile)

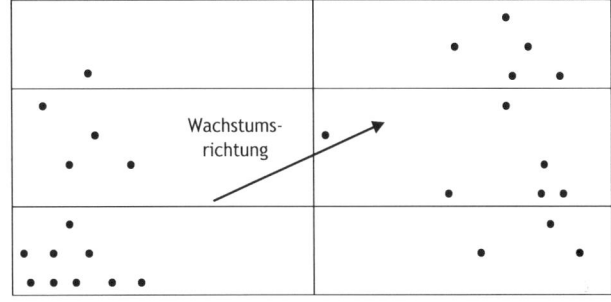

Aktuelles Portfolio   **Ziel-Portfolio**

Da Value Innovation meist keine einfache Art der Innovation ist, erfordert sie einen entsprechenden Entwicklungsaufwand. Entsprechend dem Prinzip der Ausdauer (vgl. Kapitel „Innovationsteam") ist zuweilen der Mut zu beharrlicher Entwicklung notwendig. Dieser fehlt in der Praxis jedoch des Öfteren:

■ Bei einem Maschinenbauer aus Österreich herrscht ein extrem kurzfristiges Ergebnisdenken. Mit Unsicherheit behaftete, mehrjährige Entwicklungen sind hier undenkbar.

■ Bei einem weiteren Unternehmen aus dem verarbeitenden Gewerbe beklagt man sich über die „straffen Zügel" der Konzernmutter, die früher mögliches beharrliches Konstruieren heute unmöglich macht. Eine Vorausentwicklungsgruppe dieses Unternehmens, die sich eigentlich um das Geschäft in fünf bis zehn Jahren kümmern sollte, wird so mit Aufgaben des Entwicklungs-Tagesgeschäfts eingedeckt.

■ Ein Entwickler eines Pumpenherstellers berichtet, dass eigene Entwicklungstätigkeiten meist als Reaktion auf den Wettbewerb gestartet werden und dass in Folge immer ein hoher Markt- und damit Zeitdruck herrscht, der Überlegungen in Richtung Value Innovation nicht zulässt. Eigeninitiierte Entwicklungen werden aufgrund der hohen Kosten vermieden.

Der höhere Aufwand lohnt sich jedoch: Wie die geschilderten Beobachtungen belegen, sind mit konkurrenzlosen Value Innovations wesentlich höhere Renditen zu erwarten als mit verhältnismäßig schnell entwickelten „Me-Too-Produkten".

4.5.5   Zusammenfassung des Kapitels

Die Fähigkeit, Innovationssprünge hervorzubringen und neue Märkte zu schaffen, ist unbestritten eine Schlüsselkunst des Innovationsmanagements. Value Innovation eröffnet die Chance, dieses schwierige Unterfangen systematisch zu verfolgen. Wertinnovation bedeutet, sich nicht auf ein Kopf-an-Kopf-Rennen im üblichen Wettbewerb der eigenen Branche einzulassen, sondern den Wettbewerb irrelevant zu machen durch ein Angebot von einmaligem Kundennutzen und unverwechselbarem Profil. Das bedeutet, auf in der Branche übliche Leistungsmerkmale beim eigenen Produkt zu verzichten oder diese zu reduzieren, um gleichzeitig andere, mitunter noch nie da gewesene Leistungen anzubieten.

Die üblichen hinderlichen Paradigmen der eigenen Industrie lassen sich mithilfe der beschriebenen Denkansätze systematisch in Frage stellen. Der Handlungsbedarf eines Unternehmens hinsichtlich Value Innovation kann mithilfe des sogenannten Siedler-Wanderer-Pioniere-Produktportfolios erkannt werden.

Die klassische Lehre von den Wettbewerbsstrategien zeigt die Möglichkeiten der Produktführerschaft, der Kostenführerschaft oder einer Nischenbesetzung auf. Value Innovation setzt dagegen auf ein einzigartiges Produktnutzenportfolio unter **gleichzeitiger** Berücksichtigung der Kostenstruktur. Es gelingt damit, auch und gerade gesättigte Märkte durch einzigartige Steigerungen des Kundennutzens zu revolutionieren und neues Wachstum auszulösen.

Praktischerweise gibt es Methoden, die eine systematische Suche nach der Konfiguration einer Value Innovation ermöglichen. Ideen für die Ausgestaltung eines entsprechenden eigenen Produktprofils erhält man durch vier Leitfragen entlang der Produktmerkmale, graphisch veranschaulicht mithilfe der Wertekurve. Der schwierigste Teil der Herausforderung liegt im Auffinden mindestens eines Alleinstellungsmerkmals – hier unterstützen weitere Techniken wie die sechs Suchfelder. Zum gleichen Zweck können aber auch Techniken aus der Ideenfindungs- bzw. Entwicklungsmethodik TRIZ, wie z. B. das Prinzip der Idealität, eingesetzt werden (s. Kapitel „Innovationsteam", Exkurs TRIZ).

Alleinstellungsmerkmale sind für Neuprodukte in technologischen Entwicklungsstufen aller Reifegrade gefragt, die Suche nach ihnen sowie die unterstützenden Methoden sind nicht nur im Kontext von Value Innovation relevant. Gerade auch bei neuen Produkten, die erst von wenigen Unternehmen angeboten werden, suchen die Wettbewerber selbstverständlich nach neuen „Features", wobei der Schwierigkeitsgrad im Auffinden solcher Alleinstellungen – und damit der Bedarf an unterstützenden Methoden – mit dem Reifegrad der Technologie ansteigt. Was Value Innovation darüber hinaus auszeichnet und unterscheidet, ist vor allem der Aspekt des Reduzierens und sogar Weglassens angestammter Produktmerkmale. Somit liegt die Stärke von Value Innovation vor allem im Bereich reifer Technologien und Märkte – also genau dort, wo Sprunginnovation am schwersten fallen.

Checkliste Value Innovation:

– Kennen Sie die Wettbewerbsprodukte und kopieren diese oder kennen Sie die Wettbewerbsprodukte, um sich dann von ihnen zu differenzieren?

– Kennen Sie die wichtigsten Kundenwünsche der Mehrheit der Anwender und richten Sie Ihre Produkte danach aus?

– Haben Sie den Mut zu beharrlichen Entwicklungen?

– Haben Sie den Mut, Produkteigenschaften nicht anzubieten, die in Ihrer Industrie üblich sind?

– Gelingt es Ihnen, bei Innovationen über ein einzigartiges Angebot an Produktmerkmalen Maßstäbe zu setzen und den Wettbewerb damit irrelevant zu machen?

– Besitzen Ihre Produkte ein unverwechselbares, in sich stimmiges Profil?

– Besteht Ihr Siedler-Wanderer-Pioniere-Produktportfolio überwiegend aus Pionieren?

4.6 Chancen-Risiken-Analyse zur systematischen Priorisierung von Alternativen

4.6.1 Ideenbewertung - eine schwierige, aber lohnende Aufgabe

Wer eine möglichst große Anzahl an Ideen sammeln konnte, hat den ersten großen Schritt im Innovationsprozess erfolgreich bewältigt. Effizient und effektiv Innovationsmanagement zu betreiben, bedeutet im nächsten Schritt, nur diejenigen Ideen mit den besten Erfolgsaussichten aufzugreifen.

Überlastete Entwicklungsabteilungen, zu schnell abgeschmetterte Anregungen und eine fehlende klare Linie im Entwicklungsportfolio sind typische Auswirkungen einer mangelnden Chancen-Risiken-Analyse bzw. einer inkonsequenten Projektpriorisierung. In diesem Kapitel wird beschrieben, wie systematisch die besten Ideen ausgewählt und die gerade beschriebenen Symptome vermieden werden.

Nach Berth (1997) kommt bei der deutschen Industrie auf 8,5 Produktkonzepte eine Markteinführung und auf neun Lancierungen ein einziges Erfolgsprodukt. Dies bedeutet, dass 77 Ideen notwendig sind, um diesen einen Erfolg zu erzielen. Unsere Erfahrungen bestätigen dieses Ergebnis größenordnungsmäßig: Aus 1.400 – zum Teil redundanten – Ideen konnten in einem Unternehmen zehn vielversprechende Vorprojekte abgeleitet werden. Daraus lassen sich zwei Schlüsse ziehen:

■ Erstens lohnt es sich, eine Vielzahl an Ideen zu erzeugen, um damit die statistische Wahrscheinlichkeit eines Treffers zu erhöhen – eine Erkenntnis, der in unserem Grundmustermodell durch ein systematisches Management der Ideenfindung Rechnung getragen wird.

■ Zweitens jedoch erscheint es dringend notwendig, Maßnahmen zu finden, um die geringe Trefferquote zu erhöhen.

Um die Ideenbewertung der Unternehmen ist es häufig nicht gut bestellt: Als Folge fehlender Priorisierungsmechanismen übernehmen sich viele Unternehmen in ihren F&E-Aktivitäten. Typische Fehler sind:

■ zu schnelle, isolierte, situativ beeinflusste Ideenbewertung in einzelnen Abteilungen oder sogar durch einzelne Manager,

■ Nichtberücksichtigung strategischer Kriterien,

■ keine Sammlung notwendiger Informationen, welche die Basis der Bewertung schaffen und

■ Ideen werden zu oberflächlich behandelt, der originelle Kern bleibt verborgen und ungenutzt.

Zum Ausdruck kommen die Defizite in den Bewertungssystemen auch darin, dass etliche europäische Erfindungen von ihren Urhebern in ihrer Bedeutung nicht erkannt werden und dann als Innovationen aus dem fernen Osten für Furore sorgen. Das Faxgerät beispielsweise wurde im Siemens-Konzern erfunden, aber von Japanern zur Marktreife gebracht (vgl. erstes Kapitel).

> Die entscheidenden vier Aspekte einer systematischen Chancen-Risiken-Analyse lassen sich in einer Frage zusammenfassen:
>
> **Wer** priorisiert die Ideen bzw. Projekte anhand welcher **Kriterien** und welches **Bewertungsschemas** zu welchem **Zeitpunkt?**

Diesen vier Aspekten ist auch die Struktur dieses Kapitels angepasst. Wie im Sinne eines erfolgreichen Innovationsmanagements die Ideenbewertung zu handhaben ist, wird in folgenden Unterkapiteln beschrieben:

■ Entscheidungsgremium für die Projektpriorisierung (Kapitel 4.5.2)

■ Klare Auswahlkriterien (Kapitel 4.5.3)

■ Bewertungsmodelle zur Projektpriorisierung (Kapitel 4.5.4)

■ Zeitlicher Ablauf der Projektpriorisierung (Kapitel 4.5.5)

4.6.2   Entscheidungsgremium für die Projektpriorisierung

Eine Idee sollte niemals von einer einzelnen Person bewertet werden, sondern immer von einer Gruppe. **Drei wesentliche Faktoren** sprechen **für den Einbezug von Repräsentanten der verschiedenen Funktionsbereiche:**

■ Ein einzelner Entscheider ist nicht in der Lage, die heute meist **komplexen Entscheidungssituationen** zu überblicken.

■ Beteiligte Führungskräfte und Mitarbeiter bringen **wichtiges anwendungsbezogenes Wissen** in den Entscheidungsprozess ein – etwa Erfahrungen über Maschinen, Verfahren und Produkte.

■ Durch die Teilnahme am Entscheidungsprozess steigen die **Akzeptanz** und die **Motivation zur Umsetzung** der Entscheidung bei den Betroffenen – diese sehen die Entscheidung als ihre eigene an.

Wird eine Idee dagegen nach „oben" durch die Führungsebenen durchgereicht, so entfernt sie sich immer stärker von der zur Beurteilung notwendigen Sachkenntnis. Andererseits ist aber bei wichtigen Entscheidungen der Rückhalt seitens der Geschäftsführung unabdingbar. Es muss gewährleistet bleiben, dass die am Ende verantwortliche Unternehmensleitung auch das letzte Wort bei strittigen Entscheidungen hat.

Die vorteilhafteste Organisation der Entscheidungsfindung liegt damit bei einem interdisziplinär besetzten **Projektlenkungsausschuss,** der sich von den Innovationsteams und internen Fachleuten zuarbeiten lässt. Ein solches Entscheidungsgremium sollte auf jeden Fall mit den auf höchster Führungsebene Verantwortlichen für Entwicklung, Marketing und Vertrieb besetzt sein, eine Beteiligung des Geschäftsführers selbst ist anzuraten. Es spricht je nach Unternehmensgröße alles dafür, die Geschäftsleitung bzw. Vorstandschaft als Projektlenkungsausschuss einzusetzen. Die **Aufgaben des Lenkungsausschusses** liegen in einem Multiprojektmanagement: Nach klaren Kriterien (s. u.) sind Projektauswahl und Projektterminierungen zu entscheiden, sodass die vorhandenen Entwicklungsressourcen systematisch vergeben und optimal eingesetzt werden.

Das Entwickeln der Ideen bis zur Entscheidungsreife und eine Vorauswahl können vom entsprechenden Innovationsteam übernommen werden. Mit dieser Vorgehensweise ist sowohl eine Entscheidungsbeteiligung der Mitarbeiter als auch die Mitverantwortung der Unternehmensführung gesichert. Weiterhin sollten neben internen auch relevante externe Expertenmeinungen eingeholt werden, um im Moment der Entscheidung über einen adäquaten Informationsstand zu verfügen.

Ein wichtiger Mitentscheider ist der Kunde selbst. Der erreichbare Kundennutzen ist für den angestrebten Markterfolg ein zentrales Entscheidungskriterium – der kundennah begonnene Innovationsprozess darf seine Kundennähe zum Zeitpunkt der Chancen-Risiken-Analyse nicht verlieren (vgl. Kapitel „Kundennähe"). Daher ist auch hier zu gewährleisten, dass die Präferenzen der Kunden bekannt sind. Diese können beispielsweise über die Diskussion einer wichtigen Auswahlentscheidung in einem Kundenworkshop oder durch Befragen der Lead User erhoben werden. Der Aspekt der Geheimhaltung ist dabei zu berücksichtigen, wiegt jedoch weniger schwer als die Gefahr des Scheiterns am Markt.

Die von uns beobachteten Unternehmen weisen bezüglich ihrer Entscheidungsgremien oft das Manko auf, dass sie die Kundenmeinung zur Auswahlentscheidung nicht einholen. Ein weiteres Problem liegt im Multiprojektmanagement: Die zielgerichtete Aufteilung der zur Verfügung stehenden Ressourcen gelingt meist nur mangelhaft (s. u.). Dennoch verdienten sich die Firmen beim Thema „Entscheidungsgremium für die Projektpriorisierung" beinahe durchweg gute Beurteilungen. Der Grund: Wie bei einem Maschinenbauer aus Österreich werden wichtige Entwicklungsentscheidungen bei fast allen Unternehmen nach interdisziplinärer Vorarbeit in einem entsprechenden Team von Vertretern der unterschiedlichen Funktionsbereiche getroffen, wobei der Geschäftsführer bzw. der Vorstand das „letzte Wort" hat:

■ Die Geschäftsführer der *SERO Pumpenfabrik GmbH* lassen die entscheidungsrelevanten Kriterien – den zu erwartenden Nutzen und die zu erwartenden Kosten – von den sogenannten Technik- bzw. Marketingzirkeln vorbereiten, um dann eine fundierte Entscheidung treffen zu können.

■ Bei der *Rosenbauer International AG* bereiten die Bereichsleiter Entschlüsse gemeinsam mit ihren Entwicklern und Vertriebsleuten vor, um dem Vorstand entscheidungsreife Vorlagen zu präsentieren. Die grobe Leitlinie existiert in Form eines Fünf-Jahres-Entwicklungsplans, das Jahresbudget wird jeweils im Oktober oder November des Vorjahres verabschiedet.

■ Bei der *WILO-SALMSON AG*, die über mehrere Niederlassungen im In- und Ausland verfügt, treffen sich die Vertreter von Geschäftsführungs-, Vertriebs-, Marketing- und Entwicklungsseite aller Standorte quartalsweise, um gemeinsam über Neuprojekte zu entscheiden und den Stand laufender Projekte zu überprüfen.

4.6.3   Klare Auswahlkriterien

In vielen Firmen ist zu beobachten, dass das engagierte Auftreten eines Projektleiters oder des Verfechters einer Idee mehr Einfluss auf die Entscheidung zur Durchführung hat als das tatsächliche Potential der Idee. Das entsprechende Auswahlmotto heißt: „Wer am lautesten schreit ..." Eine ebenso typische Innovationsfalle ist es, dass der Chef von vornherein bestimmt: „Das ist viel zu teuer." Einen eben solchen Fall beobachteten wir bei einem großen Pumpenhersteller: Der Vorstandsvorsitzende nahm den kreativen Kräften im Unternehmen die Motivation, indem er eine Idee auf die beschriebene Weise frühzeitig ablehnte.

Gerade bei den meist weniger methodenorientierten KMU sind solche unsystematischen Einflüsse und „Bauchentscheidungen" das gängige Muster. Solange der betreffende Entscheider über einen derartigen Erfahrungs- und Wissensschatz verfügt, dass er alle relevanten Kriterien implizit und intuitiv berücksichtigt, wird das Ergebnis der Bauchentscheidung richtig sein. Solche Fälle mag es geben, doch die große Anzahl an Fehlschlägen (s. o.) lässt die Forderung nach einer die Erfolgsquote erhöhenden Systematik berechtigt erscheinen.

Folgen unklarer Bewertungskriterien

Herrscht keine Klarheit über die Selektionskriterien der Entscheider, so ist der fallweisen Manipulation Tür und Tor geöffnet und es entsteht eine Plattform für politische Grabenkämpfe. Selbst wenn es im Kopf der Verantwortlichen klare Kriterien gibt, diese aber nicht offen liegen bzw. transparent sind, entsteht bei den Mitarbeitern fast zwangsläufig der Eindruck von Bevormundung. Genau diesen Eindruck der Unternehmenspraxis vermittelt unsere Praxiserfahrung: Die Kriterien zur Ideenselektion existieren meist nur im Kopf des Geschäftsführers oder Vorstandes, und selbst dort mitunter nur verschwommen. Kommuniziert werden sie in den seltensten Fällen. Entscheidungen erscheinen daher manipulierbar, es ist wie in folgenden Beispielen aus der Sicht der Mitarbeiter keine klare Linie zu erkennen.

- *„Es herrschen jeden Tag andere Prioritäten"*, antwortete ein Arbeiter eines Unternehmens aus dem österreichischen Maschinenbau auf die Frage nach den Kriterien für die Projektauswahl.

- *„Heute so, morgen so"*, und *„wer am lautesten schreit, bekommt den Zuschlag"*, lauten ähnliche Kommentare verunsicherter Mitarbeiter zweier weiterer Unternehmen aus Österreich und Deutschland.

Klare Kriterien müssen daher möglichst objektiv – z. B. durch ein Team – erarbeitet und vor allem jedem einzelnen Mitarbeiter bekannt gemacht werden. Transparente Auswahlmechanismen führen auch dazu, dass der Urheber einer Idee von vornherein selbst deren Chancen beurteilen kann – die Ideensuche findet zielgerichtet statt.

> **Tipp:**
>
> Fordern Sie jeden Ideeneinreicher schon auf dem Ideenformblatt zu einer groben Kurzbewertung nach den bekannten Auswahlkriterien des Unternehmens auf! Dies sorgt für transparente Kriterien, erleichtert den Bewertungsprozess und steigert die Qualität der Ideen. Wenn es einem Ideenurheber erlaubt ist, sich selbst für eine angemessene Zeit mit der eigenen Idee zu beschäftigen und diese dann vor dem Bewertungsteam vorzustellen, kann eine wesentlich genauere und effizientere Grobbewertung (s. u.) vorgenommen werden. Vermieden werden muss an dieser Stelle allerdings eine abschreckende Wirkung durch einen hohen Aufwand für den Einreicher oder durch die Abfrage von genauen Kennzahlen wie z. B. der erwarteten Rendite. Halten Sie Ideeneinreichern daher auch die Option offen, ihre Idee ohne Eigenbewertung einzureichen.

Wesentlich ist in diesem Zusammenhang auch der Aspekt der Motivation der Mitarbeiter: Jeder Ideeneinreicher ist „von Natur aus" davon überzeugt, einen überragenden Einfall gehabt zu haben. Obwohl dies nur in den seltensten Fällen stimmt, darf das Engagement der Ideengeber keinesfalls zerstört werden, damit das Unternehmen den Ideenfluss aufrechterhält. Jedes Zurückstellen einer Idee muss daher plausibel und objektiv begründet werden. Auch um gerecht – und damit motivationserhaltend – zu sein, muss eine Bewertung im Team erfolgen und neben systematischen und transparenten Kriterien müssen ebenso systematische und transparente Bewertungsmodelle verwenden.

Eine weitere mögliche Folge unklarer Bewertungskriterien konnten wir bei zwei mittelständischen Unternehmen der deutschen Pumpenbranche feststellen: Dort wurden in den letzten Jahren kaum Entwicklungen durchgeführt. Die jeweilige Unternehmensführung ging – aus ihrer Sicht zu Recht – restriktiv mit Ressourcen für Innovationsprojekte um, denn es wurden ihr keine Chancen aufgezeigt, die ein entsprechendes Engagement gerechtfertigt hätten. Da es keine klaren Kriterien gab, wurden die Erfolgsaussichten – insbesondere mögliche Gewinne – für das Unternehmen nicht festgestellt und verglichen. Mit anderen Worten: Klare Bewertungskriterien zwingen zum Feststellen von Erfolgsaussichten von Innovationen und ermöglichen begründete Entwicklungsinvestitionen.

Drei Kategorien von Kriterien

Letztendlich geht es bei der Chancen-Risiken-Analyse um die Überprüfung der Erfolgswahrscheinlichkeit von Ideen. Die Suche nach den geeigneten Bewertungsmaßstäben ist also gleichzusetzen mit der Suche nach den Determinanten des Innovationserfolgs.

In der Praxis können Geschäftsführer und Entwicklungsleiter zwar meist keine festgelegte Kriterienliste ihres Unternehmens vorweisen – dennoch sind ihre Auswahlprozesse mehr als reine Bauchentscheidungen. Themen wie Marktpotential, Machbarkeit, strategische Relevanz und Synergien werden von den Entscheidungsträgern in der Regel zumindest grob erarbeitet.

Die *3K-Warner Turbosystems GmbH* z. B. unterscheidet die vier systematischen Entscheidungsaspekte Kunde, Wichtigkeit bzw. Dringlichkeit, Rendite und Strategiekonformität.

Alle potentiellen Kriterien einer Auswahlentscheidung lassen sich systematisch in die drei Kategorien **Zielsystem und Strategie, Machbarkeit und Kosten** sowie **Markt, Wettbewerb und Umfeld** einteilen. Die hinter diesen Überschriften verborgenen Einzelkriterien sind in beistehender Checkliste aufgeführt.

Checkliste: Kriterien für die Auswahlentscheidung:

Zielsystem und Strategie

- Passen zum Zielsystem und insbesondere zur Innovationsstrategie des Unternehmens,

- Erreichen der Zielgruppe,

- Aufbau auf den Kernkompetenzen des Unternehmens und

- Lerneffekt: Zugewinn an erwünschtem Know-how, Flexibilität und Kompetenz.

Machbarkeit und Kosten

- Technologische Beherrschung, absolut und im Vergleich zum Wettbewerb,

- Passen zu den Kompetenzen von Fertigung, Vertrieb und Service,

- Machbarkeit mit der verfügbaren Kapazität in Entwicklung und Fertigung bzw. Möglichkeit entsprechender Kooperationen,

- fixe und variable Kosten: Ressourcenbedarf für Entwicklung, Fertigung, Marketing, Vertrieb etc.,

- Synergien mit bestehenden und geplanten Produkten, auch bezüglich Vertrieb und Service,

- Anstreben eines intelligenten Produktportfolios mit hohem Anteil an Gleichteilen und niedriger Komplexität,

- Passen zur Unternehmenskultur und

- (Un-)Sicherheit der Zielerreichung.

Markt, Wettbewerb und Umfeld

- Bereits vorhandene Marktposition,

- Marktpotential nach Größe, Wachstum, Wettbewerbsintensität und Preisentwicklung,

- Steigerung des Kundennutzens
  Auch die Wahrnehmbarkeit bzw. Beobachtbarkeit des Produktes durch den Kunden spielt eine wichtige Rolle.

- Differenzierungspotential zum Wettbewerb bzw. Chance auf Alleinstellung

  (vgl. Kapitel „Value Innovation"),

- Auswirkung auf Marktanteile,

- Timing des möglichen Markteintritts
  Erlaubt die Entwicklungsdauer einen günstigen Zeitpunkt für die Verkaufsfreigabe? Ist eine wettbewerbsbedingte Verwirklichungsfrist einzuhalten?

- Passen zum Unternehmensumfeld

Sind Politik, Gesetzgebung, Umwelt und Gesellschaft dem Projekt positiv gesonnen?

Alle genannten Kriterien lassen sich zu zwei entscheidenden Aspekten zusammenführen: die mit einem Projekt verbundenen kurz- und langfristigen Geschäfts**chancen** bzw. die Attraktivität – vor allem der erwartete Gewinn – und das mit ihm verbundene **Risiko,** d. h. die Unsicherheit der technischen und wirtschaftlichen Zielerreichung mit entsprechendem Schadenpotential (s. u.). Sowohl Chancen als auch Risiken steigen in der Regel mit dem Neuigkeitsgrad einer Innovation (vgl. Kapitel 1).

Ein gangbarer Weg zu transparenten Entscheidungen ist die Festlegung eines finanziellen Kennwertes, der eine definierte Erwartung erfüllen oder überschreiten muss, um zu den wirtschaftlichen Gesamtzielen des Unternehmens zu passen. Als solche Kennzahl wird häufig der **Return on Investment** oder der **Return on Sales** verwendet.

Ein von uns untersuchtes Unternehmen operiert z. B. erfolgreich mit der selbstgeschaffenen Kennzahl „CPO" – berechnet als Nettoverkaufspreis geteilt durch die Produktgrenzkosten. Projekte werden durchgeführt, wenn der Wert dieser speziellen Rendite über 1,35 liegt.

Welche der oben angegebenen Kriterien für das einzelne Unternehmen von ausschlaggebender Bedeutung sind und welche nur zweitrangig, ist individuell festzulegen. Aufgrund der Einzigartigkeit jedes Unternehmens kann es keine einheitliche Gewichtung der Kriterien geben. Daraus folgt, dass unter bestimmten Voraussetzungen die Rendite eines Produktes langfristigen strategischen Überlegungen untergeordnet werden kann. Selbstverständlich sollte es sich bei verlustbringenden Produkten um wohlüberlegte Einzelfälle handeln, sonst riskiert gerade ein KMU sehr schnell „Kopf und Kragen". Wenn jedoch bestimmte Märkte bzw. Marktanteile erobert werden können oder die Produktpalette sinnvoll ergänzt werden muss, dann sind zuweilen langfristige Gewinnperspektiven wichtiger einzustufen als kurzfristige. „Ohne strategische Produkte gäbe es diese Firma nicht", sagte uns ein Vertreter eines Automobilzulieferers.

Die Dominanz der Kapitalmärkte, wie sie in den letzten Jahren in zunehmendem Maße zu beobachten ist, führt hier jedoch zu einer besorgniserregenden Entwicklung. Der Entwicklungsleiter eines deutschen Unternehmens beschwerte sich, dass der Planungshorizont kaum mehr das folgende Quartal überschreitet und langfristig sinnvolle Innovationen auf der Strecke bleiben, seit sich die Firma in einem US-amerikanischen Konzern befindet.

4.6.4   Bewertungsmodelle zur Projektpriorisierung

Ebenso individuell wie die Festlegung der Auswahlkriterien muss die Festlegung des Auswahlmechanismus sein – aber auch hier gilt das Prinzip, dass eine einmal getroffene Auswahl im Hinblick auf die Transparenz und Akzeptanz des Verfahrens beizubehalten ist.

Folgende **Bewertungsmodelle** stehen prinzipiell zur Auswahl und werden im Folgenden kurz erläutert:

– Check- und Prüflisten,

– Punktbewertungsverfahren (Nutzwertanalyse, Scoring-Modelle),

– Attraktivitäts-Risiko-Analyse (z. B. mittels Strategieportfolios),

– Finanzszenarien und

– Finanzmathematische Methoden (statische oder dynamische).

Check- und Prüflisten

Eine einfache Art der Überprüfung von Kriterien ist deren sukzessive Abarbeitung in einer Checkliste. Dabei kann entweder nur eine duale Bewertung stattfinden – „ja oder nein" bzw. „Haken oder kein Haken" – oder eine Bewertung des jeweiligen Erfüllungsgrades auf einer Skala erfolgen. In letzterem Fall ist eine anschauliche Visualisierung des Bewertungsergebnisses und ein übersichtlicher Vergleich von Projekten anhand der Darstellungsformen *„semantisches Differential"* und *„Polarkoordinatendarstellung"* zu empfehlen (s. **Abbildung 4.20** und **Abbildung 4.21**).

Abbildung 4.20   Semantisches Differential am Beispiel eines Airbag-Vergleichs
(Quelle: Vahs, Burmester 1999, S. 198)

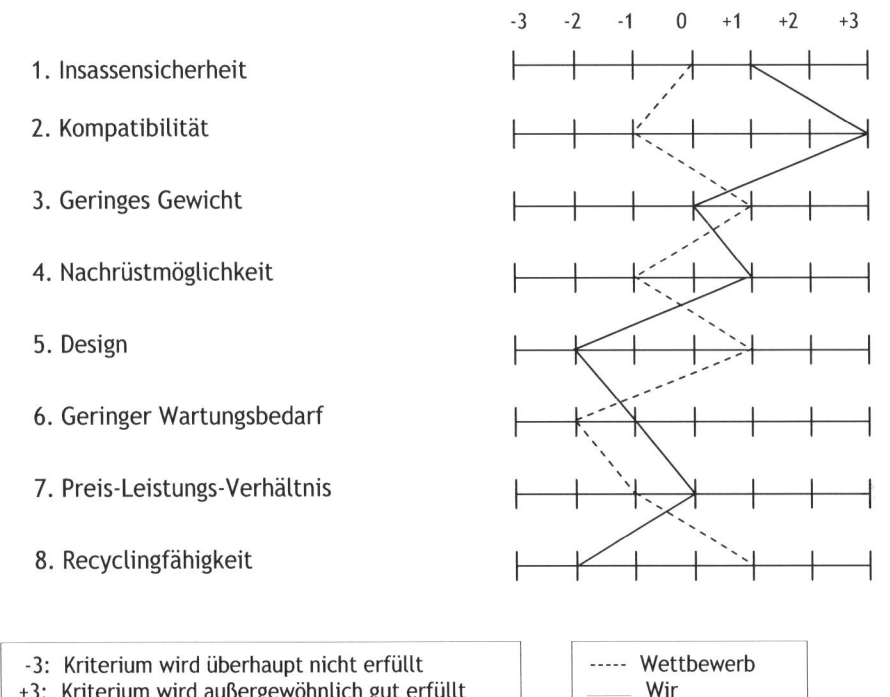

Punktbewertungsverfahren (Nutzwertanalyse, Scoring-Modelle)

Hier erhält jedes Projekt jeweils eine bestimmte Punktanzahl in einer Reihe von Kriterien, welche zusätzlich nach ihrer Bedeutung gewichtet sind oder werden. Die Produkte aus Gewicht und Bewertung jedes Kriteriums werden aufsummiert, die Projekte nach ihrer erreichten Summe priorisiert. Die Erfüllung von K.o.-Kriterien kann durch einen Vorab-Filter gewährleistet werden.

Bei der Nutzwertanalyse werden im Gegensatz zu Scoringmodellen die Kriterien vom Unternehmen selbst festgelegt.

Attraktivitäts-Risiko-Analyse

Bei der Attraktivitäts-Risiko-Analyse werden alle relevanten Kriterien zu zwei Kennziffern verdichtet: Attraktivität und Risiko. Hierbei werden einzelne Attraktivitäten und Risiken quantitativ bewertet und jeweils aufaddiert. Die Summe der Bewertungen markiert einen bestimmten Punkt im Attraktivitäts-Risiko-Portfolio und ermöglicht einen übersichtlichen Vergleich sowie die Selektion der Projekte mit geringem Risiko und hoher Attraktivität.

Abbildung 4.21   Polarkoordinatendarstellung (Quelle: Vahs, Burmester 1999, S. 199)

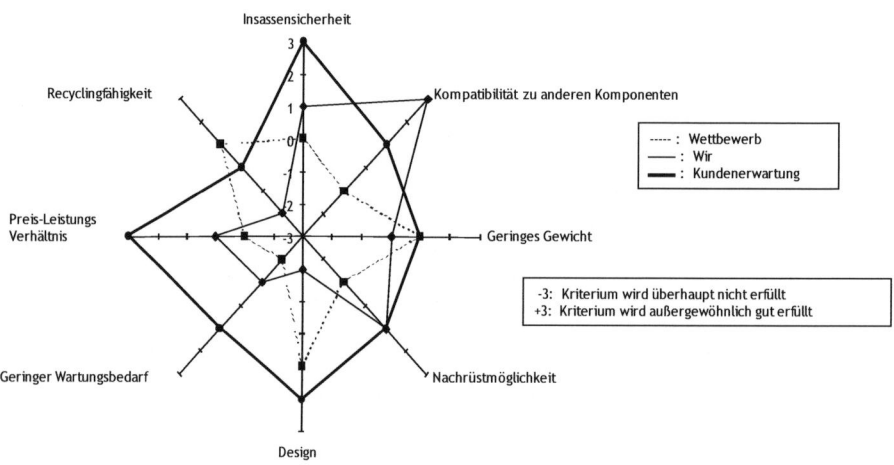

Die **Attraktivität** eines Projektes setzt sich aus der **wirtschaftlichen Attraktivität,** also dem erwarteten Umsatz und Ertrag, sowie aus der **strategischen Attraktivität,** also der Übereinstimmung mit dem Zielsystem, der Wichtigkeit für die Marktposition und der Ergänzung des Produktportfolios zusammen.

Prinzipiell besteht Risiko aus den Komponenten „Höhe des Einsatzes" einerseits und der Unsicherheit der Zielerreichung andererseits. Mit anderen Worten: Das Risiko wächst mit dem Schadenpotential und der Wahrscheinlichkeit des Schadenseintritts.

Für die Risiko-Analyse müssen demnach potentielle Störereignisse – interner und externer Natur – benannt und mit ihrer Schadenhöhe sowie mit der Wahrscheinlichkeit ihres Eintritts quantitativ bewertet werden. Dabei sind wirtschaftliche Risiken wie der Verlust der Marktposition ebenso zu berücksichtigen wie technische Risiken. Zu letzteren zählt insbesondere das technische Scheitern der Entwicklung und damit der weitgehende Verlust der eingesetzten Ressourcen. Das Risiko steigt, je weiter sich das Unternehmen von angestammten Kompetenzen entfernt. Je nach gewünschter Präzision kann das Schadenpotential auf einer Skala von z. B. eins bis zehn oder in Geldeinheiten bewertet werden.

Die quantitative Risikohöhe ergibt sich für jedes Störereignis durch Multiplikation der jeweiligen Eintrittswahrscheinlichkeit mit der entsprechenden Schadenhöhe. Die Summe aller Risikohöhen wiederum ergibt das Gesamtrisiko für eine Idee bzw. einen Projektvorschlag (vgl. **Abbildung 4.22**).

Abbildung 4.22   Berechnung des Risikos eines Projektes (Quelle: Eigene Darstellung)

Dank der so gewonnenen Risikokennziffern können Projekte miteinander verglichen werden. Wird zusätzlich eine Attraktivitätskennziffer errechnet, kann ein übersichtlicher, zweidimensionaler Vergleich im Attraktivitäts-Risiko-Portfolio erfolgen.

Im Verlauf von Einzelprojekten kann mit der Risikoanalyse ferner die Sicherheit der Finanzplanung überprüft und Schadenpotentialen im Rahmen einer *„Projekt-FMEA"* von vornherein begegnet werden (s. Kapitel „Prozessorganisation").

Bei kleinen Firmen sind besondere Vorsicht und strikte Risikogrenzwerte geboten: Eine große Innovationshöhe kann ein solches Unternehmen leicht in seinen Ressourcen überfordern und im Falle eines Scheiterns verheerende Auswirkungen haben.

Die Attraktivitäts-Risiko-Analyse ist eine einfache, pragmatische und effiziente Methode zur Steigerung der Bewertungsqualität und daher uneingeschränkt zu empfehlen.

Strategieportfolios als Indikator für Attraktivität und Risiko

Die im Kapitel „Antrieb" vorgestellte Methode der Strategieportfolios kann im Kontext der Attraktivitäts-Risiko-Analyse zum Vergleich alternativer Projekte angewandt werden. Sie liefert Daten zur Attraktivität und zum Risiko – natürlich unter der Voraussetzung, dass Technologie bzw. Markt der zu bewertenden Entwicklungen schon bestehen. Anhand des Technologieportfolios wird der notwendige Ressourcenaufwand bzw. der eventuelle Zwang zu Kooperationen sichtbar, während sich im Marktportfolio Absatzchancen und die notwendige Marktbearbeitung abzeichnen.

Angewandt wird diese Methodik allerdings kaum. Wo sie eingesetzt werden, liefern Portfolios nach unseren Erfahrungen jedoch aussagekräftige Informationen. Unternehmen vergeben damit nachweislich eine praktikable Möglichkeit, Erfolgsaussichten von Entwicklungen zu beurteilen und somit teure Flops zu vermeiden:

Bei einem Entwicklungsprojekt eines deutschen Pumpenherstellers z. B. konnte das Projektteam deutlich die Attraktivität verschiedener angedachter Produktvarianten und den notwendigen Aufwand zur Erarbeitung einer bislang nur unterdurchschnittlich beherrschten Technologie erkennen.

Finanzszenarien als Projektrechnung

Finanzszenarien stellen in Form einer Projektrechnung den gesamten Kostenblock einer Innovation in einer übersichtlichen Tabelle den entsprechenden Erträgen gegenüber. Dabei werden alle fixen und variablen Kosten berücksichtigt – von allen Entwicklungsaufwendungen über die Material- und Fertigungsgemeinkosten bis hin zu den permanenten Vertriebskosten. Der Planungshorizont ist von Branche und Produkt abhängig und beträgt üblicherweise etwa drei bis fünf Jahre.

Achtung: Ein häufiger Fehler besteht darin, die Kannibalisierung von eigenen Alt- bzw. Vorgängererzeugnissen zu ignorieren. Um richtig zu rechnen, dürfen nur Zusatzumsätze in die Rechnung einbezogen werden. Beim Verkauf an einen Kunden, der z. B. anstelle des Golf VI den Golf V gekauft hätte, hat die Entwicklung des Golf VI für *Volkswagen* nur den Preisunterschied der beiden Modelle als Zusatzumsatz eingebracht.

Der große Vorteil der Methode liegt in ihrer Kompaktheit und Übersichtlichkeit: Allen Mitgliedern des Entscheidungsgremiums wird die schnelle Erfassung der Finanzplanung ermöglicht. **Amortisationszeit** und **Gewinnkennziffern** sind als „Bottom Line" sichtbar. Die Sensitivität der Zahlen kann in Sekundenschnelle durch Änderung einzelner Einflussgrößen getestet werden – **Worst-Case-** und **Best-Case**-Betrachtungen machen Chancen und Risiken deutlich. Gibt es bereits vergleichbare Produkte am Markt, so kann über den erzielbaren Preis mittels der Methode **„Target Costing"** der maximale Entwicklungsaufwand berechnet werden (vgl. Abschnitt „Entwicklungstechniken" im Kapitel „Prozessorganisation").

Werden alternativ prognostizierte Umsätze und Kosten zusätzlich mit den Wahrscheinlichkeiten ihres Eintritts versehen, so können Erwartungswerte für alle Größen und das Gesamtergebnis gebildet werden. Zur Ermittlung der Eintrittswahrscheinlichkeiten können wiederum Überlegungen aus einer schon erfolgten Risikoanalyse übernommen werden.

Fehlt eine solche Wirtschaftlichkeitsanalyse bzw. eine Finanzplanung, so bleiben mögliche Gewinne unsichtbar und kurzfristiges Kostendenken vorrangig – Innovationen werden verhindert. Finanzszenarien sind also deshalb so wichtig, weil sie die zu Recht kritischen Controller und auch die Unternehmensführung zu überzeugen vermögen: Die Früchte der Investition werden greifbar, es entstehen Opportunitätskosten für den Fall des Nichtstuns.

Über den Vergleich der Finanzszenarien bzw. der Erwartungswerte für das Ergebnis lassen sich Ideen fundiert priorisieren.

Die von uns untersuchten Unternehmen wenden zum größten Teil eine grobe Wirtschaftlichkeitsplanung zum Vergleich ihrer Projektkandidaten an, wenn auch selten in der beschriebenen Ausführlichkeit. Sie arbeiten in der Regel mit Gewinnerwartungen, nicht aber mit einer Wahrscheinlichkeitsrechnung, und sie haben Probleme mit der frühzeitigen Erarbeitung von Ergebnisprognosen.

> Tipp:
>
> Obwohl die Ermittlung der Zahlen zu einem frühen Zeitpunkt noch sehr aufwendig und die Ergebnisse ungenau sein können, empfiehlt es sich, eine Anwendung der Finanzszenarien bzw. Projektrechnung auch bei völlig neuen Produkten von Beginn an im Bewertungsprozess zu versuchen (s. u.). Vergleichs- und Erfahrungswerte sowie Plausibilitätsüberlegungen erlauben oft eine frühzeitige Anwendung – selbst bei einer Ungenauigkeit von zehn Prozent lassen sich auf diese Weise häufig wertvolle Erkenntnisse gewinnen und Projekte vergleichen.

Erfolgreich angewandt wurde diese Methode beispielsweise von der *WILO Oschersleben GmbH*: Der positive Deckungsbeitrag des Produktes *„WILO Drain Lift S"* (vgl. Kapitel 4.11) konnte trotz vorsichtiger Absatzplanzahlen schon sehr frühzeitig ermittelt werden. Obwohl die zu entwickelnde Abwasserhebeanlage in dieser Form eine völlige Neuheit darstellte, gelang über Plausibilitäts- und Vergleichsüberlegungen eine Kostenabschätzung, die sich im Nachhinein als relativ genau erwies.

Finanzmathematische Methoden (statisch oder dynamisch)

Der Vollständigkeit halber erwähnt werden müssen die hinlänglich bekannten finanzmathematischen Methoden der Wirtschaftlichkeitsrechnung, die hier jedoch nicht weiter ausgeführt werden sollen (s. z. B. Vahs, Burmester 1999).

Tipp:

Alle genannten Bewertungsverfahren sollten im interdisziplinären Team durchgeführt werden, da die Genauigkeit der nur geschätzten Einflussgrößen und die Akzeptanz des Bewertungsergebnisses dann am größten sind (s. o.). Es empfiehlt sich auch eine zunächst anonyme „Abstimmung" bei der Festlegung nicht objektiver Größen, beispielsweise der eigenen Technologieposition. Bei gravierenden Abweichungen ist dann im Gruppengespräch Konsens herzustellen.

4.6.5 Zeitlicher Ablauf der Projektpriorisierung

Die Ideenbewertung ist nicht als Aufgabe eines bestimmten Zeitpunktes, sondern als Prozess zu verstehen, der einen gewissen Zeitraum in Anspruch nimmt.[34] Dafür sorgen schon die zahlreichen Informationen, die für eine fundierte Auswahlentscheidung zusammengetragen werden müssen (s. o.).

Das Innovationsteam bereitet im Prozessverlauf die letztendliche Entscheidung durch den Projektlenkungsausschuss vor. Es ist nicht sinnvoll, eine große Anzahl unreflektierter Ideen in dieses hochrangig besetzte – und entsprechend teure – Gremium zu bringen, daher sind eine Vorauswahl und eine schrittweise Entwicklung der Ideen zur Entscheidungsreife notwendig.

Das Prinzip des Auswahlprozesses gleicht einem Trichter: Am Anfang kann durchaus eine große Menge an Ideen stehen. Die Anzahl der noch „im Rennen" befindlichen Ideen wird nach und nach vermindert, bis nur noch zwei bis fünf zur Endauswahl übrig bleiben. Allerdings wird dabei nicht kontinuierlich, sondern stufenweise bewertet.

Praktikabel ist ein **dreistufiger Selektionsprozess** (s. **Abbildung 4.23**):

1. Grobselektion

2. Feinselektion

3. Endauswahl

---

[34] Tatsächlich beginnt der Auswahlprozess im weiteren Sinne schon mit der Visions- und Strategiefestlegung des Unternehmens. Wie im Kapitel „Antrieb" beschrieben, führt die allen Mitarbeitern bekannte Zielrichtung des Unternehmens zu konkreten Suchfeldern für Neuprodukte (s. **Abbildung 3.3**). Durch diese Vorklärung liegen für den hier beschriebenen Auswahlprozess im engeren Sinn nur Ideen vor, die zum Unternehmen passen.

Abbildung 4.23   Trichterförmiger Auswahlprozess in drei Stufen
(Quelle: Eigene Darstellung)

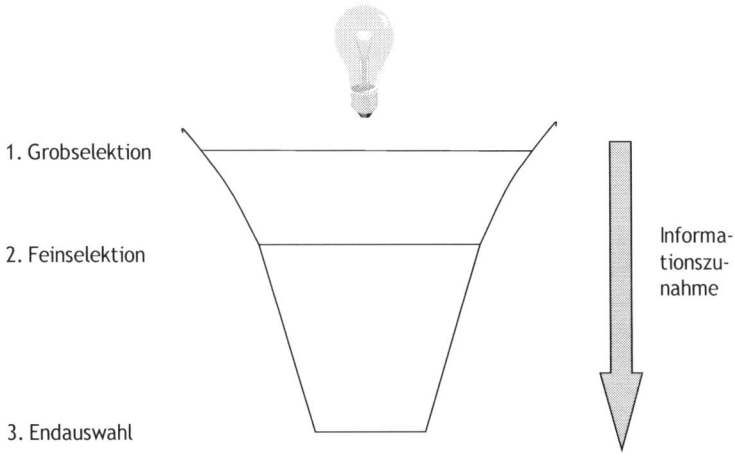

ntlang des Auswahlprozesses verbessert sich der Informationsstand und entsprechend der Reifegrad der Produktidee – gezielte Befragungen und Recherchen erhöhen vor allem die Genauigkeit der verfügbaren Daten. Nach und nach werden aus eher qualitativen Beurteilungen fundierte quantitative Beurteilungen. Das genaue Vorgehen ist wie folgt zu empfehlen:

Grobselektion

Liegt, beispielsweise infolge eines Kreativitätsworkshops, eine große Anzahl an Ideen gleichzeitig zur Bewertung vor, so ist ein systematischer Bewertungsablauf unabdingbar. Dabei können ähnliche Ideen gemeinsam bewertet werden.

Ein Unternehmen aus Rheinland-Pfalz hatte auf diese Weise auf einen Schlag etwa 500 Ideen erarbeitet und ein Abteilungsleiter fragte sich, wie er den Bewertungsvorgang effektiv und effizient steuern solle. Ein Pumpenhersteller brachte es sogar auf ca. 1.400 Einfälle. Diese konnten in einem der Grobselektion vorgelagerten Schritt in sinnvolle Cluster zusammengefasst werden, um eine übersichtliche Struktur zu erhalten.

Der Versuch, alle Cluster oder sogar Einzelideen auf sämtliche für das Unternehmen relevante Kriterien hin zu untersuchen, erfordert aufgrund der notwendigen Informationsbeschaffung einen unverhältnismäßig hohen Aufwand. Eine Grobselektion muss daher auf leicht zu überprüfenden Kriterien beruhen: Das Unternehmen legt eine Reihe von K.o.-Kriterien fest und nutzt diese zu einer Negativ-Auswahl, also zum Streichen von unpassenden Projekten. Bei diesen K.o.-Kriterien handelt es sich um „Muss-Kriterien", weniger prioritäre „Soll-Kriterien" werden erst später betrachtet. So bleibt der Aufwand für die erste Auswahl in Grenzen, ohne dass dabei die Bewertungsqualität sinkt.

Gut geeignete Verfahren zum Aussortieren von Ideen sind Checklisten oder qualitative Punktbewertungssysteme, da die Auswahl und Anzahl der hierbei berücksichtigten Kriterien individuell auf den Bedarfsfall angepasst werden können und eine entsprechende Bewertung im Team in kurzer Zeit durchführbar ist.

In einer Vorauswahl – also noch vor der Grobselektion – werden Projekte unterschiedlicher Innovationshöhe getrennt: Verschiedene Entwicklungstypen wie Technologie- und Produktentwicklung, Plattform- und Variantenentwicklung sollten nicht im gleichen Bewertungsverfahren miteinander verglichen, sondern separat betrachtet werden.

Feinselektion

In der zweiten Auswahlstufe wird zuerst mittels einer Positiv-Auswahl eine Rangfolge erstellt – nur die besten Ideen werden einer detaillierten Feinselektion zugeführt. Verwandte Ideen werden dafür zusammengefasst und somit gemeinsam bewertet, um den Priorisierungsaufwand weiter zu verringern. Mit der nunmehr überschaubaren Anzahl an übriggebliebenen Ideen findet hier eine grobe Analyse von Marktchancen, Kosten und Risiken statt. Wenn mit vertretbarem Aufwand möglich, werden bei dieser zweiten Phase der Feinselektion zum ersten Mal monetäre Beträge abgeschätzt. Zugrunde liegen Erfahrungswerte und Plausibilitätsüberlegungen. Geeignete Methoden zur Feinselektion sind die grobe Attraktivitäts-Risiko-Analyse oder ein – dieses Mal im Vergleich zur Grobauswahl etwas detaillierteres – Punktbewertungsverfahren, bei dem je nach Anzahl von Ideen jetzt etwa fünf bis zehn Kriterien zum Einsatz kommen sollten (s. o.). Bei der Vergabe von Punkten reicht eine Auswahl von drei bis fünf alternativen Stufen für eine hinreichende Genauigkeit aus. Werden die Kriterien gewichtet, kann die Auswahl noch feiner auf die Ziele des Unternehmens abgestimmt werden.

Endauswahl

In der dritten und letzten Stufe werden die vier bis zehn in der Feinselektion ausgewählten Ideen einer detaillierten und erweiterten Wirtschaftlichkeitsanalyse unterzogen und schließlich **Feasibility Reports** (Machbarkeitsstudien) erstellt. Diese bestehen neben den Finanzkennzahlen aus konkreten, durchdachten Empfehlungen bezüglich der Entwicklung sowie der angestrebten Markt- und Technologieziele. Die Plandaten hinsichtlich der Renditeerwartung münden im Vergleich der Alternativen in eine Auswahlempfehlung an das Entscheidungsgremium. Hier endet der Verantwortungsbereich des Innovationsteams: Die entstandene Rangfolge bildet die Basis für die nun folgende Selektionsentscheidung der Projektlenkungsgruppe, welche Ideen bzw. Konzepte tatsächlich in Projekte – oder zunächst Vorprojekte – umgesetzt werden.

Der Aufwand zur Ermittlung der für die Feasibility Reports notwendigen Informationen ist nicht unerheblich, er ist in Abhängigkeit der gewünschten Prognosegüte und -detaillierung, der Projektwichtigkeit und der Schwierigkeit der Entscheidung zu bestimmen. Daher ist es durchaus plausibel, zum Erstellen der Machbarkeitsstudien Vorprojekte durchzuführen und diese mit festen Budgets zu versehen (Praxisbeispiel s. u.).

Die im schrittweise verfeinerten Auswahlprozess gewonnenen Informationen bilden eine gute Ausgangsposition für das anschließende Projektmanagement hinsichtlich der ersten Zielplanung. Im Sinne eines weiterhin transparenten Innovationsprozesses empfiehlt es sich, die herangezogenen Bewertungskriterien als Grundlage für das nun folgende Projektcontrolling zu nutzen (vgl. Kapitel „Prozessorganisation").

Die richtige Anwendung von Finanzszenarien bzw. Projektrechnungen

Kostenvergleiche und Finanzszenarien sollten zwar prinzipiell so früh wie möglich erarbeitet werden, sie dürfen jedoch gerade bei Durchbruchsinnovationen bzw. völligen Neuheiten auf gar keinen Fall ausschließlich eingesetzt werden. Hier kann sich eine zu frühe strikte Anwendung von Finanzkriterien als kurzsichtig und geradezu innovationsschädlich erweisen. Zudem täuschen sich selbst „Experten" in ihrem Urteil mitunter erheblich, wenn es um das Marktpotential von Neuheiten geht, wie folgende Beispiele belegen:

- Die Entwicklung der CD-Rom-Technologie dauerte etwa elf Jahre und wäre nach strengen, kurzfristigen Rentabilitätskriterien mehrfach beendet worden.

- Kurz nach dem Verkaufsstart der *Swatch*-Uhren stellten Marketing-Fachleute eine vernichtende Erfolgsprognose.

- Zu den berühmt gewordenen Fehlurteilen gehört auch die Aussage von *IBM*-Gründer Thomas Watson aus den Anfangsjahren der Branche, es gäbe weltweit einen Markt für höchstens fünf Computer.

Es besteht offensichtlich die Gefahr, sich auf irreführende oder unbrauchbare Aussagen zu stützen und daraus verfrüht einen Projektabbruch abzuleiten. Dennoch braucht das Finanzkriterium nicht zurückgestellt werden – richtig gemacht, dienen am Anfang grobe Schätzwerte und Wahrscheinlichkeiten alternativer Prognosen zur Orientierung. Falls auch die optimistischsten Planzahlen keinen Gewinn versprechen, ist davon abzuraten, das entsprechende Projekt weiter zu verfolgen. Bestehen aber Zweifel, so darf das zum frühen Zeitpunkt noch zu ungenaue Finanzszenario nicht den Ausschlag für einen Entwicklungsstopp geben.

> **Tipp:**
>
> Falls der Umsatzplan schwer festzulegen ist, kann bis dahin immerhin die Anwendung einer Break-Even-Analyse anstelle einer Businessanalyse erfolgen, da bei ihr die Marktparameter abhängige Variablen sind.

Oftmals ist ein zu beharrliches und frühes Anwenden eines ausgeprägten Kostencontrollings auch Ausdruck der mangelnden Risikobereitschaft der Verantwortlichen.

Es besteht jedoch ein Fehlerpotential in beiden Extremen: Auch eine zu späte Reflexion der zu erwartenden Aufwände und Erträge ist kontraproduktiv:

- Bei einem Pumpenhersteller sollten alle Ideen sofort präzise mit möglichen Verkaufsstückzahlen versehen werden. Da zu diesem frühen Zeitpunkt fast kein entsprechendes Wissen vorlag und zudem vorsichtig kalkuliert werden musste, führte dies zum zwangsläufigen Ende fast aller Innovationsbestrebungen. Die Finanzszenarien hatten noch zu wenig Aussagekraft und erhielten angesichts dessen eine zu hohe Bedeutung, eine Chancen-Risiken-Analyse fand darüber hinaus nicht statt. Wichtige Nachforschungen von Entwicklung und Vertrieb fanden gar nicht erst statt.

■ Bei einem deutschen Automobilzulieferer findet die Gewinnkalkulation dagegen zu spät statt. Projekte werden ganz ohne Finanzszenario gestartet, es gibt auch keine Projektbudgets. Wenn dann zum fortgeschrittenen Zeitpunkt eine Wirtschaftlichkeitsrechnung stattfindet, können manche Fehlinvestitionen nicht mehr korrigiert werden.

Weitere Verwendung aussortierter Ideen

Die im Verlauf des Auswahlprozesses „auf der Strecke gebliebenen" Innovationsvorhaben sind damit noch nicht unwiderruflich am Ende, geschweige denn nutzlos. Sie werden zunächst zurückgestellt und die mit ihnen gesammelten Erkenntnisse festgehalten, sie sind essentieller Bestandteil des Wissens des Unternehmens (vgl. Kapitel „KWU" und „Innovationsteam"). „Es gibt keine verworfenen, sondern nur zurückgestellte Ideen", lautet das entsprechende Prinzip. Erwünschter Nebeneffekt dieser Leitlinie ist die steigende Motivation für Ideeneinreicher – sie erhalten zu Recht das Gefühl, einen sinnvollen Beitrag geleistet zu haben.

Je nach Grund ihres vorläufigen Scheiterns – eventuell stehen nur die notwendigen Ressourcen oder das notwendige Know-how nicht zur Verfügung – kann ein abgelehntes Konzept zu einem späteren Zeitpunkt wieder aufgegriffen oder auf andere Art und Weise umgesetzt werden. Eine Ressourcen- oder Know-how-Ergänzung ist beispielsweise durch Kooperationen mit geeigneten Unternehmen möglich. Das Weiterverfolgen einer an sich guten, aber nicht in die eigene Unternehmenswelt passenden Geschäftsidee lässt sich auch mit Ausgründungen („**Spin Offs**") bewerkstelligen, die gerade bei Großunternehmen zunehmend populär werden. Auf diese Weise erhalten innovative Mitarbeiter die motivierende Chance, sich selbstständig zu machen, wobei das Unternehmen durch finanzielle Partizipation profitiert.

Chancen-Risiken-Analyse als permanenter Prozess

Ebenso wie das Innovationsmanagement nicht als zeitlich befristeter Vorgang, sondern als permanente Aufgabe des Unternehmens verstanden werden muss, ist infolge dessen auch für eine fortlaufende Ideenbewertung Sorge zu tragen.

Ist durch einen Workshop oder durch eine Ideenfindungssitzung eine große Anzahl an Ideen zu bewältigen, so greift die Systematik des beschriebenen trichterförmigen Auswahlprozesses. Im „Tagesgeschäft" mit einer kleineren Anzahl an Ideen ist es dagegen möglich, auf einer „tieferen Stufe des Trichters" in den Bewertungsvorgang einzusteigen. Jede Idee kann dann von vornherein genauer analysiert werden, weil nur eine überschaubare Anzahl an Vorschlägen gleichzeitig vorliegt.

Der Grund für die schubweise Innovationstätigkeit etlicher Unternehmen liegt in wichtigen Messeterminen begründet. Die erfolgreiche Präsentation neuer Produkte auf bestimmten Messen ist für manches KMU überlebenswichtig. Daher müssen bei diesen Firmen nach unseren Beobachtungen mehrere Innovationen zu diesen fixen Terminen präsentationsreif fertiggestellt werden – was nicht selten zu Kapazitätsproblemen und Hektik führt. Eine gleichmäßigere Verteilung der Entwicklungsbestrebungen muss in diesen Fällen angestrebt werden.

4.6.6 In der Praxis ist die Projektpriorisierung mangelhaft

Bei der Chancen-Risiken-Analyse haben die Unternehmen in der Regel einen erheblichen Handlungsbedarf: Manche Unternehmen sind zu zögerlich im Einsatz ihrer Entwicklungsressourcen oder investieren sogar überhaupt nicht mehr in F&E, weil die Chancen-Risiken-Analyse zum Aufzeigen von Erfolgsaussichten wie oben geschildert falsch oder gar nicht durchgeführt wird. In der überwiegenden Mehrzahl der Fälle besteht das Problem jedoch anders herum: Ein oftmals vernachlässigtes Thema ist die Planung der Verteilung der internen Projektressourcen. Es besteht insbesondere die Tendenz, F&E-Abteilungen mit Aufgaben zu überfrachten, mit der Auswirkung, dass Projekttermine nicht gehalten werden können oder, schlimmer noch, Fehler entstehen. Die Symptome gleichen sich:

- *„Wir wollen zu viel gleichzeitig"*, sagte uns ein Vertreter eines KMU aus Österreich..

- *„Die Ressourcen für jede einzelne unserer zahlreichen Entwicklungen sind zu knapp"*, beklagten sich die Entwickler eines Pumpenherstellers aus Deutschland.

- *„Wir fangen zwar viel an, bringen aber wenig zu Ende"*, notierten wir bei einem anderen Unternehmen aus Österreich.

- *„Bei uns finden zu viele Projekte parallel statt"*, bekundeten Mitarbeiter eines Automobilzulieferers und eines Maschinenbauers unisono. Letztere berichteten uns von Hektik und von entstehenden Fehlern wie einer im Nachhinein korrigierten Zeichnung, die bereits in der Fertigungsplanung bearbeitet worden war. Im Ergebnis seien erhebliche Nacharbeiten angefallen und die Motivation in Entwicklungs- und Fertigungsabteilung beeinträchtigt gewesen.

Entscheiden tut Not

Meist verzetteln sich die Unternehmen, statt konsequent auszuwählen. Selten findet eine systematische Ideenbewertung statt. Wer es jedoch schafft, „nein" zu sagen und nur die angemessene Anzahl an Projekten gleichzeitig laufen zu lassen, wird mit eingehaltenen Terminen und Qualitätsanforderungen belohnt (vgl. Kapitel „Prozessorganisation"). Ein rechtzeitiger Markteintritt und zufriedene Kunden sind die Folge. Eine konsequente Projektauswahl ist damit ein relevanter Schritt zum erwünschten Renditeziel.

Einen vorbildlichen Ablauf der Chancen-Risiken-Analyse zeigt das folgende Fallbeispiel.

Fallbeispiel einer Chancen-Risiken-Analyse:

Ein Pumpenhersteller hat seine Ideenbewertung neu organisiert und damit wesentlich verbessert: Aus der Ideenfindung mithilfe der Technik „Brainwriting" entstanden nicht weniger als 1.400 Vorschläge (vgl. Kapitel „Innovationsteam"), die geordnet und einem Auswahlverfahren zugeführt werden sollten – die „Feuertaufe" für das neue Verfahren. Ein interdisziplinäres Innovationsteam – statt wie zuvor eine Einzelperson – entschied über die Vorschläge. Dabei wurden die aussichtsreichsten Ideen anhand von 13 in Abstimmung mit der Geschäftsführung gewichteten Kriterien ausgesucht. Für die Grobbewertung wurden die 13 Kriterien zu fünf ungewichteten Kriterien zusammengefasst, um eine schnelle Bearbeitung zahlreicher Vorschläge zu ermöglichen. In der späteren Feinbewertung der übriggebliebenen Ideen kamen dann alle 13 Einzelkriterien zum Einsatz. Die Methodik der Einstufung, ein Punktbewertungsmodell mit der Vergabe von null, einem oder zwei Punkten, blieb dabei über alle Bewertungsschritte gleich. Die schließliche Auswahl unter den zuletzt verbliebenen Projektkandidaten fiel mithilfe von Vorprojekten. Hier wurde eine durchschnittliche Summe von 12.500 Euro pro Vorprojekt zur Verfügung gestellt, um mit ausreichender Sicherheit einen späteren Entwicklungserfolg prognostizieren zu können. Somit konnte ein definiertes Finanzvolumen eingehalten werden. Kundenanforderungen, Wettbewerbsprodukte und technische Realisierbarkeit wurden überprüft, aus den gewonnenen Erkenntnissen präzisere Entwicklungspläne und Kalkulationen abgeleitet. Auf diese Weise lassen sich nicht nur die aussichtsreichsten Hauptprojekte selektieren, sondern es können auch erhebliche Fehlinvestitionen in unüberlegt begonnene Entwicklungsaktivitäten vermieden werden. Der „Bewertungstrichter" hatte wie folgt funktioniert: Aus 1.400 Ideen waren ca. 300 Ideenbündel geworden, deren beste zu etwa 50 potentiellen Vorprojekten zusammengefasst wurden. Eine neuerliche, präzisere Bewertung ergab einen Vorschlag von zehn Vorprojekten, der von der Geschäftsführung genau so akzeptiert wurde.

4.6.7   Zusammenfassung des Kapitels

Der effektive Einsatz der Entwicklungsressourcen eines Unternehmens bedingt eine systematische und zielgerichtete Chancen-Risiken-Analyse und eine konsequente Auswahl von Projekten. Das Entscheidungsgremium für die Endauswahl wird am besten von einem interdisziplinär besetzten Projektlenkungsausschuss gebildet, der organisatorisch der Geschäftsleitung sehr nahe ist. Die wiederum interdisziplinäre Zuarbeit – das Ausreifen und die Vorauswahl von Ideen – wird von den Innovationsteams geleistet.

Die Auswahlkriterien sind ebenso wie das Auswahlverfahren transparent und verbindlich festzulegen. Dabei wird die Anzahl an „Projektkandidaten" in einem trichterförmigen Selektionsprozess stufenweise vermindert: Mit zunehmender Information werden immer präzisere Verfahren für Vergleich und Auswahl verwendet. Während zunächst grobe Check- und Prüflisten oder einfache Punktbewertungsverfahren geeignete Auswahlmethoden sind, kommen im späteren Bewertungsverlauf detaillierte Attraktivitäts-Risiko-Analysen und Finanzszenarien zum Einsatz.

Die Chancen-Risiken-Analyse ist eines der Grundmuster mit dem größten durchschnittlichen Handlungsbedarf bei KMU (vgl. Übersicht im Kapitel „Innovationsanalyse und -optimierung").

Die Methoden der Chancen-Risiken-Analyse vermögen es, einen systematischen Rahmen für die disziplinierte Anwendung des im Unternehmen vorhandenen Wissens und die zielgerichtete Bestimmung relevanter Daten zu bilden. Die Erfahrung und das Urteilsvermögen der Verantwortlichen bleiben dabei trotzdem unverzichtbar und der Mut zur Umsetzung ein wesentlicher Erfolgsfaktor.

Mit dem Abschluss der Chancen-Risiken-Analyse bzw. der Entscheidung für den Beginn eines bestimmten Entwicklungsprojektes tritt der Innovationsprozess in eine neue Phase ein. Die mit hoher Unsicherheit behaftete Phase der „Idee", neuerdings auch „Fuzzy front end" der Innovation genannt, ist abgeschlossen. Nun gilt es, das als aussichtsreich ausgewählte Produkt schnell und konsequent zu verwirklichen.

Checkliste Chancen-Risiken-Analyse:

– Ist die Auswahlentscheidung von Ideen Sache einer einzelnen Person, findet zumindest eine interdisziplinäre Vorbereitung der Entscheidung statt?

– Werden Innovationsideen in Ihrem Unternehmen nach klaren und auch allen Mitarbeitern bekannten Kriterien bewertet?

– Werden bei den Kriterien Markt und Wettbewerb, Ressourcen und Machbarkeit sowie Zielsystem und Strategie berücksichtigt?

– Werden systematisch die nötigen Informationen gesammelt, bevor entschieden wird?

– Verfügen Sie über feste Vorgehensweisen und Methoden beim Entscheidungsfindungsprozess, mit deren Hilfe Chancen und Risiken von Projektvorschlägen systematisch begutachtet werden?

– Wägen Sie rechtzeitig potentielle Kosten und Umsätze ab?

4.7 Vorprojekt – der letzte Schritt vor der erfolgreichen Durchführung eines Hauptprojekts

4.7.1 Sinn und Zweck eines Vorprojekts

Nach der erfolgreichen Ideengenerierung durchlaufen die zahlreichen Ideen die verschiedenen Phasen der Filterung (vgl. Kapitel „Chancen-Risiken-Analyse") und es bleiben schlussendlich nur die erfolgversprechendsten Ideen übrig. Nun steht die Entscheidung an, welche dieser Ideen in die Entwicklungsphase treten sollen. Bis zur jetzigen Phase wurden die Entscheidungen, ob eine Idee weiterverfolgt werden soll, eher nach subjektiven Einschätzungen und dem vorhandenen Wissen und der Erfahrung der Beurteilenden getroffen. Im Vorprojekt ist damit Schluss, hier wird die Einschätzung mit überprüfbaren Zahlen und Fakten zur objektiven Bewertung untermauert.

Auf das Grundmustermodell bezogen stellt das Vorprojekt die erste Phase im Innovationsprozess dar, in dem alle sieben Werkzeuge („Tools") zum Einsatz gelangen. Selbstverständlich werden auch in den vorangegangenen Phasen einige Werkzeuge benötigt, um überhaupt zu einem Vorprojekt zu kommen, das Zusammenspiel wird aber erst in dieser jetzigen sichtbar. Die vier Soft Skills hingegen spielen auch hier ihre Rolle, da sie von allen Beteiligten verstanden und auch gelebt werden müssen. Ist das nicht der Fall, wird das Unternehmen bis jetzt auch kaum zählbare Erfolge aufweisen können.

Ist der zu erwartende Umfang der Entwicklung verhältnismäßig gering – wäre also das Vorprojekt umfangreicher als das Hauptprojekt selbst – und die Marktakzeptanz bis zu einem gewissen Grad sicher, so kann gleich mit dem eigentlichen Entwicklungsprojekt begonnen werden. In allen anderen Fällen erweist sich die Durchführung eines Vorprojekts als absolut wichtig und notwendig, um die Erfolgschancen des neuen Produkts zu ermitteln und durch Zahlen und Fakten zu belegen. Spätere Projektabbrüche oder maßgebliche Änderungen kommen um ein Vielfaches teurer (vgl. Kapitel „Chancen-Risiken-Analyse"). In der Regel gilt also: **Kein Hauptprojekt ohne Vorprojekt!**

Die Unsicherheitsfaktoren einer Neuentwicklung

Will man ein neues Produkt – auch begleitende Dienstleistungen oder Vertriebsarten zählen dazu – auf den Markt bringen, so gibt es viele Fragestellungen, die vor Entwicklungsbeginn geklärt müssen, wie z. B.:

■ Was erwartet sich der Kunde von diesem Produkt eigentlich?

■ Wie können wir dieses Produkt vermarkten und vertreiben?

■ Wie sind die Zielmärkte aufgebaut bzw. gibt es diese überhaupt?

■ Was bietet hier die Konkurrenz an?

■ Ist dieses Produkt mit den vorhandenen Mitteln realisierbar?

Über die Beantwortung dieser Fragen kann die Unsicherheit bzw. die Wahrscheinlichkeit eines Fehlschlags verkleinert werden. Im Prinzip bleiben die Fragestellungen wiederum die gleichen wie bei den vorangehenden Auswahlschritten der Chancen-Risiken-Analyse – sie werden jetzt allerdings bis hin zu genauen Kennzahlen konkretisiert.

Die genannten Fragen bilden damit auch die Basis für den Ablauf eines Vorprojekts (vgl. **Abbildung 4.24**).

Abbildung 4.24 Aufgaben eines Vorprojekts (Quelle: Eigene Darstellung)

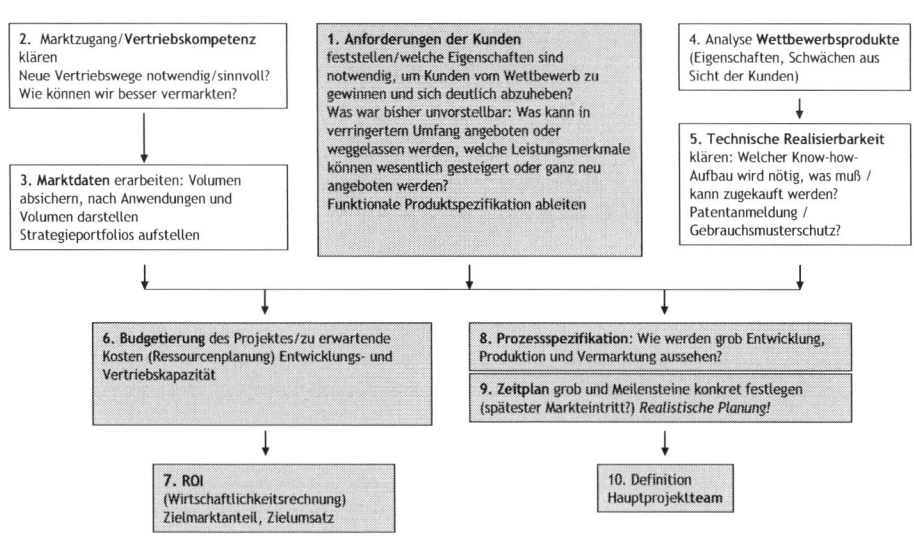

4.7.2 Die zehn Aufgaben des Vorprojekts

Der in **Abbildung 4.24** skizzierte Ablauf eines Vorprojekts ist ein allgemeines Schema und immer an das Unternehmen und seine Prozesse anzupassen. Es ist wichtig, dass alle zehn Aufgabenstellungen gelöst werden, um vollständige Resultate zu bekommen. In gewissen Fällen können einzelne Ergebnisse oder Informationen zur Abarbeitung bereits bekannt sein, wodurch der Aufwand für das Vorprojekt sinken wird. Der Umfang muss ebenso der erwarteten strategischen und umsatzmäßigen Bedeutung des Projektes angepasst werden, um ein gesundes Verhältnis von Aufwand zu Nutzen aufrechtzuerhalten.

Hat man die Rahmenbedingungen den vorhandenen Ressourcen angepasst, kann mit dem Vorprojekt begonnen werden.

Im Folgenden werden die Aufgaben des Vorprojekts näher betrachtet und praktische Handlungsempfehlungen zur Durchführung gegeben.

1) Die Anforderungen der Kunden feststellen

Wie bereits im Kapitel „Kundennähe" beschrieben, kann ein Produkt noch so hervorragende Eigenschaften besitzen und dennoch nicht verkauft werden, wenn dem Kunden diese Eigenschaften nicht wichtig sind oder er diese speziellen Ausprägungen gar nicht richtig wahrnehmen kann. Aus diesem Grund ist es notwendig, im Vorfeld die Wichtigkeit und Akzeptanz der Ideen direkt beim Kunden zu überprüfen, um daraus jene Produkteigenschaften ableiten zu können, die den Kunden bei seiner Kaufentscheidung positiv beeinflussen.

Ist der Vertriebsweg nicht direkt, sondern läuft er über zwei oder mehrere Stufen, so müssen zusätzlich die möglicherweise unterschiedlichen Anforderungen der verschiedenen „Kundenstufen" bzw. Vertriebsstufen beachtet werden. Für die *Wilo AG Dortmund* ergab sich bei der Entwicklung einer neuen Hocheffizienzpumpe das Problem, dass das Unternehmen aufgrund des in dieser Branche üblichen dreistufigen Vertriebsweges kaum Kontakt zu den Endverbrauchern hatte. Diese waren aber die eigentlichen Nutznießer der geplanten Produkteigenschaft „Energieeffizienz", die sich in wesentlich niedrigeren Energiekosten und in weiterer Folge auch in konkurrenzlos niedrigen Lebenszykluskosten niederschlägt. Bei Handel und Verarbeiter – den beiden zwischengeschalteten Vertriebsstufen – waren aber ganz andere Produkteigenschaften wie Handhabung, Regelbarkeit u. Ä. wichtiger, zudem wird bei Serienprodukten mit ähnlichen technischen Funktionen der Wettbewerb über den Preis betrieben (Krasmann 2004).

Hätte man hier also nur die bisherigen Ansprechpartner befragt, so wäre dieses Produkt aufgrund mangelnden Interesses an der primären Produkteigenschaft – die heute den Erfolg dieser Pumpe ausmacht – nie entwickelt und produziert worden.

Die Kundenbefragungen persönlich durchführen

Diese Befragungen im Rahmen eines Vorprojekts können auf viele verschiedene Arten gemacht werden, die Erfahrung zeigt jedoch, dass der persönliche Kontakt eine sehr wichtige Rolle spielt (vgl. Kapitel „Kundennähe"). Einerseits können mögliche Missverständnisse bei den Fragestellungen direkt ausgebessert werden und der Interviewer kann auf die Antworten des Kunden eingehen und dabei weitere Informationen erlangen, andererseits regt eine angenehme Atmosphäre – die von Angesicht zu Angesicht sicher besser erzeugt werden kann als mittels eines zugesandten Fragebogens – die Informationsfreudigkeit des Kunden an. In einigen Fällen ist es auch möglich, auf diese Art und Weise neue Lead User zu finden, mit denen in Zukunft eine Zusammenarbeit erfolgen kann (vgl. Kapitel „Kundennähe").

So fand etwa die Dübeldivision der *Hilti AG* im Rahmen ihrer Befragungsaktion einige trendanführende Kunden, die zusammen mit den Planungsingenieuren ein neues Produktkonzept entwickelten. Dieses wurde schließlich von ausgewählten Vertrauenskunden bewertet, bevor es am Markt eingeführt wurde. Das Endprodukt, ein neues Befestigungssystem, wurde mit dem Schweizer Innovationspreis ausgezeichnet (Kreuz 2003).

Erfahrungsgemäß können nicht alle Fragen ad hoc beantwortet werden – speziell wenn es sich dabei um Kennzahlen handelt – und die Befragten möchten hier, bevor sie etwas Falsches sagen, lieber keine Antwort geben. In solchen Fällen ist es wichtig zu erwähnen, dass man auch diese Fragen zu beantworten versuchen sollte, denn selbst ungenaue Angaben sind immer besser als fehlende Angaben. Dass dadurch ein gewisser Ungenauigkeitsfaktor entsteht, ist nicht weiter schlimm, denn schließlich will man durch diese Befragung keine exakte Marktstudie erstellen, sondern vielmehr Tendenzen und Trends herausfinden. Der Entwicklungsleiter der *Electrostar GmbH & Co.* vertritt die Meinung gegenüber seinen Mitarbeitern und Kunden, dass Schätzen nicht nur erlaubt, sondern sogar erwünscht ist (Gantke 2004).

Voraussetzung für eine erfolgreiche Durchführung der Befragung ist aber, dass der Interviewer über den Inhalt des Fragebogens hinaus in diesem Fachgebiet kundig ist und dies dem Kunden auch vermitteln kann. Eine „Fremdvergabe" der Befragung ist nur dann möglich – und bei einem Mangel an Personalressourcen sogar empfehlenswert – wenn der Externe über das notwendige Fachwissen verfügt, ansonsten sind keine guten Ergebnisse zu erwarten.

Exkurs: Der Fragebogen als Interviewleitfaden

Die Auswahl der richtigen Fragen

Die Inhalte der Befragung müssen gut gewählt sein: Sie sollen den Befragten bei seinen Antwortmöglichkeiten nicht zu sehr einengen, andererseits aber auch so konkret sein, dass er nicht zu sehr vom Thema abschweift. Erfahrungsgemäß empfiehlt sich ein Fragebogen, der in erster Linie als Leitfaden für die Befragung angesehen werden soll, d. h., man sollte sein Vorgehen an den Verlauf des Gesprächs anpassen und nicht stur Punkt für Punkt abfragen, ohne auf mögliche Zusammenhänge zwischen den Antworten einzugehen. Man darf jedoch dabei nicht die Gefahr unterschätzen, sich dabei zu „verzetteln" oder total vom Thema abzuleiten. Oft kann es dann passieren, dass man mit dem Interviewpartner zwar weit länger als geplant – und auch anfangs von ihm zugestanden – redet und sehr viele für die Studie verwendbare Dinge zum Geschäft allgemein erfährt, den Kern des Themas aber wenig bis kaum behandelt. Aus all diesen Gründen sollte das Interview daher von einem Spezialisten geführt werden.

Ableitung der Fragen aus dem Produktkonzept

Die Fragen selbst ergeben sich aus einem provisorischen Produktkonzept, das auf Basis bisher bekannter Kundenanforderungen erstellt wurde, und Betriebserfahrungen mit diesen Produkten. Die Formulierung der Fragen hat aus Kundensicht zu erfolgen und zielt auf diese möglichen Produkteigenschaften ab, meist ohne diese direkt zu nennen und somit womöglich zu viel zu verraten – auch im Hinblick auf Geheimhaltung (vgl. Kapitel „KWU" und „Kundennähe"). Die Vorgabe einer technischen Lösung würde zum einen die Gefahr bergen, vom Kunden nicht verstanden zu werden und zum anderen die Kreativität der Befragten – wie in der späteren Phase der Produktkonzeptentwicklung auch die eigene – einzuschränken. Weit interessanter sind schließlich Antworten, aus denen man die wahren Wünsche der Kunden ableiten kann, denn erst das Auffinden des jeweiligen USP schafft einen großen Wettbewerbsvorsprung (vgl. Kapitel „Value Innovation"). USP steht hier für den Begriff „Unique Selling Position", also eine einzigartige Produkteigenschaft, die als Alleinstellungsmerkmal das Produkt im Markt vom Wettbewerb abhebt.

Den Fragebogen „spannend" gestalten

Bei der Gestaltung des Fragebogens ist darauf zu achten, dass man eine gute Mischung von verschiedenen Fragearten verwendet, um den Output zu erhöhen und auch die Spannung aufrecht zu erhalten. Verwendet man großteils Fragen, auf die mit „Ja" oder „Nein" zu antworten ist oder bei denen eine Bewertung auf einer Skala z. B. nach dem Schulnoten-

System vorzunehmen ist, so tut sich der befragte Kunde oder Betreiber meist recht leicht mit der Beantwortung, das Ergebnis kann aber aufgrund fehlender Zusatzinformationen nicht so aussagekräftig sein. Stellt man hingegen fast nur offene Fragen, deren teils umfangreiche Antworten gewiss sehr interessant sind, so wird man die meisten Interviewten bald überfordern. Man muss hier also die Gesprächspartner bei Laune halten und darf sie keinesfalls mit langatmigen Ausführungen ermüden und demotivieren.

Kriterien: Erfüllung - Wichtigkeit

In einem Teil des Interviews werden auch Betriebserfahrungen abgefragt, und aus den resultierenden Verbesserungspotentialen können hier Handlungsempfehlungen abgelesen werden. Ein wichtiger Aspekt, der sich auch bei unseren eigenen Vorprojekten zeigte, ist, dass nicht unbedingt jene Produkteigenschaften kaufentscheidend sind, denen von den Befragten die größte Wichtigkeit zugewiesen wird. Vielmehr ist darauf zu achten, bei welchen Eigenschaften die größte Diskrepanz zwischen dem Grad der Wichtigkeit und dem Zufriedenheitsgrad der Erfüllung gegeben ist. So gibt es also Eigenschaften, die nicht unbedingt am wichtigsten eingeschätzt werden, deren Erfüllungsgrad durch die bisher auf dem Markt anzutreffenden Produktlösungen aber bedeutend geringer ist. Genau das sind dann jene Produkteigenschaften, auf die bei der Produktentwicklung der größte Wert gelegt werden muss, denn hier gelingt es, den Wettbewerb aus Sicht der Kunden zu übertreffen.

In dem in **Abbildung 4.25** angeführten Beispiel aus der Pumpenbranche sind die Eigenschaften „Liefertreue", „Störanfälligkeit" und „Engineering" zwar als die wichtigsten bewertet worden, der größte Handlungsbedarf ist jedoch neben der „Liefertreue" bei „Service" und „Verfügbarkeit von Ersatzteilen" gegeben.

Abbildung 4.25 Auswertung verschiedener Produkteigenschaften nach Zufriedenheitsgrad der Erfüllung und Wichtigkeit (Quelle: Eigene Darstellung)

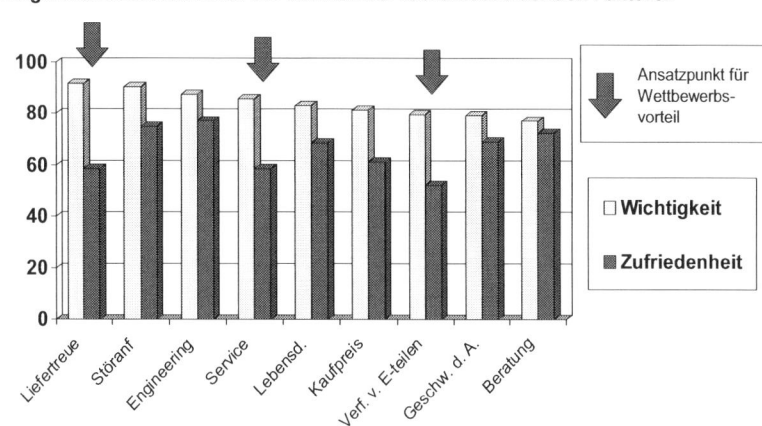

Das Funktionslastenheft als Ergebnis der Befragung

Die Auswertung der Befragung wird dann – je nach Umfang und Reichweite – eine Vielzahl von Informationen bringen, die wertvolle Hinweise für die neuen Produkte darstellen. Zum einen muss die Reaktion der Zielgruppe auf die geplanten Produkteigenschaften betrachtet und Rückschlüsse auf deren Akzeptanz gezogen werden. Darüber hinaus müssen auch jene Produktspezifikationen definiert werden, mit denen die unausgesprochenen Wünsche erfüllt werden. All diese Ergebnisse münden dann in einem sogenannten Funktionslastenheft, in dem Punkt für Punkt beschrieben wird, welche Ausprägungen das neue Produkt besitzen muss bzw. nicht haben darf (vgl. Kapitel „Prozessorganisation"). Diese Funktionen nimmt der Kunde als seinen Nutzen wahr, sie machen den Inhalt des Funktionslastenhefts aus. Mit welchen konstruktiven technischen Lösungen diese Funktionen realisiert werden, ist nicht Gegenstand des Funktionslastenhefts, denn sie würden die Entwickler von vornherein bei der Lösungsfindung einschränken.

2) Den Marktzugang finden

Es ist hinlänglich bekannt, dass sich die wenigsten Produkte – und seien sie auch noch so gut – von selbst verkaufen. Gerade deswegen ist es im Rahmen eines Vorprojekts von entscheidender Bedeutung, die Kapazitäten der Marketing- und Vertriebsabteilungen zu ermitteln und die Qualität der Kompetenzen zu klären.

Am einfachsten ist es mit Sicherheit, wenn die neuen Produkte als eine Art Weiterentwicklung auf alte Produktserien aufbauen und diese zum Großteil auch ersetzen können. In diesem Fall wird man im Bedarfsfall die gleiche Vertriebsschiene weiterfahren können, ohne große Änderungen vornehmen zu müssen. Obgleich es sich auch schon hier anbietet zu prüfen, ob sich nicht eine neue Vertriebsstrategie positiv auf die neuen – wie auch alten – Produkte und Prozesse auswirken kann. Eine Neuausrichtung des Vertriebs ist spätestens dann aber notwendig, wenn man eine neue Produktlinie mit einem neuen Zielpublikum oder gar ein gänzlich neues Geschäftsfeld in Angriff nimmt.

Neben den „klassischen" Vertriebswegen hat sich in den letzten Jahren auch der elektronische Handel etabliert. Waren es anfangs noch eher niedrigpreisige Verbrauchs- und Konsumgüter, die den E-Commerce prägten, so ist es heute nichts Ungewöhnliches mehr, wenn man sein Auto oder die gesamte Wohnungseinrichtung über das Internet kauft. Zwar besteht bei teuren Investitionsgütern zur Zeit kein großer Bedarf an solchen Angeboten, weil hier die persönliche Beratung online noch nicht so umfangreich gegeben ist und kundenspezifische Applikationen nur schwer zu realisieren sind, doch zumindest die Möglichkeit dieses Verkaufsweges – sei es auch nur, um ein zukunftsorientiertes Image aufzubauen – ist in Betracht zu ziehen. Selbstverständlich ist bei der Einführung neuer Vertriebswege darauf zu achten, vorhandene Vertriebspartner oder Handelsstufen einzubeziehen bzw. nicht zu hintergehen.

Abbildung 4.26   Produkt-Markt-Matrix (Quelle: In Anlehnung an Ansoff 1966)

	Bestehende Produkte	Neue Produkte
Bestehende Märkte	**Markt-Durchdringung** Erfolgswahrscheinlichkeit: 50% Aufwand: 1 x	**Produkt-Entwicklung** Erfolgswahrscheinlichkeit: 33% Aufwand: 8 x
Neue Märkte	**Markt-Erschließung** Erfolgswahrscheinlichkeit: 20% Aufwand: 4 x	**Diversifikation** Erfolgswahrscheinlichkeit: 5% Aufwand: 16 x

Grundsätzlich kann man das Risiko eines Flops dadurch minimieren, dass man die neuen Produkte für bekannte Märkte entwickelt. Die Chancen einer solchen „Produktentwicklung" sind empirischen Erhebungen aus den USA zufolge weit höher als die einer Diversifikation, also der Einführung eines neuen Produkts in einen unbekannten Markt (vgl. **Abbildung 4.26**, s. Kapitel „Kernkompetenzmanagement").

Ist einmal das neue Produkt gut in den bekannten Märkten eingeführt und auch angenommen worden und somit die Produktentwicklung erfolgreich abgeschlossen und der Markt gewonnen, bilden diese Märkte mithilfe der bereits gesammelten Erfahrungen den Brückenkopf für die Erschließung neuer Märkte.

Betrachtet man die Erfolgswahrscheinlichkeiten der einzelnen Strategien und den dafür benötigten Aufwand, so erscheint die Entwicklung neuer Produkte weit aufwendiger und auch risikoreicher als das Geschäft mit bestehenden Produkten. Diese Verteilung ist möglicherweise dadurch zu erklären, dass viele Produkte nur nach den Vorstellungen der Entwickler entwickelt wurden. Die Wünsche der bestehenden Märkte konnten durch den Vergleich von früheren Entwicklungen noch einigermaßen erkannt werden, in neuen Märkten wurden die Produkte mit ihren speziellen Ausprägungen aber teilweise nicht gebraucht.

Aus diesem Grund müssen die Anforderungen des Marktes bzw. seiner Kunden immer im Rahmen eines Vorprojekts in die Entwicklung aufgenommen werden. Nur so kann sichergestellt werden, dass die neuen Produkte vom Markt angenommen und somit zu Innovationen im eigentlichen Sinn werden.

Ein probates Mittel, seine Vertriebskapazitäten zu erhöhen, ist die Suche nach Kooperationen oder Allianzen mit anderen Unternehmen, deren Produkte bzw. Dienstleistungen Schnittstellen mit den eigenen Produkten besitzen. Ein gutes Beispiel zeigte sich bei der *Hawle Armaturenwerke GmbH*, einem mittelständischen Hersteller von Wasser- und Gasarmaturen, der bei seiner Neuausrichtung der Vertriebsstrategie für seine Wasserarmaturen das Produkt „Wassertransport" als Sortimentsergänzung ins Auge fasste. Das Ziel seiner Kunden ist es in den meisten Fällen, das Wasser z. B. aus dem städtischen Netz in die einzelnen Gebäude zu transportieren. Neben den Armaturen benötigt er hierfür auch noch Wasserrohre, Flansche, womöglich auch noch Pumpen und andere Apparate, die er bzw. der Planer in vielen Fällen einzeln auswählen und besorgen muss. Gibt es nun aber ein Angebot „Wassertransport", so werden alle benötigten Produkte gemeinsam vermarktet und vertrieben und dem Kunden wird somit das Zusammenstellen passender Komponenten abgenommen.

3)   Im Markt Übersicht verschaffen

Neben der bereits diskutierten Frage, welche Produkteigenschaften der Kunde wünscht, muss auch geklärt werden, wie groß der Markt für ein neues Produkt ist. Die Ermittlung dieser Zahlen kann gut in eine allgemeine Befragung integriert werden, da in vielen Fällen nur wenige Stückzahlen pro Befragungspartner benötigt werden, um in Kombination mit bereits bekannten Marktdaten – die meisten Kennzahlen sollten von den Mitarbeitern selbst eingebracht werden können – eine relativ aussagekräftige Marktübersicht zu bekommen.

Mithilfe der „Quervergleichsmethode" ist es schnell und einfach möglich, die Zusammenhänge zwischen verschiedenen Produkten in verschiedenen Marktsegmenten so darzustellen, dass das Marktpotential für neue Produkte auf anschauliche Weise gezeigt werden kann. Bei dieser Methode werden überprüfbare abzählbare Größen wie Stückzahlen oder Marktanteile von verschiedenen Märkten zusammengetragen. Man kann sich das so vorstellen, dass Vertreter verschiedener Bereiche zusammenkommen und „ihre" Zahlen auf den Tisch legen. Durch den Vergleich dieser Zahlen nach Wettbewerber und Region können die fehlenden Zahlen ermittelt und nach geschätzten Marktanteilen den Marktteilnehmern zugeordnet werden. Als nächster Schritt werden die durchschnittlichen Stückkosten und die anteiligen Ersatzteilkosten ermittelt, wodurch auch die Umsätze der einzelnen Positionen sowie die Größe des Marktes geschätzt werden können. Die Ergebnisse aus dieser Methode sind natürlich einer gewissen Ungenauigkeit unterworfen, jedoch kann zumindest ein tendenziell aussagekräftiges Bild der aktuellen Marktlage dargestellt werden.

Sind dem Unternehmen schließlich die wichtigsten Marktsegmente bekannt, müssen diese näher beleuchtet werden. Dafür eignet sich u. a. das „Wasserfalldiagramm" für Marktsegmente.

Exkurs: Marktanalyse mittels Wasserfalldiagramm

Das Wasserfalldiagramm ist eine Darstellungsform aus dem Controlling, mit dessen Hilfe die Gründe für einen fehlenden Marktanteil sehr gut veranschaulicht werden können. Ausgehend vom ermittelten Marktvolumen des Segments werden folgende Größen in Bezug darauf ermittelt:

- nicht abgedeckte Regionen,

- Nichtansprache von Kunden in abgedeckten Regionen und

- fehlende Produkte.

Daraus ergibt sich der erreichte Markt, der sich wiederum unterteilen lässt in:

- verlorene Angebote und

- Auftragseingang (Marktanteil).

Nachdem die verschiedenen Gründe für fehlende Marktanteile in einzelnen Stufen identifiziert wurden, gilt es nun, das neue Produkt diesen Ausprägungen gegenüberzustellen und abzuschätzen, welche Vertriebsstrategie den größten Erfolg verspricht. Der einfachere Weg ist es, den erreichten Markt zu vergrößern, indem man mit dem Produkt in noch nicht abgedeckte Regionen geht – was aber noch lange nicht bedeutet, dass das zwangsläufig zum Erfolg führt. Meist sind in diesen Regionen andere Hersteller stark vertreten, und es können dort fürs erste nur geringe Anteile erkämpft werden. Schwieriger ist es hingegen, wenn man im Markt bereits fast alle Regionen abdeckt und den Auftragseingang nur dadurch steigern kann, dass man die Häufigkeit verlorener Angebote reduziert. Diese liegen nach unseren Erkenntnissen meist an der minderen Qualität der Produkte im Vergleich zur Konkurrenz oder an Fehlern im Vertriebsprozess. Nach fertiger Analyse muss schlussendlich – unter der Annahme, dass der gesamte Markt nicht überproportional wächst – eine Steigerung des Auftragseingangs das Resultat sein.

Mit dieser Methode können also der Status Quo gut dargestellt und Ansatzpunkte für Verbesserungen gefunden werden, die direkt in den Innovationsprozess einfließen sollen.

Abbildung 4.27   Wasserfalldiagramm (Quelle: Eigene Darstellung)

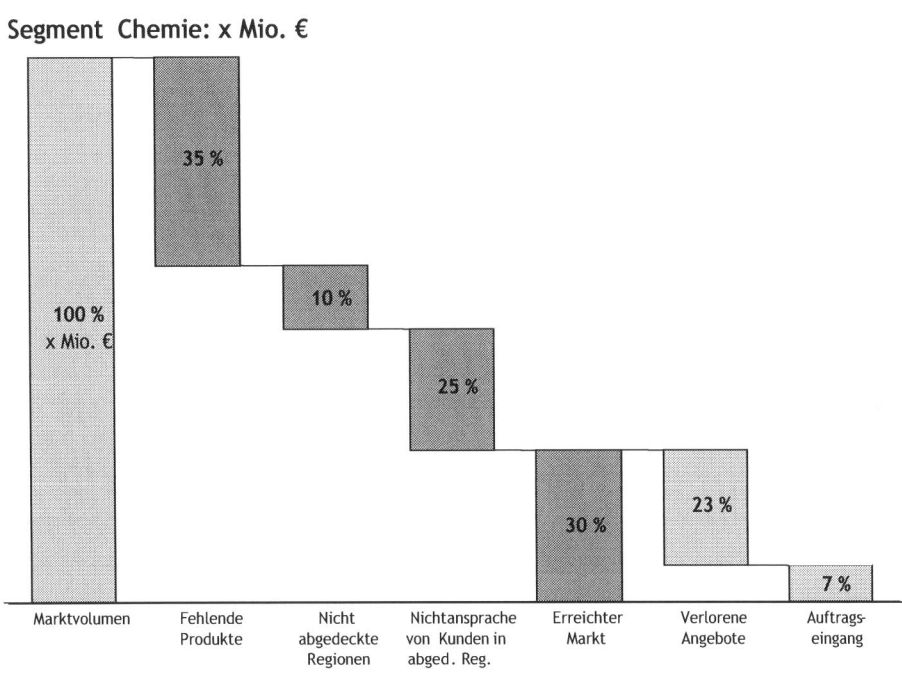

Ein weiteres wichtiges Instrument für die Entscheidungsempfehlung sind Strategieportfolios (s. auch „Portfolios" im Kapitel „Antrieb"), deren Einsatz auch im Vorprojekt hilfreiche Dienste leisten kann. In der Literatur findet man eine Vielzahl von Portfoliotypen, die für alle möglichen Arten von Entscheidungen vorgeschlagen werden. In den meisten Fällen sind jene Portfolios, welche die Attraktivität für den Markt und für das eigene Unternehmen gegenüberstellen, als Unterstützung für den Entscheidungsprozess am effizientesten.

Im Vergleich zum Strategieprozess ist es in dieser Phase wichtig, dass für die Portfolios detailliertere Informationen gesammelt werden und die Bewertung interdisziplinär durchgeführt wird, sodass möglichst viele Blickwinkel einfließen können. Das Erfolgspotential der einzelnen Vorschläge kann dann leicht aus den Portfolios abgelesen werden und als Grundlage für weitere Schritte dienen.

4)   Analyse der Wettbewerber und ihrer Produkte

Wie bereits im Kapitel 3.4 beschrieben, sollten alle Mitarbeiter über den Wettbewerb und dessen Produkte Bescheid wissen. Diese Forderung gilt natürlich für alle Bereiche des Geschäftslebens, im besonderen Maße jedoch für die Phase der Ideenfindung bis zum Entwicklungsprojektstart. Denn genau in diesen Phasen ist es wichtig zu wissen, welche Stärken und vor allem welche Schwächen die Wettbewerberprodukte besitzen und wie der Wettbewerb die Industrialisierung seiner Produkte betreibt. Hier zeigt es sich dann, ob das Unternehmen die erwartete Wettbewerbsfähigkeit tatsächlich erreichen kann und ob bzw. wie schnell der Wettbewerb einer Entwicklung folgen kann, welche Abwehrmaßnahmen zu treffen sind und welche Eintrittsbarrieren gegen Folger errichtet werden können.

Im Sinne des Benchmarkings ist es in vielen Fällen sinnvoll, die Mängel der eigenen Produkte und Prozesse im Vergleich zur Konkurrenz zu minimieren – die Hauptansatzpunkte finden sich aber bei den Schwächen der Wettbewerber, denn dort muss das Unternehmen seine eigenen Leistungen so weit steigern, dass diese die restlichen Kriterien nahezu unwichtig werden lassen (vgl. Kapitel „Value Innovation"). Für den Eintritt in einen neuen Markt ist solch eine überlegene Problemlösung nicht nur ein Wettbewerbsvorteil, sondern vielmehr die Grundvoraussetzung dafür, dass die Kunden überhaupt einen Wechsel ihres Lieferanten in Erwägung ziehen.

Doch wie findet man all diese Schwächen? Einerseits ist es nicht verboten, die Konkurrenzprodukte selbst zu kaufen und sie genau zu testen und zu analysieren. Bei billigeren Serienprodukten machen das die meisten Unternehmen auch, in höheren Preisklassen und bei komplexeren Produkten ist es aber günstiger und zweckmäßiger, jene Leute zu fragen, die fast täglich mit den Produkten zu tun haben – die Betreiber. Natürlich werden diese Betreiber in den wenigsten Fällen nicht gleich offenherzig Auskunft darüber geben, was die in eigener Verwendung befindlichen Produkte alles nicht oder zumindest nur schlecht können. Sie wollen ja nicht ihre Lieferanten und im weiteren Sinne auch die eigenen Einkäufer in ein schlechtes Licht stellen. Vielmehr ist es hier die Kunst, diese Informationen im Rahmen von Besuchen oder einer allgemeinen Befragung „geradezu beiläufig" zu bekommen. Eine Möglichkeit wäre auch, eine unabhängige Person bzw. Institution, die nicht unbedingt mit dem eigenen Unternehmen in Verbindung gebracht wird, diese Befragung durchführen zu lassen.

Bei einem mittelständischen Pumpenhersteller stellte sich so heraus, dass die Betreiber in vielen Fällen mit den überhöhten Ersatzteilpreisen der Konkurrenten unzufrieden waren. Diese Erkenntnis bestätigte das Unternehmen bei der Entwicklung eines neuartigen Pumpenkonzepts, bei dem auf einige reparaturintensive Bauteile verzichtet werden kann und dadurch die gesamten Ersatzteilkosten weiter gesenkt werden können. Parallel dazu kann das eigene Image des preiswerten Anbieters in die gewünschte Richtung des Technologieführers verschoben werden. Als Nachteil ist dabei natürlich zu erwähnen, dass dafür auf mögliche Gewinne aus Ersatzteilen verzichtet wird.

5)   Technische Realisierbarkeit klären

Parallel zur Marktanalyse sollte im Verlauf des Vorprojektes damit begonnen werden zu klären, ob die Produktideen überhaupt technisch realisierbar sind und, wenn ja, unter welchen Bedingungen.

Zum einen muss überprüft werden, ob das zur Entwicklung nötige Know-how – in erster Linie handelt es sich hier um die Mitarbeiter – im Hause vorhanden ist, und falls nicht, wo dieses beschafft werden kann. Neben der Weiterbildung von Mitarbeitern – oder gleich der Aufnahme neuer Mitarbeiter – sind vor allem Kooperationen mit Forschungseinrichtungen wie Universitäten, FHs etc. ein probates Mittel, die notwendigen Informationen bis zu einem sehr hohen Detaillierungsgrad und dabei auch recht kostengünstig zu erwerben (vgl. auch Kapitel „Kernkompetenzmanagement").

Das Gleiche gilt auch für den Bereich der Fertigung, für den durch eine – zumindest grobe – Fertigungsplanung zu ermitteln ist, ob genügend Ressourcen und Kapazitäten zur Verfügung stehen und welche Form der Eigenfertigung mit verschiedenen Fertigungstiefen in Frage kommt. Analog wird im Bereich des Marketings und des Vertriebs danach gefragt, wie weit das Unternehmen in Wertschöpfungsstufen des Handels, der Serviceerstellung oder gar in ursprüngliche Leistungsbereiche des industriellen Endkunden eindringen kann. Ziel muss es immer sein, die für die ermittelten Rahmenbedingungen höchstmögliche Wertschöpfung zu erzielen und gleichzeitig technologische Kompetenzen aufzubauen. Dadurch kann man dem Kunden auch Vorteile bieten, gefährlich wird es nur dann, wenn man zu tief in seine Leistungsbereiche einzudringen versucht und ihn dadurch substituiert. In diesem Fall wird man eher das Gegenteil erreichen – man verliert den Kunden.

In anderen Bereichen, wo ansonsten zu hohe Investitionen notwendig wären, ist es sinnvoller, die benötigten Leistungen zuzukaufen bzw. die Entwicklung dieser Leistungen an Systemlieferanten abzugeben.

Bei technologischen Neuerungen bietet sich ferner eine Patentrecherche an. Hiermit können eigene Ambitionen auf einen Patentschutz überprüft sowie der „Stand der Technik" in Erfahrung gebracht werden.

Exkurs: Patentrecherche

Die Patentliteratur ist die aktuellste und umfangreichste Informationsquelle über technische Neuerungen und dient somit auch der Vermeidung von Parallelentwicklungen bzw. Schutzrechtsverletzungen anderer Unternehmen. Parallelentwicklungen bzw. Erfindungen, die in fremde Schutzrechte eingreifen, sind dann nicht mehr schutzwürdig und daher nicht mehr selbstständig vermarktbar. Dadurch wäre der ganze Entwicklungsaufwand – abgesehen vom Aufbau von Know-how in diesem Gebiet und des Erfahrungsgewinns – umsonst gewesen. Weiter dienen Patentinformationen auch der Einschätzung des technologischen Umfeldes und von Trends. Im Folgenden wird ein kurzer Überblick darüber gegeben, welche Informationen in den Patenten zu finden sind (Schinagl 2003):

Was findet man in der Patentliteratur?

Wissenssammlung zu Produkten und Verfahren, welche

– neu sind (zum Zeitpunkt der Erteilung; aktuelle Patente stellen somit den Stand der Technik dar),

– eine gewisse Innovationshöhe – Grad der Erfindung – haben (d. h. zum Zeitpunkt der Erteilung über den Stand der Technik hinausgingen und eine echte Innovationen darstellten) und

– eine „Technizität" haben (d. h., es handelt sich um technische und/oder naturwissenschaftliche Erkenntnisse, welche in Form eines Produktes/Verfahrens genutzt werden).

Was findet man in der Patentliteratur?

Wissenssammlung zu Produkten und Verfahren, welche

– neu sind (zum Zeitpunkt der Erteilung; aktuelle Patente stellen somit den Stand der Technik dar),

– eine gewisse Innovationshöhe – Grad der Erfindung – haben (d. h. zum Zeitpunkt der Erteilung über den Stand der Technik hinausgingen und eine echte Innovationen darstellten) und

– eine „Technizität" haben (d. h., es handelt sich um technische und/oder naturwissenschaftliche Erkenntnisse, welche in Form eines Produktes/Verfahrens genutzt werden).

Für eine Patentrecherche kann man sich an die nationalen Patentämter oder Patentanwälte wenden, die zu den verschiedenen Themen Gutachten erstellen. Diese sind jedoch kostenpflichtig und dienen eher zum Überprüfen, ob die eingebrachte Idee patentfähig ist. Weit besser für allgemeine Recherchen sind die verschiedenen kostenlosen Internetseiten mit zahlreichen Informationen zum Thema Schutzrecht. Folgende Seiten bieten gleich einen direkten Einstieg in die Suchmaske:

■ www.european-patent-office.org/espacenet/info/access.htm (Seite des Europäischen Patentamtes),

■ www.depatisnet.de (deutsche Seite) und

■ www.uspto.gov (Seite des US-Patentamtes).

Stellt sich nach den Patentrecherchen heraus, dass eine Idee wirklich neu und somit auch patentfähig ist, ist zu entscheiden, ob und wo diese Erfindung zum Patent angemeldet wird. Die Entscheidung richtet sich nach den zu erwartenden Kosten für die Anmeldungen sowie nach den erhofften Lizenzeinnahmen. Das Patent ist ein territorialer Schutz in jenen Ländern, in welchen es angemeldet wurde. Es muss somit in allen Ländern angemeldet werden, wo die erwartete gewerbliche Nutzung die Anmeldekosten übersteigt. Eine Anmeldung nur im Heimatland verhindert nur die exklusive Verwertung durch andere weltweit, die gewerbliche Nutzung selbst ist jedoch nur im Heimatland geschützt. Daraus resultieren dann je nach Produktumfang und Vertriebsstrategien auch verschiedene Anmeldestrategien.

Abbildung 4.28   Die fünf Niveaus der Kreativität (Quelle: Gausemeier et al. 2001)

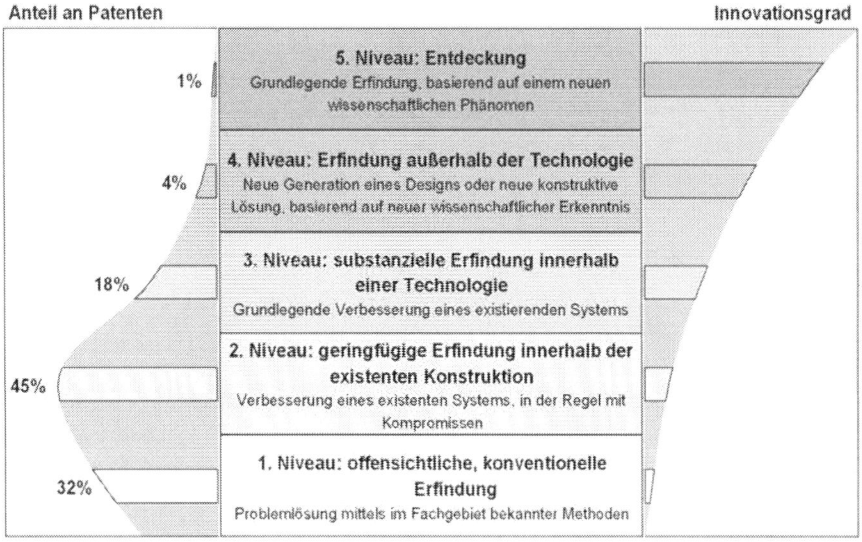

Anteil an Patenten   Innovationsgrad

5. Niveau: Entdeckung
1%   Grundlegende Erfindung, basierend auf einem neuen wissenschaftlichen Phänomen

4. Niveau: Erfindung außerhalb der Technologie
4%   Neue Generation eines Designs oder neue konstruktive Lösung, basierend auf neuer wissenschaftlicher Erkenntnis

3. Niveau: substanzielle Erfindung innerhalb einer Technologie
18%   Grundlegende Verbesserung eines existierenden Systems

2. Niveau: geringfügige Erfindung innerhalb der existenten Konstruktion
45%   Verbesserung eines existenten Systems, in der Regel mit Kompromissen

1. Niveau: offensichtliche, konventionelle Erfindung
32%   Problemlösung mittels im Fachgebiet bekannter Methoden

Innovationsgeschwindigkeit wichtiger als Patente

Zur Generierung bzw. Absicherung des Wettbewerbsvorsprungs spielen Patente nur in wenigen Industriezweigen – insbesondere in der Pharmaindustrie und in bestimmten Feldern der Chemie – eine wichtige Rolle. In anderen Branchen (z. B. dem Maschinenbau) sind Patente im besten Fall eine Ergänzung zu den verschiedenen Strategien der Absicherung.

Der Großteil der Patente stellt nur geringfügige Verbesserungen bestehender Lösungen innerhalb für den Bereich bekannter Technologien dar, deren Innovationsgrad im Allgemeinen recht niedrig ist. Jene Erfindungen und Lösungen, die auf teilweise völlig neuen Technologien aufbauen und gänzlich neue wissenschaftliche Erkenntnisse darstellen, sind nur selten in Patenten zu finden.

In vielen Fällen können Patente durch andere Lösungen umgangen werden – der Kundennutzen selbst ist schließlich nicht patentierbar. Der wichtigere Schutz vor dem Wettbewerb ist also ein zeitlicher Innovations- und Know-how-Vorsprung (vgl. Kapitel „Kernkompetenzmanagement").

6)   Budgetierung des Projekts

Wurden die Anforderungen der Kunden an das Produkt festgestellt, die Vertriebskompe-
tenz geklärt, die Marktdaten erarbeitet, die Wettbewerbsprodukte analysiert und die technische Realisierbarkeit geklärt, ist das Produktkonzept im Großen und Ganzen fertiggestellt. Zusätzlich dazu schaffen die absolvierten Arbeitsschritte alle Voraussetzungen für
eine Wirtschaftlichkeitsrechnung, die zwar nicht absolut sicher, aber für dieses Projektsta-
dium mindestens hinreichend und plausibel ist.

7)   Return on Investment (ROI)

Der wichtigste Faktor ist zwangsläufig das zur Verfügung stehende Geld: Deshalb muss
schon relativ früh berechnet werden, wie viel die gesamte Entwicklung kosten wird und
ob diese Kosten einerseits überhaupt mit den vorhandenen Ressourcen abdeckbar sind
und andererseits auch wieder hereingebracht werden können. Wichtig für diese betriebswirtschaftliche Bewertung sind zunächst folgende vier Kennzahlen:

- ■ erzielbarer Marktpreis,

- ■ absetzbare Stückzahl pro Jahr,

- ■ Größenordnung der voraussichtlichen Investition und

- ■ Herstellkosten.

Auch wenn betriebswirtschaftlich nicht exakt, lässt sich mit diesen Werten ein ROI (Return
of Investment) ermitteln. Die *Electrostar GmbH* berechnet so über eine einfache Formel –
Nettoumsatz (U_n) abzüglich der Herstellkosten (K_h) und Vertriebskosten (K_v) (jeweils pro
Jahr) dividiert durch die Höhe der Investition (K_{Inv}) – den ROI und erhält durch Bildung
des Reziprokwertes die Anzahl der Jahre (t) bis zur Gewinnschwelle (Gantke 2004).

$$t = 1 \,/\, ROI = K_{Inv} \,/\, (U_n - K_h - K_v)$$

Eine Gegenüberstellung dieses Werts zur erwarteten Lebensdauer des neuen Produkts
kann als weiteres Entscheidungskriterium herangezogen werden, denn sie gibt Aufschluss
darüber, ob mit dieser Innovation überhaupt Geld zu verdienen ist.

Die hier in der Berechnung angegebenen Kosten für die Investition sind im großen Maße
davon abhängig, welche Kapazitäten für die Entwicklung vorhanden sind und wie viel
davon auch für die Projektdurchführung verwendet werden kann. Sollte hier eine größere
Differenz von zur Verfügung stehenden zu benötigten Ressourcen entstehen, so können
die Kosten durch den Zukauf von Entwicklungsleistung sehr schnell ansteigen und den
ROI stark beeinträchtigen. Analoges gilt auch für die Vertriebskapazität: In die oben ange-
führte Gleichung können die unternehmenstypischen Vertriebskosten bezogen auf den
Nettoumsatz eingesetzt werden. Diese Annahme gilt dann natürlich nicht mehr, falls für
den Vertrieb der neuen Produkte neue Kapazitäten gebraucht werden und dadurch ein
neues Kostengefüge entsteht.

Weiter muss unterschieden werden, ob es sich beim neuen Produkt um ein Serienprodukt handelt, welches über einen längeren Zeitraum ohne große Adaptionen bis zu einige millionen Mal gefertigt wird, oder um ein Produkt, wovon im besten Falle nur Kleinserien aufgelegt werden und dessen Lebensdauer eher gering ist. Im ersten Fall besteht die Möglichkeit, höhere Vor- und Hauptprojektkosten über eine längere Produktlebenszeit oder größere Stückzahlen hereinzuholen. Insbesondere bei einem Einzel- und Kleinserienfertiger ist es wesentlich, wie es der Vorstand der *Rosenbauer AG* beschreibt, dass sich der Entwicklungsaufwand schnell amortisiert. (Brunbauer 2004)

8-9) Prozessspezifikation und grober Zeitplan: Meilensteine

Zusammen mit der Budgetierung erfolgt eine grobe Planung der Entwicklung, Produktion und Vermarktung, um für diese Phasen ebenfalls die Kosten abschätzen zu können. Für die Planung dieser Phasen wird in der Regel auf Erfahrungswerte vergangener – wenn möglich erfolgreicher – Projekte zurückgegriffen und dadurch der Aufwand für die Datenermittlung möglichst klein gehalten. Kann die Einteilung und Dauer der einzelnen Entwicklungstätigkeiten noch relativ ungenau sein, so muss jedoch die Festlegung der einzelnen Projektphasen mittels Meilensteinen schon von Anfang an konkret erfolgen, um ein stabiles Gerüst der gesamten Entwicklung zu erhalten. Zu jedem dieser Meilensteine werden im Vorfeld Kriterien festgelegt, die es zu erreichen gilt. Das Steering Committee entscheidet jeweils, ob der nächste Schritt freigegeben wird oder nicht (s. Kapitel „Prozessorganisation"). In Bezug auf Erfolgsaussichten sind diese „Stop & Gos" ein gutes Instrument, um Flops zu vermeiden und somit Kosten zu minimieren. Typische Meilensteine sind:

- Konzeptentscheidung,

- Entwurfsfreigabe,

- Prototypenentscheidung,

- Fertigungsfreigabe,

- Produktfreigabe und

- Verkaufsfreigabe (Markteintritt).

Der letzte Meilenstein ist zugleich auch der wichtigste, da zu diesem Zeitpunkt auch der Time-to-Market-Prozess geknüpft ist. Dieser umfasst die Konzipierung aller erforderlichen Unterlagen und Maßnahmen zur Markteinführung und endet auch bei dieser. Dazu gehören u. a. Schulungen der Mitarbeiter inklusive Schulungs- und Serviceunterlagen für das neue Produkt sowie die Verkaufs- und Vertriebsdokumentation mit allen erforderlichen Produktbeschreibungen.

Die *Hilti AG* setzt ihre Innovationsplanungen in Time-to-Money-Projekte um, bei denen die Projekte bis zu sechs Monate nach der Produkteinführung laufen. Die Projektteams nutzen diese längere Laufzeit, um die Marktakzeptanz des Produkts zu testen und Verbesserungspotentiale für weitere Produktgenerationen abzuleiten bzw. Sofortmaßnahmen ergreifen zu können (Eversheim 2003).

Für die Entwicklung der Hocheffizienzpumpe von *Wilo* war der Markteintritt – wie bei vielen ähnlichen Produkten auch – ein bevorstehender Messetermin, der natürlich nicht beliebig verschoben werden konnte und entsprechend in der Planung zu berücksichtigen war (Krasmann, 2004).

Die *Dräger Medical AG & Co. KG* formulierte für ihren Entwicklungsprozess die Vision „Nine-Nine-Six", welche die Durchlaufzeiten für neue Gerätegenerationen beschreibt: neun Monate für ein abgesichertes Konzept, neun Monate für die Entwicklung und sechs Monate für die Validierung. Diese Halbierung der Durchlaufzeit des Geschäftsprozesses „Innovation" von vorher bis zu vier Jahren war – zusammen mit der radikalen Reduzierung der Komplexität der Beschaffungskette – ein wichtiger Schritt für eine bessere Wettbewerbsfähigkeit (Eversheim 2003).

10) Definition Hauptprojektteam

Der letzte Schritt im Rahmen eines Vorprojekts ist die Definition des Hauptprojektteams. Wie im folgenden Kapitel näher beschrieben ist darauf zu achten, dass die Interdisziplinarität der vorangegangen Innovationsphasen aufrechterhalten wird und auch soweit möglich Personalkontinuität gewährleistet wird.

4.7.3   Zusammenfassung des Kapitels

Das Vorprojekt bildet den endgültigen Abschluss des Chancen-Risiken-Prozesses, in dem zusätzlich zur internen Bewertung auch externe Daten zur Auswahl herangezogen werden. Erst durch diese genauere Betrachtung kann mit großer Sicherheit behauptet werden, dass aus den einzelnen Vorprojekten erfolgreiche Produkte entwickelt werden können. Jetzt kann also die letzte Entscheidung getroffen werden, welche ein bis zwei Vorprojekte – bei größeren Unternehmen können es auch mehr sein – für die Weiterführung in Hauptprojekten ausgewählt werden.

Da spätere Korrekturen um ein Vielfaches teurer werden, gilt: **Kein Hauptprojekt ohne Vorprojekt!**

4.8 Prozessorganisation – die konsequente Umsetzung der Innovation

„Innovation ist ein Prozent Inspiration und 99 % Transpiration."[35]

4.8.1 Erfolgsfaktoren der Prozessorganisation

Eine aussichtsreiche Idee ist noch weit davon entfernt, als fertigentwickeltes Produkt erfolgreich in das Tagesgeschäft einzutreten. Bei vielen Neuerungen treten Schwierigkeiten auf, das eigentliche Entwicklungsziel wird nicht erreicht oder sie scheitern ganz. Der Erfolg einer Innovation steht und fällt demnach mit der Umsetzung und Gestaltung des Entwicklungsprozesses. In Kontrast zu den kreativen Freiräumen der Ideenfindung kommt es jetzt auf eine schnelle und konsequente Verwirklichung des ausgewählten Konzeptes an.

Das Kapitel „Prozessorganisation" behandelt das Management der internen Umsetzung, um Unternehmen in die Lage zu versetzen, die notwendigen Mechanismen schnell und mit höchstmöglicher Erfolgswahrscheinlichkeit ablaufen zu lassen.

Bei vielen KMU mangelt es an der Umsetzung von Ideen. Trotzdem zählt die Prozessorganisation zu den besser beherrschten Grundmustern des Innovationsmanagements, wie Beispiele in diesem Kapitel und die Auswertung im Kapitel „Innovationsanalyse und -optimierung" zeigen.

Die **Erfolgsfaktoren der Prozessorganisation** sind (vgl. **Abbildung 4.29**):

- Interdisziplinäres Team (Abschnitt 4.7.2),

- Projektorganisation und Projektmanagement (4.7.3),

- Ressourcenausstattung und Verantwortung des Teams (4.7.4),

- Teamzusammensetzung und -zusammenarbeit: Motivation, Typen und Rollen (4.7.5) und

- Nutzung von Entwicklungstechniken (4.7.6).

---

[35] Thomas Edison, aus: Terninko et al. 1998, S. 34

Abbildung 4.29   Erfolgsfaktoren der Prozessorganisation (Quelle: Eigene Darstellung)

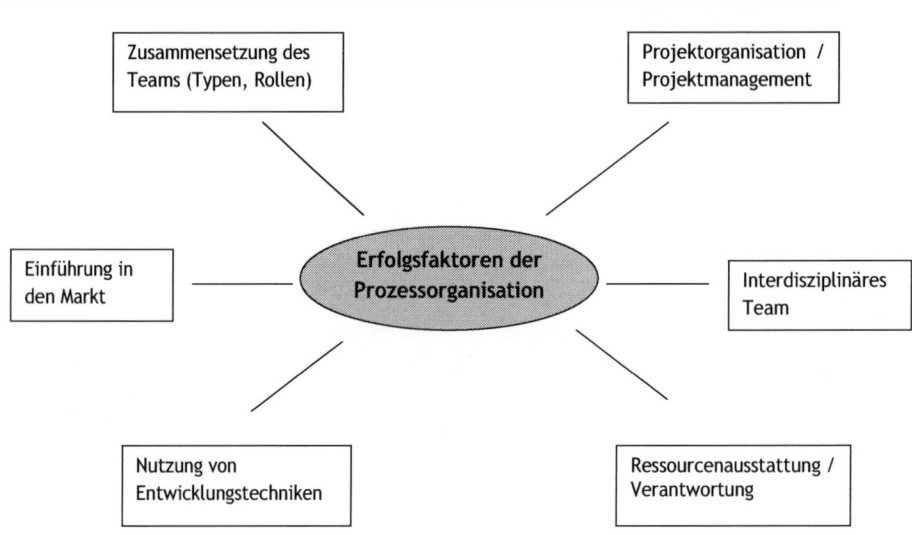

4.8.2   Interdisziplinäres Team

Die „Interdisziplinarität" ist das Schlüsselprinzip erfolgreichen Innovationsmanagements: Nach der Ideenfindung und der Ideenbewertung ist auch für die Phase der Ideenumsetzung ein Team mit Beteiligten aus allen Funktionsbereichen vorzusehen. Die Mitarbeiter des Innovationsteams, welches eine Idee hervorgebracht und zur Entscheidungsreife geführt hat, können unter Umständen jetzt auch mit der Entwicklung beauftragt werden. Für eine solche Personalkontinuität sprechen die hohe Identifikation mit dem Produkt und das bereits angeeignete Know-how der Mitarbeiter. Zur besseren Unterscheidung vom Innovations- bzw. Ideenfindungsteam wird das Umsetzungsteam im Folgenden als **„Entwicklungsteam"** bezeichnet (s. **Abbildung 4.30**).

Abbildung 4.30   Teams im Innovationsprozess (Quelle: Eigene Darstellung)

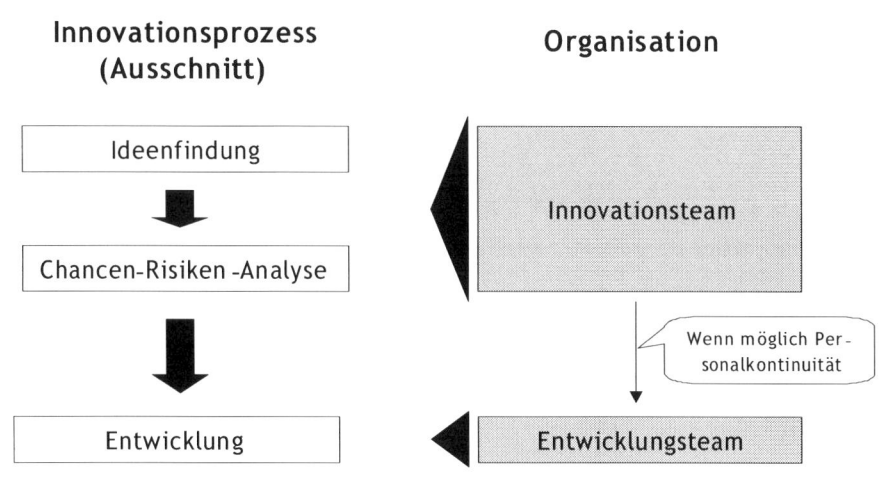

Vorteile der Interdisziplinarität

Die beiden wesentlichen Argumente für eine multifunktionale Besetzung dieses Teams sind

1. die Komplexität der heutigen Entwicklungsprobleme, die ein einzelner nicht in allen ihren Facetten zu durchschauen vermag, und

2. die steigende Motivation der beteiligten Mitarbeiter zur späteren Betreuung „ihrer" Innovation im Tagesgeschäft.

Abteilungen mit ursprünglich unterschiedlichen Zielsetzungen sind auf diese Art zur Vernetzung ihrer Ansichten auf eine gemeinsame Linie zu bringen, was auch die spätere Weiterentwicklung der Innovation erleichtert: Produkte und Abläufe können am leichtesten von denjenigen verbessert werden, die bei der Entstehung beteiligt waren.

Die **Effektivität** des Innovationsprozesses steigt durch die Kompetenz des Teams zur zielgerichteten Lösung komplexer Innovationsprobleme. Die Verzahnung und gegenseitige „Befruchtung" vieler Wissensträger führt außerdem auf **effizientem** Wege zu einer Umsetzung von Forschungsergebnissen in marktfähige Anwendungen, weil durch die frühzeitige Beteiligung der Funktionen kostspielige und zeitaufwendige Nacharbeiten vermieden werden. Die Auswirkungen der herkömmlichen, funktional unterteilten Entwicklungsorganisation sind hingegen:

- ■ lange Entwicklungszeiten und später Markteintritt,

- ■ hohe Entwicklungs- und Produktionskosten und

- ■ niedrige Produktivität und unbefriedigende Kundenorientierung.

Als die *NASA* in den 60er-Jahren des 20. Jahrhunderts in nur wenigen Jahren den Wettlauf um den ersten Astronauten auf dem Mond gewinnen wollte, integrierte man das Astronauten-Team aus Air-Force-Testpiloten in die Entwicklung. Auf diesem Weg stieg die Motivation der späteren „Nutzer" und sank deren Angst vor einer damals höchst riskanten Mission. Zudem konnten sie ihr flugtechnisches Know-how einbringen.

Besonders der Kostenaspekt soll im Folgenden noch einmal verdeutlicht werden: Früh kann man zwar viel verändern, kennt aber die Auswirkungen kaum – spät kann man leicht beurteilen, aber kaum mehr verändern. Die Kosten der Entwicklung und Produktion sind also zu Projektbeginn am stärksten beeinflussbar. 60 bis 80 Prozent der variablen Kosten wurden so nach herkömmlicher Entwicklungsorganisation von Mitarbeitern aus der Konstruktion bestimmt, und diese verfügen oft kaum über betriebswirtschaftliche Kenntnisse. Wenn möglichst früh alle Beteiligten „mit ins Boot" geholt werden, können späte Änderungen vermieden werden.

Bei der *BMW AG* hat dies z. B. dazu geführt, dass die Abteilungen Vertrieb, Marketing, Einkauf und Entwicklung nicht nur in gemeinsamen Entwicklungsteams zusammenarbeiten, sondern darüber hinaus sogar in der Organisationsstruktur in einem sogenannten Ressort „Produkt und Markt" zusammengefasst wurden.

Die in das Entwicklungsteam integrierten Mitarbeiter repräsentieren alle relevanten Funktionen. Dazu zählen in erster Linie die Bereiche

- Entwicklung,

- Vertrieb,

- Marketing bzw. Produktmanagement,

- Fertigung,

- Qualitätssicherung,

- Einkauf,

- Service

- und Arbeitsvorbereitung,

die ihr Wissen in die Innovation einbringen und selbst eine frühzeitige Planung des veränderten Tagesgeschäfts durchführen.

Vertrieb und Marketing gewährleisten die Marktnähe der Entwicklung, bereiten die Absatzkanäle und Verkaufsförderung vor und sichern von vornherein das wichtige Engagement der Verkaufsmannschaft für das Neuprodukt. Vertreter aus Fertigung bzw. Arbeitsvorbereitung sorgen für eine produktionsadäquate Konstruktion, sodass hier kostenoptimal und synergetisch verfahren wird. Die Einkaufsabteilung verhindert durch frühzeitige Intervention unnötig teure Materialalternativen und pflegt eine frühzeitige Kommunikation mit Lieferanten.

Auch das Aussehen eines Produktes ist ein wichtiges Kriterium für Kaufentscheidungen. Die Bedeutung der optischen Komponente ist natürlich je nach Produkt unterschiedlich, im Maschinenbau beispielsweise ist sie in der Regel nachrangig. Dennoch darf die Relevanz der Produktästhetik nicht unterschätzt werden, bei sonst vergleichbaren Produkten kann sie leicht den Ausschlag für eine Kaufentscheidung geben. Die Einbindung auch eines Designers während der entsprechenden Entwicklungsphase ist daher in vielen Fällen ratsam.

Für einen Hersteller von Löschsystemen z. B. ist die gelungene Optik einer der wesentlichen Erfolgsfaktoren eines seiner umsatzstärksten Produkte.

Analog zu diesen exemplarisch aufgeführten Funktionen bringen sich die übrigen Mitarbeiter in den Entwicklungsprozess ein. Der rechtzeitige Einbezug der Fertigungsabteilung ist besonders zu beachten. Sind keine Produktionsmitarbeiter im Entwicklungsteam vertreten, entstehen leicht Informationsdefizite, die zeit- und kostenintensive Nachbesserungen in der Entwicklung und Motivationsprobleme in der Fertigung zur Folge haben:

- Bei einem Unternehmen beklagte ein Fertigungsmitarbeiter z. B., dass „die vom Vertrieb den Kunden einfach irgendwelche Dinge versprechen, die wir im Werk dann halten sollen, auch wenn das manchmal gar nicht geht" – ein typisches Indiz für Kommunikationsdefizite.

- Bei einem Pumpenhersteller, der seine Entwicklungen nicht von Teams durchführen lässt, sondern traditionell von einzelnen Verantwortlichen in der F&E- bzw. Konstruktionsabteilung, hat die Produktion keinerlei Einfluss auf den Entwicklungsprozess. Dies führt dazu, dass die Überführung neuer Produkte in die Fertigung mit Problemen behaftet ist.

Internationale Märkte erfordern internationale Innovationsprozesse

Der internationale Aspekt von Innovationsprozessen muss ebenfalls berücksichtigt werden: Durch immer transparenter werdende Weltmärkte ist eine internationale Abstimmung verstärkt notwendig. Will man das zu entwickelnde Produkt in anderen Ländern verkaufen, so ist auf den frühzeitigen Einbezug der (Verkaufs-)Repräsentanten aus den entsprechenden Zielmärkten zu achten. So wird es möglich, frühzeitig internationale Bestimmungen oder Markteigenheiten zu berücksichtigen und Produktadaptionen von vornherein vorzusehen bzw. schon bei der Konstruktion kostenminimal zu planen.

Die praktische Umsetzung internationaler Teamarbeit birgt natürlich Herausforderungen. Kulturelle Differenzen sowie Zeitzonen sind zu überbrücken. Hierzu sind fähige und gut ausgebildete Teamleiter gefragt. Persönliche Begegnungen sind, wie immer bei Kommunikationsprozessen, von hoher Bedeutung zur fachlich unmissverständlichen Kommunikation sowie zur interkulturellen Teambildung. In den Zeiten zwischen persönlichen Teamtreffen sind ausreichend häufige Telefon- und Videokonferenzen die nächstbesten Kommunikationslösungen. Einige Unternehmen wie *IBM*, *Unilever* und *British Telecom* gehen gar neue Wege und lassen ihre Mitarbeiter in der künstlichen PC-Welt *„Second Life"* oder selbst programmierten virtuellen Plattformen als Kunstfiguren bzw. Avatare Treffen abhalten.

Kundennähe sorgt für eine größere Effektivität des Entwicklungsprozesses

Um einen kundennahen Entwicklungsprozess in Gang zu setzen, sollten Sie folgende **Checkliste** beachten:

- Wird der Anwendereinfluss in der Phase der Umsetzung aufrechterhalten?

- Sind bei technikgetriebenen Innovationen („technology pushs") die Marktanwendungen geklärt?

- Sind bei risikobehafteten Entwicklungen völlig neuer Produkte Lead User und Schlüsselkunden – also innovative Kunden und wichtige Zielkunden – aktiv in den Innovationsprozess mit eingebunden, ohne dass diese als „Chefentwickler" fungieren?

- Haben Sie vor der endgültigen Festlegung der konstruktiven Produktbeschaffenheit die Meinung der Kunden durch Befragung, Besuch oder Einladung in das Team eingeholt?

- Haben Sie vor der endgültigen Fixierung der Konstruktion Referenzkunden das Produkt testen lassen, um die Fehlerfreiheit und Marktakzeptanz der Entwicklung zu bestätigen?

Im Regelfall führt eine Berufung von Kunden als ständige Mitglieder in das Entwicklungsteam zu weit. Dennoch können besondere Umstände dies erfordern:

Der Maschinenbauer *Günther Wensing,* mehrfacher Innovationspreisträger, profitierte bei der Entwicklung eines lasergesteuerten Abtastgerätes zur Vermessung von Skulpturen vom fortlaufenden Input eines Werkstoffwissenschaftlers, eines Denkmaltechnikers und eines Bildhauers so stark, dass er diese fest in sein Entwicklungsteam integrierte.

Auch wenn eine maßgeschneiderte Entwicklung für nur einen Kunden durchgeführt wird, ist eine feste Integration eines Vertreters dieses Zielkunden in das Umsetzungsteam sinnvoll.

Eine Prozessbeschleunigung ist durch die Einbindung von Kunden allerdings nicht zu erwarten. Es kostet Zeit, zusätzliche Informationen einzuholen und zu verarbeiten. Die Integration von Kunden führt somit zu einem effektiveren, nicht notwendigerweise aber effizienteren Innovationsprozess.

Der Informationsabfluss über eingeweihte Kunden an den Wettbewerb wird in den meisten Fällen zu Unrecht gefürchtet, da der eigentliche Wettbewerbsvorteil eines Unternehmens im funktionierenden Innovationsablauf liegt.

Folgende Beispiele aus unserer Studie zeigen einen gelungenen Einbezug von Kunden in den Entwicklungsprozess:

- Die CWW-GERKO Akustik GmbH aus Worms hat durch einen ständigen guten Kundenkontakt einen großen Bedarf der Anwender für einen neuartigen Bodenbelag für die Körperschallisolierung von Automobilen ermittelt. In den Jahren 1994 bis 1996 wurde in enger Zusammenarbeit mit Schlüsselkunden ein solcher Belag entwickelt. Da auch das Projektmanagement gut funktionierte und alle Aufgaben konsequent abgearbeitet wurden, gelang ein großer Innovationserfolg.

- Ein Unternehmen entwickelte zwei ähnliche Produkte unter ansonsten annähernd identischen Bedingungen. In einem Fall ließ der Kunde eine enge Zusammenarbeit mit Versuchen in seiner Fabrik zu, im anderen Fall war eine so enge Kooperation seitens des Anwenders nicht erwünscht. Im ersten Fall gelang eine erfolgreiche Innovation, im anderen Fall wurde das Produkt zum Flop.

Abbildung 4.31 Entwicklungseffizienz und -effektivität durch flexible Teamstrukturen (Quelle: Eigene Darstellung)

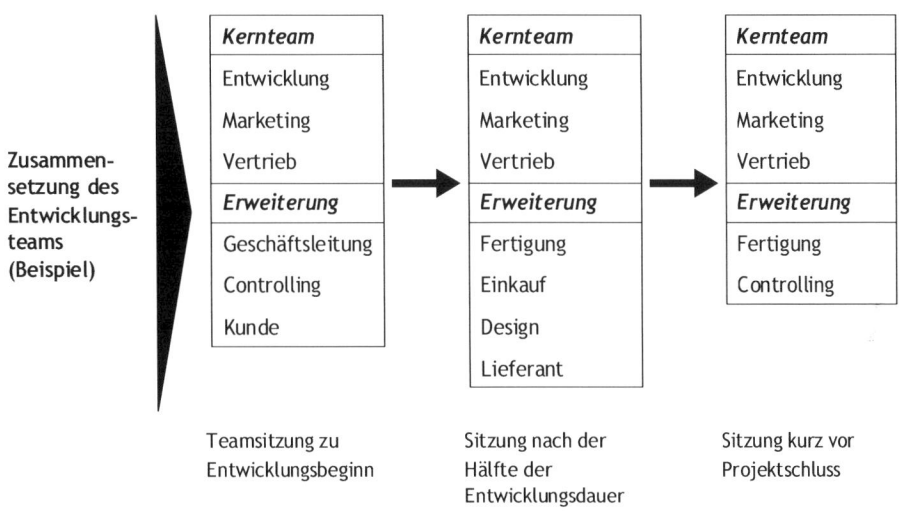

Flexible und situationsbedingte Zusammensetzung des Entwicklungsteams

Je mehr Personen am Entwicklungsteam beteiligt sind, desto größer wird der zu betreibende Koordinations- und Integrationsaufwand. Das Entwicklungsteam sollte aus einem Kernteam aus Geschäftsleitung, Marketing bzw. Vertrieb und F&E bestehen, das über den gesamten Prozess mit höchster Intensität eingebunden wird. Je nach konkreter Entwicklungsaufgabe kann dieses Kernteam um Produktion, Qualitätswesen und Beschaffung erweitert werden. Damit erreicht es eine Anzahl von vier bis sieben Mitgliedern – eine optimale Teamgröße im Sinne effektiven und effizienten Arbeitens.

Die übrigen Funktionen sollten mit verminderter Intensität über den gesamten Prozessverlauf eingebunden werden. Sie müssen nicht notwendigerweise an allen Sitzungen des Kernteams teilnehmen, sondern nur dann, wenn ihren Funktionsbereich betreffende Themen besprochen werden. Die Abteilungen Controlling, Finanzierung und Personalentwicklung sind daher nur nach einzelner Abwägung einzubeziehen (vgl. auch **Abbildung 4.31**).

Die sinnvolle Intensität der Beteiligung der verschiedenen Funktionsbereiche hängt außerdem von der Ideenherkunft und vom Grad der Neuigkeit der Entwicklung ab.

Checkliste zur Beteiligung der Abteilungen:

- Bei einer vom Markt geforderten Innovation ist die Beteiligung von Vertriebsmitarbeitern in geringerem Maße erforderlich als bei einer technologiegetriebenen Entwicklung.

- Bei der routinemäßigen Entwicklung einer Produktvariante, die sich in gleicher Form monatlich wiederholt, sind Absatzplan und Kostenstruktur in der Regel bekannt und unstrittig, der Einbezug des Controllings reicht zu Projektbeginn.

- Bei einer völligen Neuentwicklung sollten alle Bereiche über die komplette Projektlaufzeit hinweg anwesend sein.

- Die grundsätzliche Information und Beteiligung der Bereiche ist immer sicherzustellen, dies darf jedoch nicht für einige Mitglieder eines Entwicklungsteams zu einem sinnlosen Absitzen ihrer wertvollen Zeit führen.

- Die Häufigkeit der Teamtreffen und die jeweilige Beteiligung der Teammitglieder über die Projektlaufzeit sind den aktuellen Erfordernissen anzupassen. In geregelten Abständen, etwa alle drei bis sechs Wochen, ist jedoch ein Treffen des kompletten Teams durchzuführen, um den Informationsgleichstand aller Beteiligten zu gewährleisten und der gemeinsamen Verantwortung gerecht zu werden.

- Ist zu Entwicklungsbeginn ein regelmäßiger, starker Einbezug des Vertriebs unabdingbar, so kann auf dessen Beteiligung an späteren Meetings von Fall zu Fall verzichtet werden, wenn nur entwicklungstechnische Details auf der Tagesordnung stehen.

- Die jeweilige Besetzung der Besprechungen ist flexibel zu handhaben, falls bilaterale Abstimmungsgespräche ausreichen, ist eine Teambesprechung gar nicht notwendig.

Widerstand im Team

Die Beteiligung zahlreicher Personen macht einen Prozess insofern schwieriger, als der Kreis der potentiellen Widerständler größer wird. Mit Skeptikern werden fast alle Innovationsprozesse konfrontiert – wenn diese dem Entwicklungsteam angehören, wiegt ihr Widerstand allerdings schwer. Sie zu überzeugen und dabei jedoch ihre Argumente ernst zu nehmen, ist eine für den Erfolg des Projektes zentrale Aufgabe der übrigen Teammitglieder (vgl. Kapitel „Internes Marketing").

4.8.3   Projektorganisation und Projektmanagement

Ein **Projekt** zeichnet sich durch folgende Eigenschaften aus:

– Einmaligkeit und zeitliche Befristung,

– Vorliegen eines definierten Ziels,

– Zusammenwirken mehrerer Personen bzw. Funktionen und

– komplexe Aufgabe, deren Zerlegung in voneinander abhängige Teile sinnvoll ist.

Projektmanagement ist dementsprechend die zielgerichtete Planung, Steuerung und Kontrolle von Projekten (Vahs, Burmester 1999).

Innovationsprozesse sind einmalig, zeitlich befristet, komplex, erfordern die Integration mehrerer Fachbereiche und haben eine definierte Aufgabe – damit erfüllen sie alle genannten Kriterien eines Projektes: Eine als Projekt organisierte Entwicklung kann effektiver und effizienter, d. h. zielgerichteter und ressourcenoptimal ablaufen.

Projektorganisation als Ausgleich zwischen kreativen Freiräumen und konsequenter Umsetzung

Innovationsmanagement stellt verschiedene, auf den ersten Blick schwerlich miteinander zu vereinbarende Anforderungen: Kreative Freiräume sind ebenso gefragt wie eine konsequente, schnelle Umsetzung von Ideen. Als kreativitätsfördernd wirken dabei Risikobereitschaft sowie die Tolerierung von Fehlern. Für die Realisierung von Innovationsprojekten förderlich sind dagegen effektive Teamarbeit bzw. Gruppenverhalten sowie Tempo und Dringlichkeit der Durchführung. Die Gegensätze können jedoch innerhalb einer einzigen Unternehmenskultur in Einklang gebracht werden: Partizipative Führung und Lernkultur sorgen für Freiräume, ein striktes Projektmanagement sorgt für eine straffe Durchführung von Entwicklungen.

Die Erfolgsfaktoren des Projektmanagements sind:

– Projektorganisation und Meilensteine,

– Projektmanagement: Techniken und Controlling,

– geregelter Abstimmungsmodus mit dem Tagesgeschäft,

– Verantwortung und Ressourcenausstattung und

– Teamzusammensetzung und -zusammenarbeit: Motivation, Typen und Rollen.

Projektorganisation und Meilensteine

Eine große Gefahr für die Unternehmensfinanzen besteht in folgenden Punkten:

■ Trotz negativer Planzahlen wird an einem Projekt festgehalten, obwohl dies auch nicht durch übergeordnete strategische Kriterien gerechtfertigt wird,

■ Verantwortliche sind emotional an einmal getroffene Projektentscheidungen gebunden. Um drohenden Kosten zu begegnen, werden in solchen Fällen immer neue Aufschübe erwirkt und Rettungsinvestitionen getätigt, die die Situation jedoch eskalieren lassen, statt sie zu entschärfen. Diese Bindung erklärt sich im Kern durch die Angst, Kosten realisieren und einen eigenen Fehler mit eventuell großer Tragweite eingestehen zu müssen. Man könnte dieses psychologische Phänomen in Anlehnung an den gegenteiligen Effekt auch als „Invented-here-Syndrom" bezeichnen.

Bei einem Projekt einer Firma aus unserer Studie z. B. bestanden keinerlei Gewinnaussichten, doch die Geschäftsführung besaß nicht den Mut zur fälligen Abbruchentscheidung. Das Projekt wurde „bis zum bitteren Ende durchgezogen" und daher zum „Millionengrab".

Nur ein konsequentes Überprüfungsverfahren und Gruppenentscheidungen sorgen für Objektivität, sodass ein rechtzeitiges, selbstkritisches Abbrechen von Projekten möglich bleibt. Es ist also notwendig, klare, messbare Teilziele bezüglich der Entwicklungsaufgabe sowie des Zeit- und Kostenrahmens zu definieren und diese an bestimmten Kontrollpunkten zu überprüfen. Diese Kontrollpunkte werden im Allgemeinen als **Meilensteine** bezeichnet (s. auch Kapitel „Vorprojekt"). Gliedern Sie Ihren Entwicklungsprozess entsprechend in sinnvolle Abschnitte mit Phasenübergängen durch besagte Meilensteine bzw. englisch „Reviews" oder „Gates". Dies kann z. B. eine Unterscheidung in eine Entwurfs-, Detaillierungs- und Optimierungsphase sein. Neuere deutschsprachige Literatur orientiert sich teilweise an den englischen Begriffen und spricht inhaltlich deckungsgleich anstelle von Projekt- bzw. Arbeitsphasen und Meilensteinen vom sogenannten *Stage-Gate-Modell*.

> **Tipp:**
>
> Nutzen Sie die Meilensteine zu einer Information des Projektlenkungsausschusses bzw. der Geschäftsführung über den Zielerreichungsfortschritt. Damit wird dem übergeordneten Kontrollgremium ermöglicht, seiner Führungsverantwortung gerecht zu werden und in Notfällen sein Veto einzubringen. Da die Abbruchkriterien klar definiert und die Ressourcen im Rahmen des Multiprojektmanagements klar vergeben sind, wird eine Intervention des Ausschusses nur bei Planabweichungen notwendig. Sie erreichen damit, dass die Durchführung des Projektes zwar nach wie vor in voller Verantwortung des Entwicklungsteams stattfindet, gleichzeitig aber die Unterstützung und Mitverantwortung der Unternehmensführung gewährleistet bleibt.

Werden die Anforderungen an den Projektfortschritt zum Zeitpunkt eines Meilensteins nicht erfüllt und ein Eintritt in die nächste Entwicklungsphase daher verwehrt, muss dies nicht zwangsläufig zum „Sterben" des Projektes führen. Die gemeinsam von Entwicklungsteam und Lenkungsausschuss getroffene Entscheidung kann neben einem Projektabbruch und einer Projektfortsetzung auch eine Wiederholung der zuletzt durchlaufenen Phase bewirken, falls die entstehende zeitliche Verzögerung als akzeptabel oder aufholbar bewertet wird. In diesen Fällen muss auch über eine Aufstockung der vereinbarten finanziellen Ressourcen entschieden werden.

Zu Beginn der Entwicklung ist es notwendig, zur gemeinsamen Zieldefinition ein Lastenheft oder **„Funktionslastenheft"** zu erstellen (vgl. Kapitel „Vorprojekt"). In diesem wird umfassend beschrieben, was das geplante Produkt aus **Kundensicht** können soll. Ergänzt werden diese Angaben durch grobe Ziele bezüglich Absatz, Kosten, Zeitplanung, Markt und Kunden. Im Lastenheft darf der technische Aufbau des Produktes noch nicht thematisiert werden, um der Entwicklung nicht von vornherein die Kreativität – auch für außergewöhnliche Lösungen – zu rauben.

Das **Pflichtenheft** dagegen beschreibt die technische Umsetzung der im Lastenheft geforderten Funktionen und konkretisiert die Produktentwicklungsplanung in einem strukturierten Bericht. Es ist modular aufzubauen, damit eine möglichst weitgehende parallele Entwicklung der Komponenten und die entsprechende Zeitersparnis möglich werden.

Ein Pflichtenheft soll folgende Inhalte haben:

- Allgemeine und Anwendungsbeschreibung des geplanten Produktes, externe Kooperationspartner, Projektteam nach Entscheidungs- und Mitwirkungsverantwortung,

- Fertigungsplanung mit Kosten, Stückzahlen, Qualitätsanforderungen und Fremdfertigungsanteil,

- technische Spezifikationen: Baugruppen, Material, Leistungsmerkmale,

- Termin- und Kostenplanung und

- Marketing- und Umsatzplanung sowie Daten zu Wettbewerbsprodukten.

Lasten- und Pflichtenheft sind wesentliche Meilensteine klarer und im Team übereinstimmend beschlossener Projektziele.

Da die Verabschiedung des Pflichtenheftes eine entscheidende Festlegung und damit einen wichtigen Einschnitt im Innovationsprozess bedeutet, ist es plausibel, anhand dieses Meilensteins zunächst einmal eine Vorphase und Hauptphase, respektive Vorentwicklung und Hauptentwicklung des Projektes zu unterscheiden.

Nach der Verabschiedung des Pflichtenheftes werden die gesetzten Ziele in der Konstruktion realisiert und schließlich in Prototypen umgesetzt. Bevor ein Produkt für den Markt freigegeben wird, muss sich das Unternehmen durch Tests von dessen einwandfreier Funktionserfüllung überzeugen. Funktionsprototypen erfüllen darüber hinaus die Funktion, aussagekräftige Markttests zu ermöglichen. Erst wenn ein Kunde ein Produkt tatsächlich physisch vor sich hat, ist er zu realistischen Einschätzungen fähig. Die Intensität und Anzahl der Tests im eigenen Unternehmen und bei ausgewählten Kunden hängt von der Innovationshöhe und der Wichtigkeit des Produktes ab. Ebenso ist die Einteilung des Entwicklungsprozesses nach Phasen und Meilensteinen nicht pauschal anzugeben, sondern produktspezifisch festzulegen.

Heutzutage können Tests von Produkten oder auch Service-Dienstleistungen komfortabel mit Unterstützung von Software durchgeführt werden. Während man bei intensiven

(Hardware-)Produkt-Erprobungen ausgewählter Kunden von *„Produkt-Kliniken"* spricht, heißt die intensive Probe von Software-Anwendungen *Usability Test*.

Eine multimediale Simulationssoftware, die potentiellen Kunden aufwendig auch bisher kaum vorstellbare Neuprodukte oder -dienstleistungen näher bringt, heißt *Information Acceleration* (Trommsdorff, Steinhoff 2007). Konsumartikel werden oft vor der allgemeinen Produkteinführung in abgegrenzten Testmärkten offeriert, beispielsweise angeboten von der *Gesellschaft für Konsumforschung* (GfK). Das neue Produkt ist dabei nur in Supermärkten einer Stadt zu erhalten, die zugehörige TV-Werbung nur von dortigen Bewohnern zu empfangen.

Allen diesen Testmethoden gemeinsam ist das Ziel, Innovationen im fortgeschrittenen Entwicklungsstadium auf Akzeptanz zu prüfen und weiter kundennah optimieren zu können.

Wie wichtig die Praxisprodukttests sein können, belegt folgendes Beispiel:

Bei einer Firma traten bei der Entwicklung eines bestimmten Produktes im Labormaßstab keinerlei Störungen auf. Erst im Originalmaßstab wurde man aufgrund von Magnetismus-Problemen mit erheblichen Funktionsstörungen konfrontiert, die nicht beseitigt werden konnten.

Projektmanagement: Techniken und Controlling

Die drei wesentlichen Aspekte des Projektmanagements sind

(a) Klare Projektziele und Projektcontrolling

(b) Entwicklungsbeschleunigung durch Simultaneous Engineering

(c) Risikomanagement

(a) Klare Projektziele und Projektcontrolling

Eine ergebnisorientierte Prozesssteuerung erfordert ein Setzen und ständiges Kontrollieren von **Zeit-, Kosten-** und **inhaltlichen** Zielen. Damit sind folgende Vorteile verbunden:

■ die Teammitglieder befinden sich ständig auf dem gleichen Informationsstand (Informationsfunktion),

■ die gemeinsamen Ziele haben eine integrierende und motivierende Funktion (Integrations- und Motivationsfunktion) und

■ Zielabweichungen werden frühzeitig erkannt und es können Gegenmaßnahmen ergriffen werden (Steuerungsfunktion),

■ festgelegte Entwicklungsziele vermeiden Diskussionen und Unklarheiten im fortgeschrittenen Projektstatus (Koordinationsfunktion).

Dem Zeitpunkt der Markteinführung kommt eine große Bedeutung zu. Um dem eigenen Produkt einen erfolgreichen Start zu ermöglichen, muss eine größtmögliche Aufmerksamkeit der Kunden angestrebt werden. Typischerweise wird daher der Termin einer bedeutenden Messe für die Produktvorstellung anvisiert. Ein schlechtes Timing stellt einen häufigen Grund für das Scheitern von Innovationen dar. Dementsprechend kommt der Zeitplanung und dem zeitlichen Projektcontrolling eine wichtige Rolle zu.

Die Fixierung inhaltlicher Ziele ist mitunter keine leichte Aufgabe, da Anforderungen von Kunden, durch den Wettbewerb, durch das eigene Unternehmen und vom Unternehmensumfeld berücksichtigt werden müssen (vgl. auch Kapitel 3.4). Neben der Interessenlage der unmittelbar Betroffenen ist also auch die Wirkung auf mittelbar Betroffene wie die Öffentlichkeit und Umwelt sowie deren Reaktion zu antizipieren. Der gesamte Produktlebenszyklus bis hin zu den Serviceleistungen und dem möglichen Materialrecycling ist vorauszudenken.

In der Praxis kommen jedoch sogar elementare Aufgaben wie die Auseinandersetzung mit dem Thema „Zielkunden" bei vielen Entwicklungen zu kurz, da die Verantwortlichen zu sehr mit dem Produkt selbst beschäftigt sind.

Neben klaren Projektzielen ist ein **einfaches, effizientes Projektcontrolling** ein wesentlicher Erfolgsfaktor des Entwicklungsmanagements. Demnach sollte nur eine überschaubare Anzahl für die Entwicklungsziele wesentlicher Parameter festgelegt und übersichtlich dargestellt werden, um keine Bürokratie zu installieren, deren Aufwand den Nutzen übersteigt.

> **Tipp:**
>
> Empfehlenswert ist die visualisierte Abbildung aller ausgewählten Messgrößen auf nur einem Berichtsblatt als effizientes Informationsmedium. So kann der Projektfortschritt auch von Nichtbeteiligten mit wenigen Blicken erfasst werden. Dieser Effekt lässt sich durch ein einheitliches Äußeres der Berichterstattungen aller Projekte eines Unternehmens noch verstärken. Ein standardisiertes Protokoll steigert zudem die Besprechungseffizienz und das zielführende Arbeiten des Teams.

Unverzichtbare Bestandteile des Projektcontrollings sind die Zeit-, Kosten- und Umsatzplanung. Bei den inhaltlichen Zielen können neben der technischen Zielerreichung individuell weitere relevante Messgrößen wie die interne und externe Kundenzufriedenheit aufgenommen werden. Die ausgewählten Parameter werden im Entwicklungsverlauf ständig ermittelt und graphisch dargestellt. Zur Abbildung des zeitlichen Projektablaufs haben sich die **Netzplantechnik** und die **Balkenplandarstellung** als einfache und übersichtliche Verfahren in der Praxis bewährt.

Die Finanzplanung wird am vorteilhaftesten in einer tabellarischen Übersicht verfasst und dann anschaulich visualisiert (vgl. auch Finanzszenarien in der Chancen-Risiken-Analyse). Eine einfache und übersichtliche Variante, den Verlauf der angefallenen und erwarteten Kosten und Erlöse gleichzeitig graphisch darzustellen, ist der **Ergebnisplan.** Dabei werden auf der Abszisse die Zeit und auf der Ordinate die prognostizierten oder bekannten Kosten und Erlöse abgetragen, wodurch sich als Resultierende die Finanzierungs- bzw. Gewinnfunktion ermitteln lässt. Die Planzahlen, welche zum Zeitpunkt der Chancen-Risiken-Analyse noch stark auf Erfahrungswerten und Schätzungen beruhen, gewinnen im Entwicklungsverlauf an Genauigkeit. Die fortlaufende Ermittlung der erwarteten Einkünfte dient dem Team in besonderem Maße als ständige Disziplinierungs- und Motivationsquelle. Daher sind eine gemeinsame Ermittlung des Ergebnisplans und dessen Integration in die Berichterstattung über den Projektfortschritt besonders wichtig.

Das finanzielle Projektcontrolling legt auch insofern den Grundstein für den Entwicklungserfolg, als es eine marktorientierte Gestaltung des Entwicklungsaufwandes durch **Target Costing** ermöglicht (vgl. dazu Abschnitt „Entwicklungstechniken").

Projektbudgets, in Pflichtenheften festgelegte Entwicklungsziele und entsprechende Kontrollstrukturen sowie Projektmanagement-Tools wie Balkenzeitplanung und Finanzszenarien sind bei den meisten KMU Stand der Technik. Dass trotzdem Fehler passieren oder Techniken zum falschen Zeitpunkt eingesetzt werden, zeigt das folgende Beispiel:

Die grob prognostizierten finanziellen Planzahlen wurden in einem Entwicklungsprojekt eines Unternehmens erst im fortgeschrittenen Stadium durch präzise berechnete Werte ersetzt. Man bemerkte daher zu spät, dass die Kosten weit höher lagen als geschätzt. Die fertig entwickelte Maschine kostete schließlich mehr als diejenige, welche sie am Markt ersetzen sollte – mit fatalen Folgen: Das Produkt geriet zum Flop. Immerhin konnte die entwickelte Technik zum guten Teil in einem anderen Leistungsbereich eingesetzt werden, sodass die eingesetzten Ressourcen nicht komplett vergeblich investiert worden waren.

Grenzen des Controllings

Wie schon in den Kapiteln „Kundennähe" und „Chancen-Risiken-Analyse" beschrieben wurde, ist das Marktpotential von Durchbruchsinnovationen nicht zuverlässig erhebbar. Ein präzises Controlling der Gewinnfunktion kann bei völlig neuen Produkten daher erst später im Entwicklungsprozess einsetzen. In diesem Fall kann zunächst ersatzweise eine Break-Even-Rechnung mit dem Umsatz als unbekannte Variable durchgeführt werden: Bei welchen Preis-Absatz-Kombinationen liegt das Projekt im „grünen Bereich" (vgl. Kapitel „Chancen-Risiken-Analyse")?

Geschwindigkeitswettbewerb

Der zunehmende Geschwindigkeitswettbewerb in allen Branchen erzwingt die Ausrichtung aller Aktivitäten auf ein schnelles Entwickeln. Zeit wird zum wichtigsten Wettbewerbsfaktor.

Zeit ist nicht Geld - Zeit ist wichtiger als Geld

■ Eine *McKinsey*-Studie ergab, dass Unternehmen im Mittel 33 Prozent der Gewinne nach Steuern entgehen, wenn sie eine Entwicklung sechs Monate zu spät abschließen – aber nur 3,5 Prozent der Gewinne verlieren sie, wenn sie die geplanten Produktentwicklungskosten um 50 Prozent überschreiten.

■ Berth (1997) fand in seiner Studie heraus, dass schnelle Unternehmen 174 Prozent mehr Rendite erwirtschaften als langsame.

Der **Geschwindigkeitswettbewerb** hat mehrere Konsequenzen:

– Die Parallelisierung von Aktivitäten erhält eine immer größere Wichtigkeit.

– Flexibilität und der Umgang mit Termindruck gehören zunehmend zu den gefragten Fähigkeiten.

– Das Prinzip „Mache es beim ersten Mal gleich richtig" steigt im Wert.

– Teamarbeit und Kommunikation werden wichtiger.

– Zielplanung, Vorarbeit und Projektmanagement werden unverzichtbar.

– Eine weitgehende Verantwortung des Teams ist essentiell, um langatmige, hierarchische Genehmigungsprozesse zu vermeiden.

Diese Prinzipien zur Entwicklungsbeschleunigung (vgl. **Abbildung 4.32**) müssen also verstärkt beachtet werden.

Abbildung 4.32   Sechs Schlüssel zu einer kürzeren Projektdauer
(Quelle: Eigene Darstellung)

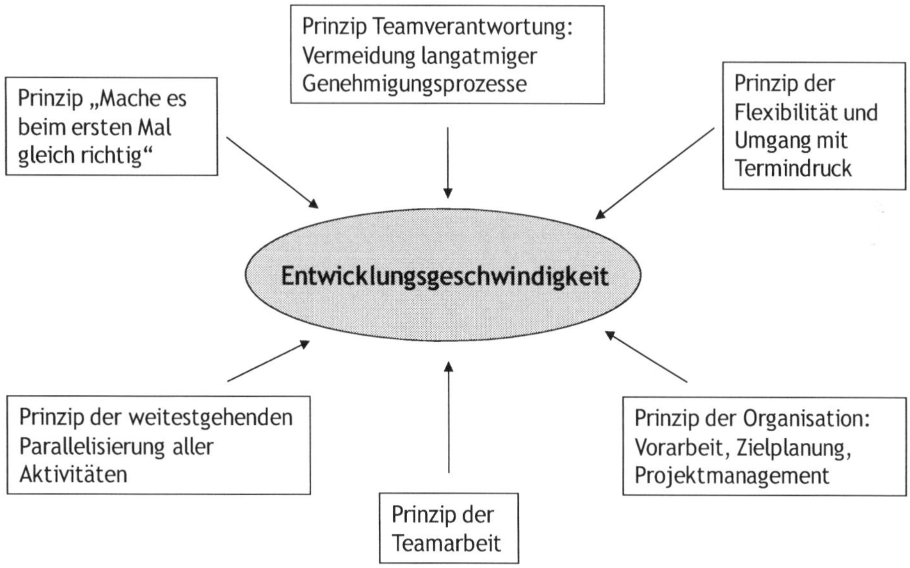

Simultaneous Engineering (SE) wird dadurch zu einem unverzichtbaren Werkzeug erfolgreicher Innovatoren. Mit ihm gelingt es, durch parallele, integrierte und soweit möglich standardisierte Abläufe gleichermaßen Zeit, Kosten und Qualität zu optimieren.

Durch die Parallelisierung von bisher sequentiellen Abläufen ergeben sich neue Anforderungen: Diese bestehen im Wesentlichen aus der Teamarbeit und der Koordination der Abläufe.

Mit der gleichzeitigen Bearbeitung von Teilaufgaben steigt neben dem Koordinationsaufwand auch der Kommunikationsbedarf. Dies hat Auswirkungen für die Aufbauorganisation: Die räumliche Nähe des Teams, also der gemeinsame Arbeitsort, wird wichtiger als die formale Zuordnung zu Abteilungen (vgl. Kapitel „Unternehmenskultur").

In manchen Branchen nimmt der Geschwindigkeitswettbewerb bereits ein extremes Ausmaß an, wie folgendes Beispiel zeigt:

Kunden eines KFZ-Zulieferers üben zuweilen einen derartigen Druck aus, dass nur die Alternativen bleiben, den entsprechenden Auftrag zu verlieren oder den Serienbeginn trotz ausstehender Tests und Produktoptimierungen vorzuverlegen. Die Risiken einer unvollständigen Produktentwicklung werden von diesem Unternehmen dann in aller Regel bewusst eingegangen. Der Imageschaden bei in solchen Fällen nicht auszuschließenden Mängeln ist dennoch gewaltig.

Daher ist es notwendig, für den Fall von erzwungenen Abkürzungen des Innovationsprozesses Ziel- und Ablaufprioritäten festzulegen, um die knappe Ressource Zeit dann auf die wesentlichen Entwicklungsschritte zu konzentrieren. Dabei ist eine individuelle Zielpriorisierung wichtig: Welche die unverzichtbaren Entwicklungsschritte sind, kann ein Unternehmen nur entscheiden, wenn es sich über die wichtigsten Anforderungen an das Produkt im Klaren ist. Und diese müssen sich über die Kundenwünsche und das Lastenheft im Pflichtenheft widerspiegeln.

Die Unternehmen unserer Studie vermochten von positiven und negativen Beispielen zum Umgang mit der Zeitnot zu berichten:

- ■ Ein deutscher Pumpenhersteller, der sich in einer Entwicklung einem plötzlichen Termindruck ausgesetzt sah, entschied sich zu einer außergewöhnlichen Maßnahme: Die Funktionstests der Prototypen wurden für unbedingt erforderlich gehalten und folglich an den beiden Weihnachtsfeiertagen durchgeführt.

- ■ Aufgrund akuter Zeitnot wurde bei einer Entwicklung eines Automobilzulieferers auf Tests der wichtigsten Kundenanforderungen verzichtet. Bei der Kundenpräsentation stellte sich dann prompt heraus, dass die Leistung des Produktes nicht gut genug war – und der Auftrag an den Wettbewerb ging.

Geschwindigkeit ist zwar alles – aber nicht zu Lasten der Entwicklungsqualität im Sinne der wichtigsten Kundenwünsche.

Grenzen der Geschwindigkeit

Offensichtlich sind die Unternehmen auch nicht in der Lage, dringende und wichtige, aber weniger zeitkritische Vorhaben systematisch zu unterscheiden. Es ist ein häufig begangener Fehler, jeden Entwicklungsprozess exakt nach der gleichen Norm und mit vergleichbaren Zeitvorgaben ablaufen zu lassen.

Tatsächlich ist nach unseren Beobachtungen die Mehrzahl der Entwicklungsprozesse sehr zeitkritisch. Dennoch gibt es auch jene Innovationen, bei denen kein Wettbewerbsdruck besteht und zusätzliche Entwicklungsmonate keine wesentlichen Renditeeinbußen mit sich bringen. Diese müssen erkannt und der Entwicklungsprozess darauf abgestimmt werden – hier ist es ohne Weiteres möglich, erst mit einem völlig ausgereiften Produkt in den Markt zu gehen. Eine Qualitäts- ist in solchen Fällen also einer Geschwindigkeitsorientierung vorziehen. Oftmals sind gerade bei technologischen Sprunginnovationen Beharrlichkeit, ein langer Atem und ein schrittweises experimentelles Vorgehen („Trial and Error") notwendig, welches auch Fehlschläge in Kauf nimmt (vgl. Kapitel „Innovationsteam"). Der *Salomon*-Skistiefel, der fünf Entwicklungsjahre benötigte, und die *C3M*-Reifentechnologie von *Michelin*, die in elf Jahren entwickelt wurde, sind erfolgreiche Beispiele dafür.

Auch in den Fällen, in denen Zeitknappheit der alles beherrschende Aspekt einer Entwicklung ist, führt der Gedanke der Beschleunigung aller Vorgänge allein nicht unbedingt schneller zum Ziel. In gewisser Hinsicht ist ausgerechnet der **Mut zur Langsamkeit** der Schlüssel zu einer höheren Geschwindigkeit: Es gehört schließlich auch zu den Prinzipien der Entwicklungsbeschleunigung, keine Fehler zu machen und damit aufwendige Korrekturen zu vermeiden (s. o.). „Wir haben keine Zeit zum Nachdenken, aber immer die Zeit, um Fehler zu korrigieren", sagte der Entwicklungsleiter eines mittelgroßen Maschinenbaukonzerns.

Ebenso darf eine starke Zeitorientierung den „Blick nach links und rechts" im Entwicklungsprozess nicht verbauen: Der Aspekt der Kreativität erhält in der Phase der Verwirklichung der Innovation zwar eine erheblich geringere Bedeutung als in der Phase der Ideenfindung, doch sollte die Konzentration auf Geschwindigkeit nicht dazu führen, dass die Teammitglieder „wie mit Scheuklappen" arbeiten. Ein angemessenes Maß an weiterhin vorhandenen Freiräumen sichert die notwendige Flexibilität und Übersicht auf der Suche nach der auch im Detail optimalen Produktlösung.

Probleme mit Simultaneous Engineering

SE hat erwiesenermaßen einen beschleunigenden Effekt auf Innovationsprojekte. Allerdings kommen sowohl negative Auswirkungen auf die Entwicklungskosten als auch auf die Qualität des Ergebnisses vor. Gründe sind

- der höhere Koordinationsaufwand und

- das Problem, dass sich Fehler- und Mehrarbeit häufen, weil Tätigkeiten begonnen werden, ohne dass die Ergebnisse relevanter Zuarbeiten vorliegen.

Mit anderen Worten: SE wird oft falsch angewendet. Es werden Arbeitsabläufe parallelisiert, die aufeinander aufbauen und daher auch bei Anwendung von SE nacheinander ablaufen müssten. Dazu ist im Vorfeld ein korrekter zeitlicher Ablaufplan zu erstellen, der ein solches „blindes" Parallelisieren von Aufgaben verhindert.

Die Unternehmen, mit denen wir zusammenarbeiteten, hatten in der Mehrzahl problemlos parallelisierte Abläufe vorzuweisen. Es gelingt den meisten von ihnen, ihre Innovationsprozesse auf schnellstmöglichem Weg zum Ziel zu steuern. Trotzdem vorhandene Ausnahmen bestätigen die Regel:

■ Eines der Unternehmen beginnt seine Marketingplanung erst, wenn die erste Anlage ihrer Art steht und funktioniert. Damit wird die Möglichkeit vergeben, frühzeitig Wünsche anderer Kunden in der Entwicklung zu berücksichtigen. Der Verlust weiterer Absatzchancen ist die logische Folge.

■ In einem besonders eindrucksvollen Fall mangelnder Prozessorganisation war bei einem anderen Maschinenbauer der Entwicklungsprozess kaum parallelisiert und es herrschten die „üblichen" Abstimmungsschwierigkeiten zwischen den Abteilungen. Der formale Ablauf sah vor, dass das Lastenheft vom Produktmanagement erstellt und zur Begutachtung zunächst in das Technische Büro und von dort aus anschließend an den Vertrieb weitergeleitet wird. Durch diese bürokratische „Kette" wurde gegenüber einer Bearbeitung im Team sehr viel Zeit verschenkt. Durch die fehlende Koordination und den zeitlichen Entwicklungsdruck ergaben sich in dieser Firma des öfteren Situationen, in denen das Lastenheft erst nach Konstruktionsende erstellt wurde – die Entwicklungsabteilung hatte in diesen Fällen nicht gewartet, sondern „nach bestem Wissen und Gewissen" entwickelt. Aufgrund der sequentiellen Vorgehensweise und häufiger später Korrekturen wurde von diesem Unternehmen so eine durchschnittliche Entwicklungszeit von zwei Jahren erreicht.

(c) Risikomanagement

Das Prinzip Fehlervermeidung steht angesichts des immensen Zeitdruckes wie beschrieben weit oben in der Liste der Anforderungen. Daher wird auch das rechtzeitige Erkennen und Vermeiden von negativen Überraschungen im Projektverlauf und damit ein **Projektrisikomanagement** unverzichtbar. Das bedeutet, die im Kapitel „Chancen-Risiken-Analyse" beschriebene Methode zur Risikoanalyse zu einer Risiko**steuerung** zu erweitern:

Risikomanagement umfasst „die Analyse, Bewertung und zielgerichtete Steuerung von unsicheren Phänomenen ... – insbesondere im Hinblick auf Verlustvermeidung und Ertragserzielung" (Stein, Reventlow 1994).

Steht bei der Chancen-Risiken-Analyse der Aspekt der Bewertung und des Vergleichs mehrerer zur Auswahl stehender Projekte im Vordergrund, so geht es beim projektbegleitenden Risikomanagement in erster Linie um das Erkennen und kontinuierliche Beobachten von Gefahren sowie um das Vorbereiten von Gegenmaßnahmen. Je höher der Einsatz, desto weniger Unsicherheit ist akzeptabel. Insbesondere dann, wenn viel auf dem

Spiel steht – das Schadenpotential also groß ist – gilt es, die Unsicherheit und damit das Risiko zu verringern (vgl. **Abbildung 4.22**, Kapitel „Chancen-Risiken-Analyse").

Die beiden Aspekte der Unsicherheit werden durch folgende Fragen charakterisiert:

■ Treten die Prognosen für die Projektziele bzw. deren Einflussfaktoren wie geplant ein?

■ Welche ungeplanten Ereignisse können eintreten und das Projektergebnis gefährden?

Dementsprechend besteht das Projektrisikomanagement aus zwei Teilen:

■ Projektcontrolling oder *„Project-Monitoring"*

Hier werden wie bereits geschildert regelmäßig der Zielerreichungsgrad der Entwicklungsziele, der Zeit- und Kostenplanung sowie deren Einflussfaktoren überprüft (s. Abschnitt „Klare Projektziele und Projektcontrolling").

■ *Projekt-FMEA* (Fehlermöglichkeiten und -effektanalyse)

Potentielle interne und externe, technische und wirtschaftliche Störereignisse werden identifiziert und nach Eintrittswahrscheinlichkeit sowie Schadenpotential bewertet. Daraus werden ein Frühwarnsystem sowie potentielle Gegenmaßnahmen abgeleitet und projektbegleitend eingesetzt.

Projekt-FMEA

Die Risikoanalyse der Projekt-FMEA kann in folgende Beobachtungsfelder unterteilt werden, in denen die „KWU"-Struktur sichtbar wird:

■ unternehmensinterne Risikofaktoren,

■ produktbezogene bzw. entwicklungsbezogene Risikofaktoren,

■ wettbewerbsbezogene Risikofaktoren,

■ markt- bzw. kundenbezogene Risikofaktoren und

■ umfeldbezogene Risikofaktoren – etwa aus Politik, Recht, Gesellschaft, Kultur.

Kritische Planungsparameter aus dem Projektcontrolling können ebenfalls in das Projekt-FMEA übernommen werden.

Im Rahmen einer Projekt-FMEA empfiehlt sich die quantitative Bewertung der beiden Parameter: Die **Eintrittswahrscheinlichkeit** liegt zwischen null für „ausgeschlossen" und eins für „sicher", das **Schadenpotential** sollte möglichst in Geldeinheiten ausgedrückt werden, um einen Erwartungswert berechnen zu können. Wird auf diese Option verzichtet, können beide in Skalen (z. B. zwischen eins und fünf oder zwischen eins und zehn) bewertet werden (vgl. Kapitel „Chancen-Risiken-Analyse").

Tipp:

Anschaulich dargestellt und verglichen werden können die Risiken in einem Risiko-portfolio mit den Achsen „Schadenpotential" und „Eintrittswahrscheinlichkeit" (s. **Abbildung 4.33**).

Die Bestimmung einer Eintrittswahrscheinlichkeit kann sich durchaus als komplexe Aufgabe erweisen. Eine gewissenhafte Risikoanalyse eines langfristigen Projektes macht hier eine Zukunftsprognose erforderlich. In diesem Fall wird die im Kapitel „Antrieb" beschriebene Szenarioanalyse zum Instrument des Risikomanagements. Zusätzlich zum Schadenpotential und der Eintrittswahrscheinlichkeit kann ein dritter Parameter **„Wahrscheinlichkeit des zu späten Bemerkens"** in die Projekt-FMEA aufgenommen werden. Dieser zusätzliche Wert gibt an, wie frühzeitig ein Störereignis wahrgenommen wird bzw. ob es vom Unternehmen unbemerkt eintreten kann. In letzterem Fall ist in besonderem Maße das Errichten eines Frühwarnsystems notwendig.

Die Risikobewertung erfolgt am besten im Entwicklungsteam, da die Objektivität der Ergebnisse mit der Einbindung vieler Perspektiven steigt. Die beschlossenen Werte ergeben sich aus der Bildung der Durchschnitte der einzelnen Einschätzungen, bei extremer Streuung erfolgen eine offene Diskussion und Konsensbildung.

Die **Risikokennzahl** eines Störereignisses ergibt sich aus der Multiplikation der zwei bzw. drei Parameter. Eine Risikorangfolge entsteht durch die Anordnung der Ereignisse nach absteigender Risikokennzahl.

Abbildung 4.33   Risikoportfolio (Quelle: In Anlehnung an Fuchs 1999)

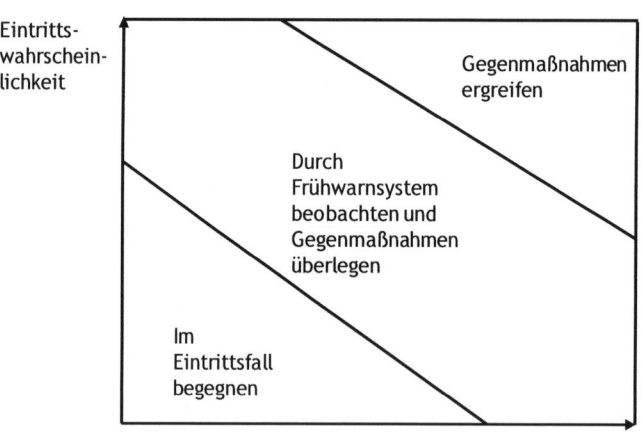

An dieser Stelle folgt der Risiko**analyse** das Risiko**management**: Bis zu einer bestimmten, individuell festzulegenden Höhe der Risikokennzahl werden für jedes Störereignis ein **Frühwarnsystem** eingerichtet und Gegenmaßnahmen für den Fall des Eintritts beschlossen. Ziel des Frühwarnsystems ist es, Störentwicklungen frühzeitig zu erkennen, um rechtzeitig und systematisch darauf reagieren zu können. Bei dessen Aufbau werden zunächst für das betreffende Störereignis Signale identifiziert, die einem Eintritt vorausgehen. Die mit diesen Warnsignalen verbundenen Parameter stellen den Beobachtungsbereich dar, der im Projektverlauf überwacht wird. Die Parameter werden jeweils mit einem **Alarmwert** und einem **Handlungswert** versehen: Erreicht oder überschreitet ein Parameter seinen Alarmwert, so wird seine weitere Entwicklung mit erhöhter Aufmerksamkeit verfolgt sowie die überlegten Gegenmaßnahmen vorbereitet. Bei Überschreitung des Handlungswertes erfolgt die vorbereitete Reaktion.

Auch im Rahmen des Projektcontrollings kann ein entsprechendes Risikomanagement mit einem formalen Frühwarnsystem eingerichtet werden. Dazu werden für die ausgewählten Parameter bzw. Messgrößen des Projektcontrollings Mindestwerte oder Korridore definiert, die analog als Alarm- und Handlungswerte dienen.

Mit Hilfe des Risikomanagements kann im Regelfall beobachtet werden, wie sich Risiko bzw. Erwartungswert im Projektverlauf von Meilenstein zu Meilenstein stabilisieren. Es besteht auch die Möglichkeit, **Risikolimits** zu setzen, und notwendige Risiken können bewusst eingegangen und kontrolliert werden. Schließlich kann manches Risiko bei positivem Verlauf auch zur Chance werden.

Gerade bei einem KMU kann sich ein Risikomanagement als überlebenswichtig erweisen: *„Wenn einer unserer Großaufträge scheitert, können wir unser Unternehmen dicht machen"*, sagte uns ein leitender Mitarbeiter eines mittelständischen Maschinenbauunternehmens.

Geregelter Abstimmungsmodus mit dem Tagesgeschäft

Das Innovationsmanagement läuft nach anderen Regeln ab und ist schwerer plan- und messbar als das Tagesgeschäft – damit beide optimal nebeneinander arbeiten können, müssen sie klar voneinander getrennt werden. Die separate und transparente Einbindung der Innovationsorganisation in die Unternehmensorganisation wurde bereits für die Strukturen der Ideenfindung gefordert und ist ebenso für die Umsetzung notwendig. Die Projektorganisation ist in der Lage, dies zu leisten und erfolgreich zu arbeiten – vorausgesetzt, sie verfügt über einen geregelten Abstimmungsmodus mit dem Tagesgeschäft. Dazu ist insbesondere die ausreichende Priorität der Innovationsvorhaben für die Entwicklungsteammitglieder sicherzustellen.

Tipp:

Lösen Sie die Mitarbeiter für den zeitlichen Rahmen der Projektarbeit – einem bestimmten Anteil der Gesamtarbeitszeit, der im Extremfall auch 100 Prozent betragen kann – am besten komplett aus ihrer eigentlichen Abteilung heraus und unterstellen Sie sie dem Projektleiter. Der Zeitanteil für Innovation muss gewährleistet werden. Für die

Koordination der Kompetenzen zwischen mehreren Projektleitern, die auf die gleichen Personalressourcen zugreifen, zeichnet der Lenkungsausschuss verantwortlich.

Eine entsprechend gelungene Organisation der Teamarbeit wird von der Firma *Jung Pumpen GmbH* eingesetzt. Auch die Teammitglieder außerhalb der Entwicklung haben ein individuelles Zeitbudget zur Verfügung und auch fest reserviert, das sie neben ihren eigentlichen Aufgaben für die Projektarbeit benötigen. Die Abstimmung mit dem Tagesgeschäft funktioniert auf diesem Weg gut.

Um eine angemessene Rolle der Entwicklungsorganisation neben dem Tagesgeschäft zu gewährleisten, bedarf es weiterhin eines ausreichenden **finanziellen Projektbudgets,** über welches das Team frei verfügen kann.

Die beiden letztgenannten Erfolgsfaktoren des Projektmanagements, die Verantwortung und Ressourcenausstattung sowie die Teamzusammensetzung und -zusammenarbeit, stellen gleichzeitig wichtige Erfolgsfaktoren im übergeordneten Zusammenhang der Prozessorganisation dar und werden in den folgenden Abschnitten 4.7.4 und 4.7.5 behandelt.

4.8.4 Ressourcenausstattung und Selbstverantwortung des Teams

Angemessene Ausstattung mit Ressourcen und Multiprojektmanagement

Zeit und Geld in ausreichendem Maß sind unabdingbare Voraussetzungen für den Erfolg eines Entwicklungsprozesses. Die Überwachung und Ressourcenausstattung der Projekte unterliegen der Verantwortung des Lenkungsausschusses, der die Rolle einer übergreifenden Entscheidungs- und Kontrollstruktur spielt (s. o.). Er hat die Aufgabe, die jeweils vertretenen Funktionen, konkrete Teammitglieder sowie weitere Rahmenbedingungen angesichts unterschiedlicher Entwicklungsarten und -prioritäten individuell festzulegen. Projekte erhalten vorab feste Budgets, die später nur in begründeten Fällen erweitert oder gekürzt werden dürfen.

Der folgende Fall ist ein Beispiel für ein unter schwierigen Bedingungen eingehaltenes Projektbudget, aber auch für praktiziertes Verantwortungsbewusstsein und für die motivierende Wirkung von Empowerment:

Der Projektleiter eines Raumfahrtunternehmens wurde beauftragt, ein bestimmtes Vorhaben – es ging um einen Satelliten – mit einer vorgegebenen Anzahl von Mitarbeitern und innerhalb einer zeitlichen Frist zu verwirklichen. Nachdem sich das Team zum ersten Mal getroffen hatte, war man einhellig der Meinung, dass die Aufgabe in der zur Verfügung stehenden Zeit mit der gegebenen Teamgröße unmöglich zu bewältigen sei. Der Projektleiter verlangte daraufhin vom verantwortlichen Chef zwei zusätzliche Mitarbeiter für seine Aufgabe – ohne Erfolg. Dieser bat ihn allerdings, das Projekt trotzdem anzugehen und trotz der unbefriedigenden Ressourcenausstattung zum Erfolg zu führen. Durch eine gute Abstimmung des Teams sowie die Bereitschaft der Mitglieder zu Mehrarbeit konnte der Zeitplan bis zur Mitte des Projektes eingehalten werden. Etwa zu diesem Zeitpunkt erreichte das Team ein Angebot des Chefs: Durch eine veränderte Situation sei es nunmehr möglich, dem Projekt zwei weitere Arbeitskräfte zuzuordnen. Doch das Team lehnte ab: Man hatte gesehen, dass die Arbeit mit den vorhandenen Ressourcen zu bewältigen war – Verantwortungsbewusstsein und sicherlich auch Stolz führten zu der Motivation bzw. dem Willen, das angestrebte Ziel jetzt auch ohne weitere Hilfe zu erreichen. Das Team schloss das Projekt tatsächlich erfolgreich und termingerecht ab.

Bei Erreichen einer kritischen Anzahl von gleichzeitig laufenden Entwicklungsprojekten wird ein **Multiprojektmanagement** unabdingbar, um die zur Verfügung stehenden Mittel optimal einzusetzen bzw. zu verteilen (vgl. Kapitel „Chancen-Risiken-Analyse", s. o.). Damit der Überblick nicht verloren geht, muss zu jeder Zeit klar sein, welche Projekte welchen Status haben und welche Ressourcen sie binden. Nur so kann einer Überlast einzelner, mehrfach zugehöriger Personen entgegengewirkt und ein Verzetteln mit zu vielen gleichzeitig laufenden Projekten verhindert werden. Auf diese Weise werden Vorhaben konsequent und nicht halbherzig, verzögert oder sogar fehlerhaft umgesetzt.

Eine wichtige Anforderung an die Projektsteuerung ist es, eine gewisse Flexibilität und damit die Möglichkeit zur schnellen Reaktion auf kurzfristig veränderte Marktbedingungen zu bewahren.

Eine flexible Handhabung des Projektmanagements bedeutet in diesem Zusammenhang auch, prioritäre Vorhaben zu identifizieren und bevorzugt abzuarbeiten.

> **Tipp:**
>
> Veranstalten Sie regelmäßig, etwa alle 3 Monate, Entwicklungsreview-Sitzungen. In diesen präsentieren die aktuellen Entwicklungsteams dem Management bzw. dem Steering-Committee den Fortschritt Ihrer Arbeit und eine Ressourcen-Priorisierung kann systematisch vorgenommen werden, ohne in die Detailarbeit einzugreifen.

Praktiziert wird ein solches Vorgehen von der Firma *3M* – dort kommen zugleich wichtige und dringende Projekte in ein Beschleunigungsprogramm „Pacing Plus". Sind aufgrund veränderter Ausgangsbedingungen Umverteilungen der Projektressourcen trotzdem einmal unvermeidlich, so ist wiederum auf eine offene und transparente Entscheidungsfindung und -begründung zu achten, um Frustrationen zu vermeiden. Im Idealfall wird das betroffene Projektteam an der Entscheidung beteiligt. Im Kontext der kreativen Freiräume der Mitarbeiter können auch in beschränktem Umfang eigene Projekte abseits der eigentlichen Entwicklungsorganisation zugelassen werden.

Bei aller Flexibilität darf jedoch die ebenfalls notwendige Langfristorientierung der Projekt- und Ressourcenplanung nicht in Frage gestellt werden. Gerade Durchbruchsinnovationen benötigen Beharrlichkeit und Weitsicht, um in der Innovationsstrategie angemessene Beachtung zu finden und im Tagesgeschäft der Entwickler auch tatsächlich umgesetzt zu werden (vgl. Kapitel „Antrieb", „Innovationsteam" und „Chancen-Risiken-Analyse").

In japanischen Unternehmen ist es mitunter sogar üblich, wichtige Entwicklungsaufträge bis zu einem gewissen Zeitpunkt doppelt an Teams zu vergeben, um durch internen Wettbewerb die Ergebnisqualität zu verbessern. Sie nehmen für diese Redundanz bewusst einen erheblichen zusätzlichen Ressourceneinsatz in Kauf.

„Unsere" KMU können bzw. wollen sich den Luxus mehrfach vergebener Projektaufträge zwar nicht erlauben, im Rahmen ihrer Möglichkeiten statten sie ihre Entwicklungsprojekte jedoch ausreichend mit finanziellen Ressourcen aus. Wie im Kapitel „Chancen-Risiken-Analyse" beschrieben, ergibt sich allerdings oft das Problem, dass durch zu viele gleichzeitig laufende Projekte die Ressource „Personal" den wesentlichen Engpass bildet – ein von den meisten Unternehmen ungelöstes Problem, das sich nur durch eine konsequente Projektpriorisierung lösen lässt (vgl. Kapitel „Chancen-Risiken-Analyse").

Selbstverantwortung des Entwicklungsteams

„To get power, you must give them power"[36]

Das Prinzip der Verantwortungsdelegation ist zentral wichtig für die Mitarbeitermotivation und die Ausbildung von Intrapreneuren (vgl. Kapitel „Führung"). Erst wenn Wille, Kompetenz und Verantwortung zusammenkommen, wird ein Entwicklungsteam seine volle Leistungsfähigkeit entfalten. Umgekehrt wirkt es extrem demotivierend auf die Teammitglieder, wenn sich Geschäftsleitung oder Lenkungsausschuss auch in Entwicklungsdetails einmischen. Die Tätigkeit dieser Gremien bzw. des Innovationstreibers auf höchster Führungsebene muss daher auf Richtungsentscheidungen beschränkt bleiben.

Das Prinzip der Verantwortungs- und Kompetenzdelegation nach unten wird bekanntermaßen auch **„Empowerment"** („Ermächtigung") genannt (vgl. Kapitel „Führung"). Es umfasst die Planungsverantwortung und Handlungsvollmachten des Entwicklungsteams im Rahmen des vorab zugeteilten Projektbudgets. Mitunter stellt es sich als große Herausforderung an die ursprünglich verantwortlichen Führungskräfte heraus, dem Team hier wirklich freie Hand zu gewähren. Flankiert werden muss das Empowerment durch entsprechende Zugangsmöglichkeiten des Teams zu allen wesentlichen Informationen.

Der wesentliche Vorteil des Empowerments ist die Zeitersparnis, da Entscheidungen nicht mehr in der Hierarchie weitergegeben werden müssen. Neben der Effizienz nehmen auch die Entwicklungseffektivität und die Qualität der Entscheidungen zu, denn niemand besitzt so viel Problemnähe und Sachkenntnis wie die Teammitglieder selbst.

Autonome, selbstorganisierende Umsetzungsteams repräsentieren die Prinzipien der Fraktalen Fabrik im konkreten Einsatzfall der Entwicklungsorganisation (vgl. Kapitel „Führung").

---

[36] Bauer et al. 1992

In der Praxis funktioniert das Empowerment einzelner Mitarbeiter eher schlecht (vgl. wiederum Kapitel „Führung"), die Abgabe von Verantwortung an Entwicklungsteams dagegen interessanterweise gut: Fast alle „unserer" Firmen lassen ihren Ausführenden im Innovationsprozess genug Eigenverantwortung und Entscheidungsspielräume. Eine Ausnahme wird von einem Automobilzulieferer gebildet:

Die Unternehmensführung dieser Firma gab uns gegenüber zu, es handele sich um kein „wirkliches" Empowerment, denn an fast allen Sitzungen würden Vertreter der Vorstandschaft aktiv teilnehmen. Ein Resultat dieses Vorgehens ist eine Erfolgsquote von nur 40 Prozent der gestarteten Entwicklungen bei Neuprodukten.

Gemeinsame, aber trotzdem klar verteilte Verantwortung innerhalb des Teams

Dem ebenfalls wichtigen Prinzip der **Prozessorientierung** (vgl. Kapitel „Führung") wird das Projektmanagement durch die **gemeinsame Verantwortung** aller Teammitglieder für den gesamten Entwicklungsablauf gerecht. Dadurch werden Schnittstellen abgeschafft, die Bürokratie reduziert und eine gemeinsame Identifikation mit dem Produkt gefördert. Nebenbei steigen im Team Interesse und Verständnis für die Tätigkeitsbereiche der Kollegen, was einem Lernprozess für interdisziplinäres, vernetztes Denken gleichkommt und den individuellen Horizont der Mitarbeiter erweitert. Begleitende Schulungsmaßnahmen sind möglich:

Die Firma *Xerox* beispielsweise schulte ihre Forschungsmanager in betriebswirtschaftlichen Themen, um ihre Fähigkeit zu steigern, im Team mitzureden.

Es widerspricht einer gemeinsamen Verantwortung für das Endergebnis nicht, für Teilaufgaben innerhalb der Gruppe eindeutige Zuständigkeiten festzulegen bzw. die Rollen klar zu verteilen (s. **Abbildung 4.34**). Im Gegenteil: Ohne klare Verteilung der Verantwortungen kommt es gerade bei Teamentwicklungen leicht zu Zuständigkeitskonflikten, oder es fühlt sich letzten Endes überhaupt niemand verantwortlich.

> **Tipp:**
>
> Fixieren Sie gleich zu Projektbeginn Durchführungsverantwortung und Mitwirkungsverantwortung schriftlich. Während ein Projektleiter die Durchführungsverantwortung übernimmt, ist jedes Teammitglied für eindeutig festgelegte Teilbereiche zuständig. So können die Einzelaktivitäten optimal koordiniert werden. Der Projektleiter fungiert dabei als Projektcoach – und nicht als Vorgesetzter im Sinne einer autoritären Hierarchie (vgl. Kapitel „Führung").

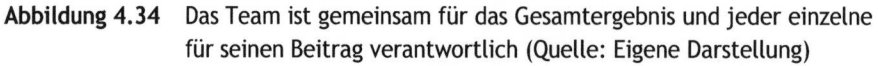

Abbildung 4.34   Das Team ist gemeinsam für das Gesamtergebnis und jeder einzelne
für seinen Beitrag verantwortlich (Quelle: Eigene Darstellung)

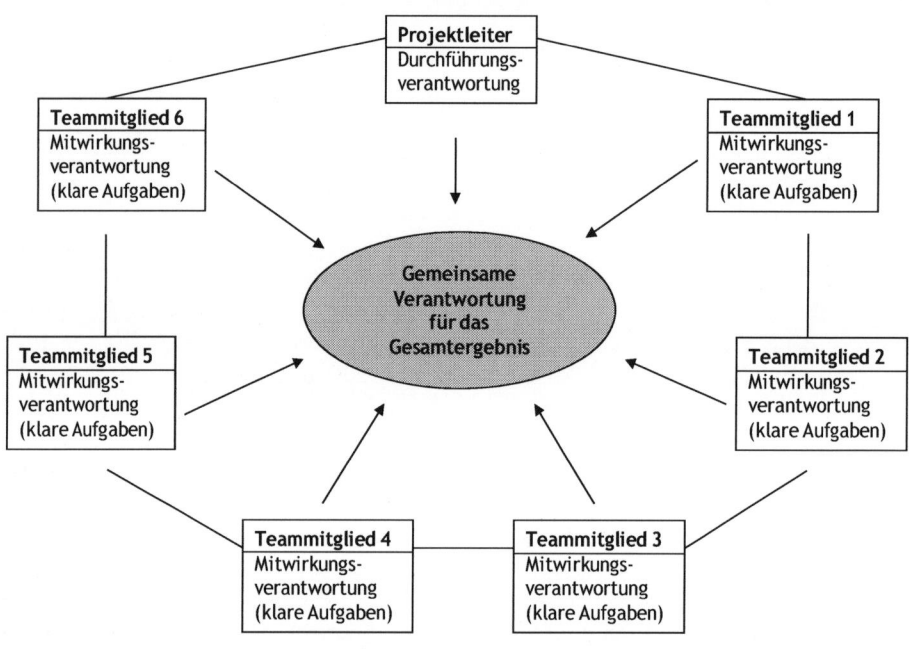

4.8.5   Teamzusammensetzung und -zusammenarbeit: Motivation, Typen und Rollen

Das prinzipielle Ziel des Umsetzungsteams besteht in einer effektiven und effizienten
Zusammenarbeit, sodass mit möglichst geringem Aufwand hervorragende Resultate er-
zielt werden. Um das zu erreichen, müssen im Team entsprechende Qualifikationen und
Erfahrungen, aber auch die notwendige Motivation vorliegen. Der Zusammensetzung des
Teams und damit der Auswahl der Teammitglieder kommt somit unbestritten eine Schlüs-
selrolle für den Erfolg eines Projektes zu.

Eine optimale Teamstruktur und Teamzusammenarbeit basieren auf den drei Säulen

- Teamkultur,
- Schlüsselrollen und
- Typenmix.

Teamkultur

Beobachtungen in der Praxis zeigen immer wieder, dass der menschliche Umgang im Team ein entscheidendes Hindernis für die Verfolgung der Firmeninteressen darstellt:

■ Was Person A will, wird von Person B schon aus Prinzip abgelehnt.

■ Da *„die vom Vertrieb sich sowieso für etwas Besseres halten, nichts leisten und viel mehr verdienen"*, wird die Zusammenarbeit mit Verkaufsmitarbeitern von der Fertigung mit dem Vorurteil „kann sowieso nichts bringen" belegt.

Dies sind typische Beispiele für fehlende Teamkultur, Kommunikationsdefizite, Neid und menschliche Unzulänglichkeiten, die allzu oft den betrieblichen Alltag dominieren. Es ist eine wichtige Aufgabe der Unternehmensführung bzw. des Lenkungsausschusses, sich über das Vorkommen dieser Probleme bewusst zu sein und im Ernstfall darauf zu reagieren. Schon bei der Zusammenstellung des Entwicklungsteams ist darauf zu achten, dass keine „verfeindeten" Mitarbeiter unter den ausgesuchten sind.

Neben diesen anlassbezogenen Maßnahmen liegt es aber insbesondere an der Ausprägung der Soft Skills im Unternehmen, ob die Zusammenarbeit im Entwicklungsteam funktioniert und die gewünschten Früchte trägt. Die Motivation der beteiligten Mitarbeiter ist entscheidend. Bei der Mehrheit der von uns betrachteten Unternehmen identifizieren sich die Entwicklungsteammitglieder mit ihrer Firma und mit dem unter ihrer Mitwirkung zu erschaffenden Produkt. Wer die Entwicklung als „seine Sache" betrachtet – wie die betroffenen Mitarbeiter der *CWW-GERKO Akustik GmbH*, engagiert sich auch mehr für ein positives Ergebnis, so unsere Beobachtung. Hierbei spielt auch die saubere Trennung des Innovationsvorhabens von den alltäglichen Aufgaben eine Rolle (s. o.):

Die Mitarbeiter eines anderen mittelständischen Unternehmens unserer Studie finden kaum Zeit, an den Innovationsprojektsitzungen teilzunehmen. Ihre Leistung wird ausschließlich anhand der Ergebnisse gemessen, die sie in ihrem Tagesgeschäft erbringen – ihre Motivation für die Entwicklungsaufgaben und ihre Identifikation mit dem Neuprodukt lassen dementsprechend zu wünschen übrig.

Durch die Optimierung der Soft Skills, insbesondere durch eine Verbesserung der Führung und der Unternehmenskultur, minimieren sich „politische" Verhaltensweisen und offen oder verdeckt ausgetragene Feindschaften unter den Angestellten. Ein motiviertes Team aus Intrapreneuren, das sein gemeinsames Ziel in angenehmer Arbeitsatmosphäre verfolgt, wird keine Tendenz zu „Grabenkämpfen" aufweisen (vgl. Zusammenfassung von Kapitel 3).

Schlüsselrollen

Für den Projekterfolg müssen Kompetenzen bezüglich aller Unternehmensfunktionen in einem interdisziplinären Team zusammengeführt werden, und dieses sollte von einem hauptverantwortlichen Projektmanager geleitet werden. Darüber hinaus müssen jedoch weitere **Rollen** im Innovationsprozess wahrgenommen werden, um diesen erfolgreich ablaufen zu lassen:

Schlüsselrollen im Innovationsprozess

(a) Fachpromotor bzw. „Champion"

(b) Machtpromotor bzw. „Sponsor"

(c) Prozesspromotor bzw. „Integrator"

Jede dieser Rollen repräsentiert eine bestimmte Kompetenz bzw. Funktion.

(a) Fachpromotor

Die wichtigste Rolle kommt dem **„Champion"** oder **„Fachpromotor"** zu, der sowohl über fachliche Entwicklungskompetenz als auch über Begeisterung und Engagement für das Projekt verfügt. Er vermag es, als „Innovationsmotor" die anderen Teammitglieder mitzureißen. Durch seinen Glauben an den Erfolg der Entwicklung und seinen kämpferischen Enthusiasmus schafft er es damit auch, das Projekt gegen Schwierigkeiten zu verteidigen. In vielen Fällen geht die Initiative für eine Innovation von eben diesem Mitarbeiter aus.

Der Fachpromotor stammt in der Regel aus der Entwicklung oder dem Marketing bzw. dem Produktmanagement.

Tipp:

Es ist sinnvoll, den Fachpromotor als Projektleiter einzusetzen, da seine Motivation und sein Engagement eine gute Grundlage für diese Aufgabe darstellen.

Für einen Projektleiter sind neben der Fachkompetenz allerdings weitere Fähigkeiten wie Sozial- und Persönlichkeitskompetenz unabdingbar.

Die überragende Bedeutung des Fachpromotors wird an folgenden Beispielen sichtbar:

- Die *Rosenbauer International AG* verdankt den großen Erfolg der Weiterentwicklung des tragbaren Löschgerätes „Fox" im Wesentlichen dem großen persönlichen Einsatz des Projektleiters.

- Ein Marketingmitarbeiter eines deutschen Unternehmens war sich der positiven Aussichten einer eigenen, innovativen Idee so sicher, dass er sogar gegen den Widerstand aus der Unternehmensführung (!) ein Entwicklungsprojekt initiierte und schließlich zu einem bemerkenswerten Erfolg führte.

(b) Machtpromotor

Die Unterstützung vonseiten der Unternehmensführung stellt einen zentralen Erfolgsfaktor für das Entwicklungsprojekt dar (vgl. Kapitel „Antrieb"). Der **Machtpromotor** ist der „verlängerte Arm" des Innovationstreibers auf höchster Firmenebene im Umsetzungsteam und garantiert den Rückhalt der Geschäftsleitung. Er ist zwar in der Regel weniger emotional an das Entwicklungsprojekt gebunden als der Fachpromotor, muss sich aber dennoch mit der Entwicklung identifizieren. Es ist vor allem in kleinen und mittleren

Unternehmen möglich, dass der Innovationstreiber selbst Teammitglied wird und damit die Rolle des Machtpromotors spielt.

Die folgenden Beispiele zeigen unterschiedliche Möglichkeiten zur Ausgestaltung dieser wichtigen Rolle:

- Bei dem von uns begleiteten Entwicklungsprozess der *WILO Oschersleben GmbH* nahm der Geschäftsführer mit Erfolg selbst die Rolle des Machtpromotors wahr (vgl. Fallstudie in Kapitel 4.11). Seine fallweise Anwesenheit im Entwicklungsteam bestärkte dieses in der Gewissheit, es handele sich um ein wichtiges, seitens der Unternehmensführung unterstütztes Projekt.

- Eine ebenfalls praktikable Lösung ist es, für jedes Entwicklungsteam einen Paten aus den Reihen des Projektlenkungsausschusses zu bestimmen, der dann Teambesprechungen beiwohnt und die Ressourcenversorgung garantiert. Eine solche Regelung wurde von der *3K-Warner Turbosystems GmbH* aus Rheinland-Pfalz gewählt.

- Beim Leiter- und Bügeltischhersteller *Hailo* spielen die für das Ideenmanagement verantwortlichen Innovationsmanager in Personalunion die Rolle von Machtpromotoren: Sie sichern verantwortlich die notwendigen Entwicklungsressourcen der ihnen zugeordneten Teams.

(c) Prozesspromotor

Ergänzt wird das Rollengefüge durch einen **Prozesspromotor,** der kompetent über die Zusammenarbeit des Teams und dem Projektmanagement wacht. Seine Aufgabe besteht zum einen in der Integration der Mitarbeiter aus verschiedenen Bereichen – wie auch des Fach- und Machtpromotors. Zum anderen verfügt er über Kenntnisse und Erfahrungen zum Projektablauf sowie zu Methoden des Entwicklungs- und Projektmanagements. Dem Prozesspromotor kommt durch die wachsende Bedeutung der Entwicklungskooperationen (vgl. Kapitel „Kernkompetenzmanagement") zukünftig immer stärker die Rolle eines **„Beziehungspromotors"** zu, sodass sich der Kreis der zu integrierenden Personen auf Externe erweitert.

Die Rolle des vermittelnden und methodenkompetenten Prozesspromotors kann auch durch einen externen Berater übernommen werden. Insbesondere bei der erstmaligen Durchführung eines interdisziplinären Innovationsprojektes ist die Anleitung eines von außerhalb des Unternehmens stammenden Experten mit entsprechendem Erfahrungshintergrund empfehlenswert.

Innovatorenpersönlichkeit

In der Praxis ist es durchaus möglich, dass mehrere Personen eine bestimmte Rolle spielen oder eine Person mehrere Rollen in sich vereint. Fungiert dieselbe Person als Ideengeber und Promotor in allen beschriebenen Rollen, so spricht man von einer **„Innovatorenpersönlichkeit".** Diese besonders innovativen Menschen vereinen eigentlich gegensätzliche Eigenschaften wie Introvertiertheit und Extrovertiertheit, die Neigung zum

Träumer oder zum Macher – also Kreativität und Durchsetzungsvermögen – in sich (vgl. Kapitel „Innovationsteam").

Besonders in kleinen Firmen, so unsere Beobachtung, hängen die Innovationsbestrebungen oft an einzelnen Personen, meist dem Gründer und Geschäftsführer. Diese Innovatorenpersönlichkeiten leisten für ihr Unternehmen zwar Erhebliches, doch ist das Wohl des Unternehmens auch gänzlich von ihnen abhängig.

Typenmix

„Ich habe da so einen linksradikalen Typen, der für mich arbeitet. Er ist ätzend. Er sagt mir doch glatt, dass ich Unrecht habe. Er gleicht meine blinden Flecken aus. Ohne ihn bin ich aufgeschmissen." [37]

Eine Fußballmannschaft aus elf körperlich bestens trainierten 19-Jährigen wird ebenso wenig die Meisterschaft erringen wie eine Mannschaft aus elf erfahrenen 37-Jährigen. Auf die Mischung kommt es an! Auch die Anforderungen an ein Umsetzungsteam sind nicht nur bezüglich der fachlichen Kompetenzen vielfältig. Es sind verschiedene Denkweisen und verschiedene Arten, an ein Problem heranzugehen, gefragt. Bei homogenen Teams besteht die Tendenz, sich allzu schnell auf eine Lösung zu einigen und damit suboptimale Ergebnisse zu erzielen. Die Bewältigung der Entwicklungsaufgabe gelingt also am besten mit einem **heterogenen** Team. Eine **intertypologische,** sich ergänzende Zusammensetzung aus unterschiedlichen **Charakteren** führt zu ganzheitlichen Lösungen. Gerade aus der Diskrepanz unterschiedlicher Ansichten ergeben sich Sprunginnovationen.

Es existiert eine ganze Reihe von Typologien. Die Mischung bezüglich folgender Fähigkeiten und Eigenschaften im Team sollte stimmen:

- ■ Es sind sowohl Spezialisten als auch Generalisten gefragt.

- ■ Es sollten Stärken in den vier sich ergänzenden Eigenschaftsbereichen „analytisch, strukturiert, kommunikativ und intuitiv" vorliegen.

- ■ Neben Problemlösern mit fachlicher Kompetenz und Machern mit der Fähigkeit zur politischen Umsetzung bedarf es nach Little (1988) im Team auch „Pionieren", die den Kompetenzmix um den Willen zum Neuen ergänzen.

- ■ Berth (1997) unterscheidet eine noch feinere Typologie aus dem Macher, dem Visionär, dem Moderator, dem Analysierer, dem Transformator und dem Verlässlichkeitssucher und stellt ebenfalls fest, dass eine Mischung im Team am fruchtbarsten ist.

In der Praxis bewährt hat sich das Konzept der intertypologischen Teamzusammensetzung beispielsweise bei *Honda,* als in den 80er-Jahren das Honda Citycar zu einem großen Markt- und damit Entwicklungserfolg wurde. Ein von uns untersuchtes Unternehmen, das über ein hohes Durchschnittsalter verfügt, hatte dagegen in seinen Entwicklungsteams

---

[37]   Rey More (Motorola)

eine überwiegende Anzahl an „Bremsern", die durch ihre Risikoscheu ein Fortkommen der Projekte erschwerten. Bei *Apple* sind Softwareentwicklungsteams mit Sprachwissenschaftlern und Ethnologen besetzt.

In kleinen Unternehmen kennen sich die Mitarbeiter im Normalfall gegenseitig gut, und auch der Projektlenkungsausschuss verfügt über genügend Kenntnisse zur geeigneten Zusammensetzung von Teams. In größeren Unternehmen ist es hilfreich, Mitarbeiterqualifikationen und -erfahrungen in einer Datenbank zu speichern. Anhand einer solchen Komponente des Wissensmanagements gelingt die optimale Auswahl von Projektmitarbeitern zumindest hinsichtlich der fachlichen Kompetenzmischung.

4.8.6   Nutzung von Entwicklungstechniken

„Fast alle Menschen sind intelligent. Es ist die Methodik, die ihnen fehlt."[38]

Entwicklungstechniken zielen darauf ab, den Umsetzungsprozess durch methodische Unterstützung sowohl effektiver als auch effizienter zu gestalten.

Die wichtigsten Entwicklungstechniken sind:

- Target Costing,

- DFM und DFA,

- Conjoint Analyse,

- FMEA,

- QFD und

- Rapid Prototyping und Simulation.

Sie sind in zahlreichen Veröffentlichungen beschrieben (vgl. z. B. Boutellier, Völker 1997, Cooper 1993, Baier 1996, VDI-Richtlinien, Norm ISO 9000).

Methodeneinsatz in der Praxis

KMU greifen sehr selten auf die Unterstützung von Entwicklungsmethoden zurück. Während Target Costing von über 90 Prozent und FMEA immerhin noch von über 80 Prozent zumindest gelegentlich eingesetzt werden, sind gerade einmal zehn Prozent der KMU regelmäßige QFD-Anwender (vgl. **Abbildung 4.35**). Diese Ergebnisse decken sich mit unseren Beobachtungen – innerhalb des Grundmusters „Prozessorganisation" waren bei den Entwicklungstechniken die größten Verbesserungspotentiale auszumachen. KMU können im Allgemeinen als „methodenscheu" bezeichnet werden.

---

[38]   F. W. Nichol, aus: Terninko et al. 1998, S. 111

Zwar ist der Einsatz von Entwicklungstechniken keine Garantie für erfolgreiche Umsetzungsprozesse. Ihre angemessene Nutzung in Verbindung mit den weiteren Erfolgsfaktoren vermag es allerdings, Entwicklungsprozesse zielgerichtet zu beschleunigen und ihre Erfolgswahrscheinlichkeit zu erhöhen.

Abbildung 4.35   Viele KMU vergeben das Potential der Entwicklungsmethoden

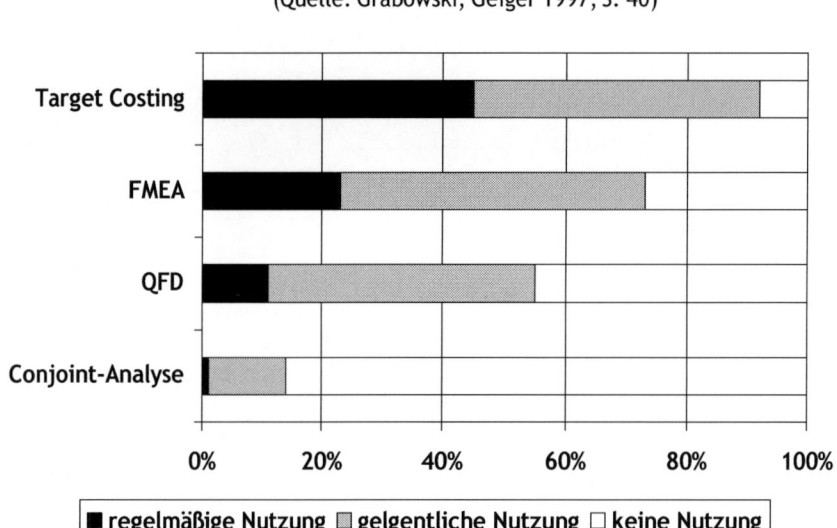

Nutzungshäufigkeit von Entwicklungsmethoden bei KMU*
(Quelle: Grabowski, Geiger 1997, S. 40)

*DFM, DFA, Rapid Prototyping und Simulation wurden nicht berücksichtigt

Die systematische und frühzeitig geplante Markteinführungsstrategie bildet die Schnittstelle zwischen dem Innovationsmanagement und den klassischen Aufgaben des Marketing-Mixes. Diese sind für den Erfolg der Innovation wesentlich – da hierzu eine Fülle an Spezialliteratur existiert, sollen sie in diesem Zusammenhang nicht weiter ausgeführt werden.

Entscheidend ist, die Kommunikation des Neuproduktes und dessen Kundennutzens schon während der Entwicklungsphase zu planen. Wichtig ist es für den Markterfolg daher von vornherein, einen *kommunizierbaren* Kundennutzen zu erzeugen. Und: Es darf nicht der verbreitete Fehler gemacht werden, anzunehmen, ein gutes Produkt verkaufe sich schon von alleine. Diese Annahme entsteht typischerweise bei Mitarbeitern, da sie in permanentem Kontakt mit dem Produkt stehen und sich fälschlicherweise vorstellen, auch Kunden würden automatisch auf eine Neuerung aufmerksam. Also kommt es darauf an, Markteinführungsveranstaltungen zu planen, Meinungsführer, Test- und Referenzkunden zu gewinnen und Werbung zu betreiben. Im Mittelpunkt der Kommunikation sollte dabei immer der – neue und dem Wettbewerb überlegene – Kundennutzen stehen.

Eine lernorientierte Rückbetrachtung (vgl. Exkurs „Wissensmanagement" im Kapitel 3.4) sowie eine zielgerichtete Überführung in das Tagesgeschäft bilden den Schlusspunkt der Entwicklungssystematik. Die permanente Beobachtung des Markterfolgs erlaubt weitere Erkenntnisse zum abgeschlossenen Innovationsprozess und schließt den Regelkreis durch daraus abgeleitete Verbesserungsmaßnahmen für die nächsten Entwicklungen.

4.8.7 Prozessorganisation in der Unternehmenspraxis

Im Vergleich zu den anderen Grundmustern erfolgreicher Innovationsprozesse zählt die Prozessorganisation bei den untersuchten Unternehmen eher zu den Stärken (vgl. Kapitel „Innovationsanalyse und -optimierung"). Fast immer werden Innovationen von interdisziplinären Teams und in Projektform umgesetzt, und auch weitere Erfolgsfaktoren der Prozessorganisation werden von den untersuchten Unternehmen beherrscht (vgl. einzelne Schilderungen im Text). Ein zuträglicher Einfluss geht dabei sicherlich von Norm-Zertifizierungen aus, über die fast alle Unternehmen der Studie verfügen. Allerdings konnten wir auch fragwürdige Auswirkungen feststellen:

DIN-ISO-9000-zertifizierten Unternehmen wird eine bestimmte, im Kern sinnvolle Entwicklungssystematik vorgeschrieben. Hier stellt sich jedoch die Frage: Wird der formale Prozess gewinnbringend genutzt oder werden nur Formulare ausgefüllt? In der Praxis werden die zum Teil umfangreichen Dokumentationsvorschriften von den Unternehmen nach unseren Erkenntnissen als belastende Bürokratie empfunden. Nicht nur in Einzelfällen werden Entwicklungsdokumente kurz vor Wiederholungszertifizierungen nachgearbeitet. Nach unserem Dafürhalten sind praktikable, abkürzende Dokumentationsformen, wie z. B. Lastenheft, Pflichtenheft und Projektcontrolling, ausreichend.

Die beiden folgenden Fallbeispiele dienen zum Abschluss des Kapitels als Beispiele für wohldurchdachte Prozessorganisationen:

■ Die *Rosenbauer International AG* unterhält selbstverantwortliche, interdisziplinäre Entwicklungsteams, die sich fallweise – je nach Bedarf – Gäste von außerhalb des Unternehmens laden. Die Zusammensetzung der Teams ist gelungen, auch die Motivation der Teammitglieder ist gut. Der Konstruktionsprozess ist in die Phasen Anforderungsprofil erstellen, Grobentwicklung, Feinentwicklung und Prototyp, Vorserie und Praxistests sowie Serie eingeteilt, es sind klare Meilensteine festgelegt. Als Entwicklungstechniken kommen FMEA und QFD zum Einsatz. Prototypen werden Kunden vorgeführt, zu denen ein gutes Verhältnis besteht – damit können Unzulänglichkeiten oder Verbesserungswünsche aus Kundensicht noch berücksichtigt werden. Der Anteil erfolgreicher Entwicklungen bezogen auf die begonnenen Entwicklungen („Hit Rate") konnte mit dieser Vorgehensweise auf immerhin 80 Prozent gebracht werden.

■ Die *3K-Warner Turbosystems GmbH* aus Rheinland-Pfalz unterhält ein festes Kern-Entwicklungsteam, das situationsbezogen flexibel erweitert wird. Die Verantwortungen innerhalb des Teams werden klar festgehalten, von der Geschäftsführung benannte Projektcoaches sichern die notwendigen Ressourcen (s. o.), ohne die Verantwortung der Ausführenden zu beschneiden. Detaillierte Projektzielsetzungen hinsichtlich technischer, kunden- und wettbewerbsbezogener Aspekte sichern ein einheitliches Verständnis der somit klar definierten Entwicklungsaufgabe. Schlüsselkunden werden eng eingebunden. Das Multiprojektmanagement obliegt der sogenannten Projektlenkungsgruppe, die sich aus der zweiten Führungsebene zusammensetzt. Die soweit möglich simultan abgearbeiteten Entwicklungsaufgaben sind den vier Phasen Theorie und Prototyping, Erprobungsphase, Serienumsetzung und Serie zugeordnet. Auch die Entwicklungsarbeit der Lieferanten wird in das Simultaneous Engineering eingebunden. An den Phasenübergängen überprüfen der Projektcoach sowie die Lenkungsgruppe den Fortschritt. Die Projektdokumentation ist für jeden im Unternehmen im Intranet einsehbar – ebenso wie der gemeinsame Projektabschlussbericht des Teams. Dem effektiven und effizienten Projektmanagement stehen auch die Entwicklungstechniken in nichts nach: Target Costing, Simulation, Rapid Prototyping sowie ein als Projekt-FMEA installiertes Risikomanagement werden eingesetzt.

4.8.8   Zusammenfassung des Kapitels

Keine Idee ist von irgendeinem Wert für ein Unternehmen, wenn es nicht gelingt, sie in ein marktfähiges Produkt umzusetzen. Die Organisation dieses Umsetzungsprozesses gelingt am besten mithilfe eines interdisziplinär besetzten, selbstverantwortlichen Projektteams. Ein zielgerichtetes, effizientes Arbeiten dieses Teams setzt voraus, dass es über entsprechende Ressourcen verfügt und sich klar vom Tagesgeschäft des Unternehmens abgrenzt. Der Entwicklungsablauf ist in Phasen einzuteilen, an deren Übergängen Meilensteine stehen – hier finden eine Überprüfung des Projektfortschritts und eine Berichterstattung an das übergeordnete Lenkungsgremium statt. Die wichtige Unterstützung seitens der Unternehmensführung bleibt auf diese Weise fortlaufend gewährleistet.

Da die Innovationsgeschwindigkeit zunehmend zum entscheidenden Wettbewerbsfaktor wird, sind alle Entwicklungsaktivitäten auf die schnelle und damit möglichst parallele Bearbeitung der Teilaufgaben auszurichten. Dazu beitragen kann die angemessene Anwendung von Projektmanagement- und Entwicklungsmethoden. Von zentraler Bedeutung für den Projekterfolg ist auch die Zusammenarbeit der Teammitglieder und damit die geeignete Zusammensetzung des Teams. Hier kommt es auf das Ausfüllen der Rollen je eines Fach-, Macht- und Prozesspromotors sowie den adäquaten Mix von Charakteren und Qualifikationen an.

Eine Nachbetrachtung der Projekterfahrungen und deren Weitergabe im Unternehmen sorgen für einen ständigen Lernprozess und eine fortlaufende Selbstoptimierung. Alle Bemühungen des Innovationsprozesses waren schließlich vergeblich, wenn es nicht gelingt, das fertig entwickelte Produkt mithilfe einer systematischen Markteinführungsstrategie erfolgreich in das Tagesgeschäft zu überführen und im Markt zu etablieren.

Checkliste Prozessorganisation:

– Führen Sie Entwicklungsprojekte als interdisziplinäre Projekte durch?

– Verfügen Ihre Entwicklungsteams über Verantwortung zur Durchführung und beschränkt sich die Kontrolle „von oben" auf wichtige Entwicklungszwischenstände?

– Haben Entwicklungen ausreichend Priorität, d. h., verfügen die Teams über entsprechende Ressourcen und funktioniert die Abgrenzung zum Tagesgeschäft?

– Setzen Sie hilfreiche Projektmanagement- und Entwicklungstechniken ein?

– Sind Entwicklungsteammitglieder motiviert und ergänzen sie sich hinsichtlich
  Know-how und Typ?

4.9 Kernkompetenzmanagement und Netzwerkmanagement

Wer erfolgreiche Produkte entwickeln will, muss den Kunden Vorteile bieten, die der
Wettbewerb nicht bieten kann. Innovationen sind daher immer aus einer Position der
Stärke heraus zu starten. Schon beim Festlegen der Innovationsrichtung, in die sich ein
Unternehmen orientieren möchte, spielt die Frage nach aktuell vorhandenen und zukünf-
tig gewünschten eigenen Schlüsselfähigkeiten eine große Rolle.

In diesem Kapitel wird der Zusammenhang von Innovationsmanagement und Kernkompetenzmanagement aufgezeigt. Es wird erklärt, wie erfolgreiche Unternehmen die
eigenen Entwicklungsressourcen zielgerichtet konzentrieren und ihre Innovationen über
ein Netzwerk an Partnern komplettieren.

Vorteile gegenüber dem Wettbewerber wie niedrigere Preise, überlegene Eigenschaften
und Funktionen des Produktes oder herausragende Serviceleistungen gründen letztlich
auf besonders gut beherrschten Schlüsselfähigkeiten, den *Kernkompetenzen*. Im Verlauf des
Innovationsprozesses sollte sich ein Unternehmen die Frage stellen, wie es in Neuerungen
das eigene Vermögen optimal zur Geltung bringt. Die systematische Auseinandersetzung
mit dieser Frage führt zum Thema *Kernkompetenzmanagement*. Dieses hat neben seiner
Bedeutung für die Planung des konkreten Entwicklungsprozesses auch einen entwick-
lungsstrategischen Aspekt: Wie und in welche Richtung sind die eigenen Fähigkeiten in
Zukunft zu entwickeln, um vorhandene Markt- und Wettbewerbsvorteile weiterhin zu
erhalten und zu verstärken? Die Konzentration auf die Kernkompetenzen führt zwangsläufig auch zur Frage nach der Auslagerung von Tätigkeiten jenseits der wesentlichen
Wertschöpfung und damit nach geeigneten Partnerschaften. Das Thema Kernkompetenzmanagement lässt sich somit in die folgenden vier Teilbereiche gliedern (vgl. **Abbildung
4.36**):

■ Aufbau von Innovationen auf den Kernkompetenzen (Abschnitt 4.8.1),

■ Sicherung und Weiterentwicklung vorhandener Kernkompetenzen (Abschnitt 4.8.2),

■ Aufgabe und Neuaufbau von Kernkompetenzen (Abschnitt 4.8.3) und

■ Kooperations- und Netzwerkmanagement (Abschnitt 4.8.4).

Abbildung 4.36   Kernkompetenzmanagement und seine Implikationen
                    (Quelle: Eigene Darstellung)

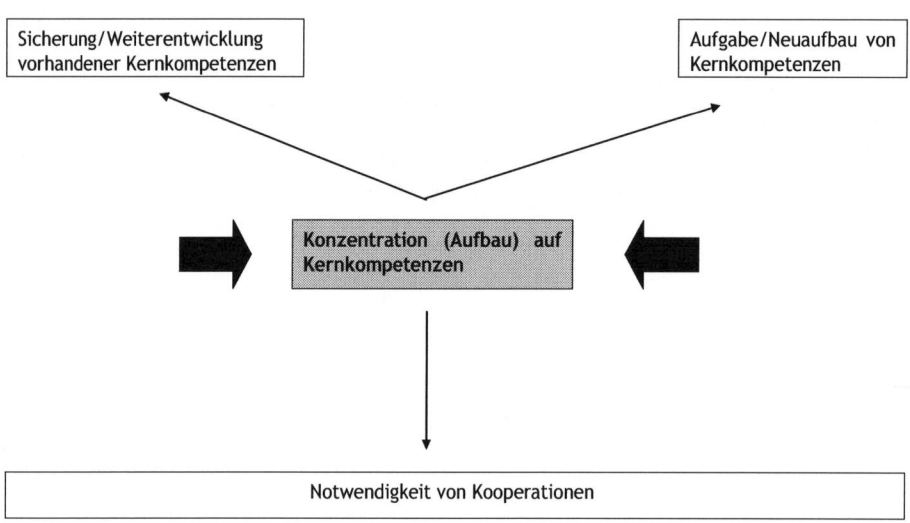

4.9.1   Aufbau von Innovationen auf den Kernkompetenzen

Um die eigenen Kernkompetenzen bewusst einsetzen zu können, muss ein Unternehmen zunächst Klarheit darüber gewinnen, was denn überhaupt zu den eigenen Kernkompetenzen zu zählen ist.

Konzept der Kernkompetenzen

Die Urheber des Konzeptes, Prahalad und Hamel (1990), definierten Kernkompetenzen anhand dreier Kriterien:

1. Eine Kernkompetenz verschafft dem Unternehmen potentiell Zugang zu vielen verschiedenen Märkten.

2. Eine Kernkompetenz leistet einen signifikanten Beitrag zum Kundennutzen des Endproduktes.

3. Eine Kernkompetenz ist für Wettbewerber nur sehr schwer zu imitieren.

Damit sind Kernkompetenzen also herausragend beherrschte Abschnitte der Wertschöpfungskette oder marktentscheidende Leistungsprozesse, die sowohl kundenwirksam als auch wettbewerbswirksam sind. Somit unterscheiden sich Kernkompetenzen von einfachen Kompetenzen dadurch, dass es sich nicht nur um Fähigkeiten, sondern um elitär beherrschte und entsprechend wirksam nutzbare Fähigkeiten handelt.

Dabei sind Kernkompetenzen nicht einzelne Fertigkeiten, sondern Bündel von Fähigkeiten und Technologien, die über einzelne Kompetenzbereiche und Organisationseinheiten hinweg gelernt und integriert worden sind (Boutellier, Völker 1997). Damit gründen sie zum Großteil auf implizitem Wissen der Mitarbeiter über die Gestaltung und Vernetzung von Prozessen und Technologien – Kernkompetenzen sind untrennbar mit dem Faktor Mensch verbunden.

Kein Nachbauer hat z. B. jemals die Qualität einer Stradivari-Geige erreicht!

„Der neue Lackmustest für Unternehmensqualität besteht darin, zu prüfen, ob es wehtut, wenn Sie sich Ihren Wettbewerbsvorteil auf die Zehen fallen lassen. Ist dies der Fall, sollten Sie sich über Innovationen Gedanken machen. Denn alles, was wehtut, besteht aus zu viel Material und zu wenig Wissen." [39]

Die Verteilung von kernkompetenz-relevantem Wissen innerhalb der Organisation wird somit im Wesentlichen durch Personalaustausch bzw. -rotation gefördert, da es kaum dokumentiert werden kann.

Kernkompetenzen bilden die eigentliche Geschäftsgrundlage der Unternehmen – sie sind bedeutend und selten: Ein mittelständisches Unternehmen verfügt in der Regel über maximal ein bis drei Kernkompetenzen, Konzerne kommen etwa auf fünf bis zehn. Dabei müssen Kernkompetenzen nicht notwendigerweise technologischer Natur sein:

Ein norddeutscher Pumpenbauer verfügt u. a. über die Kernkompetenz eines deutschlandweit flächendeckend ausgebauten, von den Kunden geschätzten und vom Wettbewerb bewunderten Servicenetzes, das jedem Anwender schnelle und kompetente Hilfe garantiert.

Bedeutung der Kernkompetenzen für Innovation

Innovationsmanagement verfolgt das Ziel, Produkte hervorzubringen, die den Kundennutzen steigern und möglichst viele Vorteile gegenüber dem Wettbewerb aufweisen. Damit werden erfolgreiche Innovationen zwangsläufig aus einer Position der Stärke heraus gestartet. Nach obiger Definition gelingt einem Unternehmen das in erster Linie mithilfe des klugen Einsatzes seiner Kernkompetenzen. Erfolgreiche Innovatoren konzentrieren sich auf ihre Kernkompetenzen bzw. bauen Neuentwicklungen gezielt auf diesen auf. Durch Konzentration auf die wesentliche Wertschöpfung bzw. auf Kerngebiete gelingen

---

[39]   The Economist, britisches Wirtschaftsmagazin

■ eine effektive Ausrichtung der Entwicklungsressourcen und

■ eine zielgerichtete Erhöhung der Lerngeschwindigkeit des Unternehmens.

Dann nämlich werden Investitionen in Projekte getätigt, welche die Schlüsselfähigkeiten des Unternehmens weiter stärken und damit den Grundstein für weitere Produkterfolge legen.

In der Praxis konnten wir dieses Muster häufig wiederfinden. Die beobachteten Unternehmen verfügen über bestimmte Schlüsselprozesse, die ihr ganzes Produktspektrum stützen und für dessen Einzigartigkeit sorgen. Neuentwicklungen werden stets auf diesen Schlüsselprozessen aufgebaut. Allerdings geschieht diese Konzentration auf die Kernkompetenzen eher intuitiv als durch planmäßiges Vorgehen: Vielen Mitarbeitern der Unternehmen war zwar der Begriff der „Kernkompetenz" geläufig, jedoch waren sie sich nicht über dessen Bedeutung im Klaren. Folglich herrschten auch innerhalb der gleichen Firma häufig unterschiedliche Vorstellungen davon, was genau die eigenen Kernkompetenzen sind.

> **Tipp:**
>
> Intelligent agierende Unternehmen konzentrieren sich auf ihre individuellen Stärken, vermarkten diese dann aber weltweit. Lagern Sie nur Know-how aus, welches weder zu den Kernkompetenzen, noch zu den kritischen Erfolgsfaktoren gehört.

Ein Beispiel dafür ist das bereits erwähnte schwäbische Erfolgsunternehmen *Trumpf*, das Neuentwicklungen nur im Rahmen seiner Kernkompetenzfelder Blechbearbeitung und Lasertechnologie angeht. Die Firma *Lego* war mit Innovationsversuchen jenseits ihrer Kernkompetenzen gescheitert, etwa mit Videospielen, Filmen und Fahrrädern. Erfolgreich ist *Lego* dagegen mit Freizeit-Parks, Brettspielen oder dem bereits erwähnten *„Serious Play"* für Unternehmen, beide basierend auf den bekannten Lego-Steinen.

Kernkompetenzen in möglichst viele Marktanwendungen bringen

Das erste Kriterium in der oben genannten Definition von Prahalad und Hamel stellt Kernkompetenzen als verbindendes Element mehrerer Geschäftseinheiten bzw. Produktfamilien dar. Ein wichtiger Aspekt des Konzeptes der Kernkompetenzen besteht darin, die eigenen Schlüsselfähigkeiten in möglichst viele Marktanwendungen zu bringen, d. h., die beherrschten Technologiebündel in verschiedenen Produktfamilien einzusetzen.

> **Tipp:**
>
> Für das Innovationsmanagement ergibt sich daraus die Anforderung, Grenzgebiete der eigenen Technologien auszuloten. Prüfen Sie, in welchen verwandten Märkten Ihre Kompetenz zur Anwendung kommen könnte.

Ein Unternehmen aus der Steiermark beispielsweise, das eigentlich feinste Edelstahlsiebe für die Papierindustrie herstellt, konnte sein Produkt mit wenigen Anpassungen für eine Anwendung in der Trennung von Alkoholika geeignet machen (Wenny 2000a).

Das Internet-Kaufhaus *Amazon* stellte fest, dass die ausgefeilte Logistik seines Geschäftsmodells, also die Lagerhaltung und der rasche Versand gemäß Internet-Bestellungen, eine Kernkompetenz ist. Nun bietet *Amazon* seine Logistik als Dienstleistung auch anderen Internetverkäufern an und realisiert so zusätzliches Geschäft.

Diesbezüglich besteht in der Praxis jedoch oft erheblicher Handlungsbedarf: Die Möglichkeiten des Einsatzes der Kernkompetenzen in anderen als den bedienten Anwendungen werden meist nicht ausgeschöpft. Oftmals lautet die Begründung dafür, dass das Unternehmen keine Diversifizierung und Komplizierung des Produktspektrums zulassen will. Hier gibt es jedoch Möglichkeiten der Abhilfe: Ausgründungen eigener Mitarbeiter oder Kooperationen machen eine rentable Gründung neuer Geschäftsfelder möglich (s. Abschnitt 4.8.4).

4.9.2 Sicherung und Weiterentwicklung vorhandener Kernkompetenzen

Irgendwann wird jedes Erfolgsrezept kopiert. Im Falle der Kernkompetenzen erfolgt dies zwar nicht innerhalb kurzer Zeit, langfristig vermögen jedoch selbst Patente in der Regel nicht, Wettbewerber von der Imitation abzuhalten. Patente sind zwar in bestimmten Fällen ein Mittel, Nachahmer in Schach zu halten, sehr oft bieten sie jedoch keinen ausreichenden Schutz, weil sie leicht umgangen werden können. Der wichtigste Aspekt eines Produktes bzw. einer Dienstleistung – der Kundennutzen – ist schließlich nicht patentierbar.

Der einzig wirksame Schutz der vorhandenen Kernkompetenzen liegt damit in deren beständiger Weiterentwicklung. Nur wer sich einen ständigen Vorsprung vor der Konkurrenz erhält, sichert die wettbewerbsentscheidende Wirkung seiner Schlüsselfähigkeiten.

Von uns untersuchte Unternehmen zeigen mehrere Möglichkeiten auf, wie Kernkompetenzen durch ständiges Weiterentwickeln geschützt werden können:

- *„Wir beobachten das komplette Feld der Metallbearbeitung und analysieren auch branchenfremde technologische Entwicklungen auf ihre Übertragbarkeit hin“*, sagte uns ein Vorstandsmitglied der seinerzeit noch sehr erfolgreichen *BBS AG*, zu deren Kernkompetenzen das Beherrschen komplexer Fertigungsprozesse mit Metall gehört. Wie der Entwicklungsleiter dieses Unternehmens ergänzte, werden auch aktiv neue Werkstoffe gesucht und getestet, um die eigene Technologieführerschaft zu halten respektive auszubauen.

- Zwei österreichische Maschinenbauer engagieren sich in Sonderanfertigungen, bei denen sie sich fortwährend neuen Herausforderungen gegenüber sehen. Dabei handelt es sich zum einen um die *Andritz AG* und zum anderen um den Geschäftsbereich Sonderfahrzeugbau der *Rosenbauer International AG*. Hier wird jeweils auf spezielle Wünsche einzelner Kunden eingegangen – und der dabei stattfindende kernkompetenzbezogene Know-how-Aufbau wird auf die Serienprodukte übertragen. Dass der Schutz der eigenen Kernkompetenzen durch Entwicklungsgeschwindigkeit und know-how-intensive Wertschöpfung Not tut, erfährt *Rosenbauer* anhand seiner Geschäftsbeziehungen nach China: *„Die Chinesen lernen von uns, saugen unser Know-how ab. Jedes Jahr werden weniger Teile angefordert"*, sagte uns ein Beschäftigter.

■ Die *3K-Warner Turbosystems GmbH* fährt eine dreigleisige Strategie zur Weiterentwicklung der konstruktions- und produktionsbezogenen Kernkompetenzen: Die Grundlagenentwicklung wird von Versuchen und einer kontinuierlichen Fertigungsoptimierung flankiert.

4.9.3   Aufgabe und Neuaufbau von Kernkompetenzen

Mittel- und langfristig betrachtet reichen die Pflege und Weiterentwicklung vorhandener Kernkompetenzen nicht aus. Technologische Veränderungen und Wandlungen der Kundenbedarfe können zur Folge haben, dass heutige Kernkompetenzen morgen obsolet sind, aktuell erst entstehende Technologien dagegen die zukünftigen Geschäfte bestimmen. Es ist daher notwendig, in einer Langfristplanung das Potential der heutigen Schlüsselfähigkeiten sowie die Relevanz neuer, heute noch nicht beherrschter Fähigkeiten zu prüfen. Am wichtigsten sind dabei Technologien, die in das eigene Geschäft Einzug halten könnten.

> **Tipp:**
>
> Identifizieren Sie im Rahmen Ihrer Technologiestrategie Schrittmacher- und Schlüsseltechnologien und binden Sie die als relevant erkannten Zukunftskompetenzen in konkrete Entwicklungspläne ein (vgl. Kapitel „Antrieb").

Ein vorbildliches Kernkompetenzmanagement in dieser Hinsicht praktizierte die Firma *NEC* bereits Anfang der 90er-Jahre (vgl. Prahalad, Hamel 1990). Auch der innovative Automobilzulieferer *3K-Warner Turbosystems GmbH* aktualisiert jährlich seine Technologiestrategie: Für das eigene Geschäft relevante Entwicklungspotentiale werden systematisch in das Innovationsmanagement integriert.

Muss sich ein Unternehmen bei den kurzfristigen Entwicklungszielen klar an den aktuellen Kernkompetenzen orientieren, so ist insbesondere bei den langfristigen Innovationspotentialen auch ein Neuaufbau von Kernkompetenzen möglich und oft nötig. Ein vielversprechender Markt der Zukunft sollte nicht alleine deswegen keine Beachtung finden, weil das aktuelle Kompetenzportfolio des Unternehmens keine angemessene Bearbeitung ermöglicht.

Tabelle 4.4 stellt die unterschiedlichen Anforderungen an das Kernkompetenzmanagement je nach kurz-, mittel- oder langfristiger Entwicklungsplanung dar.

Tabelle 4.4   Kernkompetenzmanagement im Zeitbezug (Quelle: In Anlehnung an
                     Boutellier, Völker, vgl. **Tabelle 4.2**, Kapitel „Kundennähe")

	Zeitbezug	Zielgruppe	Kernkompetenzmanagement
Nachfrage	Kurzfristige Pro-duktentwicklung	Aktuelle Kunden	Aufbau auf aktuellen Kernkompe-tenzen
Kundenpro-bleme	Mittelfristige Produktentwick-lung	Kunden plus Noch-Nicht-Kunden	Aufbau auf aktuellen und Erweite-rung von Kernkompetenzen, Ergän-zung durch Allianzen
Bedürfnisse	Langfristige Pro-duktentwicklung	Bevölkerung	Aufbau völlig neuer Kernkompeten-zen, Kooperationen und Akquisitio-nen

Folgende Beispiele zeigen den Aufbau neuer Kernkompetenzen:

■ Die Entwickler der Firma *Sulzer* nutzten ihre Freiräume zu einem Kompetenzaufbau
im bis dato fremden Gebiet der künstlichen Hüftgelenke. Daraufhin erkannte man im
Unternehmen die langfristigen Chancen in diesem Markt und erweiterte die eigene Ge-
schäftstätigkeit um den Bereich *Sulzer Medica.* Inzwischen fungiert die neue Division
als Hauptumsatzträger der Unternehmensgruppe, während die angestammten Kern-
kompetenzbereiche Dieselmotoren, Turbinen und Maschinen im Niedergang begriffen
bzw. mittlerweile aufgegeben sind.

■ Ein Automobilzulieferer bereitet sich vorsichtshalber auf einen **Technologiewechsel** in
seinem Tätigkeitsfeld vor – die Produkte des Unternehmens würden in diesem Fall
überflüssig. Die eigene Aufgabe wird nicht in der Herstellung von Produkten gesehen,
sondern in der Erfüllung einer Funktion. Und hier ergibt sich im Zusammenhang mit
dem möglichen Technologiewechsel ein Potential für innovative Produkte. Schon heute
werden daher konkrete Überlegungen in diese Richtung angestellt und erste For-
schungsprojekte durchgeführt. Eine neue Kernkompetenz kann dann rechtzeitig die
heutige ersetzen.

■ Bei anderen Unternehmen ergeben sich die Wunsch-Kernkompetenzen aus der Bestre-
bung, Systemanbieter zu werden. Die *Rosenbauer International AG* sieht sich mit ihren
Löschsystemen, ihren Feuerwehrfahrzeugen und ihrer Feuerwehrausrüstung als Kom-
plettausstatter in Sachen mobiler Brandschutz. Eine besondere Stärke liegt im flexiblen
Sonderfahrzeugbau, wo man auf beinahe alle Kundenwünsche eingeht. Für die Systemanbieterschaft möchte man sich weiterentwickeln in Richtung Dienstleister, also
Berater in Sachen Löschtechnik.

■ Die *Alois Scheuch GmbH*, Spezialist für Entstaubungstechnik mit eigenem Ventilatorenbau, möchte sich zum Komplettanbieter von Luftreinigung entwickeln. Damit wird angestrebt, der Kompetenz zur Beseitigung von festen Partikeln aus der Luft auch die Kompetenz zur Beseitigung gasförmiger Verunreinigungen hinzuzufügen.

■ Die *Andritz AG* wagte sich an ein Produkt, das sich keiner ihrer angestammten Kernkompetenzen zuordnen lässt, dennoch aber bis heute profitabel gefertigt wird: Der Geschäftsbereich hydraulische Strömungsmaschinen entwickelte eine Komponente – einen Metallring – für die europäischen Trägerrakete *Ariane 5*.

Unternehmen mit klaren Zielen bauen gezielt Kernkompetenzen auf

Die von uns betrachteten Unternehmen haben zum Teil fest umrissene Pläne zum Aufbau neuer Kernkompetenzen. Einige allerdings beschränken sich auf die Sicherung ihrer traditionellen Schlüsselfähigkeiten. zum Grundmuster „Antrieb": Unternehmen ohne Vision – wie ein Pumpenbauer aus Deutschland – besitzen auch keine Strategie zum Aufbau von Kernkompetenzen. Unternehmen mit klarem Zielsystem und entsprechender Vorstellung der eigenen zukünftigen Rolle dagegen fällt es leicht, benötigte, aber noch nicht vorhandene Fertigkeiten zu identifizieren.

Der Aufbau von Kernkompetenzen ist ressourcenintensiv

Kernkompetenzmanagement ist auch Wissensmanagement – ein Aufbau neuer Fähigkeiten muss einhergehen mit der Qualifizierung des Personals (vgl. Abschnitt „Wissensmanagement" im Kapitel „Kunde, Wettbewerb und eigenes Unternehmen: Das entscheidende Spannungsfeld"). Da Kernkompetenzwissen implizites – und damit im Gegensatz zu explizitem nicht dokumentierbares – Wissen ist, lässt sich dieses allerdings nur in einem stetigen Lernprozess aneignen.

Ein Unternehmen muss sich darüber im Klaren sein, dass der Aufbau einer neuen Kernkompetenz eine langfristige und kostspielige Angelegenheit ist. Eine Entscheidung dafür muss wohldurchdacht sein und muss entweder mit aller Konsequenz – d. h. vor allem mit entsprechend massivem Ressourceneinsatz – oder gar nicht erfolgen. Eine Alternative zum organischen, langwierigen Aufbau einer neuen Schlüsselfähigkeit liegt in der Akquisition eines Unternehmens, das bereits über die angestrebte Kernkompetenz verfügt. Dies ist ein schnellerer und technologisch risikoloserer Weg – dafür ist die nicht einfache Integration zweier Unternehmen zu meistern.

Aufgabe von Kernkompetenzen

Aufgrund des großen Finanzbedarfs gelingt der Aufbau einer neuen Kernkompetenz im Regelfall nur unter Vernachlässigung vorhandener Fertigkeiten. Dies ist natürlich nur ratsam, wenn erkannt wurde, dass eine aktuelle Schlüsselfähigkeit für die Zukunft nicht mehr relevant ist. Kernkompetenzmanagement erfordert somit auch den Mut, bisherige Kernkompetenzen aufzugeben – und das fällt in der Regel nicht leicht.

Die eigentliche Herausforderung besteht oftmals darin, bewährte Handlungsroutinen und ehemals erfolgbringendes Wissen als obsolet zu erkennen und zu verwerfen – gefragt ist der „schöpferische Zerstörer", den schon Schumpeter forderte. Die Bereitschaft und Fähigkeit zu Veränderungen stellt die Schlüsselanforderung des Innovations-, Wissens- und auch Kernkompetenzmanagements dar.

Der eigene Aufbau von neuen Kernkompetenzen ist allerdings nur eine Möglichkeit, an das benötigte Know-how zur Erschließung langfristiger Geschäftspotentiale zu gelangen.

Kooperationen mit Firmen, die über entsprechende Fähigkeiten bereits verfügen, sind eine schnellere und meist kostengünstigere Variante, die im nächsten Abschnitt noch weiter vertieft wird.

4.9.4 Kooperations- und Netzwerkmanagement

Das Management des eigenen Kernkompetenzportfolios ist untrennbar mit einer effektiven Ausgestaltung der Beziehungen zu Unternehmen mit komplementären Kompetenzen verbunden, welche die Wertschöpfungskette vervollständigen. So übernimmt jedes Unternehmen zum Wohle des Endproduktes den Part, den es besser als alle anderen beherrscht. Kernkompetenzmanagement und *Netzwerkmanagement* gehören unmittelbar zusammen (vgl. Deiser 1996).

Partnerschaften bieten nicht nur hinsichtlich der Entwicklung selbst, sondern auch im Hinblick auf Grundlagenforschung, Fertigung und Vertrieb interessante Optionen. Erfolgreichen Innovatoren gelingt die intelligente Vernetzung des eigenen Unternehmens auf allen Stufen des Innovationsprozesses und darüber hinaus.

Potentielle Kooperationspartner sind neben anderen Unternehmen auch Universitäten, außeruniversitäre Forschungseinrichtungen, Behörden und Verbände.

Die wesentlichen **Gründe für Kooperationen** sind:

- Progressiv ansteigendes Wissen, Verfahrens- und Produktkomplexität sowie zunehmender Wettbewerb machen die adäquate Beherrschung aller Leistungsprozesse und die Finanzierung entsprechender Innovationen für einzelne Unternehmen unmöglich.

- Reduktion von Komplexitätskosten durch Konzentration der Entwicklung, Fertigung und/oder des Vertriebes.

- Kunden wünschen sich zunehmend, alles „aus einer Hand" beziehen zu können. Systemanbieterschaft bei gleichzeitiger Konzentration auf Kernkompetenzen gelingt nur mithilfe von Kooperationen.

- Flexible Erfüllung veränderlicher Kundenwünsche durch temporäre Zusammenarbeit.

Beherrschung und Finanzierung komplexer Innovationen und Technologie-integrationen durch Entwicklungspartnerschaften

Das progressiv ansteigende Wissen auf allen Gebieten macht dessen Beherrschung für ein Unternehmen allein unmöglich. Bei steigender Markt- und Produktkomplexität sind KMU geradezu auf Kooperationen angewiesen, um überhaupt noch eine effektive Entwicklungsarbeit betreiben zu können. Eine alleinige Finanzierung aufwendiger Projekte übersteigt die monetären Ressourcen kleinerer Unternehmen. Mit Hilfe von Partnern können Kosten gesenkt und Risiken verteilt werden.

Mittels Entwicklungskooperationen gelingt die Integration fremder Technologien in die eigenen Produkte – wie in folgenden Beispielen:

■ Dem Hersteller von Filtersystemen *Alois Scheuch GmbH* gelang ein Technologiesprung hin zur biologischen Luftreinigung, indem er mit einem kompetenten Hersteller biologischer Systeme kooperierte.

■ In der Automobilbranche sind Entwicklungskooperationen unter den Herstellern üblich: *PSA* und *Toyota* z. B. erarbeiteten eine gemeinsame Fahrzeugplattform, andere Marken entwickeln gemeinsam Dieselmotoren oder Hybridantriebe.

■ Eine für die Pumpenbranche typische Zusammenarbeit unterhält ein KMU aus Nordrhein-Westfalen: Die Pumpenelektronik wird extern entwickelt und gefertigt.

Tipp:

Um die Stärken beider Entwicklungspartner optimal zu nutzen, sind vom hauptverantwortlichen Entwicklungsteam klare Anforderungen an den Partner im Sinne einer eindeutigen *Funktions*beschreibung zu stellen. Schnittstellen und Leistungsdaten müssen passen – das „Wie" derer Erfüllung liegt dagegen im Kompetenzbereich des Entwicklungspartners. Vermeiden Sie daher bewusst zu detailreiche Beschreibungen der Entwicklungszuarbeit, damit Ihr Partner seine Stärken kreativ ausspielen und die beste Lösung unvoreingenommen finden kann.

Es lohnt sich, nicht alles selbst zu machen - Kernkompetenzmanagement betrifft nicht nur die Entwicklung, sondern auch die Fertigung

Um einer komplexen Entwicklung keine komplexe – und damit teure – Fertigung folgen zu lassen, müssen spätere Produktionsprozesse in einem ganzheitlich ausgerichteten Entwicklungsprozess bereits frühzeitig berücksichtigt werden (vgl. Kapitel „Prozessorganisation").

Im Hinblick auf eine effiziente Fertigung ist es also notwendig, schon in der Entwicklung auf möglichst viele Gleichteile zu achten. D. h. zum einen, soweit machbar auf bereits vorhandene Komponenten zurückzugreifen. Zum anderen werden neue Teile daraufhin überprüft, ob sie in späteren Neuentwicklungen, beispielsweise in einer ganzen Baureihe, zum Einsatz kommen können (vgl. hierzu Entwicklungstechniken DFM und DFA).

Unseren Praxisbeobachtungen zufolge sind die Unternehmen hier bewandert: Synergie-betrachtungen der beschriebenen Art sind für alle betrachteten Firmen selbstverständlich.

Ein intelligentes Baugruppen- und Variantenmanagement ist jedoch nur eine Seite einer klugen Steuerung des Fertigungsportfolios. Im Rahmen der im Innovationsprozess zu treffenden „Make-or-buy"-Entscheidungen kommt es darauf an, die kernkompetenznahen Produktionsprozesse auf jeden Fall im eigenen Hause zu halten, unwesentliche Wert-schöpfung jedoch systematisch auf eine Vergabe in Fremdfertigung zu überprüfen.

Eine zielgerichtete Zukaufpolitik ermöglicht nicht nur die Reduktion der Komplexitäts-kosten, sondern auch eine Konzentration der Fertigungsressourcen auf die kundennutzen- und wettbewerbsrelevanten Schlüsselprozesse.

Auch eine intelligente Fokussierung der Fertigung gelingt nur mithilfe geeigneter Ko-operationen. Eine langfristig angelegte, vertrauensvolle Zusammenarbeit mit Lieferanten lohnt sich in diesem Zusammenhang, weil diese dann eher bereit und auch finanziell in der Lage sind, in Qualität und Innovationsbestrebungen zu investieren.

Zwei Beispiele aus unserer Studie zeigen die Fertigungsauslagerung nicht kernkompe-tenzrelevanter Teile:

- Ein Automobilzulieferer fertigt lediglich zwei Schlüsselteile selbst, alle anderen Kom-ponenten werden zugekauft und montiert.

- Ein deutscher Pumpenhersteller produziert ebenfalls nur „hochwertige Technologie", die einfache Graugussfertigung wurde ausgelagert.

Einen bemerkenswerten „Ausreißer" beobachteten wir ebenfalls: Ein Automobilhersteller produziert bis zum Kleinteil alles selbst, weil nach Ansicht der Entscheidungsträger nur so das höchste Niveau des Endproduktes gewährleistet werden kann. Bei entsprechender Exklusivität und mit einem hochpreisigen Produkt ist es demnach sehr wohl möglich, profitabel eine Fertigungstiefe von 100 Prozent vorzuhalten.

Kooperationen ermöglichen Systemanbieterschaft

Ein deutlich zu beobachtender Trend besteht darin, dass Unternehmen nur mit möglichst wenigen Zulieferern zusammenarbeiten bzw. „alles aus einer Hand" beziehen wollen – als deutliches Beispiel sei der Konzentrationsprozess in der Automobilzulieferer-Branche genannt. Die Kunden kaufen dann keine einzelnen Komponenten mehr, sondern gleich zusammengehörige Module. Das Know-how über das geeignete Zusammenspiel der Ein-zelkomponenten des Moduls verlagert sich vom Kunden – der hier Einsparungen anstrebt – zum Anbieter von Systemen.

Ein scheinbarer Widerspruch entsteht, wo sich Unternehmen gleichzeitig der Forderung nach Konzentration auf ihre Kernkompetenzen und der Forderung nach *Systemanbieter-schaft* ausgesetzt sehen. Wie kann eine Firma gleichzeitig komplette Systeme aus einer Hand anbieten und sich trotzdem auf bestimmte Fähigkeiten spezialisieren? Tatsächlich gibt es drei Optionen, um beiden Anforderungen gerecht zu werden:

■ Das Unternehmen kauft die außerhalb der eigenen Kernkompetenzen liegenden Komponenten oder Dienstleistungen zu und tritt als Systemanbieter auf. Dabei kann – wie bei Automobilherstellern – auch die Systemanbieterschaft selbst zur Kernkompetenz geraten (z. B. *BMW*).

■ Das Unternehmen kooperiert mit den Anbietern der fehlenden Leistungen und man tritt gemeinsam als Systemanbieter auf. Im Extremfall entstehen durch Fusionen oder Zukäufe größere Unternehmensverbunde.

■ Das Unternehmen fungiert als Zulieferer für einen Systemanbieter.

Die letztgenannte Option hat einen entscheidenden Nachteil: Sie ist mit einem Verlust des direkten Endkundenkontaktes und einer Veränderung der eigenen Position in der Wertschöpfungskette verbunden – die Firma wird zum Zulieferer des Zulieferers (vgl. hierzu das Fallbeispiel der *SERO Pumpenfabrik GmbH*, Kapitel 4.4). Daher wird diese Alternative nur in Ausnahmefällen erstrebenswert sein. Der Kundenwunsch nach Systemanbieterschaft führt somit zwangsläufig zur Zusammenarbeit der spezialisierten Anbieter von Teilkomponenten.

Besonders fortgeschritten zeigt sich diese Entwicklung wie bereits erwähnt in der Industrie der Automobilzulieferer. Dort führt der beschriebene Zusammenhang über Kooperationen hinaus zu einem Konzentrationsprozess in der Branche.

Virtuelle Unternehmen

Schnell veränderliche Kundenwünsche verlangen zeitnahe und flexible Reaktionen der Unternehmen. Nicht nur die Fähigkeit zu interner, gerade auch die Fähigkeit zu fallweise zielführender externer Kooperation wird in diesem Zusammenhang immer wichtiger.

Hier setzt sich der Grundgedanke der *Fraktalen Fabrik* (vgl. Kapitel „Führung") außerhalb der Unternehmensstruktur fort: Flexibilität und Reaktionsfähigkeit gelingen durch selbstorganisierte Einheiten, die ihre Zusammenarbeit nach aktuellem Bedarf optimieren.

Die Tendenz in der Unternehmenspraxis geht dementsprechend über bilaterale Partnerschaften hinaus zu multilateralen Netzwerken, bei denen je nach Entwicklungsauftrag mehrere Firmen flexibel zusammenarbeiten. Solche projektbezogenen Allianzen werden auch als *„virtuelle Unternehmen"* bezeichnet.

> **Tipp:**
>
> Die Offenheit und Fähigkeit der Unternehmen zu externen Kooperationen wird in einer immer turbulenteren Wirtschaft also gerade im Kontext von Innovationsmanagement zunehmend zu einem entscheidenden Erfolgsfaktor. Prüfen Sie entlang des ganzen Innovationsprozesses gewinnbringende Möglichkeiten von Partnerschaften – wer ist in der Lage, durch ergänzendes Know-how Ihr Produkt zu „veredeln".

Während Kooperationen mit Universitäten von praktisch allen von uns analysierten Unternehmen unterhalten werden, bietet sich bei firmenübergreifenden Zusammenarbeiten ein uneinheitliches Bild: Einige der Firmen halten sich zwar für „offen für Kooperationen", haben diese Haltung aber noch nicht in die Tat umgesetzt. Andere dagegen sehr wohl:

- *SERO Pumpenfabrik GmbH* (vgl. Fallbeispiel), pflegt erfolgreich zahlreiche Partnerschaften auf allen Stufen des Wertschöpfungsprozesses – selbst mit Wettbewerbern. Durch seine große Kooperationsstärke gelingt es diesem Unternehmen, ein Netzwerk aus Firmen, Universitäten und Beratern zu unterhalten.

- Auch die *Andritz AG* aus Graz, u. a. Hersteller von Kraftwerkkomponenten, arbeitet projektbezogen mit eigentlichen Konkurrenten zusammen: Bei einem Auftrag in China steuerte dieses Unternehmen nur know-how-intensive Teile sowie das Engineering bei, Komponenten außerhalb der eigenen Kernkompetenz lieferten im Konsortium befindliche Wettbewerber.

- Auch *IBM* änderte im Rahmen seines Turnarounds seine zuvor fatale Zukaufpolitik (s. u.) und formte mit allen wichtigen Beteiligten des Geschäftsprozesses Partnerschaften.

Entwicklungskooperation oder Eigenentwicklung?

Folgerichtig kommt insbesondere bei eigenen Entwicklungstätigkeiten die Frage auf, ob eine völlig eigenständige Entwicklung oder eine Verbundentwicklung in Kooperation mit anderen Unternehmen durchgeführt werden soll.

In vielen Situationen ergibt sich ein Zwang zu Kooperationen durch das fehlende Know-how oder durch fehlende Finanzmittel für die Entwicklung. Es treten jedoch auch Fälle auf, in denen zwischen beiden Entwicklungsstrategien gewählt werden muss. Hier gilt die Grundregel, dass kernkompetenzbezogene Entwicklungen unbedingt eigenständig durchzuführen sind.

IBM hatte in den 80er-Jahren einen Marktanteil von über 50 Prozent, dieser sank jedoch innerhalb von weniger als zehn Jahren auf unter zehn Prozent. *IBM* verlor seine dominante Marktposition, weil die beiden Kerntechnologien – Betriebssysteme und Prozessoren – fremdbezogen worden waren (Boutellier, Völker 1997).

Ist die anstehende Entwicklung nicht unmittelbar kernkompetenzbezogen, so stehen folgende Alternativen – in der Reihenfolge steigender Bindung der Partner – zur Auswahl:

Varianten der Entwicklungskooperation:

- – virtuelle Unternehmensnetze,

- – Partnerschaften,

- – Joint Ventures,

- – autonome Unternehmenstöchter und

- – vollständige Eigenentwicklung.

Der Vorteil von „virtuellen" Entwicklungen liegt in der immensen Flexibilität und Geschwindigkeit, mit der die Partner zusammentreten und die Kundenwünsche optimal erfüllen können. Für eine Eigenentwicklung sprechen die bessere Koordinierbarkeit der Einzelaufgaben und die verlässlichere, geregeltere Partnerschaft, die den Vorteil hat, dass unter einem Dach auch Konflikte besser zu lösen sind und unliebsame Überraschungen seltener auftreten. Aus diesen Erkenntnissen lassen sich Regeln ableiten, die eine Entscheidung zugunsten einer der Alternativen ermöglichen.

Tipp:

Wählen Sie die virtuelle Entwicklungsvariante, wenn:

- sich die betreffende Technologie schnell weiterentwickelt, es also auf Geschwindigkeit und Risikobereitschaft ankommt oder

- die Innovation *autonomen* Charakter hat, d. h., die zu entwickelnde Komponente unabhängig vom Gesamtsystem funktioniert, der Abstimmungsbedarf also klein ist.

Bevorzugen Sie die integrierte Entwicklungsvariante, wenn:

- die Innovation *systemischen* Charakter hat, d. h., die Komponenten nur miteinander funktionieren, daher ein hoher Abstimmungsaufwand und Konflikte zu erwarten sind,

- implizites, also im Unternehmen vorhandenes und schwer vermittelbares Wissen eine große Rolle spielt,

- strategische Kompromisse, z. B. zum Festlegen eines Industriestandards, notwendig werden oder

- komplementäre Innovationen im Unternehmen laufen. Sich ergänzende Innovationen sollten unbedingt im eigenen Haus angesiedelt werden, da sie eng miteinander zusammenhängen.

Die Wahl von Zwischenlösungen, wie beispielsweise eines Joint Ventures, ist bei weniger eindeutigen Ausgangslagen sinnvoll und muss individuell festgelegt werden. Als Grundregel lässt sich formulieren, dass eine umso straffere Entwicklungsorganisation gewählt werden sollte, je mehr Koordination notwendig ist.

Ein Unternehmen aus der Pumpenbranche verkannte diese Regel und erhielt prompt die Quittung: Dort wurde die Entwicklung einer Komponente eines komplexen systemischen Produktes ausgelagert. Da dem ausgewählten Kooperationspartner der Entwicklungshintergrund nicht bekannt war und eine intensive Abstimmung im notwendigen Maße nicht stattfand, missriet die Entwicklung in technischer und folglich natürlich auch in wirtschaftlicher Hinsicht.

Eine noch fatalere Konsequenz erlitt der Flugzeugbauer *Airbus* im Jahr 2006: Der Aktienkurs rutschte dramatisch ab, Kunden forderten Vertragsstrafen in Millionenhöhe, es drohten Werksschließungen und das Management musste seinen Hut nehmen. Es hatte erhebliche Verzögerungen in der Entwicklungsfertigstellung des neuen Großflugzeugs A380 gegeben. Grund war, dass die zahlreichen und voluminösen Kabel der Bordelektronik nicht in die dafür vorgesehenen Schächte im Fußboden und der Kabinendecke passten. Konstruiert wurden die Kabelschächte in Toulouse, eingebaut werden die Kabel in Hamburg. Zur räumlichen Entfernung kam, dass beide Standorte mit unterschiedlichen Softwarelösungen arbeiteten, so dass die Integration dieser systemischen Entwicklung letztlich misslang.

Exemplarisch für eine autonome Innovation kann dagegen ein Turbolader genannt werden, der ohne entsprechende Neukonstruktion des Motors oder gar des Autos entwickelt werden kann.

Nicht vergessen werden darf der wichtige Aspekt der Vertrauensbildung, der in stabilen Unternehmensstrukturen leichter gelingt als in losen Formen der Zusammenarbeit – daher ist ein fallspezifisch organisiertes Zusammenspiel aus stabilen und virtuellen Netzwerken optimal.

Beziehungsmanagement bei Kooperationen

Auch bei Unternehmenskooperationen ist die Beachtung des „Faktors Mensch" wichtig. Entwicklungen werden von Mitarbeitern beispielsweise oft nicht akzeptiert, wenn sie nicht aus dem eigenen Haus stammen – ein Phänomen, das unter dem Namen *„Not invented here-Syndrom"* bekannt ist. Nicht nur unternehmensübergreifende Prozesse, auch unternehmensübergreifende Beziehungen müssen gemanagt werden. An die Soft Skills der Mitarbeiter werden in diesem Zusammenhang die gleichen Anforderungen gestellt wie im innerbetrieblichen Kontext. Auch außerhalb des Unternehmens gelten die beteiligten Menschen als entscheidender Erfolgsfaktor der innovationsbezogenen Zusammenarbeit.

■ Motivierte, veränderungsbereite und unternehmerisch denkende Mitarbeiter,

■ eine klare, gemeinsame Zielstellung,

■ die Delegation von Verantwortung und

■ ein offener Umgang mit einer entsprechenden Kommunikationskultur

verhelfen der Kooperation zum Erfolg.

Neben den Soft Skills existieren weitere Erfolgsfaktoren externer F&E-Kooperationen, die ableitbar sind aus den Innovationsgrundmustern der Prozessorganisation. Auch unternehmensübergreifend sind Projektstrukturen mit eigenverantwortlichen Teams als organisatorische Lösung der Aufgabe angemessen. Hier ist der Erfolgsfaktor Projektmanagement mit klaren Zielen und einer klaren Aufgabenverteilung noch wichtiger als bei Entwicklungen im eigenen Unternehmen.

Erst ermöglicht werden hochentwickelte Formen von projektbezogenen Allianzen und strategischen Netzwerken durch die fortgeschrittenen Möglichkeiten der Informations- bzw. Kommunikationstechnologie, welche die technische Grundlage für die flexible Zusammenarbeit darstellen.

4.9.5   Zusammenfassung des Kapitels

Kernkompetenzen sind Fähigkeiten, bei denen die technologieseitige Wettbewerbs-führerschaft eines Unternehmens stark ausgeprägt sowie dauerhaft ist und die in erkennbaren Kundennutzen umsetzbar sind. Kernkompetenzen sind damit die entscheidende Basis für den Verkaufserfolg und können in einer Vielzahl von Produkten zum Einsatz gebracht werden. Dementsprechend ist es wichtig, Innovationen auf diesen Schlüsselfähigkeiten aufzubauen.

Da vorhandene Kernkompetenzen mittelfristig vom Wettbewerb kopiert werden, ist ihre Pflege und Weiterentwicklung ein weiterer Erfolgsfaktor des Innovationsmanagements. Langfristig ist im Abgleich mit zukünftigen technologischen Entwicklungen und dem Zielsystem des Unternehmens auch die Notwendigkeit neuer Kernkompetenzen zu überprüfen.

Das Kernkompetenzmanagement erwies sich im Rahmen unserer Untersuchungen als klare Stärke der untersuchten KMU.

Mit der Konzentration auf Schlüsselfähigkeiten wird auch die Offenheit für Allianzen zum wichtigen Erfolgsfaktor. Teile der Wertschöpfungskette, die außerhalb der eigenen Kernkompetenzen liegen, können in vielen Fällen vorteilhaft ausgelagert werden. Entwicklungskooperationen werden insbesondere dann notwendig, wenn die Komplexität einer Innovation oder die benötigten Finanzmittel die eigenen Möglichkeiten übersteigen.

In einer zunehmend von schnellem Wandel geprägten Wirtschaft werden strategische Netzwerke und flexible, projektbezogene Allianzen zur unverzichtbaren Erfolgsbasis erfolgreichen Innovationsmanagements.

Checkliste Kernkompetenzmanagement und Netzwerkmanagement

– Kennen sowohl Führung als auch Mitarbeiter die Kernkompetenzen des Unternehmens?

– Wird bei Innovationen auf die Kernkompetenzen aufgebaut?

– Sind bislang unerschlossene Anwendungen der eigenen Kernkompetenzen denkbar?

– Werden die Kernkompetenzen weiterentwickelt?

– Wird geprüft, ob mittel- bis langfristig andere Kernkompetenzen gefragt sein werden und werden daraus Entwicklungsmaßnahmen abgeleitet?

– Werden außerhalb des Bereichs der Kernkompetenzen Partnerschaften gepflegt, wo Externe besser bzw. günstiger sind?

4.10 Internes Marketing – man vertritt nur das gut, von dem man selbst überzeugt ist

Jedem, der mit einer Entwicklung betraut ist, leuchtet unmittelbar ein, dass er sein Produkt letztlich extern vermarkten und verkaufen muss, um einen Erfolg verbuchen zu können. Weniger klar ist die Notwendigkeit des „internen Verkaufs" einer Entwicklung. Schließlich wirkt sich die Akzeptanz eines neuen Produktes bei den Kollegen nicht direkt auf den Verkaufserfolg aus – wieso sollte sich ein Unternehmen hier also Mühe geben? Dazu kommt der Aspekt der Geheimhaltung: Wer Informationen zu einer geplanten Innovation zu weit streut, spielt mit der Gefahr, dass sensible Informationen zum Wettbewerb gelangen.

Dieses Kapitel erklärt den Einfluss des internen Marketings auf den Produkterfolg und beschreibt dessen Instrumente sowie typische Fehler. Damit werden die genannten Gegenargumente aufgegriffen und entkräftet – es wird die Forderung erhoben, aus der „Geheimsache Entwicklung" eine „Gemeinsache Entwicklung" zu machen.

Das Prinzip des Einbezugs von Mitarbeitern aus allen Funktionsbereichen zieht sich in den vorstehenden Kapiteln „wie ein roter Faden" durch alle Phasen des Innovationsprozesses. Ob bei der Ideenfindung, -bewertung oder -umsetzung, stets erweist sich ein interdisziplinäres Team als vorteilhaft.

Es ist ein wesentlicher Erfolgsfaktor eines neuen Produktes, dass es von allen Mitarbeitern des Unternehmens akzeptiert und unterstützt wird. Daher ist es nicht ausreichend, nur eine kleine Anzahl von Mitarbeitern frühzeitig und unmittelbar am Innovationsprozess zu beteiligen – systematisches *internes Marketing* zielt auf das ganze Unternehmen ab.

> Mit dem internen Marketing werden im wesentlichen **zwei wichtige Ziele** verfolgt:
>
> – Erstens werden *wertvolles Know-how* und wertvolle Hinweise von den informierten und einbezogenen Mitarbeitern eingeholt und nutzbar gemacht.
>
> – Und zweitens, was noch wichtiger ist, gerät das neue Produkt durch deren mögliche Einflussnahme zur *Innovation aller Mitarbeiter* – die entscheidend wichtige *interne Akzeptanz* der Innovation wächst. Schließlich vertritt man nur das gut, von dem man selbst überzeugt ist.

Dazu erreicht man einen nützlichen und damit äußerst erwünschten Nebeneffekt: Man nimmt den Einbezogenen durch deren aktive Mitgestaltung die Unsicherheit vor den ansonsten passiv erwarteten und daher befürchteten Veränderungen. Innovationsverhinderer werden zu Innovationstreibern, da diese Unsicherheit Hauptursache von Blockadehaltungen ist.

Die drei Ebenen des internen Marketings

Grundsätzlich kommt es zwar auf die Information – so früh wie möglich – der ganzen Belegschaft an, doch lassen sich hier Prioritäten bilden: Es ist z. B. wichtiger, die Ver-

triebsmannschaft „mit ins Boot" zu holen als die Arbeiter einer ausländischen Produktionsniederlassung, die das Produkt nie fertigen wird.

Das interne Marketing findet daher auf drei Ebenen unterschiedlicher Intensität des Einbezugs statt (s. **Abbildung 4.37** und **Abbildung 4.38**):

■ die „unmittelbar Beteiligten",

■ die „mittelbar Einbezogenen" und

■ die „frühzeitig Informierten".

Abbildung 4.37   Die drei Ebenen des internen Marketings (Quelle: Eigene Darstellung)

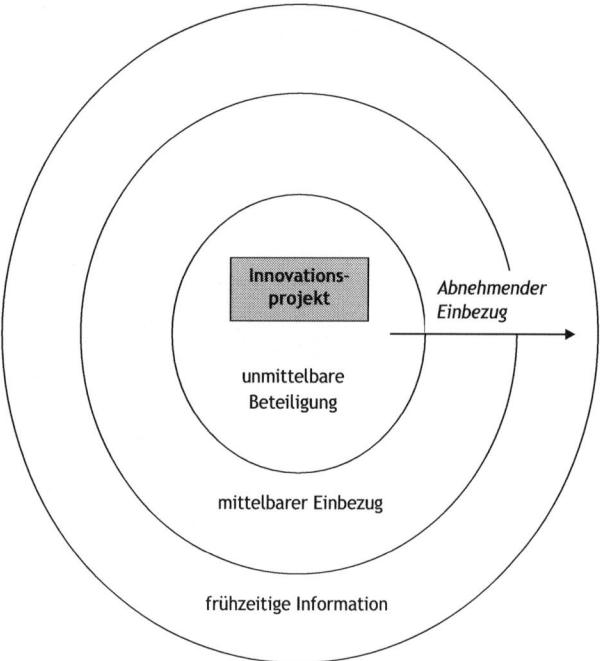

Die „unmittelbar Beteiligten"

Am wichtigsten für den späteren Erfolg einer Innovation ist die Beteiligung derjenigen
Mitarbeiter, die sie nach Entwicklungsabschluss im Tagesgeschäft zu betreuen haben – in
der Regel Fertigung, Vertrieb, Marketing und Service. Von ihnen sind wesentliche fachliche Beiträge zu erwarten und ihre Motivation ist letztlich erfolgsentscheidend. Das wichtigste Instrument des internen Marketings ist damit das interdisziplinäre Entwicklungsteam, durch das die relevanten Mitarbeiter direkt und mitverantwortlich in den
Innovationsprozess eingebunden werden.

Abbildung 4.38 Internes Marketing: Drei-Ebenen-Systematik im Überblick: Wer wird wie einbezogen (Quelle: Eigene Darstellung)

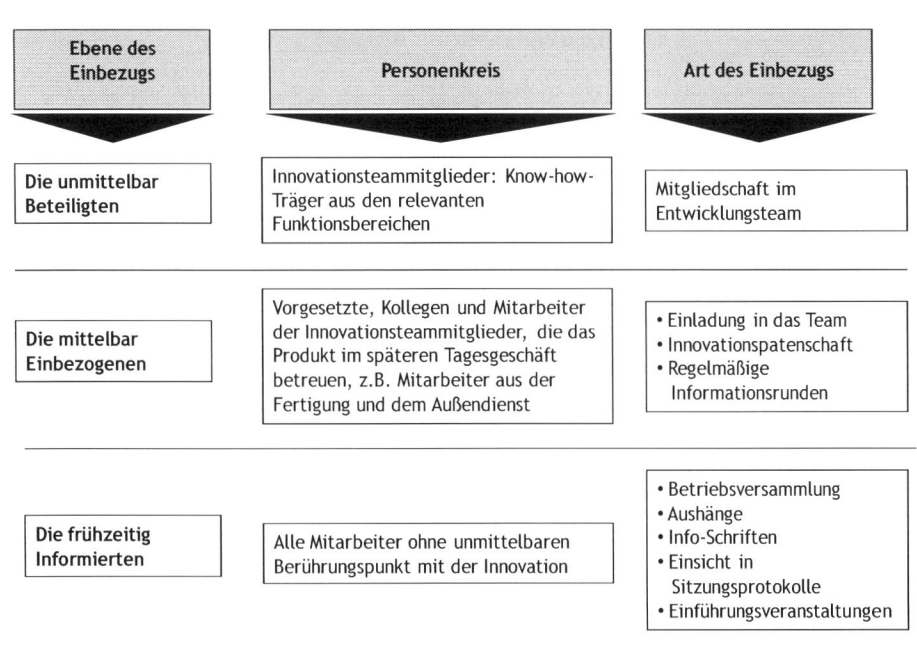

Die meisten von uns untersuchten Unternehmen haben dies erkannt bzw. aus eigener Erfahrung gelernt und setzen daher auf entsprechende, multifunktional besetzte Teams (vgl. ausführliche Darstellung im Kapitel „Prozessorganisation").

Unsere Teammitglieder sind motiviert, weil sie mitgestalten dürfen", lautet die treffende Bestätigung eines Mitarbeiters der *Rosenbauer International AG.* Der Geschäftsführer eines mittelständischen Herstellers von Pumpen berichtete uns von „alten Zeiten", als die Entwickler im „stillen Kämmerlein" vor sich hin arbeiteten und welches Potential damals durch den fehlenden Einfluss von Vertrieb und Fertigung vergeben wurde. Heute bringen interdisziplinäre Projekte vor allem den Vorteil mit sich, dass produktions- und verkaufsgerecht entwickelte Produkte entstehen. Nachträglicher Widerstand im Sinne von: „Das war doch klar, dass diese Schwierigkeit auftauchen wird", konnte ausgeschaltet werden – durch ihre Beteiligung am Projekt stehen die Mitarbeiter der Schlüsselabteilungen des Unternehmens in der Pflicht, *ihr* Produkt auch nach Entwicklungsabschluss erfolgreich zu betreuen.

Die „mittelbar Einbezogenen"

In zweiter Linie kommt es auf die Information und den Einbezug derjenigen Mitarbeiter an, welche die Innovation im Tagesgeschäft zwar betreuen, wenn auch nicht in hauptverantwortlicher Position. Hierbei handelt es sich in der Regel um Vorgesetzte, Mitarbeiter und Kollegen der Entwicklungsteammitglieder. Ihre fachlichen Kenntnisse und ihre Akzeptanz sind ebenfalls wichtig – es ergibt sich die Notwendigkeit, sie zu informieren und ihre Meinung einzuholen. In der Regel reichen selbst geringe Mitbestimmungsmöglichkeiten aus, um die Akzeptanz von Innovationen wesentlich zu erhöhen.

Dies lässt sich durch folgende Maßnahmen erreichen:

- *„Innovationspatenschaft"*

  Jedes Entwicklungsteammitglied informiert seine Stammabteilung und fungiert dabei als *„Innovationspate"*, hat also explizit die Aufgabe und die Verantwortung, die Innovation im Kreis seiner Kollegen und Mitarbeiter zu vertreten und Meinungen, Kritik und Lob auf umgekehrtem Wege in das Umsetzungsteam zu transportieren. Dies wird bei Teamsitzungen in einem eigenen Tagesordnungspunkt zur Sprache gebracht.

- *„Schneeballsystem"*

  Das Schneeballsystem ist eine Methodik zum effektiven, aber unaufwendigen Praktizieren der Innovationspatenschaft. Es unterstützt die Entwicklungsteammitglieder bei der Aufgabe, ihre jeweiligen Stammabteilungen zu informieren. Um Informationsverlusten und falschen Interpretationen von verbalen Aussagen vorzubeugen, werden den Kollegen in kurzen Informationsrunden die gleichen, möglichst wenigen Folien präsentiert, die schon im Entwicklungsteam verwendet wurden. Dieser Aspekt wird umso wichtiger, wenn die so informierten Personen auf gleichem Wege wiederum weitere Mitarbeiter informieren. Durch ein solches Schneeballsystem können schnell mehrere Hierarchieebenen durchlaufen und das ganze Unternehmen informiert werden.

- *Einladung in das Entwicklungsteam*

  In besonderen Fällen kann ein Mitarbeiter eingeladen werden und seinen Beitrag oder Einwand direkt in einer Sitzung des Entwicklungsteams vortragen.

Nur wenige Unternehmen nutzen nach unseren Beobachtungen solche Maßnahmen zum Einbezug weiterer für den Innovationserfolg wesentlicher Mitarbeiter. Zu den Ausnahmen gehören folgende Beispiele:

- Die *WILO-SALMSON AG* führt regelmäßig standortübergreifende Treffen durch. Bei *WILO* finden die sogenannten Entwicklungsgruppentreffen vierteljährlich statt. Als Teilnehmer sind die zentral in Dortmund angesiedelten Produktmanager, die Entwicklungsleiter sowie die Geschäftsführer der Niederlassungen geladen. Die Erfahrungen sind überaus positiv – standortübergreifend befinden sich die mit Innovation befassten Mitarbeiter auf dem gleichen Kenntnisstand, die autarken F&E-Bereiche – die Kompetenzcenter – ergänzen sich bestmöglich in den verschiedenen Know-how-Gebieten.

- Bei der *Andritz AG* werden alle Mitarbeiter aus der Fertigung zweiwöchentlich in Informationsrunden aufgeklärt – auch über den Stand von Neuentwicklungen.

Der Verkauf spielt eine zentrale Rolle

Eine zentrale Rolle fällt den Vertriebsmitarbeitern zu: Ihr späteres Engagement schlägt sich unmittelbar auf Umsatz, Rendite und Amortisation nieder. Nicht selten entscheidet ihre Motivation über Erfolg oder Misserfolg einer Innovation, wie unsere Beobachtungen zeigen. Die frühzeitige Information des Außendienstes – hierzu wurde eine Vertriebstagung genutzt – war für die *WILO Oschersleben GmbH* (vgl. Fallstudie, Kapitel 4.11) durch das daraus resultierende Engagement der Verkaufsmannschaft einer der wichtigsten Erfolgsfaktoren für das entwickelte Produkt.

Eine entsprechende Bedeutung kommt damit dem rechtzeitigen Einbezug aller nationalen und internationalen Verkäufer in den Innovationsprozess zu.

Andererseits haben viele Unternehmen Skrupel, ihre Außendienstmitarbeiter früh in Innovationsvorhaben einzuweihen, weil diese nach übereinstimmenden Erfahrungen dazu neigen, noch nicht verkaufsfreie Produkte bei Kunden anzupreisen. Damit bringen sie ihr Unternehmen unter enormen Zeitdruck oder sogar in die Zwangslage, Kundenforderungen nachgeben und noch nicht gewissenhaft zu Ende entwickelte Produkte doch schon auf den Markt bringen zu müssen. Ein Mitarbeiter aus der Abteilung „Disposition" eines Maschinenbauunternehmens erzählte uns z. B., der Absatz eines Auslaufmodells wurde in einem vergangenen Fall durch das zu frühe Bekannt werden der Neuheit erheblich beeinträchtigt. *„Seither üben wir uns in ‚verkaufstaktischer Zurückhaltung' und informieren unsere zuständigen Verkäufer erst zum Zeitpunkt der Markteinführung",* berichtete er von den Konsequenzen der schlechten Erfahrung.

Dies ist nach unseren Erkenntnissen der falsche Weg. Es ist unvorteilhaft und innovationsschädlich, dieses Problem durch (zu) späte Information des Vertriebs lösen zu wollen. Wie das Beispiel von *WILO* zeigt, wird damit eine Möglichkeit zur Motivation der Verkäufer vergeben.

> **Tipp:**
>
> Binden Sie gerade den Vertrieb rechtzeitig in Innovationsvorhaben ein! Wägen Sie ab und gehen Sie bewusst das Risiko ein, dass Informationen über das neue Produkt früher als gewollt nach außerhalb dringen. Es kommt darauf an, von den Verkaufsmitarbeitern Disziplin zu fordern und im Falle verfrühter Kundenbestellungen konsequent zu bleiben und noch nicht auszuliefern. Im Zweifel ist der Vorteil durch die interne Motivation größer als der potentielle Schaden durch informierte Wettbewerber oder ungeduldige Kunden. Für die Wahl des richtigen Zeitpunktes zur Information des Außendienstes können keine allgemeinverbindlichen Regeln ausgesprochen werden. Hier gilt es, unter Berücksichtigung von unvermeidbaren Geheimhaltungsnotwendigkeiten individuell den frühestmöglichen Termin zu bestimmen.

Repräsentativ für unsere Beobachtungen ist ein Maschinenbauunternehmen, in dem selbst Außendienstmitarbeiter erst zur Markteinführung von Entwicklungen erfahren. Ein anderes Unternehmen treibt die Geheimhaltung auf die Spitze: *„Es kommt vor, dass ein Schlosser in eine Entwicklung involviert ist, aber nicht gesagt bekommt, wozu seine Arbeit dient"*, erzählte uns ein Verkaufsmitarbeiter.

Die „frühzeitig Informierten": Belegschaft, andere Unternehmensbereiche und Werke

Diejenigen Mitarbeiter, die im späteren Tagesgeschäft keinen unmittelbaren Berührungspunkt mit der jetzigen Entwicklung haben, stehen an dritter Stelle der „Beteiligungshierarchie" des internen Marketings. Obwohl sie keinen unmittelbaren Einfluss auf den Erfolg der Innovation haben, ist ihre Beurteilung der Neuerung ebenfalls von Bedeutung. Ihre Einstellung prägt die Stimmung und das Meinungsbild innerhalb und außerhalb des Unternehmens und sorgt damit indirekt für die Ablehnung oder Akzeptanz der Innovation durch andere Mitarbeiter, Kunden und weitere Personen des Unternehmensumfeldes. Wiederum kann Innovation nur ganzheitlich betrachtet werden: Das öffentliche Meinungsbild und weitere mittelbar wirksame Einflussfaktoren werden häufig unterschätzt (vgl. Kapitel „KWU"). Hier macht es einen entscheidenden Unterschied, ob das Unternehmen „wie mit einer Stimme" spricht oder ob die Hälfte der Mitarbeiter selbst große Zweifel an einem Produkt hat.

Es ist kaum praktikabel, der nicht unmittelbar betroffenen Belegschaft sowie den Mitarbeitern anderer Unternehmensbereiche und Werke die Gelegenheit zu geben, sich zu Entwicklungen zu äußern. Deshalb liegt bei diesem Kreis der Schwerpunkt des internen Marketings auf der frühzeitigen Information.

Zugute kommt dem internen Marketing die „natürliche Neugier" der Menschen, deren Aufmerksamkeit sich leicht auf Neues richten lässt. Damit ist die Chance zur werbewirksamen Vorstellung eines neuen Produktes groß – ein Effekt, der auch für das externe Marketing ausgenutzt werden kann.

Instrumente bzw. Methoden der Informationspolitik sind:

– *Aushänge oder Publikation im Intranet*
  Informationen, Zeichnungen und Bilder des neuen Produktes werden am besten dezentral an die Informationstafeln aller Arbeitsgruppen angebracht oder im Intranet dargestellt (vgl. Kapitel „Antrieb", „Führung").

– *Betriebsversammlung*
  Die in der Regel ohnehin stattfindenden Betriebsversammlungen können zur Information der Belegschaft über laufende Entwicklungen genutzt werden oder in besonderen Fällen sogar extra aus diesem Grund einberufen werden.

- *Info-Schriften*
  Es gibt diverse Möglichkeiten, die Mitarbeiter auf schriftlichem Weg über innovationsbezogene Themen in Kenntnis zu setzen: Manche Unternehmen verfügen über eine Betriebszeitschrift, andere informieren z. B. in einer Beilage zur Gehaltsabrechnung.

- *Einsicht in Sitzungsprotokolle* des Entwicklungsteams
  Die Veröffentlichung von Sitzungsprotokollen des Entwicklungsteams in zentraler Ablage oder über das Intranet signalisiert Offenheit und Transparenz.

- *Einführungsveranstaltung* am Entwicklungsende
  Eine Markteinführungsveranstaltung am Entwicklungsende hält den internen Innovationsschwung aufrecht. Hier können die Mitglieder des Innovations- und Entwicklungsteams gelobt und das Produkt vorgestellt werden – das Ziel besteht in einer kollektiven Identifikation mit der Innovation. Besonders Mitarbeiter mit Kundenkontakt und externe Verkaufspartner können so auf gemeinsame Werte und Produktvorteile „eingeschworen" werden und sprechen fortan nach außen hin mit „einer Stimme".

Die Auswahl der aussichtsreichsten Instrumente bzw. die Informationspolitik liegt im Verantwortungsbereich des Entwicklungsteams.

Beobachtungen aus der Praxis

Die von uns untersuchten Unternehmen erwiesen sich als sehr zurückhaltende Anwender der beschriebenen Informationsinstrumente. Es gehört bei ihnen eher zur Normalität als zur Ausnahme, dass die eigenen Mitarbeiter der Firmen erst bei der Markteinführung von neuen Produkten erfahren. Während von serienreifen Entwicklungen im Regelfall zumindest auf der Betriebsversammlung oder in einer internen Zeitschrift berichtet wird, erhält die Belegschaft eines Unternehmens sogar überhaupt keine Informationen – hier ist man auf informelle Kommunikation und die Lokalpresse angewiesen! Innovationen werden von diesem Unternehmen nach wie vor – auch intern – als Geheimsache angesehen und behandelt.

Zu den erwähnenswerten positiven Ansätzen, die wir vorfanden, gehören folgende:

- Im *Röhren- und Pumpenwerk Bauer GmbH* werden zu internen Werbezwecken zur Markteinführung Produktphotos aufgehängt.

- Die *WILO GmbH* in Dortmund fügt seiner Belegschaft Neuproduktinformationen zur Gehaltsabrechnung bei.

Im Vorteil wähnte sich der Geschäftsführer einer von uns analysierten Firma, die nur wenige Dutzend Mitarbeiter beschäftigt: *„Bei unserem kleinen Unternehmen erfährt sowieso gleich jeder alles."* Dennoch macht sich ein Unterschied bemerkbar, ob ein Mitarbeiter offiziell oder inoffiziell informiert wurde: Im ersten Fall fühlt er sich eher als wichtiges – weil informiertes – Mitglied des Unternehmens und identifiziert sich damit auch eher mit seiner Firma und dem Neuprodukt als im zweiten Fall, wie uns Mitarbeiter des genannten Unternehmens berichteten.

Interne Akzeptanz geht externem Verkaufserfolg voraus

Ergeben sich im Rahmen des internen Marketings Anzeichen für fehlende Akzeptanz des neuen Produktes bei den Mitarbeitern, so muss dies als ernste Indikation für fehlende Akzeptanz bei den externen Kunden angesehen werden. Solchen Anzeichen muss daher konsequent auf den Grund gegangen, Problemursachen müssen lokalisiert und beseitigt werden.

> **Tipp:**
>
> Betrachten Sie die eigenen Mitarbeiter als interne Kunden bzw. als „Testmarkt" der Innovation. Damit werden Produktion und Verkauf zu einer Art „ersten Vertriebsstufe" (vgl. Boutellier, Völker 1997). Damit gelingt es einerseits, Defizite noch vor der Markteinführung zu identifizieren und frühzeitig zu korrigieren. Andererseits ist es auch eine wichtige Aufgabe des internen Marketings, interne Innovationsblockaden zu erkennen und zu beseitigen – was oft mit viel Überzeugungsarbeit verbunden ist.

Wo das interne Marketing fehlt, ergeben sich fatale Konsequenzen:

■ Der Entwicklungsleiter eines kleinen Konzerns sagte uns zu einer Entwicklung, er habe sie „von vornherein abgelehnt". Es bedarf fast keiner Erwähnung mehr, dass das entsprechende Produkt ein großer Flop wurde, wenn nicht einmal der eigene Entwicklungsleiter überzeugt werden konnte.

■ Der Kunde eines Unternehmens aus dem verarbeitenden Gewerbe forderte Mitte der 90er-Jahre ein vor allem billiges Produkt. Die Fertigung beschrieb die zur Verfügung stehenden Anlagen als alt und ungeeignet – und forderte eine angemessene Ausstattung. Die Geschäftsführung entsprach diesem Wunsch nicht, konnte die Fertigungsmitarbeiter aber auch nicht davon überzeugen, dass die geforderte Aufgabe mit den vorhandenen Maschinen wie gewünscht zu bewältigen war. Tatsächlich schaffte man es letztendlich nicht, das Produkt zum wirtschaftlichen Erfolg zu führen.

■ Ein weiteres Unternehmen erlebte analog dazu in seiner jüngeren Geschichte zwei Entwicklungen, bei denen uns gegenüber einmal „interne Zweifler" und das andere Mal „das Produkt wurde nicht von allen getragen" als Gründe für den jeweiligen Flop genannt wurden.

Probleme des internen Marketings - von der Geheimsache zur „Gemeinsache"

Das Argument, mit dem internes Marketing neben den befürchteten, zu frühen Verkaufsaktivitäten des Außendienstes oft abgelehnt wird, ist der mögliche Abfluss sensibler Informationen an den Wettbewerb. Selbstverständlich gilt es im Einzelfall zu prüfen, was kommuniziert und was zurückgehalten wird. Internes Marketing darf nicht als beliebige Streuung kritischer Entwicklungsinformationen missverstanden werden (s. o.). Die mangelnde Geheimhaltung wird jedoch oft in ihrem Schadenspotential überschätzt, denn grundsätzlich ist die Gefahr einer unmotivierten oder gar ablehnenden Haltung der eigenen Mannschaft als größer einzuschätzen (Jaberg, Stern 1998).

Der Entwicklungsleiter und der Geschäftsführer eines Maschinenbauers unserer Studie z. B. hatten große Bedenken gegen eine frühzeitige Information der Vertriebsmannschaft über das neue Produkt. Sie befürchteten, der Wettbewerb könne sehr schnell mit einem Imitat auf den Markt kommen. Tatsächlich erkundigten sich erste Kunden schon vor der offiziellen Vorstellung interessiert nach der Neuheit, es hatte also Lücken in der Geheimhaltung gegeben. Der Wettbewerb jedoch – so er denn wirklich Informationen erhalten hatte – konnte diese nicht zur schnellen Entwicklung eines „Me-Too-Produktes" nutzen, das war zwei Jahre nach Verkaufsfreigabe klar: Noch immer verfügt der Maschinenbauer in dem speziellen Marktsegment über eine Monopolstellung.

Vor allem, wenn die eigenen Wettbewerbsvorteile

■ auf kaum imitierbaren Kernkompetenzen und

■ der grundsätzlichen Fähigkeit zur schnellen Innovation

beruhen, hat man in Folge größerer Offenheit keine wirklichen Nachteile zu befürchten. Die Argumentation ist hier die gleiche wie bei der Einbindung von Kunden in den Innovationsprozess – auch dabei besteht die Gefahr verminderter Geheimhaltung und es gilt die Aussage, dass die Gegengefahr – die Ablehnung seitens des Marktes – wesentlich größer ist (s. Kapitel „Kundennähe").

Weitere Beobachtungen aus der Unternehmenspraxis

Viele Unternehmen sind sich der Bedeutung des internen Marketings nicht bewusst. *„Wir haben das Interne Marketing bisher unterschätzt und vernachlässigt"*, sagte uns der Entwicklungsleiter eines deutschen Unternehmens aus der Pumpenbranche.

Dementsprechend führen die von uns untersuchten Unternehmen ihre Innovationsprozesse zwar meist in interdisziplinären Teams durch, betreiben aber so gut wie keine bewusste weitergehende interne Produktwerbung. Das interne Marketing gehört damit zu denjenigen Grundmustern erfolgreicher Innovationsprozesse mit dem größten durchschnittlichen Handlungsbedarf (vgl. Auswertung im Kapitel „Innovationsanalyse und -optimierung").

Erst eine informierte und möglichst weitgehend einbezogene Belegschaft ist in der Lage, sich mit einem neuen Produkt und darüber hinaus mit ihrem Unternehmen zu identifizieren.

Dass dem tatsächlich so ist, zeigt das Engagement der Belegschaft eines Unternehmens, das schon mehrfach als positives Beispiel diente:

Bei der *3K-Warner Turbosystems GmbH* kümmern sich die interdisziplinären Entwicklungsteams um den Einbezug des ganzen Unternehmens: Bereits in der Konzeptionsphase wesentlicher Neuentwicklungen finden interne Vertriebsrunden statt, über eine – anders benannte – Innovationspatenschaft vertritt jedes Entwicklungsteammitglied die Neuerung in seiner Stammabteilung und alle Projektberichte sind frei zugänglich. Neben dieser passiven Informationsbereitstellung wird die restliche Belegschaft auch aktiv über die Betriebsversammlung, die interne Betriebszeitschrift, Aushänge und das Zeigen von Modellen informiert.

4.10.1 Zusammenfassung des Kapitels

Innovationserfolg gelingt am ehesten, wenn sich alle Mitarbeiter an ihm beteiligen. Das Prinzip des internen Marketings ist daher einfach: Alle Unternehmenszugehörigen müssen frühzeitig informiert, begeistert und ihr Know-how in den Innovationsprozess einbezogen werden, so dass aus der Geheimsache eine Gemeinsache wird.

Die fachlich qualifiziertesten und später mit der Betreuung der Innovation im Tagesgeschäft betrauten Mitarbeiter werden in das Entwicklungsteam berufen. Auf der zweiten Ebene des internen Marketings bekommt das Team explizit die Aufgabe, die jeweiligen Kollegen von der Innovation zu begeistern – auch von deren Motivation im späteren Tagesgeschäft hängt der Innovationserfolg ab.

Schließlich ist auch für eine frühzeitige Information derjenigen Mitarbeiter zu sorgen, die mit dem neuen Produkt in ihrem Alltag nicht unmittelbar konfrontiert werden – denn auch deren Einstellung hat einen mittelbaren Einfluss auf den Innovationserfolg.

Es ist eine vorrangige Aufgabe des internen Marketings, die in jeder Organisation existierenden Innovationswiderständler und ihre Argumente ernst zu nehmen, diese zu entkräften sowie auch diesen Personenkreis von der Innovation zu überzeugen.

Hier schließt sich der Kreis der innovationsprozessbezogenen Grundmuster zu den Soft Skills: Die Methoden des internen Marketings zielen vor allem darauf ab, die Mitarbeiterschaft unternehmerisch zu motivieren und den Innovationserfolg des Unternehmens zu ihrem eigenen zu machen.

Checkliste internes Marketing:

– Beziehen Sie im Entwicklungsprozess Mitarbeiter aller Abteilungen mit ein, die im späteren Tagesgeschäft das Produkt bzw. die Dienstleistung verantwortlich betreuen werden?

– Bekommen auch weitere betroffene Mitarbeiter die Gelegenheit, ihre Meinung zum Vorhaben zu äußern, und werden ihre Einwände berücksichtigt?

– Sorgen Sie dafür, dass die Kunde über die Neuerung jeden Mitarbeiter erreicht?

– Nutzen Sie verschiedene Informationswege wie persönliche Mitteilung durch Innovationspatenschaften, Aushänge und Intranet?

4.11 Fallstudie zur Organisation des Innovationsprozesses: *WILO Oschersleben GmbH*

4.11.1 Ausgangssituation und Zielstellung

Die Fallstudie der *WILO Oschersleben GmbH* zeigt den Ablauf eines Entwicklungsprozesses, optimiert nach den Grundmustern erfolgreicher Innovationen. Dieses Beispiel aus unserer praktischen Erfahrung demonstriert die Umsetzung der prozessbezogenen Gestaltungsfelder von der Kundennähe über die Projektarbeit bis hin zum internen Marketing. Da es sich bei der beschriebenen Entwicklung um ein technisch und vor allem auch wirtschaftlich erfolgreiches Produkt handelt, dient das Fallbeispiel zudem als Beleg für die Effektivität des Einsatzes der Grundmuster.

Die Firma *WILO* besteht seit 1872 und produziert Pumpen und Systeme für die Gebäudetechnik an sechs Standorten in Europa und Asien. *WILO* gehört zur *WILO-SALMSON* Gruppe, die zum Untersuchungszeitpunkt 1998 mit etwa 2.700 Mitarbeitern und über 389 Millionen Euro Jahresumsatz zu den größten Pumpenherstellern der Welt zählte und bis heute diese Position durch große Zukäufe (Emu, Mather & Platt u.a.) und vor allem progressive Neuentwicklungen weiter festigen konnte.

Das Produktionsprogramm von WILO umfasst gebäudetechnische Pumpen und Anlagen für Heizung, Wasserver- und -entsorgung, einschließlich umfangreicher Serviceleistungen. Ein insbesondere in Europa flächendeckendes Vertriebs- und Servicenetz gewährleistet eine optimale Betreuung der Kunden.

Mitte der 90er-Jahre wurden im Zuge einer gruppenweiten Neustrukturierung der Produktionsstandorte des Unternehmens sogenannte *Centers of Competence* (CC) eingeführt, in denen definierte Produktprogramme entwickelt und produziert werden. Gleichzeitig mit der Einführung der CCs erfolgte eine Dezentralisierung der Serienentwicklung in Form von sogenannten *Produktentwicklungsgruppen* (PEG) als Bestandteil der CCs.

Der Vertrieb dieser Produkte erfolgt durch die gemeinsame Vertriebsorganisation der *WILO-SALMSON* Gruppe.

Im Rahmen der genannten Entwicklung wurde der Standort in Oschersleben, der über eine Mitarbeiterzahl von etwa 130 verfügt, in die Rechtsform einer eigenständigen GmbH überführt. Hier wurde in der ersten Zeit des Bestehens des Werkes nur in sehr begrenztem Umfang Entwicklung betrieben. Ein systematisches Innovationsmanagement fand in ausgeprägter Form nicht statt.

Neueinrichten des Innovationsmanagements

Mit der Neustrukturierung der *WILO*-Gruppe und der damit verbundenen Einrichtung eines CCs für Systeme in Oschersleben war eine wesentliche Erweiterung der Entwicklungstätigkeit an diesem Standort verbunden. Dieser Neubeginn sollte nicht nur mit einer Verbesserung der Entwicklungssystematik einhergehen, sondern er sollte zur Einführung eines optimalen Innovationsmanagements genutzt werden.

Als Einführungskonzept wurde ein extern unterstütztes Pilot-Entwicklungsprojekt ausgewählt, in dem alle beteiligten Mitarbeiter den veränderten Prozess anwendungsnah und aktiv lernen sollten („Learning by doing"). Bei entsprechend positiven Erfahrungen wurde geplant, die einmal geübte Vorgehensweise sukzessive in weiteren Projekten einzusetzen, auch über den Standort Oschersleben hinaus.

Die Vorgehensweise, einen neuen Prozess anhand eines praktischen Anwendungsbeispiels zu erlernen, trägt der Tatsache Rechnung, dass Menschen vor allem durch eigene Erfahrung lernen (vgl. Kapitel „Prozessorganisation"). Zudem wurde den Mitarbeitern auf diese Weise eine Plattform geboten, um sich aktiv in die Gestaltung des Entwicklungsablaufs einzubringen – was wesentlich ist für deren Engagement, wie nicht oft genug betont werden kann.

4.11.2 Ausgestaltung der Grundmuster der Organisation des Innovationsprozesses

Als Pilotentwicklung wurde eine Abwasserhebeanlage gewählt, zu installieren nach dem *Vorwandprinzip*. Bei dieser Einbauart ist die Anlage „unsichtbar" hinter der Vorwand des Bades lokalisiert, welche bei Installationen neuerer Bauart Stand der Technik im Badbereich ist (Krasmann, Stern 2000).

Einordnung der Innovationsstrategie in die Unternehmensvision

Damit passt die ausgewählte Pilotentwicklung genau in das Zielsystem der *WILO*-Gruppe im Allgemeinen und der *WILO Oschersleben GmbH* im Speziellen: Die *WILO*-Gruppe verdankt ihren großen Bekanntheitsgrad in erster Linie den seit Jahrzehnten bewährten Produkten aus der Heiztechnik. Die Vision des Unternehmens besteht in einer Ausdehnung der angestammten Kernkompetenz im Heizungsbereich auf eine Komplettanbieterschaft im Bereich Gebäudetechnik – und damit in einer Strategie des forcierten Aufbaus der Produktpalette im Bereich Kaltwasser. Ziel war es, nach entsprechendem Know-how-Aufbau über alle wichtigen Produkte der Kaltwasserversorgung und -entsorgung – wie z. B. Regenwassernutzungsanlagen, aber eben auch Abwasserhebeanlagen – selbst zu verfügen.

Die strategische Positionierung der geplanten, zur Vision passenden Anlage wurde im interdisziplinären Team mithilfe der Technik der Strategieportfolios vorgenommen (vgl. Kapitel „Antrieb").

Die Ideenfindung selbst liegt in diesem Beispiel vor dem Betrachtungszeitraum, daher wird das Grundmuster „Innovationsteam" als einziges der variablen Grundmuster hier nicht thematisiert.

Kundennähe durch europaweite Marktstudie

Um von Beginn an eine kundennahe Entwicklung zu garantieren, wurde im Vorfeld eine europaweite Marktstudie zum Thema „Abwasserhebeanlagen" durchgeführt. Dies war durch den beabsichtigten internationalen Vertrieb des Produktes notwendig. Wie die Ergebnisse der Untersuchung bestätigten, sind die Anforderungen an das Produkt und dessen Marktchancen in den einzelnen Ländern unterschiedlich – eine Tatsache, der nicht erst bei der Vermarktung, sondern schon in der Entwicklungskonzeption Rechnung getragen werden muss.

In der Konzeption der Studie wurde weiterhin der Tatsache Rechnung getragen, dass Kunden im Regelfall keine Ideen für Sprunginnovationen äußern (s. Kapitel „Kundennähe"). Die größte Herausforderung bestand nämlich darin, den Befragten aussagekräftige Antworten zu einem noch gar nicht existierenden Produkt zu „entlocken". Daher wurden intern potentielle Produktmerkmale der Zukunft erarbeitet und im Fragebogen zur Diskussion gestellt. Auf diese Weise wurde von den Interviewten kein aktives visionäres Denken verlangt. Um Antworten aus Kundensicht einfach zu machen, wurden technische Alternativen einzeln verständlich dargestellt – und jeweils eine Meinung dazu abgefragt. Wie erhofft konvergierten die Antworten der Befragten im Hinblick auf die technologische Entwicklung, so dass die Erwartungen und Bedürfnisse der Kunden von Anfang an berücksichtigt werden konnten. Eine weitere positive Erfahrung betrifft die Interviewbereitschaft der Zielgruppe. Trotz eines signifikanten Zeitbedarfs von etwa 90 Minuten pro Befragung erklärten sich fast alle ausgewählten Kunden bereit, mitzumachen. Für diesen Erfolg waren drei Punkte ausschlaggebend:

■ Die Zielpersonen wurden persönlich angesprochen.

■ Den Interviewten konnte ein eigener Vorteil am Befragungsergebnis geboten und vermittelt werden – nämlich die Kenntnis des Ergebnisses einer zukunftsweisenden Untersuchung.

■ Die Befragten waren stolz, nach ihrer Meinung gefragt zu werden.

Insgesamt wurden über 1.000 Gespräche geführt.

Auf ihren Kern zusammengefasst, können die in der Marktstudie identifizierten Kundenwünsche an das Produkt Abwasserhebeanlage als „sauber, problemlos und geräuscharm" beschrieben werden. Alle gesammelten Erkenntnisse wurden in einem Funktionslastenheft konkretisiert und für das Pflichtenheft in technische Maßstäbe für die Entwicklung übersetzt.

Systematische Befragungen von Mitarbeitern der *WILO*-Vertriebsorganisation sowie von Kunden im In- und Ausland im weiteren Entwicklungsverlauf brachten Gewissheit über die marktseitige Akzeptanz der immer konkreteren Produktplanung – auf diese Weise wurde die Kundennähe über den gesamten Innovationsprozess aufrechterhalten.

Chancen-Risiken-Analyse - Entscheidung in Meetings aller Entwicklungsgruppen

Die Chancen-Risiken-Analyse ist in der *WILO-SALMSON*-Gruppe vorbildlich gelöst im Sinne des in dieser Arbeit vorgestellten Innovationsmanagements. Als Projektlenkungsausschuss fungieren die sogenannten *PEG-Meetings*, die etwa vierteljährlich stattfinden. Die Teilnehmer dieses Entscheidungsgremiums sind der Technik- und Marketingvorstand, die Marketingmanager der Marken *WILO* und *SALMSON* und die Entwickler der Produktentwicklungsgruppen. Inhalte dieser Meetings sind

■ die Präsentation von neuen Projekten,

■ die Meilenstein-Berichterstattung von laufenden Entwicklungen sowie

■ die Entscheidung bzw. Priorisierung des weiteren Vorgehens.

Der Abbruch oder die Weiterführung von Projekten wird im Wesentlichen über die Einhaltung einer *WILO*-intern definierten finanziellen Kenngröße bestimmt. Die Renditeerwartung der *WILO*-Gruppe ist allen Mitarbeitern bekannt, so dass die Entscheidung für die Entwicklungsteams transparent ist. Weitere Kriterien zur Auswahl von Projekten sind die Marktnotwendigkeit, die ressourcentechnische Machbarkeit sowie der Abgleich mit der Innovationsstrategie des Gesamtunternehmens.

Die Entscheidungen über neue Vorhaben und das Projektcontrolling laufender Entwicklungen finden anhand der gleichen Bewertungskriterien statt.

Im Fall der hier thematisierten Entwicklung wurden vor dem eigentlichen Projektbeginn von einem interdisziplinären Team – dem späteren Entwicklungsteam – die bereits erwähnten Strategieportfolios und grobe Finanzszenarien erstellt (s. u.). Diese analytische Aufarbeitung war vor dem Hintergrund der europaweiten Marktstudie mit hinreichender Genauigkeit durchführbar. Ihre Ergebnisse erfüllten die internen Anforderungen und wurden vor dem PEG-Meeting präsentiert. Hier fiel schließlich der Startschuss für das Entwicklungsprojekt.

Kernkompetenzmanagement: Aufbau von Expertise im Bereich Kaltwasser

Die Vision der *WILO*-Gruppe und die daraus abgeleitete Innovationsstrategie gehen einher mit einer klaren Kernkompetenzstrategie – dem Aufbau bzw. der Weiterentwicklung der Schlüsselfähigkeit „häusliche Wasserentsorgung" (s. o.). Dies wird konsequent mit dem entsprechenden Ressourcenaufwand vorangetrieben: Organisatorisch dienen die oben vorgestellten *Centers of Competence* dem zielgerichteten Know-how-Aufbau, mit dem hier interessierenden Bereich Abwasser – als Untermenge des Kompetenzgebietes Kaltwasser – beschäftigt sich das *CC Oschersleben*. Inhaltlich sind die CCs beauftragt, ganzheitlich Wissen im Hinblick auf Markt, Wettbewerb, vorhandene Produkte und Fertigungsverfahren aufzubauen und zu erweitern und daraus Chancen abzuleiten.

Flankiert wird diese Politik von einer intelligenten Gleichteilestrategie und Zukaufpolitik. Wo im Hause *WILO-SALMSON* verwendbare Komponenten bereits existieren – wie etwa der Motor der Anlage, wurden mögliche Synergien selbstverständlich genutzt. Teile außerhalb des Bereichs der wesentlichen Wertschöpfung wurden zugekauft.

Das Kernkompetenzmanagement erlaubte eine zielgerichtete Konzentration der Entwicklungsressourcen.

Prozessorganisation durch zielstrebiges Projektmanagement

Da die Innovationstätigkeit am Standort Oschersleben in dieser Form neu aufgenommen wurde, lagen hier keinerlei Erfahrungen mit Entwicklungsteams vor. Die Übertragung der bestehenden Abläufe vom Hauptsitz in Dortmund hatte sich als schwierig erwiesen. Die Schwierigkeiten beim Transfer des Know-hows sind ein Beleg dafür, dass der innovationsbezogene Handlungsbedarf selbst in sehr ähnlichen Firmen – hier sogar innerhalb eines Konzerns – ganz unterschiedlich sein kann (vgl. Kapitel „Herausforderung Innovationsmanagement").

Die Teammitglieder wurden aus den Abteilungen Vertrieb, Marketing bzw. Produktmanagement, Entwicklung bzw. Konstruktion, Fertigung, Qualitätssicherung, Einkauf und Controlling rekrutiert. Die Projektleitung wurde vonseiten der Entwicklung übernommen. Ein Mitglied der Geschäftsführung nahm in der Funktion eines Machtpromotors (vgl. Kapitel „Prozessorganisation") an manchen Teamsitzungen teil. Selbstverständlich arbeiteten die Teammitglieder während der Entwicklungszeit weiter in ihren Stammabteilungen, es handelte sich also um ein „Teilzeitengagement" für die Entwicklung. Um eine klare Trennung des Innovationsvorhabens vom Tagesgeschäft zu erreichen und die Wichtigkeit dieser Tätigkeit zu unterstreichen, wurde von jedem Teammitglied außerhalb der Entwicklungsabteilung ein halber Tag pro Woche für das Projekt reserviert.

Die interdisziplinären Zuarbeiten wurden im Team besprochen, Entscheidungen wurden im Konsens getroffen. Bilaterale Abstimmungsgespräche zwischen einzelnen Teammitgliedern fanden ständig, die „großen" Treffen des Gesamtteams bedarfsgerecht etwa alle vier bis fünf Wochen statt – so wurde ein ständiger Informationsgleichstand der Unternehmensbereiche erreicht. Dem gemeinsamen Verantwortungsbewusstsein war es zuträglich, das Projektcontrolling als wichtigen Tagesordnungspunkt in allen großen Teammeetings zu verankern.

Die Säulen dieses Controllings waren im Wesentlichen die technische Zielerreichung, die Zeit- und die Finanzplanung.

Hervorzuheben ist die Verfahrensweise der ausführlichen Finanzszenarien, die sich als besonders fruchtbar erwiesen haben. Sie erlaubten eine detaillierte Analyse der Einflussgrößen: In einer übersichtlichen Excel-Tabelle wurde von den Entwicklungs- und Materialkosten über die variablen Fertigungs- und Vertriebskosten bis zu den Umsatzplanzahlen alle relevanten Kenngrößen dargestellt. Szenarien bzw. Sensitivitätsanalysen konnten durch einfaches Ändern der Kennzahlen in der Tabelle entworfen werden: Der

Einfluss der Änderung einer einzelnen Größe – wie z. B. der Kosten für den Motor – auf das Endergebnis, also die Rendite und die Amortisationszeit, konnte so in wenigen Sekunden (!) ermittelt werden. Darüber hinaus wurden Komponenten- und Materialkosten mit vorhandenen Referenz- und Erfahrungswerten verglichen – und zwar schon ab dem Zeitpunkt, zu dem sie konstruktiv eingeplant wurden. Mit anderen Worten: Schon gleich zu Beginn des Projektes wurden alternative Kosten in Abhängigkeit von der technischen Lösung berechnet. Im weiteren Projektverlauf wurden alle einzelnen Baugruppen und Komponenten vor dem Hintergrund der bestehenden Renditeplanung fortwährend ehrgeizig optimiert, d. h. auf Synergien mit anderen *WILO*-Produkten und auf qualitätsneutrale Einsparmöglichkeiten hin untersucht. Hier wirkte sich die Integration der Einkaufsabteilung in das Projektteam und deren intensive Zusammenarbeit mit der Konstruktionsabteilung in besonderem Maße positiv aus. Auch der Qualitätsleiter war beim Thema „kostenoptimale Konstruktion" gefordert: In einem Fall konnte ein von der Entwicklung zur Sicherheit eingeplantes Teil wieder aus der Stückliste gestrichen werden. Eine Analyse des Qualitätsfachmannes ergab nämlich, dass andere Produkte des Unternehmens auch ohne das betreffende Teil einwandfrei funktionieren.

Es galt stets die Regel, dass die geforderte Rendite auch im schlechtesten Fall, also bei der *Worst-Case-Betrachtung,* eingehalten werden muss. Dass die Finanzziele letztlich sogar übertroffen werden konnten, ist in erster Linie der Technik des Target Costing und der hier beschriebenen systematischen und transparenten Vorgehensweise zu verdanken.

Die Zeitplanung unterteilte den Entwicklungsprozess in definierte Phasen und zugehörige Meilensteine, an denen der aktuelle Projektstand auch in den PEG-Meetings präsentiert wurde.

> **Tipp:**
>
> Machen Sie das Projektcontrolling zur gemeinsamen Sache aller Teammitglieder – ein gemeinsames Kosten-, Ergebnis- und Qualitätsbewusstsein resultiert nur aus einer gemeinsamen Entscheidungsverantwortung in allen Entwicklungsbelangen.

Mit Hilfe der fortschrittlichen Planungstechnik und dem flexiblen Einsatz des Teams war es auch möglich, unvorhergesehene Schwierigkeiten zu meistern: Der Endtermin des Projektes zielte auf eine Vorstellung der Anlage auf der bedeutenden Sanitärmesse *„ISH"* in Frankfurt ab – ein für die Markteinführung des Produktes wichtiges Unterfangen. Ein Zulieferer von Werkzeugen für Kunststoffteile überschritt die von ihm zugesagte Fertigstellungszeit jedoch um mehrere Wochen – der Endtermin geriet erheblich in Gefahr. Die Situation verschlimmerte sich dadurch, dass nicht das ganze Ausmaß der Verzögerung von Anfang an ersichtlich war, sondern nach und nach eine weitere Verschiebung bekannt gegeben wurde. Die „Rettung" lag in frühzeitig eingeleiteten Maßnahmen zur Beschleunigung aller zeitkritischen nachfolgenden Entwicklungstätigkeiten, ohne dass bei deren Qualität oder Quantität Abstriche gemacht wurden. Mit anderen Worten: Etliche Aufgaben mussten in einem kürzeren als dem vorgesehenen Zeitrahmen erledigt werden, was von allen Beteiligten eine hohe Flexibilität und einen vorübergehend sehr hohen Aufwand verlangte. Konkret waren es vor allem die internen und externen Praxistests, die unter erschwerten Bedingungen – auch an Feiertagen – durchgeführt wurden. Dies war notwendig, weil die Verkaufsfreigabe auf jeden Fall erst nach Durchführung ausreichender Feldtests genehmigt werden konnte. Auch die Erstbevorratung und die Dokumentation der Betriebsvorschriften wurden früher begonnen als geplant bzw. beschleunigt, so dass die Anlage letztendlich wie geplant auf der ISH präsentiert werden konnte.

Internes Marketing durch Entwicklungspatenschaften der Teammitglieder

In diesem Pilotentwicklungsprojekt wurde explizit darauf geachtet, das neue Produkt auch intern zu bewerben. Einerseits wurde den Mitgliedern des Projektteams aufgetragen, die Entwicklung in ihren Stammabteilungen zu vertreten: In den Teammeetings wurde immer wieder auf diese Aufgabe hingewiesen sowie nach Kommentaren und Einwänden aus den jeweiligen Funktionsbereichen gefragt. Andererseits wurde vor allem die *WILO*-Vertriebsorganisation durch frühzeitige Information für das Neuprodukt gewonnen. Selbstverständlich wurden Informationen nicht „blind" gestreut, Aspekte der Geheimhaltung mussten Berücksichtigung finden. Die Wahl des Zeitpunktes der Vertriebsinformation, etwa ein dreiviertel Jahr vor der Markteinführung, erwies sich als richtig. Als Rahmen zur Vorstellung des Produktes diente eine der regelmäßig stattfindenden Tagungen der Vertriebsingenieure. Etwa zeitgleich wurde die Anlage auf einem Treffen der Führungskräfte der *WILO-SALMSON*-Gruppe präsentiert, um – zumindest auf Führungsebene – einen konzernweiten Informationsgleichstand herzustellen, weitere Akzeptanz für die angehende Innovation zu schaffen sowie um weitere positive und negative Kritik einzufordern.

Wie erhofft konnten durch die Politik des Einbezugs tatsächlich zahlreiche hilfreiche Meinungen eingeholt werden. Das vielfältige Feedback war aber nicht nur für die Entwicklung nützlich, es ist auch ein Zeichen der erzeugten Motivation bei den Mitarbeitern.

Ein Teil des heutigen Verkaufserfolges der Anlage kann der engagierten Betreuung des Produktes durch Mitarbeiter aller Funktionsbereiche zugeschrieben werden – und zwar ausgelöst durch das interne Marketing, das damit zu den entscheidenden Aspekten der Entwicklungssystematik zählte (vgl. Krasmann, Stern 2000).

Value Innovation - das Entwicklungsergebnis setzt Maßstäbe

Das Ziel, mit der zu entwickelnden Anlage nicht nur eine passable Lösung, sondern einen Quantensprung im Kundennutzen zu erreichen, bestand von Anfang an und wurde in den Teambesprechungen immer wieder thematisiert sowie mit Maßnahmen in die Tat umgesetzt. Das vorherrschende Prinzip der angestrebten „Value Innovation" lautete, dass bei Abwasserhebeanlagen „normalerweise" vorhandene Eigenschaften oder Merkmale in Frage gestellt werden sollten. Die Vorgaben beschränkten sich auf die Erfüllung der Kundenwünsche und der Gewinnerwartung des Unternehmens, so dass dem Team ausreichend Raum für eigene Kreativität blieb – eine wichtige Voraussetzung für das angestrebte neuartige Produktprofil und damit für die angestrebte Sprunginnovation. Produkte des Wettbewerbs wurden nicht mit dem Ziel analysiert, sie nachzuahmen, sondern im Gegenteil mit dem Ziel, Ansatzpunkte zur drastischen Differenzierung zu finden (vgl. Krasmann, Stern 2000).

Ein entscheidender Wendepunkt kennzeichnet das Ende der ersten Projektphase: Überlegungen zum Marktbedarf und zu vorhandenen Produkten des Wettbewerbs führten zu
der Überlegung, die Anlage neben der Vorwandinstallation auch zur konventionellen,
freistehenden Installationsweise zu konzipieren, d. h. im sichtbaren Badbereich vor der
Vorwand. Zweitens sollte damit auch der sogenannte „Teil 1" der entsprechenden Norm
erfüllt werden, d. h. die Anlage sollte zur unbegrenzten Verwendung freigegeben werden
(uneingeschränkter Anschluss von Abwasser-Verursachern).

„Das ist doch unmöglich"

Damit war eine Marktlücke entdeckt: Für Hebeanlagen zur uneingeschränkten Verwendung mit kleiner Aufstellfläche existiert zwar ein großer marktseitiger Bedarf, doch wurde
dieser bis dato von keinem Hersteller entdeckt und mit einem passenden Produkt befriedigt. Das Ergebnis der Entwicklungsarbeit (s. **Abbildung 4.39**) kann sich sehen lassen: Die
neue Anlage „*WILO Drain Lift S*" bietet eine für den Kunden bislang nicht verfügbare
Problemlösung. Das beste Lob kam von einem ungläubigen Wettbewerber, der sagte: „Das
ist doch unmöglich."

Abbildung 4.39   Die Abwasserhebeanlage WILO Drain Lift S (Quelle: WILO GmbH)

Aber es wurde nicht nur ein Marktsegment neu geschaffen, sondern gleichzeitig eine Vielzahl an einzigartigen Produkteigenschaften integriert, welche die Kundenwünsche „sauber, problemlos und geräuscharm" weit übertreffen. Hierzu gehören im Wesentlichen das
fortschrittliche Werkstoffkonzept, die kleine Baugröße und der damit mögliche platzspa-
rende Einbau, Haltegriffe zum sicheren Transport der Anlage, eine vorbildliche Laufruhe
durch integrierte Dämmmatten und frei wählbare Zuläufe, die den Installationsaufwand

minimieren. Mit dem Ziel eines maximalen Kundennutzens wurde für das außerhalb des Geltungsbereichs der Norm liegende Ausland eine Produktversion konzipiert, die weitere, über die Norm hinausgehende Zuläufe bietet.

Ohne Fleiß kein Preis

Ein solches Ziel zu erreichen, war natürlich nicht einfach, darüber soll hier nicht hinweggetäuscht werden. Für das Vorhaben, ein außergewöhnliches – und damit vor allem außergewöhnlich erfolgreiches – Produkt zu entwickeln und zu vermarkten, waren konzentriert geführte Diskussionen zu einer kundennutzenmaximalen, aber kostenminimalen Produktkonfiguration ebenso notwendig wie die den Diskussionen folgenden, entsprechend anspruchsvollen Zuarbeiten der Teammitglieder. Doch der von den Projektbeteiligten geleistete Arbeitseinsatz zahlt sich aus. Das Ergebnis der Kombination zahlreicher Einzelmaßnahmen überraschte sogar manchen direkt Involvierten.

Der erreichte hohe Kundennutzen wird durch die Umsatzzahlen belegt: Die ursprüngliche Planung wird mindestens für die ersten beiden Jahre um etwa das Doppelte überschritten (s. **Abbildung 4.40**).

Abbildung 4.40   Die Drain Lift S ist ein großer wirtschaftlicher Erfolg
(Quelle: WILO GmbH)

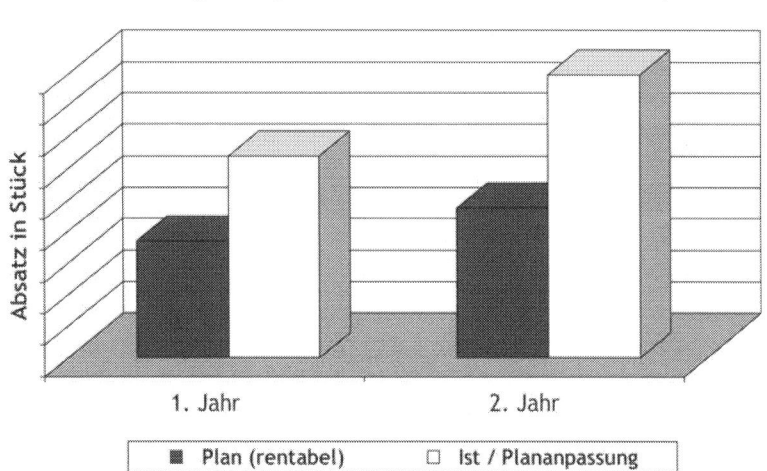

4.11.3   Fazit und weitere Verbesserungen

Es kann objektiv festgestellt werden, dass sich die Entwicklungssystematik auf Basis der Grundmuster erfolgreicher Innovationsprozesse bewährt hat.

Alle Projektziele der Firma *WILO Oschersleben GmbH* wurden erreicht, weshalb die Vorgehensweise auf weitere *WILO*-Standorte übertragen wurde (s. auch Krasmann, Stern 2000).

Lernendes Unternehmen durch fortlaufende Optimierung der Innovationsprozesse

Ein wichtiger Aspekt eines nachhaltigen Innovationsmanagements ist die ständige Verbesserung und Selbstoptimierung der Entwicklungsabläufe. Trotz des positiven Verlaufs in diesem Fall kann auch hier ein neuer Prozess nach der erstmaligen Anwendung noch nicht perfekt beherrscht werden. Es kommt darauf an, gemachte Erfahrungen zu reflektieren, daraus zu lernen und die Abläufe kontinuierlich zu optimieren.

Aus diesem Grund wurde prozessbegleitend eine individuelle Innovationsdiagnose erstellt, die neben den Stärken vor allem vorhandene Verbesserungspotentiale zielgerichtet identifizieren sollte (vgl. Kapitel „Innovationsanalyse und -optimierung"). Beobachtungen in der Entwicklungspraxis und Interviews mit Mitarbeitern brachten die Erkenntnis, dass vor allem im Bereich der Soft Skills weiteres Handlungspotential besteht. Dabei sind die Verbesserung der internen Kommunikationskultur und die Ausbildung von Intrapreneuren hervorzuheben. Diesbezügliche Umstellungen finden in den Köpfen statt und sind nicht von heute auf morgen möglich (vgl. Kapitel „Unternehmenskultur"). „Anfangsschwierigkeiten" der beobachteten Art sind daher als normal anzusehen (vgl. Krasmann, Stern 2000).

Eine wesentliche Verbesserungsmaßnahme liegt für *WILO Oschersleben* also in einer innovationsorientierten Mitarbeiterentwicklung. Aufgrund der Ergebnisse der Innovationsanalyse wurden unmittelbar folgende weitere Schritte beschlossen:

■ Einführung von Kundenworkshops zur Sicherung einer kundenbedarfsgemäßen Entwicklung vor jedem wesentlichen Innovationsprojekt,

■ noch klarere Auswahlentscheidungen und damit noch konsequentere Durchführung von insgesamt weniger Entwicklungsprojekten und

■ Ausbau der Teamarbeit und der Kommunikationskultur.

In Verbindung mit der langfristigen Personalentwicklung und der Standardisierung der Verfahrensweise des Pilot-Entwicklungsprozesses sollte es dem Unternehmen mit den hier angedeuteten Maßnahmen gelingen, die neu gewonnenen Stärken zu etablieren und auszubauen. Damit ist davon auszugehen, dass die Unternehmensgruppe *WILO-SALMSON* in ihrem Tätigkeitsbereich, der kompletten häuslichen Wasserversorgung und -entsorgung, mit noch weiter zunehmender Treffsicherheit erfolgreiche Innovationen lancieren wird.

Für uns bedeutet der Erfolg dieses exemplarischen Entwicklungsvorhabens eine Bestätigung der Relevanz der erarbeiteten prozessbezogenen Grundmuster erfolgreicher Innovationsprozesse.

4.12 Zusammenfassung der Organisation des Innovationsprozesses

Der durch die Soft Skills bereitete „Nährboden" für erfolgreiche Innovationen muss nun noch erfolgreich bestellt werden. Die motivierten, veränderungsbereiten Mitarbeiter benötigen systematische Vorgehensweisen und Methoden, um Innovationsprozesse schnell und mit höchstmöglicher Erfolgswahrscheinlichkeit durchführen zu können.

Die sieben Grundmuster der Organisation des Innovationsprozesses sind Gestaltungsfelder des systematischen Entwicklungsablaufs. Erfolgreiche Innovationen ergeben sich durch:

- **Innovationsmanager und Innovationsteams** – Kreativität muss gefördert und gefordert werden, Ideen werden durch eine entsprechende Organisation der Ideenfindung systematisch erzeugt und (ein)gesammelt.

- **Kundennähe** – Ein Unternehmen muss über die geäußerten Kundenwünsche hinaus Bedürfnisse der Anwender feststellen und seine Entwicklung konsequent darauf ausrichten.

- **Value Innovation** – Systematisch erzeugte Sprunginnovationen durch klar vom Wettbewerb unterschiedene und deutlich auf die Kundenbedürfnisse zugeschnittene Produktmerkmale führen zu Marktdominanz.

- **Chancen-Risiken-Analyse** – Nur wer Ideen in einem professionellen Auswahlverfahren nach klaren Kriterien selektiert, findet die aussichtsreichsten „Kandidaten" und erreicht folglich die maximale Erfolgswahrscheinlichkeit bei der späteren Umsetzung.

- **Kernkompetenzmanagement** – Erfolgreiche Innovationen bauen auf Stärken auf. Deshalb muss ein Unternehmen Schlüsselfähigkeiten bewusst nutzen, weiterentwickeln bzw. neu entwickeln und auch aufgeben. Wo Fähigkeiten außerhalb der Kernkompetenzen gebraucht werden, helfen Netzwerke mit anderen Unternehmen.

- **Prozessorganisation** – Verantwortliche, interdisziplinäre Entwicklungsteams betreiben ein systematisches Projektmanagement und nutzen Entwicklungstechniken, um schnell und zielgerichtet zum Innovationserfolg zu gelangen.

- **Internes Marketing** – Wer Mitarbeiter frühzeitig informiert und in die Entwicklung einbezieht, nutzt deren Know-how und sichert deren Akzeptanz – und damit deren motivierte Betreuung der Innovation im Tagesgeschäft.

Je mehr Grundmuster der Organisation des Innovationsprozesses implementiert werden, desto höher ist die Erfolgswahrscheinlichkeit des betreffenden Projektes. Werden zusätzlich die den „Faktor Mensch" betreffenden Grundmuster beherrscht, stimmt auch das zielgerichtete Engagement und die Zusammenarbeit der Mitarbeiter – ein solches Unternehmen verfügt über eine maximale Innovationsfähigkeit.

Wichtig ist an dieser Stelle, sich als Resümee noch einmal die Abgrenzung der Innovationsprozessphase der Idee von der Phase der Umsetzung vor Augen zu führen: Während es vor allem bei der Ideenfindung auf kreative Freiräume vom Tagesgeschäft ankommt, ist in der Umsetzung eine schnelle, nicht abschweifende Realisierung angesagt. Hier bestehen also konträre Anforderungen an die Organisation: Nach einer Studie von *McKinsey, VDI Nachrichten* und *TU Berlin* aus dem Jahr 2001 wird eine ausgeprägte Bürokratisierung und Standardisierung in der Phase der Ideenfindung als kreativitäts- und damit innovationsfeindlich bewertet: Bürokratische Instanzenwege „machen aus spontanen Ideenfindern resignierende Antragsteller". Ein optimiertes Projektmanagement in der Umsetzungsphase kann dagegen nicht ohne Standardisierung auskommen.

Somit haben Unternehmen, die von Haus aus Stärken in Kreativität und „lockerer" Führung haben („chaotisch tendierend"), tendenziell Stärken in der Ideenfindung, dagegen jedoch Probleme mit der Phase 2, der Umsetzung. Bei konservativ geführten Unternehmen sind dagegen umgekehrt Stärken in der Umsetzung, aber Schwächen in der Ideenfindung zu erwarten („hierarchisch tendierend", s. **Abbildung 4.41**).

Abbildung 4.41 Typische Vor- und Nachteile hierarchisch bzw. chaotisch tendierender
Unternehmensorganisation für den Innovationsprozess
(Quelle: Eigene Darstellung)

Unternehmens-organisation Innovationsphase	„hierarchisch" tendierend	„chaotisch" tendierend
Idee	- Fehlende Freiräume - Neigung zum Beharren auf dem Status quo	- Hohe Kreativität und hohe Anzahl guter Ideen
Umsetzung	- Straff organisiertes Tagesgeschäft kommt Umsetzung bzw. Projekten zugute	- Mangelnde Disziplin behindert schnelle Realisierung von Ideen

Für eine optimale Innovationsfähigkeit sind jedoch Stärken in beiden Phasen notwendig. Die Lösung für beide – hier „schwarz-weiß-malerisch" dargestellten – Unternehmenstypen liegt darin, die jeweilige Schwäche zielgerichtet durch Maßnahmen zur kreativen Ideenfindung oder strikter Durchführung von Projektmanagement zu bekämpfen (s. **Abbildung 4.42**).

„Bis zur Entscheidung wird diskutiert wie an der Uni. Ist die Entscheidung gefallen, geht es zu wie beim Militär."[40]

Abbildung 4.42 Unterschiedliche Erfolgsfaktoren für zwei Innovationsprozessphasen (Quelle: Eigene Darstellung)

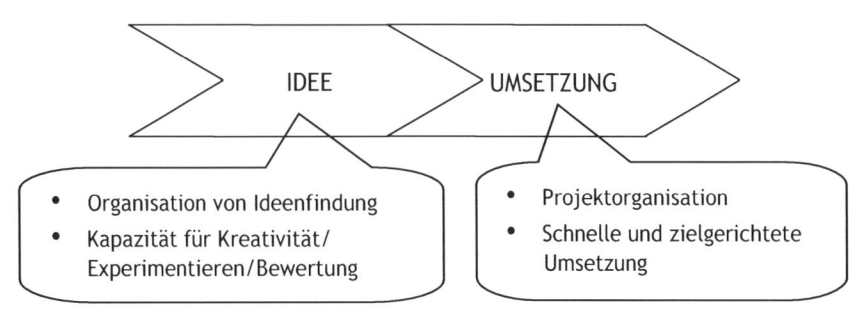

Wie die konkreten eigenen Stärken und Handlungsbedarfe erkannt werden können und anzugehen sind, wird im nächsten Kapitel „Innovationsanalyse und -optimierung" behandelt.

---

[40] Carlos Ghosn, *Renault*-Chef und erfolgreicher Sanierer von *Nissan*

5   Innovationsanalyse und -optimierung

Es gibt nichts Gutes, außer man tut es. Das vielversprechendste Wissen um ein optimales Innovationsmanagement bleibt ohne Wirkung, wenn es nicht gelingt, dieses Wissen im eigenen Unternehmen praktisch anzuwenden und umzusetzen. Dieses Kapitel klärt die Frage, wie die Grundmuster erfolgreicher Innovationsprozesse in einem Unternehmen gemessen und optimiert werden können – bis hin zu einer nachhaltigen Beherrschung des Managements von Innovationen. Darüber hinaus werden die Messergebnisse im Rahmen unserer Fallstudien dargelegt und erörtert.

Für ein Unternehmen stellt sich nach der Erkenntnis der Grundmuster erfolgreicher Innovationsprozesse die Frage, wie dieses Wissen in die eigene Praxis übernommen bzw. eingeführt werden kann. Nicht immer wird sich die Ausgangssituation so darstellen wie im Beispiel der *WILO Oschersleben GmbH* (vgl. Kapitel 4.11), dass ein Innovationsprozess gewissermaßen „von Null" aufgebaut werden kann. Im Normalfall bedarf ein mehr oder weniger vorhandenes Innovationsmanagement einer Optimierung.

In drei Stufen zum optimalen Innovationsmanagement

Die nächste Frage lautet also, wie ein Unternehmen sein Innovationsmanagement anhand der Grundmuster verbessern, d. h. diese zielgerichtet implementieren kann. Charakteristisches Merkmal der Grundmuster ist jedoch gerade, dass es für sie keinen einheitlichen Anwendungsplan für alle Unternehmen gibt, ja geben kann. Daraus folgt zwangsläufig die Notwendigkeit einer unternehmensindividuellen Optimierung, angepasst auf die jeweiligen Verhältnisse. Das Grundmustermodell stellt zwar übergreifende Gestaltungsfelder für das Innovationsmanagement zur Verfügung und liefert in Form der Erfolgsfaktoren auch konkrete Stellhebel – deren Einsatz muss jedoch fallspezifisch geplant werden.

Es kann jedoch eine allgemeingültige, bewährte Vorgehensweise zur Identifikation des Handlungsbedarfs und zum weiteren Vorgehen angegeben werden, an dessen Ende ein höchst innovationsfähiges Unternehmen steht – sozusagen ein „Grundmuster des Optimierungsablaufs":

Vorgehensweise bei der nachhaltigen Innovationsoptimierung:

1. **Innovationsdiagnose** (Abschnitt 5.1)

   Keine Optimierung kann „blind" erfolgen – sie setzt eine saubere Kenntnis des Ist-Zustandes voraus, weil man nur verbessern kann, was man messen kann. Deshalb erfolgt zunächst die Bewertung des Innovationsmanagements auf der Basis der Grundmuster. Falls die interne Expertise zum Thema Innovationsmanagement nicht ausreicht, ist in diesem Schritt die Hilfe von Innovationsfachleuten notwendig.

2. **Unternehmensindividuelle Priorisierung und Durchführung der Maßnahmen** (Abschnitt 5.3)

   In diesem Schritt wird der unternehmensspezifische Handlungsbedarf sondiert. Maßnahmen werden auf ihren Nutzen und Aufwand hin bewertet, eine Auswahl getroffen und eine zeitliche Abfolge festgelegt. Schließlich werden die Maßnahmen in die Tat umgesetzt.

3. **Der Innovationspilot– nachhaltige Beherrschung des Innovationsmanagements durch ein Innovationscontrolling** (Abschnitt 5.4)

   Damit das optimierte Innovationsmanagement optimal bleibt, bedarf es dessen stetiger Verbesserung. Hierzu dient den Unternehmen ein Instrument zur ständigen Kontrolle, Planung und Steuerung ihres Innovationsmanagements.

Im Abschnitt 5.2 werden die Ergebnisse aus dem dreizehnmaligen Einsatz des Diagnoseinstruments dargestellt und interpretiert. Es handelt sich dabei um die statistische Auswertung unserer Untersuchungsfälle, wobei über einzelne Erkenntnisse schon in den Kapiteln drei und vier bei der Vorstellung der Grundmuster berichtet wurde.

5.1   Innovationsdiagnose: Bewertungsinstrument und Ablauf

Für die Erstellung einer Innovationsdiagnose bedarf es zunächst eines Diagnoseinstruments. Den Ansatzpunkt für eine solche Analyse bzw. Messung der elf Grundmuster bieten die ihnen zugrunde liegenden 53 Erfolgsfaktoren – sie zeigen deren konkrete Ausgestaltung im individuellen Unternehmenskontext (vgl. Kapitel 1). Der Reihe nach abgetragen ergeben die Erfolgsfaktoren eine *„Innovationscheckliste"* – den instrumentellen Kern der Diagnose (s. **Tabelle 5.1**).

Im Folgenden wird geklärt, auf welche Weise die Erfolgsfaktoren qualitativ bzw. quantitativ zu bewerten und zu erheben sind.

Quantitativer Bewertungsansatz

Wir beschlossen, fünf Wertungsstufen für die Erfolgsfaktoren zuzulassen. Diese erhielten die folgende Ausprägung und Bedeutung:

0	nicht erfüllt
0,25	In geringem Maße erfüllt
0,5	befriedigend erfüllt

0,75	im Wesentlichen erfüllt
1	in hohem Maße erfüllt

Zwei Ausnahmen wurden zugelassen, nämlich wo die Erfolgsfaktoren Kundenorientierung zum Gegenstand haben. Diese ist eine in der Managementliteratur und in Erfolgsfaktorstudien unbestritten zentrale Größe des Innovationserfolgs (s. z. B. Metastudie in Trommsdorf 1999, vgl. Kapitel „Kundennähe") und wurde daher hier mit einer doppelten Gewichtung versehen.

Die Bewertung der einzelnen Grundmuster erfolgt anhand des prozentualen Anteils der erreichten Punkte über alle zugehörigen Erfolgsfaktoren. Gehören zu einem Grundmuster beispielsweise vier Erfolgsfaktoren, und wird von vier möglichen in Summe nur ein Punkt erreicht, so ergibt das eine Bewertung von 25 Prozent für dieses Grundmuster. Das Gesamtergebnis für die Innovationsfähigkeit eines Unternehmens, definiert als Implementierung der Grundmuster, ergibt sich schließlich als arithmetisches Mittel aus den Einzelbewertungen der elf Grundmuster.

In **Tabelle 5.1** ist die Checkliste mit den Grundmustern, den zugehörigen Erfolgsfaktoren und einer beispielhaften Unternehmensbewertung dargestellt.

Damit wurde ein – wie sich im Verlauf unserer Arbeit herausstellte – praktikabler Ansatz gefunden, um aus der Erfüllung von Erfolgsfaktoren eine quantitative Bewertung der Innovationsfähigkeit abzuleiten. Zu klären ist, wie die Performance in den Erfolgsfaktoren erhoben werden kann.

Datenerhebung durch Interviews

Eine denkbare Erhebungsvariante besteht darin, dass ein Unternehmensvertreter die Checkliste abarbeitet und dabei die Punkte vergibt. Mit einer Selbstbewertung in dieser Form sind jedoch zwei Probleme verbunden:

- Eine subjektive Bewertung aus nur einer Perspektive missachtet den ganzheitlichen Charakter des Innovationsmanagements.

- Da keine Rückfragemöglichkeit besteht und keine Kontrollfragen gestellt werden, bleibt die Erhebungsqualität auf schlechtem Niveau.

Tabelle 5.1   Beispiel für die Checkliste: Bewertung der Innovationsfähigkeit der
Firma XY (Quelle: Eigene Darstellung)

Grund-muster	Erfolgsfaktor	Mögl. Punkte	Erreichte Punkte	Ge-samt
	Innovationstreiber auf höchster Firmenebene	1	1	
	Zielsystem vorhanden	1	0,5	
Antrieb	Zielsystem bei allen Mitarbeitern bekannt (Zielsystem „angekommen")	1	0	
	Visionsbasierte Strategie wird verfolgt (Zielsystem ist Handlungsgrundlage)	1	0,5	
	Innovation Unternehmensziel und Aufgabengebiet	1	0,75	**55 %**
	Führung nach Zielvereinbarung (MbO), Innovationsziele in Zielvereinbarungen	1	0,25	
	Honorierung von Innovationstätigkeiten	1	0	
Führung	Vorgesetzte als Coaches	1	0,5	
	Mitarbeiter als Intrapreneure	1	0,75	
	Flexible, reaktionsfähige, verantwortliche kleine Einheiten (Fraktale)	1	1	
	Flache Hierarchie, kurze Wege	1	1	**58 %**
	Offene Kommunikation	1	0,5	
Unter-nehmens-kultur	Klima	1	0,5	
	Freie Weitergabe von Wissen (kein Zurückhalten aus Machtüberlegungen)	1	0,5	
	Frühzeitiger Einbezug/Info der Belegschaft bei allen wesentlichen Entscheidungen	1	0,25	**44 %**
	Wissensmanagement: Erreichen Infos von außen das Unternehmen und intern alle Mitarbeiter?	1	0,5	
Span-nungsfeld aus K, W und U	Kundenorientierung aller Mitarbeiter	2	1,5	
	Wettbewerbsorientierung aller Mitarbeiter	1	0,75	
	Alle Mitarbeiter sind über Ziele und Ressourcen des eigenen Unternehmens im Bilde	1	0,5	**65 %**

Grund-muster	Erfolgsfaktor	Mögl. Punk-te	Erreichte Punkte	Ge-samt
Kunden-nähe	Aufnahme des Kundenwunsches für den Innovationsprozess	1	0,75	
	Nutzung verschiedener Methoden zur Kundennähe	1	0,75	
	Aktive Zusammenarbeit mit dem Kunden	1	1	**83 %**
Innovati-ons-team	Einbeziehen von Mitarbeitern aller Unternehmens-bereiche (interdisziplinäres Ideenfindungsteam)	1	1	
	Innovationstätigkeit erhält ausreichende Priorität bei Mitarbeitern (Abstimmung mit Tagesgeschehen)	1	0,25	
	Ausschöpfung aller Quellen zur Ideenfindung	1	0,75	
	Anwendung von Techniken zur Ideenfindung (Kreativitätstechniken)	1	0,25	
	Koordination der Ideenfindung und -sammlung durch Innovationsmanager	1	0,5	**55 %**
Value Inno-vation	Entwicklungsteam zielt auf Kern des Kundenwunsches/(Ressourcen-)Konzentration auf wichtigste kaufentscheidende Faktoren	2	1,5	
	Team strebt nach Alleinstellung/ist bereit, her-kömmliche Pfade zu verlassen	1	1	
	Wettbewerbsorientierung des Teams: Beobachten und Übertreffen des Wettbewerbs	1	1	
	Mut zur beharrlichen Entwicklung/ Früherkennung zukünftiger Kundenwünsche	1	0,75	**85 %**
Chancen-Risiken-Analyse	Klare Kriterien zur Ideenbewertung	1	0,75	
	Priorisieren der verschiedenen Ideen und Ablei-tung von Maßnahmen	1	0,25	
	Interdisziplinäre Entscheidungsvorbereitung	1	0,75	
	Einsatz von Strategieportfolios oder ähnlichen Instrumenten zur Berücksichtigung von Markt- und Technologiegegebenheiten	1	0,5	
	Erstellen von Finanzszenarien	1	1	**65 %**

Grund-muster	Erfolgsfaktor	Mögl. Punkte	Erreichte Punkte	Ge-samt
Prozess-organisa-tion	Flexible Projektorganisation, Einbeziehen von Mitarbeitern aller Unternehmensbereiche	1	1	
	Verantwortung beim Team (Abgabe von Ver-antwortung nach unten, Empowerment)	1	1	
	Angemessene Ausstattung mit Ressourcen	1	0,5	
	Innovationstätigkeit erhält ausreichende Priorität bei Mitarbeitern (Abstimmung mit Tagesgeschäft/ Identifikation des Teams mit der Entwicklung)	1	0,5	
	Ausreichend Motivation, Erfahrung und Qualifi-kation unter den Mitarbeitern im Team	1	1	
	Anwendung von Projektmanagementtechniken	1	0,75	
	Nutzung von Entwicklungstechniken	1	1	
	Lernendes Unternehmen: Fruchtbare Rückbe-trachtung	1	0,75	**81 %**
Kern-kompe-tenzen-manage-ment	Kenntnis der eigenen Kernkompetenzen	1	0,75	
	Konzentration auf die Kernkompetenzen	1	1	
	Bewusste Entwicklung (Wissensmanagement)/ Aufgabe von Kernkompetenzen (KK-Strategie)	1	1	
	Offenheit für Allianzen/Zukäufe	1	0,75	
	Planung von Synergien (Plattformkonzept, Ver-wendung gleicher Teile)	1	1	**90 %**
Internes Marke-ting	Frühzeitiges Einbeziehen von Mitarbeitern aller Funktionsbereiche (Interdisziplinarität)	1	1	
	Frühzeitiger Einbezug/Information der Belegschaft	1	0	
	Frühzeitiger Einbezug / Information anderer Unternehmensbereiche/Werke	1	0,25	
	Nutzung verschiedener Methoden des internen Marketings	1	0,25	**38 %**
	Durchschnittliche Innovationsfähigkeit			**65 %**

Konsequenterweise wurde daher zugunsten einer aufwendigeren Variante des Bewertungsablaufs entschieden:

Es wurde ein strukturierter Fragebogen entworfen, der mit offenen und geschlossenen, direkten und indirekten Fragestellungen arbeitet (vgl. Kapitel „Vorprojekt"). Ein Erfolgsfaktor wird darin in der Regel auf mehrere Arten operationalisiert: Bewertung anhand einer Likert-Skala und Begründung, Frage und Kontrollfrage. Damit wird ein Ausgleich zwischen quantitativer und qualitativer Orientierung erzielt. Erhoben werden die Daten in persönlichen Interviews mit Vertretern aus unterschiedlichen Funktionsbereichen und Hierarchiestufen, durchgeführt von Innovationsexperten. Wesentlich ist eine Beteiligung eines Vertreters der Unternehmensführung sowie der Abteilungen Entwicklung bzw. Konstruktion, Vertrieb, Marketing bzw. Produktmanagement, Fertigung, Qualitätswesen und Einkauf. Objektivität wird durch das Bündeln der zunächst subjektiven Einzelmeinungen erreicht.

Der Versuch, das Bewertungsergebnis ausschließlich von der Benotung der Mitarbeiter abhängig zu machen, führte zu einem unbefriedigenden Ergebnis: Optimistisch und pessimistisch eingestellte Mitarbeiter glichen sich in ihrer Notenvergabe insoweit aus, dass sich im Bewertungsdurchschnitt bei allen untersuchten Unternehmen ein „Befriedigend" ergab. Aussagekräftige Ergebnisse werden erst dadurch möglich, dass Fachleute die vergebenen Noten und die begründenden Aussagen der Interviewten einordnen. Daher behielten wir uns bei der hier beschriebenen Innovationsanalyse vor, auf Basis der Befragungsergebnisse die Bewertungspunkte selbst zu vergeben.

Die Anzahl an in einer Firma insgesamt geführten Interviews hängt von der Unternehmensgröße sowie vom gewünschten Grad an Aussagesicherheit und Detaillierung ab (vgl. **Abbildung 5.1**). In kleinen Unternehmen lassen sich bereits mit weniger als zehn Interviews fundierte Aussagen treffen.

Die Dauer der Gespräche muss mit jeweils 60 bis 90 Minuten veranschlagt werden.

Abbildung 5.1   Eine überschaubare Anzahl an Interviews zur Innovationsanalyse reicht
aus (Quelle: Eigene Darstellung)

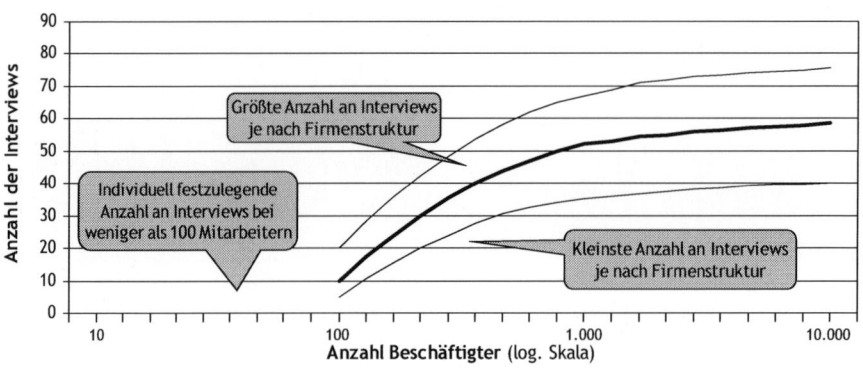

Ein nützlicher (Neben-)Effekt ergibt sich bereits im Verlauf der Interviews: Die Mitarbeiter
müssen sich schon hier intensiv mit dem Thema Innovationsmanagement auseinander-
setzen und erhalten durch die Fragestellungen Anregungen.

Der typische Ablauf eines Innovationsbewertungsprojektes kann wie folgt beschrieben
werden (s. **Abbildung 5.2**):

1. Vorgespräch mit einem Vertreter der Unternehmensführung und Festlegen von Inter-
   viewpartnern sowie -terminen

2. Information der Belegschaft über Ziele und Ablauf des Bewertungsprojekts

3. Durchführung der persönlichen Interviews innerhalb weniger Tage

4. Auswertung der Fragebögen und Erstellen einer Präsentation als Feedback

5. Präsentation der Ergebnisse, Feedback für die Unternehmensführung und alle Befragten

Abbildung 5.2 Der Ablauf einer Innovationsdiagnose (Quelle: Eigene Darstellung)

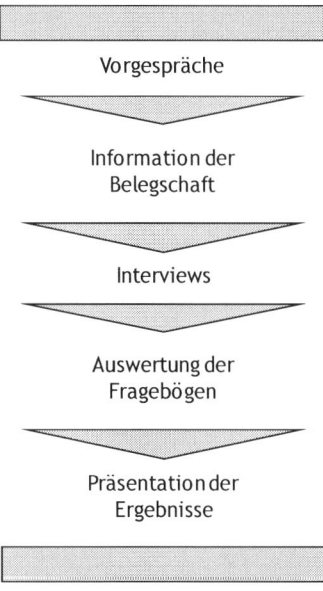

Präsentation der Ergebnisse

Die Ergebnisse liefern die Antwort auf die Frage der Unternehmensführung, welche Grundmuster erfolgreicher Innovationsprozesse in welcher Ausprägung im eigenen Unternehmen implementiert sind. An der „Gesamtnote" in Prozent (s. o.) kann der grundsätzlich vorhandene oder nicht vorhandene Handlungsbedarf abgelesen werden.

Die Einzelergebnisse der elf Grundmuster werden auf einer eine DIN-A4-Seite umfassenden Ergebnisübersicht graphisch dargestellt. Sie zeigen bereits ein übersichtliches Stärken-Schwächen-Profil (s. Beispiel in **Abbildung 5.3**).

Abbildung 5.3   Beispiel für eine Bewertungsübersicht (Quelle: Eigene Erhebung)

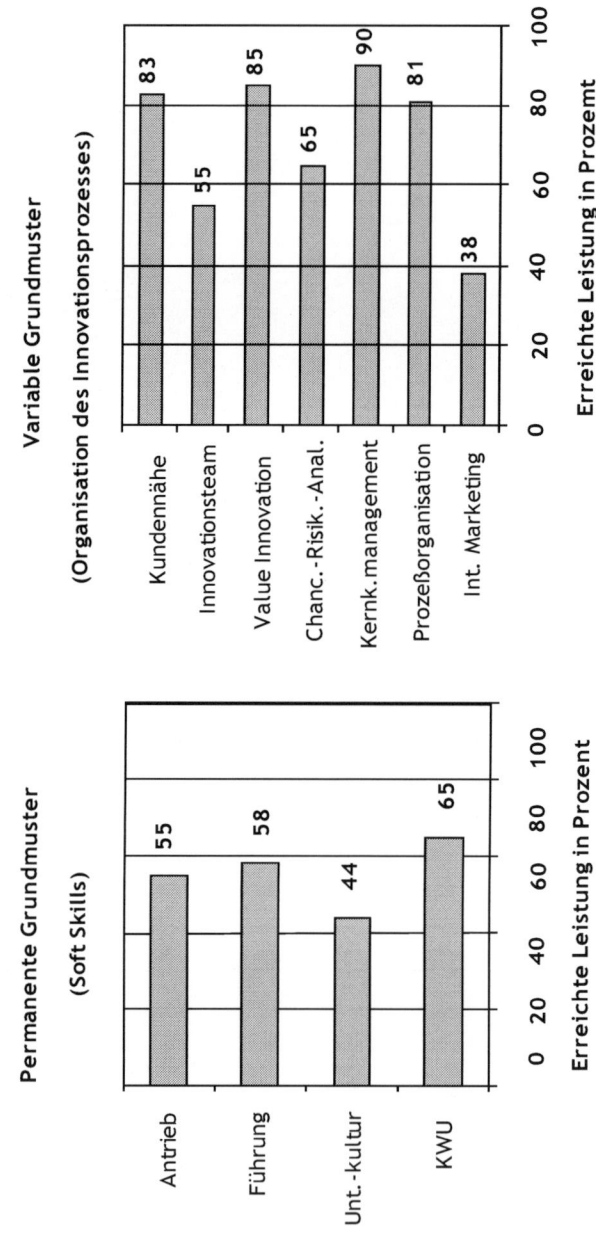

Darüber hinaus wird eine detaillierte Auswertung zu den einzelnen Grundmustern erstellt – ebenfalls kompakt und übersichtlich auf je einer Seite. Schriftlich formulierte Stärken und Verbesserungspotentiale erklären hier die Bewertung und geben erste Hinweise auf mögliche Maßnahmen zur Verbesserung (s. Beispiel in **Abbildung 5.4**). Durch eine eindeutige Zuordnung von Sachverhalten zu den beiden Rubriken „Stärken" oder „Verbesserungspotentiale" haben wir absichtlich eine Art „Schwarz-Weiß-Malerei" betrieben. Grund dafür ist das Ziel, durch eine kurze, aber prägnante Darstellung möglichst aussagekräftige, dem Praktiker zugängliche Ergebnisse zu formulieren. Ein Blick auf die – der Auswertung angefügte – Checkliste (s. **Tabelle 5.1**) mit der detaillierten Punktevergabe für die einzelnen Erfolgsfaktoren ermöglicht eine genaue Untersuchung des Zustandekommens der Ergebnisse.

Abbildung 5.4   Beispiel für die Auswertung eines einzelnen Grundmusters
                       (Quelle: Eigene Darstellung)

Wichtig: Auch die eigene Mannschaft vom Neuen begeistern

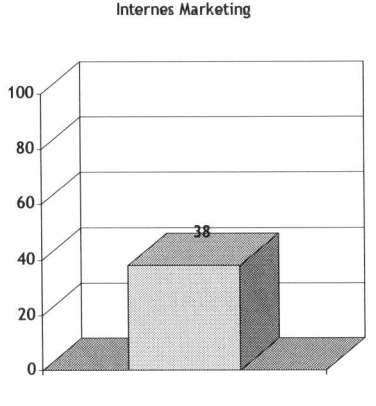

Innovationsprozeß:
Internes Marketing

Stärken:
*   Durch das interdisziplinäre Entwicklungsteam werden alle relevanten Funktionen (zumindest die unmittelbar beteiligten Mitarbeiter) frühzeitig in den Neuerungsprozeß involviert. Hierzu zählen auch der nationale und der internationale Vertrieb.
*   In der Betriebszeitschrift wird zu Neuprodukten informiert.

Verbesserungspotential:
*   Bisher wird so gut wie kein Internes Marketing betrieben (Angst vor Kannibalisierung eigener Auslaufprodukte und Infoabfluß an Wettbewerb): Selbst eigene Mitarbeiter erfahren mitunter erst bei der Einführung von Neuprodukten, z.T. sogar aus der lokalen Presse (interne Produktvorstellung findet nur für betroffene Mitarbeiter statt)
*   Damit ist die Einbindung der Mitarbeiter nicht gesichert. Know-how wird nicht genutzt, die Akzeptanz ist gefährdet.

Maßnahmen:
*   Neben der Betriebszeitschrift sind weitere Kommunikations- und Informationsplattformen möglich: z.B. frühzeitige Aushänge, Info-Tafeln, Konzept der Innovationspatenschaft

Benchmarking:
Durchschnitt: 54 %

Benchmarking

Sowohl das Gesamtergebnis als auch das Abschneiden in den einzelnen Grundmustern haben wir in der Ergebnispräsentation darüber hinaus einem Benchmarking unterzogen: Der Vergleich mit dem Durchschnitt der Befragungsergebnisse der anderen untersuchten Unternehmen ermöglicht eine Einordnung der eigenen Firma. Durch diese relative Bewertung treten Stärken und Handlungsbedarfe noch klarer zu Tage.

Bei der graphischen Darstellung der Benchmarking-Ergebnisse wurden drei Bewertungssymbole verwendet (s. **Abbildung 5.3**, **Abbildung 5.4** und **Abbildung 5.5**):

⇧   für „wesentlich besser als der Durchschnitt der Ergebnisse"

⇨   für „gleich gut wie der Durchschnitt der Ergebnisse"

⇩   für „wesentlich schlechter als der Durchschnitt der Ergebnisse"

Werden die schlechtesten („worst"), besten („best") und mittleren Ergebnisse aller befragten Unternehmen (s. u.) in die Ergebnisübersicht mit einbezogen, ergibt sich für ein analysiertes Unternehmen ein aussagekräftiges *„Executive Summary"* (s. **Abbildung 5.5**).

Wesentliche Erkenntnisse und „fruchtbare" Denkanstöße ergeben sich erfahrungsgemäß in den Diskussionen im Anschluss an die Präsentation der Untersuchungsergebnisse. Die aktive Auseinandersetzung des Unternehmens mit der Beurteilung ist wichtig – alle Mitarbeiter sollten die Ergebnisse des Innovationschecks mittragen, um motiviert und gemeinsam die Optimierung anzugehen.

Im Rahmen unserer Arbeit wurden dreizehn Innovationsdiagnosen nach dem beschriebenen Muster durchgeführt.

Abbildung 5.5 Beispiel einer Bewertungsübersicht mit Benchmarking
(Quelle: Eigene Erhebung)

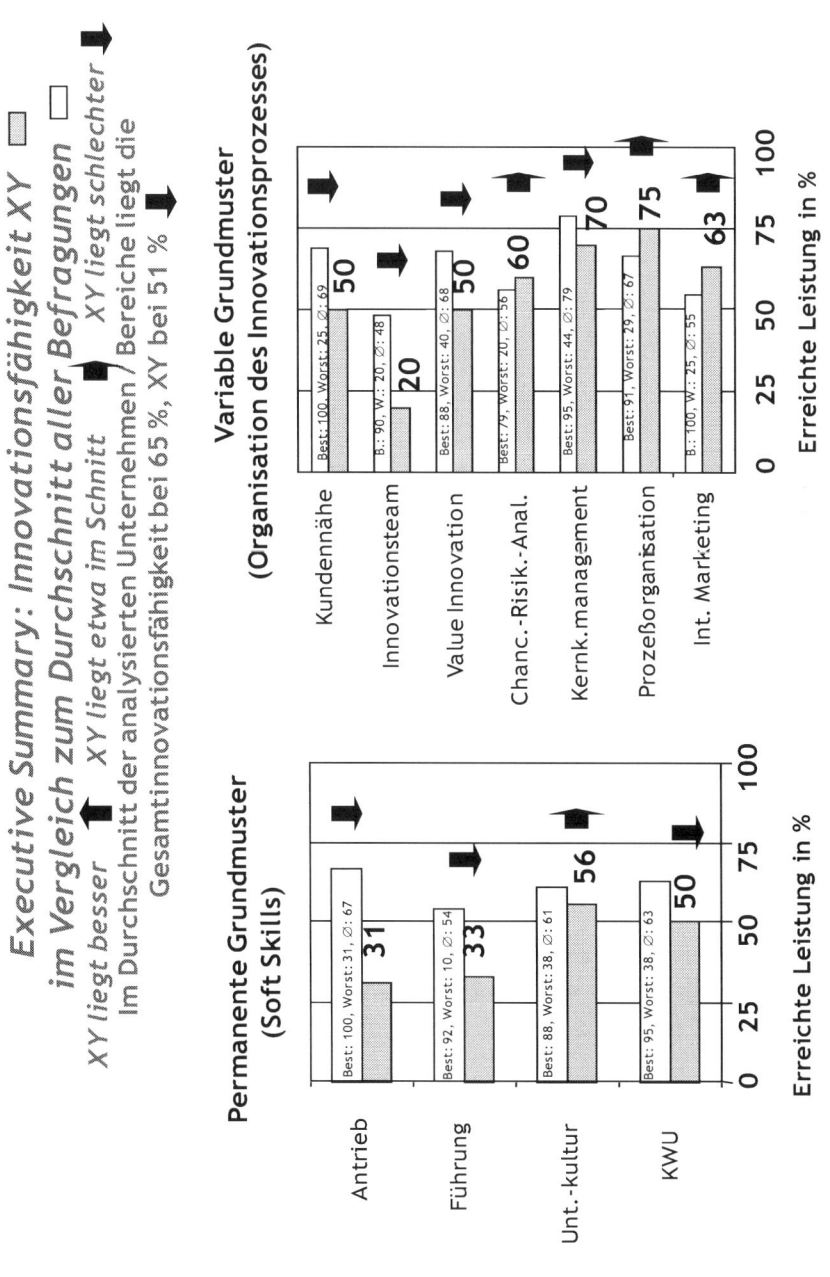

5.2   Ergebnisse aus 13 Untersuchungsbeispielen

Bei den 13 analysierten Unternehmen bzw. Bereichen handelt es sich um renommierte, erfolgreiche mittelständische Unternehmen aus dem verarbeitenden Gewerbe (vgl. Kapitel „Herausforderung Innovationsmanagement").

Es besteht Handlungsbedarf im Innovationsmanagement – sowohl bei den Soft Skills als auch bei der Prozessorganisation

Im Gesamtergebnis erreichten die untersuchten Unternehmen im Durchschnitt 65 Prozent (s. **Abbildung 5.6**). Dies ist kein gutes Ergebnis – fast alle Unternehmen weisen Handlungsbedarf in ihrem Innovationsmanagement auf.

Abbildung 5.6   Auswertung der dreizehn Analysen (Quelle: Eigene Erhebung)

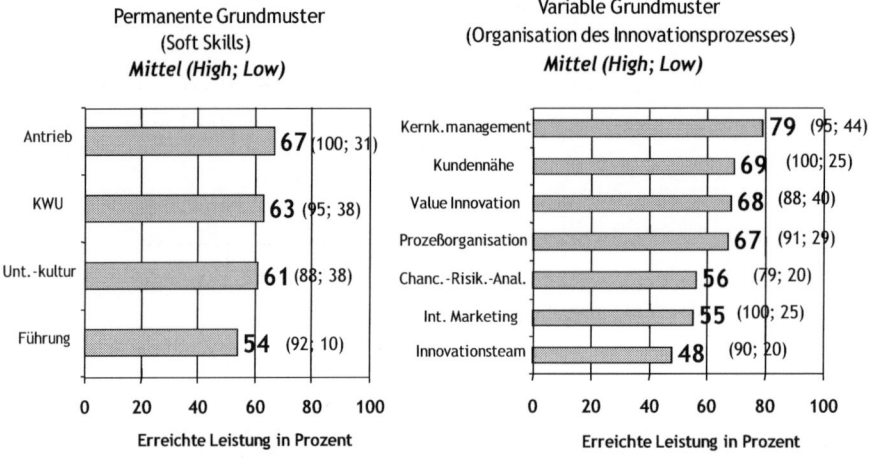

Das beste Unternehmen erreichte die stolze Prozentzahl von 91 im Gesamtergebnis, was die praktische Erfüllbarkeit der formulierten Anforderungen belegt. Der schlechteste Wert wurde gleich zweimal belegt und lag bei 44 Prozent. Beim Top-Unternehmen ist ein funktionierendes und die Zukunft sicherndes Innovationsmanagement installiert und es agiert auch erfolgreich am Markt, wie in der Steigerung des Marktanteils um acht Prozent innerhalb von drei Jahren sichtbar wird. Für die beiden letztgenannten Firmen dagegen besteht die große Gefahr, im zukünftigen Innovationswettkampf die derzeitigen Marktanteile zu verlieren, wenn keine Maßnahmen ergriffen werden.

Die durchschnittlichen Ergebnisse in den einzelnen Grundmustern sind in Abbildung 71 ersichtlich. Ebenfalls dargestellt sind dort das jeweils höchste ("HIGH") und niedrigste ("LOW") Abschneiden einer Firma.

Von einer relativen Stärke oder Schwäche der Unternehmen im Vergleich der Soft Skills mit der Organisation des Innovationsprozesses kann man nicht sprechen: Die durchschnittlichen Prozentzahlen der beiden weichen nur minimal voneinander ab (61 Prozent vs. 63 Prozent).

Es fehlt vor allem an Ideen

Hinsichtlich der einzelnen Grundmuster liegt eine ausgesprochene Stärke im Kernkompetenzmanagement. Innovationen werden von den untersuchten Unternehmen fast immer auf den vorhandenen Stärken aufgebaut und diese werden auch intelligent entwickelt.

Relative Schwächen konnten vor allem in vier Grundmustern ausgemacht werden:

■ Führung:

Ein großer Handlungsbedarf besteht bei der Ausbildung der Mitarbeiter zu Intrapreneuren. In der Folge bleibt deren engagierte Beteiligung am Innovationsmanagement suboptimal.

■ Chancen-Risiken-Analyse:

Die fehlende Systematik in der Ideenbewertung ist ein Hinweis darauf, dass mittelständische Unternehmen methodenscheu sind: Bauchentscheidungen prägen das Bild der Auswahlentscheidungen.

■ Internes Marketing:

Es wird vielfach verkannt, dass zunächst die eigenen Mitarbeiter von Neuerungen überzeugt werden müssen.

■ Innovationsteam:

Ideenfindung und -sammlung finden selten systematisch statt. Es existieren meist keine Innovationsteams und Innovationsmanager. Das Resultat: Es fehlt an Ideen, vor allem für Sprunginnovationen.

Zu Beginn unserer Arbeit führten Expertenmeinungen und der "Tenor" der vorhandenen Literatur zu der Annahme, das Hauptmanko im Innovationsmanagement liege in der mangelhaften Umsetzung vorhandener Ideen. Diese Auswertungen zeigen jedoch: Eine größere Anzahl an Unternehmen weist Verbesserungspotential beim Erzeugen und Bewerten von Ideen als bei deren Umsetzung auf.

Die Schwächen in Führung und internem Marketing belegen, dass bei vielen Unternehmen hinsichtlich Einbezug und Motivation der Mitarbeiter bei innovationsbezogenen Aktivitäten ein großer Handlungsbedarf besteht.

Große Unterschiede zwischen bestem und schlechtestem Abschneiden eines Unternehmens (s. **Abbildung 5.6**) waren bei

- der Führung,
- der Kundennähe und
- dem internen Marketing

zu bemerken.

Beim Erkennen der Wichtigkeit dieser Grundmuster und deren praktischer Umsetzung befinden sich die Unternehmen offensichtlich auf sehr unterschiedlichen Entwicklungsstufen.

Innovative Unternehmen steigern ihre Umsatzrendite

Es stellte sich die Frage nach dem Zusammenhang zwischen der ermittelten Innovationsfähigkeit und dem Erfolg der Unternehmen. Erste Überlegungen, „Erfolg" als „aktuelle Umsatzrendite" zu operationalisieren, wurden verworfen – ein gutes Innovationsmanagement sollte sich in einer positiven *Veränderung* des Unternehmensergebnisses zeigen. Daher entschieden wir uns dafür, bei den untersuchten Firmen das Abschneiden in der Innovationsdiagnose mit der *Entwicklung der Umsatzrendite* der letzten drei bis sechs Jahre zu vergleichen. Leider wurden nur von sieben der befragten Firmen entsprechende Daten zur Verfügung gestellt. **Abbildung 5.7** zeigt in dem kleinen Datensatz, dass ein Zusammenhang unverkennbar ist: Laut Grundmustermodell innovative Unternehmen steigern ihre Umsatzrendite oder mit anderen Worten: Die Implementierung der Grundmuster ist ergebniswirksam.

Abbildung 5.7   Innovative Unternehmen steigern ihre Umsatzrendite
(Quelle: Eigene Darstellung)

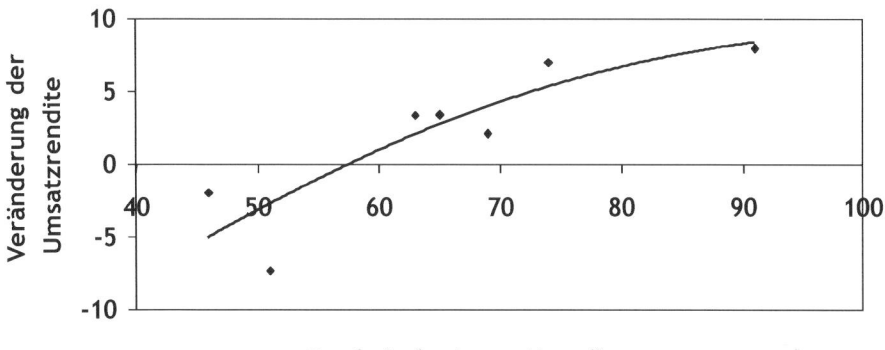

Kritische Würdigung der Innovationsdiagnose

Aufgrund der kleinen Anzahl an befragten Unternehmen konnte keine statistische Relevanz der Messergebnisse der Innovationsdiagnosen angestrebt werden. Auch das zugrundeliegende Modell unterlag somit keiner zweifelsfreien Beweisführung. Die Grundmuster
konnten jedoch in allen Untersuchungen nachgewiesen werden, und die Unternehmensvertreter hatten keine weiteren Erfolgsfaktoren anzufügen. Somit kann weiterhin davon
ausgegangen werden, dass es sich beim in dieser Arbeit dargestellten Modell des Innovationsprozesses und seiner Einflussfaktoren um eine vollständige Betrachtung des Innovationsmanagements handelt. Durch die praktische Bestätigung des Modells sowie die Zustimmung der Unternehmen wurde dessen Gültigkeit untermauert.

Auch etwa ein Jahrzehnt nach der ursprünglichen Forschungsarbeit, im Jahr 2009, bewährt
sich das Modell der elf Grundmuster mit dem Erhebungsmodell der Innovationsdiagnose
weiterhin in der Praxis. Es festigt sich daher die These, dass es sich hierbei um eine umfassende, beständige und hinreichende Modellierung der Innovationsfähigkeit handelt.

Das beschriebene Diagnoseverfahren hat mehrere Vorteile: Es ermöglicht sowohl die Berücksichtigung der Perspektive der Mitarbeiter als auch der Führungskräfte. Wahrnehmungsunterschiede werden sichtbar und vorhandene Kommunikationsdefizite erkannt.

Aufgrund der großen Anzahl an Indikatoren (53 Erfolgsfaktoren) gelingt ein strukturierter,
umfassender Einblick in das Innovationsmanagement des untersuchten Unternehmens,
der dennoch in kürzester Zeit und mit geringem finanziellen Ressourceneinsatz durchführbar ist.

Hauptvorteile der Innovationsdiagnose sind damit ihre nachvollziehbare Systematik sowie ihr schneller und relativ unaufwendiger Einsatz – das Management erlangt mit einem Minimum an Aufwand ein Maximum an Überblick. Es wird zuverlässig herausgefunden, wo genau im Unternehmen im Hinblick auf Innovationsmanagement Handlungsbedarf besteht. Dabei wird bei allen involvierten Mitarbeitern der Blick für den Gesamtzusammenhang geschärft.

Der Checklistencharakter des Bewertungsinstruments darf nicht den Eindruck erwecken, die Grundmuster seien voneinander unabhängige Einzelaspekte: Erst das *Zusammenspiel* der sich gegenseitig beeinflussenden und über gemeinsame Erfolgsfaktoren verwobenen Grundmuster (vgl. Kapitel „Herausforderung Innovationsmanagement", **Abbildung 2.1**) ermöglicht Innovationsprozesse mit maximaler Erfolgswahrscheinlichkeit.

Grundmuster und Erfolgsfaktoren geben auch ohne Hilfe von Innovationsexperten wertvolle Denkanstöße: „Haben wir dieses Grundmuster bei uns implementiert, und wenn ja, wie?", „Wie ist bei uns dieser Erfolgsfaktor ausgeprägt, und was könnten wir dabei innovationsförderlich verbessern?" – so und ähnlich lauten Fragen, die sich das Management stellen kann. Wichtige Themen werden auf diese Weise offengelegt. Für eine ausgereifte Innovationsdiagnose ist jedoch Expertenwissen notwendig, das sich ein Unternehmen entweder intern aneignen oder auf schnellerem Wege durch externe Beratung zukaufen kann.

5.3 Unternehmensindividuelle Priorisierung und Durchführung der Maßnahmen

Die Grundmuster selbst sind zwar allgemeingültig, der Weg zu ihrer Umsetzung bzw. das Verfahren zur Optimierung von Innovationsprozessen unterscheidet sich jedoch von Unternehmen zu Unternehmen. Denn hinter den Grundmustern verbergen sich gerade die erst im unternehmensindividuellen Zusammenhang gestaltbaren Erfolgsfaktoren, für die es keine einheitlich anzustrebenden Ausprägungen geben kann. Selbst in gleich großen Unternehmen derselben Branche wird es aufgrund unterschiedlicher Geschichte, unterschiedlichem Umfeld und unterschiedlicher Menschen vollkommen verschiedene Handlungsbedarfe geben (vgl. Kapitel „Herausforderung Innovationsmanagement"). Die Handlungsbedarfe zweier Unternehmen können sogar auch dann verschieden sein, wenn diese bei der Innovationsdiagnose in einem Grundmuster die gleiche Prozentzahl erreichen – dafür sorgen der individuelle Kontext und unterschiedlich ausgeprägte Erfolgsfaktoren.

Einer unternehmensspezifischen Bewertung muss also eine unternehmensspezifische Optimierung der Grundmuster folgen. Jetzt obliegt es dem analysierten Unternehmen, erarbeitete Verbesserungspotentiale durch konkrete Maßnahmen zu nutzen. Hierzu müssen mögliche Verbesserungen einer Nutzen-Aufwand-Analyse unterzogen werden. Gewünschte Effekte müssen mit verfügbaren Ressourcen und vorhandenen Strukturen abgeglichen werden, um dann Prioritäten zu setzten. Schließlich ist ein zeitlich abgestimmter Maßnahmenplan zu erstellen und zielgerichtet umzusetzen. Die Erfolgsfaktoren sind dabei die „Stellhebel" zur Verbesserung der Grundmuster.

Es sind unter Berücksichtigung der individuellen Potentiale und Ziele des Unternehmens insbesondere diejenigen Erfolgsfaktoren auszuwählen, die mit angemessenem Aufwand mehrere Grundmuster gleichzeitig optimieren (vgl. Wirkungsgefüge, **Abbildung 2.1**, Kapitel „Herausforderung Innovationsmanagement"). Die Einführung von aussagekräftigen Informationstafeln in allen Arbeitsgruppen beispielsweise wirkt sich potentiell positiv auf alle Soft Skills aus. Da sich die Forderung nach dezentralen Infotafeln mit den Methoden des *Total Quality Managements* trifft und diese bei vielen Unternehmen bereits vorhanden sind, können sich wirkungsvolle innovationsbezogene Maßnahmen am Beispiel dieses Erfolgsfaktors oft auf die – unaufwendige – Aufnahme zusätzlicher Tafelinhalte beschränken.

Eine Matrixdarstellung kann als Entscheidungshilfe herangezogen werden: An den beiden Achsen werden die erwartete Effektivität und der Aufwand von Maßnahmen abgetragen. So können Aktivitäten übersichtlich verglichen und priorisiert werden. Effektive und unaufwendige Maßnahmen sind sofort einzuleiten, wenig effektive, aber aufwendige zuletzt bzw. gar nicht.

Bestrebungen zur Verbesserung der Soft Skills gehören in der Regel zum Typus „effektiv, aber aufwendig". Hier werden Schulungen – z. B. zu Teambildung, Führungstechniken etc. – mitunter über einen längeren Zeitraum notwendig. Die Umstellung in den Köpfen der Mitarbeiter gelingt nicht von heute auf morgen. Nicht nur nach unseren Beobachtungen werden veränderte Soft Skills häufig erst dann wirklich akzeptiert, wenn die betreffenden Mitarbeiter mit den neuen Verhaltensweisen selbst Erfolgserlebnisse haben:

Der Geschäftsführer eines mehrere hundert Mitarbeiter beschäftigenden Maschinenbauers zweifelte daran, Innovationsteams ohne seine unmittelbare Kontrolle nach Neuprodukten suchen zu lassen. Erst als der Erfolg des neuen Innovationsmanagements sichtbar wurde, war er bereit, auch in Zukunft mehr Verantwortung zu übertragen.

Betreffen die ausgewählten Maßnahmen die Organisation des Innovationsprozesses, so empfiehlt sich die Durchführung eines *Pilotprojektes* zur erstmaligen Anwendung (vgl. Kapitel 4.10). Vorgehensweisen und Techniken können so unter fachkundiger Anleitung trainiert und deren Effektivität kann exemplarisch demonstriert werden. Überzeugte und geübte Mitarbeiter dienen danach als „Multiplikatoren", um die Veränderungen standardmäßig auf alle folgenden Entwicklungen zu übertragen.

Innovations-Reengineering

Nicht immer reichen einfache Prozessveränderungen oder zusätzlich erlernte Methoden aus. In manchen Unternehmen besteht so tiefgreifender Veränderungsbedarf, dass das Innovationsmanagement von Grund auf erneuert werden muss. In einer solchen Situation wird eine Firma mit den gleichen Problemen konfrontiert, wie sie auch bei anderen Umstrukturierungsmaßnahmen auftreten. Neue Funktionen und neue Verantwortungen schaffen auf den ersten Blick auch „Verlierer", und die Mehrzahl der Mitarbeiter eines durchschnittlichen Unternehmens zeigt sich skeptisch: In einer typischen Gruppe befinden sich einige Innovationsfreudige, einige Ablehnende und eine große Anzahl an Zögerlichen (vgl. Kapitel „Antrieb"). Hinzu kommt, dass Menschen Unbekanntem von vornherein misstrauisch begegnen: 84 Prozent der Bevölkerung reagieren spontan negativ, wenn sie mit etwas Ungewohntem konfrontiert werden (vgl. Berth 1997).

Erzeugen von Veränderungsbereitschaft

Dem Erzeugen von Veränderungsbereitschaft kommt also eine maßgebliche Rolle zu. Die Wichtigkeit der Soft Skills erweist sich hier insbesondere in zwei Aspekten: Es ist einerseits auf eine frühzeitige Information und andererseits auf einen Einbezug der Betroffenen zu achten:

■ Eine frühzeitige und umfassende Information aller Betroffenen ist notwendig, um Ängsten und Abwehrreaktionen vorzubeugen. Ablehnung erwächst alleine schon aus einem Gefühl der Unsicherheit. Eine subjektiv empfundene Gefahr, persönliche Nachteile in Kauf nehmen zu müssen, führt mitunter bereits zu einer entschlossenen Gegnerschaft der Veränderung (Zink 1998, vgl. Kapitel „Internes Marketing"). Der Personalleiter eines Maschinenbaukonzerns aus der Schweiz gibt zu: *„In der Phase der Umstrukturierung haben wir den Fehler gemacht, unsere Mitarbeiter über die Ziele der Reorganisation im Unklaren zu lassen – alleine dadurch haben wir viele gute Leute verloren."*

■ Nach Cooper und Markus (1996) sträuben sich die Menschen nicht gegen den Wandel an sich, sondern gegen die Form ihrer Behandlung als „Objekt" der Veränderung. Die Betroffenen an der Planung der Neuerung mitwirken zu lassen und die Abläufe für jedermann transparent zu halten, führt aus diesem Grund zu einer wesentlich höheren Akzeptanz der Umgestaltung. Das „Beteiligungsprinzip" ist also nicht nur bei den Innovationsprozessen zu beachten, sondern insbesondere auch bei der Installation eines neuen Innovationsprozesses.

Die entsprechende Veränderungsbereitschaft ist vor allem auch seitens der Unternehmensleitung selbst Voraussetzung für das Gelingen einer Innovationsoptimierung. Der Geschäftsführer bzw. Vorstand muss uneingeschränkt hinter dem Veränderungsprojekt stehen, sonst drohen alle Maßnahmen mit dem Abschied des beauftragten externen Beraters zu versanden.

Weitere empfehlenswerte Maßnahmen des Top-Managements für ein erfolgreiches Innovations-Reengineering sind folgende (Tushman, O'Reilly 1998):

■ Schaffen von Helden bzw. Vorbildern für die Belegschaft,

■ Betonen von Kontinuität im Wandel: Was bleibt gleich, was wurde auch bisher schon gut gemacht?,

■ sich vergewissern, dass die Botschaft verstanden wurde,

■ Benennen eines Übergangsmanagers, um Ordnung zu wahren und

■ Verbünden mit den wichtigsten Beteiligten.

Mit der einmaligen Optimierung der Innovationsfähigkeit ist keine unbefristete Erfolgsgarantie verbunden. Im Laufe der Zeit können sich Erfolgsfaktoren und – vor allem – Abläufe sowie Verhaltensweisen im Unternehmen ändern. Damit wird klar, dass eine dauerhafte Beherrschung des Innovationsmanagements auch dessen dauerhafte Steuerung bedeuten muss.

Die zyklische Wiederholung der Innovationsdiagnose ist sicherlich ein Weg. Ein weiterer besteht darin, die Ergebnis- und Einflussvariablen des Innovationsmanagements im Rahmen eines „Innovationscontrollings" dauerhaft zu überwachen.

5.4   Der Innovationspilot – nachhaltige Beherrschung des Innovationsmanagements durch ein Innovationscontrolling

Innovationsmanagement erfordert, wie gezeigt werden konnte, eine Beherrschung unterschiedlicher Ansätze und Disziplinen. Die notwendige Integration diverser Managementbereiche führt zu einer offensichtlichen Komplexität. Eine ganzheitliche Beherrschung erscheint extrem schwierig. Wie dennoch zunächst eine vollständige Übersicht gewonnen werden kann, wurde anhand des Modells und der Bewertung der Grundmuster gezeigt. Dies sollte jedoch als erster Schritt betrachtet werden, um an einen ersten Optimierungsprozess in Phase zwei eine dauerhafte Steuerung des Innovationsmanagements in Phase drei anzuschließen.

Innovationscontrolling ist schwierig – und wird kaum praktiziert

Herkömmliche Controllingsysteme prüfen lediglich veraltete Erfolgsfaktoren ab und wirken sogar kontraproduktiv für das Innovationsmanagement, da sie für Innovation und Kundennutzen bei starrem Kostendenken in der Regel kein Verständnis erzeugen.

Innovation wird somit oft finanziell als reiner Verlust gesehen – eine Innovationsrechnungslegung gibt es normalerweise nicht. Anfallende Opportunitätskosten für nicht durchgesetzte Innovationen sind der Größe nach schwer bezifferbar und werden nicht erfasst. Zerredete Ideen tauchen in keiner Bilanz auf. Unternehmensführung geschieht mehr oder weniger auf der Basis von Kennzahlen in einem Controllingsystem, und hier hat das Innovationsmanagement noch keinen Eingang gefunden. Mit anderen Worten: Innovationsmanagement wird schon deshalb vernachlässigt, weil es nicht gelingt, es zu messen – Abhilfe ist dringend erforderlich.

Innovationsmanagement steuerbar machen

Ziel muss es daher sein, der Wichtigkeit des Innovationsmanagements durch Integration in das Unternehmensplanungssystem Rechnung zu tragen. Die Auswahl von entsprechenden Kennzahlen sollte individuell vom einzelnen Unternehmen nach seinen Verhältnissen getroffen werden. Für KMU gilt insbesondere, dass der Aufwand für die Erstellung des Controllings den erwarteten Nutzeffekt nicht übersteigen darf. Dafür erscheint eine kleine Anzahl aussagekräftiger und zielführender Kennzahlen sinnvoll.

Die Beurteilung der Innovationsaktivitäten von Firmen anhand nur einer einzigen Kennzahl – wie dem F&E-Aufwand – ist jedoch bei näherer Betrachtung zu wenig aussagekräftig, weil die entscheidende Information fehlt, wie effektiv die verwendeten Mittel eingesetzt wurden. Ein Beurteilungssystem muss also mehrere Aspekte integrieren, um genügend Aussagekraft zu besitzen. Die angemessene Anzahl an Messwerten kann genauso wenig wie deren konkrete Auswahl allgemeingültig angegeben werden. Die Parameter müssen demnach von jedem Unternehmen individuell nach jeweiliger Größe, Branche und nicht zuletzt nach jeweiligen Zielen festgelegt werden.

Was dagegen sehr wohl angegeben werden kann, ist eine sinnvolle Controllingstruktur – der sogenannte *„Innovationspilot"*. Mit seiner Hilfe wird das Innovationscontrolling auf Basis des Grundmustermodells in die Unternehmenssteuerung eingebunden. Die Innovationsverantwortlichen behalten jederzeit den Überblick – wie Piloten im Cockpit ihres Flugzeuges.

Drei Säulen des Innovationspiloten

Der Innovationspilot basiert auf drei Säulen, die in einem Ursache-Wirkungs-Zusammenhang stehen: *Innovationsfähigkeit, Innovationskennzahlen* bzw. *-ziele* und *Unternehmensziele* (s. **Abbildung 5.8**).

An erster Stelle steht die *Innovationsfähigkeit* des Unternehmens, erkennbar an dem Ergebnis der Innovationsdiagnose. Die Ausprägung der Grundmuster respektive Erfolgsfaktoren bildet die Grundlage für das Erreichen bestimmter *Innovationsziele*, der zweiten Säule des Innovationspiloten. Die Innovationsziele sind Kennzahlen im Hinblick auf Kosten, Zeit und die Ergebnisse von Entwicklungen – also hinsichtlich Innovationseffektivität und -effizienz.

Abbildung 5.8 Die drei Säulen des Innovationspiloten (Quelle: Eigene Darstellung)

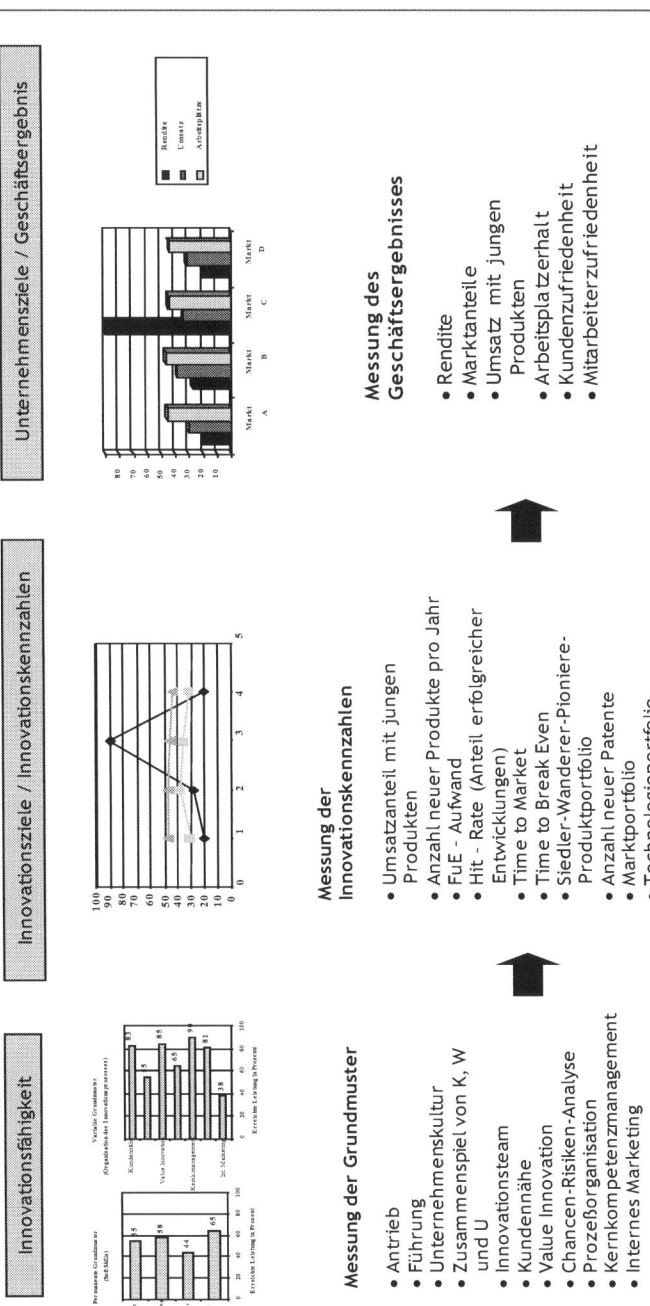

Beispiele für Innovationskennzahlen sind:

– Time to Market („Entwicklungsdauer")

– Time to Break Even („Dauer bis zur Amortisation")

Diese Kennzahl integriert Kosten-, Zeit- und Leistungsziele und eignet sich daher als

übergeordneter Messwert.

– Anteil des Umsatzes bzw. des Ertrages mit neuen Produkten

Die Firma *3M* beispielsweise hat als ein Unternehmensziel definiert, mindestens die

Hälfte der Erträge mit Produkten zu erzielen, die höchstens fünf Jahre alt sind (Buck

et al. 1998).

– Durchschnittsalter der Produkte

– *„Hit-Rate"* („Anteil der am Markt erfolgreichen Entwicklungen")

– Anzahl an Patentanmeldungen

– Aufwand für F&E

– Anzahl neuer Produkte pro Jahr
  Diese Kennzahl kann herangezogen werden, wenn ein Unternehmensziel die Beibe-
  haltung der vorhandenen Sortimentsgröße vorsieht. Die notwendige Anzahl neuer
  Produkte pro Jahr ergibt sich dann durch Division der derzeitigen Produktanzahl
  durch die mittlere Länge eines Produktlebenszyklus in der Branche (vgl. Perlitz
  1998). Anhand des Abgleichs der tatsächlich hervorgebrachten Anzahl mit dieser
  Kennzahl lässt sich die Innovationsleistung verschiedener Unternehmensbereiche
  oder Unternehmen branchenübergreifend vergleichen. Hier darf jedoch die jeweilige
  Innovationshöhe nicht außer Acht gelassen werden – neue Produktvarianten ohne
  wirklichen Innovationswert beschönigen diese Statistik sonst zu unrecht.

– Anzahl an vielversprechenden Produkten als Renditeträger von morgen („Stars")
  Im Marktportfolio der aktuellen Produkte kann eventueller Handlungsbedarf identifiziert werden (vgl. Kapitel „Antrieb"). Dieser besteht, wenn zu wenige Produkte
  gleichzeitig eine gute eigene Marktposition und ein großes Marktwachstum vorweisen.

– Anzahl an vielversprechenden Zukunftstechnologien Handlungsbedarf in der Tech-
  nologieentwicklung wird analog im Technologieportfolio identifiziert (vgl. Kapitel
  „Antrieb").

– Anteil an Pionieren bzw. Value Innovations im Produktportfolio
  Anhand des *Siedler-Wanderer-Pioniere-Produktportfolios* wird Handlungsbedarf erkannt (vgl. Kapitel „Value Innovation").

– Verhältnis Kundennutzen zu Preis
  In einem Portfolio mit den Achsen Preis und Kundennutzen werden die eigenen

Produkte mit denen des Wettbewerbs verglichen (Vahs, Burmester 1999). Innovationsbedarf besteht, wenn das Nutzen-Preis-Verhältnis der eigenen Produkte gegenüber der Konkurrenz zurücksteht und keinen Kaufgrund mehr bietet.

– Erreichen bzw. Häufigkeit von Durchbruchsinnovationen

Um den Aufwand für das Innovationscontrolling so gering wie möglich zu halten, sollten möglichst bewährte, schon regelmäßig ermittelte Kennzahlen des Unternehmens genutzt werden. Dennoch ist eine Erweiterung der Controllingstrukturen um einige der genannten Messgrößen oft angezeigt.

Sind die geeigneten Kennzahlen ausgewählt, muss für jede davon ein Ziel gesetzt werden. Dies sollte innerhalb der üblichen Zielfindung des Unternehmens geschehen (vgl. Kapitel „Antrieb"). Auch die darauf folgende Umsetzung in Mitarbeiterziele und die Überwachung der Zielerreichung bedürfen somit keiner zusätzlichen Strukturen.

Um herauszufinden, welche Maßnahmen ein Ziel beeinflussen, muss eine Ursachenanalyse betrieben werden. Dazu genügt ein Rückblick auf die erste Säule des Innovationspiloten, die Grundmusteranalyse – hier sind Verbesserungspotentiale klar ersichtlich.

Bei vielen der Innovationskennzahlen ist es sinnvoll, die Leistungsdaten im Verhältnis zum Wettbewerb oder zur Branche zu betrachten, um das eigene Abschneiden beurteilen zu können. Die gewünschte „Performance" kann allerdings durchaus auch weit über den Werten der eigenen Industrie liegen.

Die Innovationsziele werden von der Leistung in den Grundmustern beeinflusst, wirken aber ihrerseits wiederum auf „herkömmliche" *Unternehmensziele* wie das Geschäftsergebnis. Die Unternehmensziele stellen die dritte Säule des Innovationspiloten dar. Hier wird klar, dass Innovationsmanagement kein Selbstzweck ist: Letztlich müssen Ziele bezüglich Rendite und Marktanteile erreicht und Arbeitsplätze erhalten werden. Auch „weiche" Unternehmensziele wie das Image, Kunden-, Aktionärs- und Mitarbeiterzufriedenheit können hier Bestandteile sein. Für die dritte Säule des Innovationspiloten werden nach Möglichkeit schon bestehende Zielkennzahlen des herkömmlichen Controllings herangezogen. Auf diese Weise wird das Innovationscontrolling nicht zusätzlich installiert, sondern in die bestehende Unternehmenssteuerung integriert.

Berücksichtigt werden muss, dass das Thema Forschung und Entwicklung einer Langfristorientierung bedarf. Die Unternehmensführung darf angesichts eines gerade erst optimierten Innovationsmanagements nicht erwarten, „im Handumdrehen" daraus erwachsene Gewinne bilanzieren zu können. Verbesserungsaktivitäten brauchen ebenso Zeit wie die Entwicklungsprojekte, in denen sie sich auswirken. Zwischen einer Maßnahme und der entsprechenden Auswirkung besteht mitunter eine erhebliche Zeitverzögerung.

5.5   Zusammenfassung des Kapitels

Die Umsetzung der Grundmuster erfolgreicher Innovationsprozesse in einem Unternehmen erfolgt in drei Schritten. Diese bestehen aus einer Innovationsdiagnose, einer Umsetzung der unternehmensspezifischen Verbesserungspotentiale und einer darauf folgenden permanenten Steuerung mithilfe eines Innovationscontrollings.

Die Analyse der Innovationsfähigkeit ist in kurzer Zeit und mit geringem Aufwand möglich, bedarf jedoch eines bestimmten Fachwissens.

Der dreizehnmalige Einsatz unserer Diagnose zeigt, dass bei den meisten KMU Handlungsbedarf hinsichtlich ihres Innovationsmanagements besteht. Mehr als in der Umsetzungsphase liegen die tatsächlich vorgefundenen Probleme im Ideenmanagement – d. h. beim Innovationsteam und bei der Chancen-Risiken-Analyse – und im internen Marketing.

Die auf der Analyse aufsetzende Verbesserung des Innovationsmanagements verlangt eine individuelle und zielgerichtete Auswahl der geeigneten Maßnahmen. Typische Aktivitäten sind Mitarbeiterschulungen sowie das Erlernen von Vorgehensweisen und Methoden in exemplarischen Entwicklungsprozessen.

Einer einmaligen Optimierung sollte die nachhaltige Beherrschung der Innovationsprozesse folgen. Ein Grund dafür, dass das Innovationsmanagement so oft im Argen liegt, ist die Tatsache, dass Innovation als schwer messbar gilt und daher meist keinen Eingang in das Unternehmenszielsystem findet. Ein Innovationscontrolling ist also notwendig und auch möglich, wie das Konzept des Innovationspiloten zeigt.

6 Fazit

6.1 Zusammenfassung

Innovation ist beherrschbar. Als Grundlage für ein Innovationsmanagement muss jedoch Klarheit bestehen über alle relevanten Einflussfaktoren. Diese Arbeit liefert einen strukturierten Überblick über die komplexen Zusammenhänge dieses vielschichtigen Themas. Elf unternehmensübergreifend gültige Grundmuster, die den beiden Gruppen „Soft Skills" und „Organisation des Innovationsprozesses" zugeordnet werden können, bilden dabei die Grundlage eines Modells erfolgreicher Innovationsprozesse. Dessen Anwendung ermöglicht zwar keine Erfolgsgarantie, jedoch eine maximale Erfolgswahrscheinlichkeit von Entwicklungen.

Weil es von der gleichzeitigen Erfüllung teilweise widersprüchlich erscheinender Anforderungen lebt, ist Innovationsmanagement ein komplexes Unterfangen. **Kommunikation** zwischen allen Beteiligten spielt bei der Beherrschung von Innovationsmanagement daher eine Schlüsselrolle. Kommunikation nach außen – in erster Linie, aber nicht nur mit Kunden – und unternehmensinterne, interdisziplinäre Kommunikation über alle Prozessschritte hinweg.

Dabei geht es letztlich um die intelligente Einbindung und Vernetzung von Wissen über immer globalere Kundenwünsche, technologische Möglichkeiten und Ideen der eigenen Mitarbeiter sowie deren Bündelung in einem offen gestalteten, aber dennoch zielgerichteten Innovationsprozess.

Ausgleich ist dabei ein zentraler Aspekt:

> Ausgleich ist der zentrale Aspekt des Innovationsmanagements:
>
> – Ausgleich unterschiedlicher Perspektiven
>
>   Interdisziplinarität ist ein Schlüsselprinzip des Innovationsmanagements: Von der Ideenfindung bis zur Umsetzung kommt es intern auf die Integration und den Konsens unterschiedlicher Abteilungen und Menschen an. Darüber hinaus sind diverse externe Sichtweisen zu berücksichtigen – nicht nur die der Kunden und Lieferanten (vgl. Kapitel „Kunde, Wettbewerb und eigenes Unternehmen: Das entscheidende Spannungsfeld", „Innovationsteam", „Prozessorganisation", „internes Marketing").
>
> – Ausgleich von kreativen Freiräumen und konsequenter Umsetzung
>
>   Die Phase der Ideenfindung erfordert die Möglichkeit, eigenen, auch ungewöhnlichen Gedanken nachgehen zu können. Nach der Projektauswahl ist dagegen eine schnelle, zielgerichtete Verwirklichung von Ideen gefragt. Soft Skills bzw. „weiche" Faktoren erfordern Freiheiten sowie Kompetenzen für die Mitarbeiter und sorgen für Innovationsbereitschaft. Die „harten" Faktoren der Prozessorganisation wiederum

stehen für strikte Methodenanwendung und standardisierte Vorgehensweisen bei der Innovationsdurchführung. Hierzu sind nicht zwei verschiedene Unternehmenskulturen notwendig.

Der Ausgleich gelingt über ein striktes Projektmanagement innerhalb von – und nicht im Widerspruch zu – einer partizipativen Führungskultur (s. Kapitel „Prozessorganisation").

– Ausgleich von Langfristorientierung und Kurzfristorientierung

Innovationsmanagement bedarf einer visionären Vorstellung der Zukunft ebenso wie einer konkreten Gestaltung der Entwicklungsprojekte – ein Ausgleich gelingt über das Zielsystem des Unternehmens: Langfristig anvisierte Ziele werden schrittweise bis zu ihrer Umsetzbarkeit im Tagesgeschäft verfeinert (vgl. Kapitel „Antrieb", „Kernkompetenzmanagement").

– Ausgleich von Stabilität und Wandel

Innovationsfähigkeit bedeutet Veränderungsfähigkeit. Dennoch kommt es gerade in turbulenter Umgebung darauf an, gleichzeitig über stabile Orientierungsgrößen zu verfügen. Das Hochhalten beständiger Grundwerte, wie beispielsweise Zuverlässigkeit oder Gesundheitsförderung, widerspricht dabei in keinster Weise der Forderung nach verstärkter Innovation. Das Erfolgsprinzip lautet: Innovativ in den Produkten und Prozessen, aber beständig in den Grundwerten. Letztlich orientiert sich auch das Innovationsbestreben an dieser Wertebasis, die in der Vision oder – genauer – in der Unternehmensphilosophie festgehalten ist (vgl. Kapitel „Antrieb"). Je nach Betrachtungsbereich und Situation muss ein Unternehmen also Stabilität, evolutionären oder revolutionären Wandel fördern. Duales Management zu betreiben, heißt Veränderung und Kontinuität gleichzeitig zu beherrschen (vgl. Kapitel „Innovationsteam").

Wer die Grundmuster erfolgreicher Innovationsprozesse beachtet, profitiert zwangsläufig von dieser Erkenntnis: Während sich die Stabilität in Vision, Führung und Unternehmenskultur manifestiert, gelingt der „radikale" Wandel durch Methoden zur Sprunginnovation (vgl. Kapitel „Innovationsteam", „Kundennähe" und „Value Innovation"). Die permanente Verbesserung wird durch die Veränderungsbereitschaft (s. „Soft Skills") und die Selbstoptimierung der Mitarbeiter(gruppen) ermöglicht sowie durch ein systematisch herausforderndes Ideenwesen unterstützt (vgl. Kapitel „Führung", „Unternehmenskultur" und „Innovationsteam").

Zusammenspiel der Grundmuster

„Bei uns ist Innovation nicht beschränkt auf das Produkt. Wir haben uns immer bemüht mit unge-heurem Einsatz an vielen Stellen des Unternehmens neue Wege zu gehen – im Vertrieb wie bei der Organisation oder in der Produktion."[41]

Ebenfalls muss ein Ausgleich geschaffen werden beim Einsatz der Grundmuster. Es ist nicht zielführend, einzelne Aspekte des Innovationsmanagements vorbildlich zu beherrschen, andere dagegen überhaupt nicht. Erst der gemeinsame Einsatz aller Grundmuster ermöglicht die maximale Erfolgswahrscheinlichkeit von Neuentwicklungen – ebenso wie es notwendig ist, für ein schönes Musikstück auf allen Tasten des Klaviers zu spielen.

Die „harten" Faktoren alleine führen also nicht zum Erfolg: Beim Einsatz jeder Methode müssen die zugehörigen Soft Skills mit berücksichtigt werden. So darf z. B. Wissensmanagement nicht als reine Installation eines Informationssystems verstanden werden. Ohne die Bereitschaft der Mitarbeiter, ihr Wissen zu teilen, ist jedes formale Wissensmanagement unwirksam (vgl. Kapitel „Antrieb").

Systematische Vorgehensweisen und Methoden sind ein sinnvoller Bestandteil des Innovationsmanagements: Effektivität und Effizienz der Entwicklungsprozesse werden von ihnen entscheidend gesteigert, wie gezeigt werden konnte. Am Ende kommt es jedoch auf die Menschen an: Methoden dienen nur zu deren systematischer Unterstützung.

Ein wesentliches Anliegen dieser Arbeit war die Praxisrelevanz und damit die konkrete Anwendbarkeit ihrer Ergebnisse. Dem konnte Rechnung getragen werden: Mit der Check-liste zur Überprüfung der Grundmuster erfolgreicher Innovationsprozesse wurde ein Diagnoseinstrument zur Identifikation vorhandener Stärken und Verbesserungspotentiale erstellt, das sich als transparente Innovationsanalytik und damit als Ausgangspunkt zur Behebung unternehmensindividueller Innovationslücken bewährt hat. Zufällige Innovationserfolge können so durch systematisch geplante ersetzt werden.

6.2   Übertragbarkeit der Ergebnisse auf andere Branchen, Unternehmensgrößen und Länder

Der Fokus unserer Arbeit war auf *kleine und mittelgroße* Unternehmen gerichtet. Damit stellt sich zwangsläufig die Frage nach einer Übertragbarkeit des beschriebenen Modells auf Großunternehmen.

Konzerne weisen allein durch ihre schiere Größe einige Unterschiede auf – sie benötigen z. B. aufgrund der Anzahl ihrer Beschäftigten aufwendigere Kommunikationsmechanismen. Zusätzlichen Anforderungen stehen allerdings auch zusätzliche Möglichkeiten

---

[41]   Bertold Leibinger, geschäftsführender Gesellschafter der Firma *Trumpf GmbH*

gegenüber: Internationale Großunternehmen treiben immer mehr internationale F&E mit weltweit verteilten Kompetenzzentren. Globale Entwicklung im vorherrschenden Zeitwettbewerb bedeutet, unter Ausnutzung der Zeitzonen 24 Stunden ohne Unterbrechung weiterzuentwickeln: Wenn in Europa die Arbeitszeit endet, werden die Zwischenergebnisse an Kollegen in den USA weitergegeben, bei denen der Tag gerade erst begonnen hat – usw. Dies führt allerdings zu zusätzlichen Anforderungen an die Zusammenarbeit – über Sprach- und Kulturgrenzen hinaus. Nicht selten erleben Konzerne erhebliche Probleme durch Abstimmungsschwierigkeiten global verteilter Innovations- und Entwicklungsteams.

Klein schlägt groß

Die beschriebenen Unterschiede zwischen mittelständischen Unternehmen und Konzernen sind jedoch nicht grundsätzlicher Natur. Wir vertreten die Meinung, dass die Prinzipien des Innovationsmanagements kleiner Unternehmen weitgehend auf Großunternehmen übertragbar sind. In einigen Fällen liegt der Unterschied in der schieren Dimension des Ressourceneinsatzes: Während das Kleinunternehmen *SERO* regelmäßige Ideenfindungsrunden veranstaltet, führt Chemie-Konzern *Degussa* für Vorausentwicklungsaktivitäten eine Tochtergesellschaft *Creavis*. Für die Übertragbarkeit gibt es zudem ein wichtiges Argument: Die „Großen" müssen es den „Kleinen" nachmachen, um erfolgreich zu sein. Mit zunehmender Größe einer Organisation sinkt tendenziell deren Innovationsfähigkeit. Es bedarf kleiner, schlagkräftiger und flexibler Einheiten, um den größtmöglichen Innovationserfolg zu erzielen. Hieraus lässt sich für Großunternehmen die Empfehlung ableiten, sich bei der Bewältigung von Innovationen nach dem Vorbild von KMU zu strukturieren. Konzerne wie *Bertelsmann*, *Siemens* oder *Daimler* haben dies erkannt und in die Realität umgesetzt:

Bei ihnen bekommen unternehmerisch ambitionierte Manager strategische und finanzielle Eigenverantwortung zur Entwicklung von Geschäftsfeldern. Allgemein ist zu beobachten, dass sich fortschrittliche Großunternehmen zunehmend in Netzwerke aus selbstständigen KMU umstrukturieren.

Das grundsätzliche Vorgehen ist branchenneutral

Eine weitere mögliche Beschränkung des Gültigkeitsbereichs des hier präsentierten Modells betrifft die *Branchengrenze*: Unsere praktischen Untersuchungsbeispiele entstammen allesamt dem verarbeitenden Gewerbe. Dennoch kann davon ausgegangen werden, dass das zugrundeliegende Modell branchenübergreifend gültig ist. Unterschiede zwischen Produktkategorien basieren beispielsweise auf verschiedenen Entwicklungszeiträumen, anderen Innovationszyklen oder Testanforderungen. Daraus leiten sich im Detail andere Vorgehensweisen und andere methodische Schwerpunkte ab – all dies ändert jedoch nichts an der Relevanz der elf Grundmuster und am grundsätzlichen Vorgehen.

Unabhängig von der Unternehmensgröße und der Branchenzugehörigkeit hängt Innovationsmanagement vom effektiven und effizienten Zusammenwirken der Menschen und von einem schlagkräftig organisierten Innovationsprozess ab. Folgende Beispiele belegen, dass die Soft Skills und die dargestellten Verfahren zur systematischen Erstellung neuer Produkte und Prozesse tatsächlich auch in anderen Industrien und angesichts anderer Mitarbeiterzahlen dem Innnovationserfolg zugute kommen:

- Der Einsatz interdisziplinärer Teams führte beim Computer-Hersteller *Compaq* zu einer Halbierung der Entwicklungszeiten.

- Das in seiner Branche überdurchschnittlich erfolgreiche Pharma-Unternehmen *Pfizer* wendet das grundsätzliche Vorgehen ebenfalls an: Strategische Konzentration auf wenige Anwendungsfelder wie Herz-Kreislauf-Krankheiten und Arthritis, permanente Entwicklungsbeschleunigung, interdisziplinäre Teams von Entwicklungsbeginn an, klare Projektpriorisierungskriterien und strategische Allianzen, Mitarbeiterorientierung sowie ein Leistungsklima mit internen Wettbewerben tragen erheblich zum Erfolg der Firma bei (Neukirchen 1999).

- Die Prinzipien „Visionäre Führung", „Ausbildung von Intrapreneuren", „Kundennähe" und „Interdisziplinäre Teams" wurden auch bei *IBM* erfolgreich eingesetzt (Bauer et al. 1992, S. 9 ff).

- Der US-Riese *GE (General Electric)* unterstützt schon lange die Ausgründung von kleinen, eigenständigen Unternehmen, falls ein Mitarbeiter eine aussichtsreich erscheinende Geschäftsidee weiterverfolgen und umsetzen möchte.

Internationale Übertragbarkeit

Interessant ist auch die Frage nach der *internationalen* bzw. *globalen* Übertragbarkeit der Forschungsergebnisse. Die in dieser Arbeit berücksichtigte Literatur amerikanischer und japanischer Autoren lässt vermuten, dass es sich bei den beschriebenen Grundmustern um weitgehend kultur- und mentalitätsunabhängige Innovationsprinzipien handelt. Bestätigt wird diese Einschätzung durch Kalthoff et al. (1999), die in einer Vergleichsstudie erfolgreicher europäischer, japanischer und amerikanischer Unternehmen verschiedener Branchen Gemeinsamkeiten erfolgreichen Innovationsmanagements fanden.

Auch wenn die jeweiligen Erfolgsfaktoren in unterschiedlichen Kulturen anders ausgeprägt sein mögen – die japanische Gruppenmentalität beispielsweise eine andere Führung erfordert als der amerikanische Individualismus – spricht dies nicht gegen eine Übertragbarkeit des Grundmustermodells im internationalen Kontext.

Es ist jedoch weitere Forschung notwendig, um die These der universellen Gültigkeit der „Grundmuster erfolgreicher Innovationsprozesse" empirisch zu beweisen.

6.3   Ausblick

„Der Spruch ‚Wir müssen Arbeitsplätze schaffen' ist unsinnig. Wir müssen Produkte schaffen, die sich verkaufen lassen. Dann kommen die Arbeitsplätze automatisch."[42]

Innovationsmanagement ist der Schlüssel zum zukünftigen Erfolg und damit auch zum Erhalt der Arbeitsplätze eines Unternehmens, oder, volkswirtschaftlich betrachtet, zum Erhalt eines Standortes. Auch Kaplan und Norton (1997), die Schöpfer der Balanced Scorecard, konstatieren: *„Letztendlich hängt die Fähigkeit, ehrgeizige Vorgaben für finanzielle, interne und Kundenziele zu erfüllen, von dem Innovationspotential des Unternehmens ab."*

Im deutschsprachigen Raum erkennt man die Zeichen der Zeit in zunehmendem Maße, und zwar nicht nur in den Unternehmen, sondern auch in der Politik. Innovation wird verstärkt nicht nur als Schlagwort verwendet, sondern es werden auch entsprechende Aktivitäten eingeleitet. Die Unternehmen profitieren von besseren Rahmenbedingungen, wie folgende Beispiele zeigen:

- ■ Wichtige Zukunftsbranchen wie die Biotechnologie werden mit Forschungsgeldern vorangetrieben,

- ■ in Bayern wurden Erfindergymnasien eingerichtet,

- ■ die Akademie der Führungskräfte in Bad Harzburg plant eine Ausbildung zum „Manager of Business Innovation" und

- ■ der Markt für Risikokapital wächst stark (s. Kapitel „Antrieb").

Zu Pessimismus besteht keine Veranlassung

Zu Pessimismus besteht also keine Veranlassung. Die Voraussetzungen und Perspektiven in Zentraleuropa sind hervorragend: Im internationalen Vergleich ist das Ausbildungsniveau hervorragend, die Kaufkraft groß und die Reputation auf dem Weltmarkt gut.

Alles ist davon abhängig, dass der eingeschlagene Weg weiter beschritten wird und die Unternehmen ihren betriebswirtschaftlichen Handlungsbedarf im Hinblick auf Innovationsmanagement schnellstmöglich aufgreifen. Dabei hilft ihnen die Orientierung an den Grundmustern erfolgreicher Innovationsprozesse.

Andererseits bleibt auch der unternehmerische Mut eine entscheidende Tugend, da trotz der Systematisierung des Innovationsmanagements Restrisiken niemals ausgeschlossen werden können.

---

[42]   Hartmut Mehdorn, ehem. Vorstandsvorsitzender der *Deutschen Bahn AG*, 1999

Für die Unternehmen ist es nach wie vor ein wesentlicher Erfolgsfaktor, analog zum technologiebezogenen Kernkompetenzmanagement auf historisch gewachsene und kulturell verankerte Basisfähigkeiten zurückzugreifen. Daher ist es für europäische Unternehmen beispielsweise nicht sinnvoll, unreflektiert moderne Organisations- und Managementprinzipien aus anderen Kulturen zu übernehmen. Das einzelne Unternehmen steht in individueller Bindung zu seiner eigenen Geschichte und Größe, zu den gesellschaftlichen, kulturellen und politischen Gegebenheiten seines Landes und seiner Region, sowie nicht zuletzt zu den eigenen Mitarbeitern. Es muss sich dieser Abhängigkeiten bewusst sein, um daraus Stärke zu ziehen (Kalthoff et al. 1999).

Literaturverzeichnis

AHLERS, F.: Zukunftsorientierte Personalführung, in: Zukunftsorientiertes Management, Hrsg.: Bruch, H., Eickhoff, M., Thiem, H., Verlag Frankfurter Allgemeine Zeitung, Frankfurt 1996

ANSOFF, I. H., Management-Strategie, Verlag Moderne Industrie, München 1966

BACKHAUS, K., SCHLÜTER, S.: Die Umsetzung der Marktorientierung in der deutschen Investitionsgüterindustrie, Münster 1994

BACKHAUS, K.: Happy Engineering, in: Manager Magazin 8/1999, S. 130-133

BAIER, D.: Marketing und Innovation, Skriptum zur Vorlesung „Marketing und Innovation", Institut für Entscheidungstheorie und Unternehmensforschung an der TU Karlsruhe, Auflage 1996

BAUER, R. A., COLLAR, E., TANG, V.: The silverlake project, Oxford University Press 1992

BECKER, A., LIST, S.: Die Zukunft gestalten mit Szenarien, in: Unternehmensplanung, Hrsg.: Zerres, M. P., Zerres, I., Frankfurter Allgemeine Zeitung Verlag, Frankfurt 1997

BERTH, R.: Der große Innovations-Test, Band 1, Econ, Düsseldorf, München 1997

BERTH, R.: Quantensprung, Kienbaum Akademie, Vortrag 1994

BERTH, R.: Innovation & Leadership, Vortrag im Rahmen einer Veranstaltung des Landes Rheinland-Pfalz im Landtag von Mainz, Dezember 2000

BEYELER, , A.: Risikomanagement komplexer Projekte, in: io management 63/1994, S. 27-30

BLOCK, P.: Entfesselte Mitarbeiter, Schäffer-Poeschel Verlag, Stuttgart 1997

BOGASCHEWSKI, R.: Wissensorientiertes Management als Kern eines Innovationsmanagements, in: Innovationsmanagement, Hrsg.: Tintelnot, C., Meißner, D., Steinmeier, I., Springer, Berlin, Heidelberg 1999

BOUTELLIER, VÖLKER: Erfolg durch innovative Produkte, Hanser Verlag, Wien 1997

BOWER, J. L., HOUT, T. M.: So sind Sie schneller als die Konkurrenz, 1989, in: Harvard Manager Innovationsmanagement, Band 2

BROCKHOFF, K.: Der Kunde im Innovationsprozeß, Vandenhoeck und Ruprecht, Göttingen, Hamburg 1998

BROWN, D.: European Commision: Innovation Management Tools, Official Publications of the European Communities, Luxemburg 1997

BROWN, J. S.: Forschung muß das Unternehmen neu erfinden, 1991, in: Harvard Manager Innovationsmanagement, Band 2

BRUNBAUER, G.: Innovationsmanagement als Schritt der Unternehmensentwicklung, in: Benchmarks for business, Hrsg.: Friedrich, W., Frankfurt 2004

BUCK, A., HERRMANN, C., LUBKOWITZ, D.: Handbuch Trendmanagement, Frankfurter Allgemeine Zeitung Verlag, Frankfurt 1998

CALL, G., VÖLKER, R.: Innovations-Check, in: iomanagement 5/1999

CHESBROUGH, H. W., TEECE, D. J.: Innovation richtig organisieren – aber ist virtuell auch virtuos?, 1996, in: Harvard Manager Innovationsmanagement, Band 3

CHRIST, H.-D.: Innovationen – eine alltägliche Aufgabe im lernenden Unternehmen, in: Personalführung 5/98, S. 14-17

CLARK, K. B., FUJIMOTO, T.: Das Erfolgsgeheimnis integrer Produkte, 1991, in: Harvard Manager Innovationsmanagement, Band 2

COLLINS, J. C., PORRAS, J. I.: Werkzeug Vision, 1992 in: Harvard Manager Innovationsmanagement, Band 3

COOPER, R.: Winning at new products, Perseus, Reading 1993

COOPER, R., MARKUS, M. L.: Den Menschen reengineeren, geht denn das?, 1996, in: Harvard Manager Innovationsmanagement, Band 3

CORSTEN, H.: Produktionsstrukturen, in: Zukunftsorientiertes Management, Hrsg.: Bruch, H., Eickhoff, M., Thiem, H., Verlag Frankfurter Allgemeine Zeitung, Frankfurt 1996

CRAM, T.: High Fliers, in: The Ashridge Journal, 11/1997

CRAM, T.: Innovation Management and Creativity, Vortrag beim 5. Management- und Innovationsseminar des Landes Rheinland-Pfalz, 1998

DEISER, R.: Vom Wissen und Tun und zurück, in: Wissensmanagement, Hrsg.: Schneider, U., Frankfurter Allgemeine Zeitung Verlag, Frankfurt 1996

DEUTSCHE BANK: Leitfaden zum Innovationsmanagement, Selbstverlag Deutsche Bank, Frankfurt 1996

DEUTSCHE BANK: Fit für die Zukunft, Selbstverlag Deutsche Bank, Frankfurt 1997

DÜRAND, D.: Auf die einfache Art, in: Wirtschaftswoche 17/1998, S. 112-116

ECKARDSTEIN, D. V., LUEGER, G.: Wohlbefinden von Mitarbeitern als betrieblicher Erfolgsfaktor, in: Zukunftsorientiertes Management, Hrsg.: Bruch, H., Eickhoff, M., Thiem, H., Verlag Frankfurter Allgemeine Zeitung, Frankfurt 1996

EGGERS, B.: Unternehmenserfolg durch Planungserfolg, in: Zukunftsorientiertes Management, Hrsg.: Bruch, H., Eickhoff, M., Thiem, H., Verlag Frankfurter Allgemeine Zeitung, Frankfurt 1996

EICHHORN, J.-P.: Chancen- und Risikomanagement im Innovationsprozeß, Lang – Europäischer Verlag der Wissenschaften, Frankfurt 1996

EICKHOFF, M.: Unternehmensformen und -grenzen, in: Zukunftsorientiertes Management, Hrsg.: Bruch, H., Eickhoff, M., Thiem, H., Verlag Frankfurter Allgemeine Zeitung, Frankfurt 1996

ERNST, H.: Evaluation of dynamic technological developments by means of patent data, in: The dynamics of innovation, Hrsg.: Brockhoff, K., Chakrabarti, A. K., Hauschildt, J., Springer, Berlin, Heidelberg 1999

ERNST, K.-W.: Das Neue wagen, in: Creditreform 3/1998, S. 8-10

EVERSHEIM, W. (HRSG.): Verein Deutscher Ingenieure: Innovationsmanagement für technische Produkte, Springer-Verlag Berlin 2003

FARRIS, G. F.: Patterns in high-impact innovation, in: The dynamics of innovation, Hrsg.: Brockhoff, K., Chakrabarti, A. K., Hauschildt, J., Springer, Berlin, Heidelberg 1999

FEHR, B.: Jagd auf verborgene Schätze, in: Manager Magazin 12/1999, S. 122-131

FISCHER, K.: Innovationsstrategie eines Mittelständlers, in: Tagungsband Karlsruher Arbeitsgespräche, Forschungszentrum Karlsruhe 1998

FISCHER, O.: Alles auf eine Karte, in: Manager Magazin 10/1999, S. 256-265

FÖRSTER, T., KLINK, J.: Weder statisch noch chaotisch – Profile dynamischer Strukturen, in: Dynapro, Hrsg.: Hartmann M., Logis, Stuttgart 1996

FÖRSTER, A., KREUZ, P.: Different Thinking, in: Redline Wirtschaft, Frankfurt 2005

FRANZ, K.-P.: Gundlagen des Controlling/FuE-Controllings, in: Seminarunterlagen 5. Management- und Innovationsseminar des Landes Rheinland-Pfalz, 1998

FRAUNHOFER GESELLSCHAFT: Erfolgsfaktoren von Innovationen: Prozesse, Methoden und Systeme?, Selbstdruck, Stuttgart, Berlin 1998

FREY, D.: Von Produktchampions und Erbsenzählern, 1992 in: Harvard Manager Innovationsmanagement, Band 3

FUCHS, J.: Risikomanagement als Instrument der strategischen Unternehmensführung, in: management berater, August 1999, 3. Jahrgang

GANTKE, Erfolgspotenzial von Produktideen im praktischen Innovationsmanagement, in: Benchmarks for business, Hrsg.: Friedrich, W., Frankfurt 2004

GAUL, W.: Einführung in das Marketing, Skriptum zur gleichnamigen Vorlesung am Institut für Entscheidungstheorie und Unternehmensforschung an der TU Karlsruhe, Auflage 1995/96

GAUSEMEIER, J. ET AL.: Produktinnovation, Hanser Verlag, München, Wien 2001

GEMÜNDEN, H. G.: Zielbildung, in: Handbuch Unternehmensführung, Hrsg.: Corsten, H., Reiß, M., Gabler, Wiesbaden 1995, S. 251-266

GERWIN, D.: Die Fertigung engagiert sich in der Produktentwicklung, 1994, in: Harvard Manager Innovationsmanagement, Band 3

GESCHKA, H.: Innovationsmanagement mittelständischer Unternehmen, in: Technologie & Management 4/97, S. 16-19

GNEITING, C., DÜRRSCHMIDT, ST., MURR, O., SCHIEGG, H.: Ganzheitliche Prozeßgestaltung, in: Konstruktion 4/1999

GÖPFER, I., JUNG, K. P., DEPPE, B.: Erfolgswirksamkeit von Visionen, in: io management 5/1999, S. 32-36

GRABOWSKI, H., GEIGER, K.: Neue Wege zur Produktentwicklung, Raabe 1997

GRÄFELING, A.: Die Kunst des Innovationsmanagments im Hyperwettbewerb, in: Markenartikel 5/1998, S. 4-6

HAACKE, B. VON: Supertanker wenden, in: Wirtschaftswoche, 31/1998, S. 73-74

HABINGER, S.: Gruppenarbeit – Beispiel eines Change-Managements, in: Wirtschaftsingenieur 36/1996, S. 26-29

HANEL, G.: Konservierer oder Innovationselite?, Verlag Wirtschaftsuniversität Wien 1997

HANK, R.: Internationalisierung von Innovationsvorhaben, unveröffentlichte Vortragsunterlagen zur Abschlußtagung des Forschungsprojektes „Grundmuster erfolgreicher Innovationsprozesse", Magdeburg 1999

HARGADON, A., SUTTON, R. I.: Wie Innovationen systematisch erarbeitet werden, in: Harvard Business Manager 6/2000

HARTMANN, M., KÖNIG, B.: Standortsicherung durch Innovation, in: Produzieren im 21. Jahrhundert, Hrsg.: Lutz, B., Hartmann, M., Hirsch-Kreinsen, H., ISF München, Campus Verlag Frankfurt, New York 1996

HARTMANN, M., KÜHNLE, H. (HRSG.): Merkmale zur Wandlungsfähigkeit von Produktionssystemen bei turbulenten Aufgaben, Dissertation an der Universität Magdeburg 1995

HARTMANN, M.: Wie lassen sich die Nutzenpotentiale beschleunigter Innovationen besser erschließen, in: Expertenkreis Zukunftsstrategien – Bericht über die Abschlußklausur am 29./30.11.96 in Niederpöcking, Herausgegeben vom Institut für Sozialwissenschaftliche Forschung e. V. – ISF München 1997

HAUSCHILDT, J., KIRCHMANN, E.: Arbeitsteilung im Innovationsmanagement, in: Führung & Organisation 2/97, S. 68-73

HAUSCHILDT, J.: Innovationsmanagement, Vahlen, München 1993

HAUSCHILDT, J.: Opposition to innovations – destructive or constructive, in: The dynamics of innovation, Hrsg.: Brockhoff, K., Chakrabarti, A.K., Hauschildt, J., Springer, Berlin, Heidelberg 1999b

HAUSCHILDT, J.: Promotors and champions in innovations The dynamics of innovation development of a research paradigm, in: The dynamics of innovation, Hrsg.: Brockhoff, K., Chakrabarti, A.K., Hauschildt, J.:, Springer, Berlin, Heidelberg 1999a

HAUSER, J. R.: Wenn die Stimme des Kunden bis in die Produktion vordringen soll, 1988 in: Harvard Manager Innovationsmanagement, Band 2

HAYEK, F. A. V.: Individualismus und wirtschaftliche Ordnung, Eugen Rentsch Verlag, Erlenbach, Zürich 1952

HELFRECHT, M., BECK, C.: Chancen für den Mittelstand, HelfRecht Verlag, Bayreuth 1998

HIRN, W.: Ideenfabrik, in: Manager Magazin 8/1997, S. 61-66

HÖFLER, K., FRITSCHI, I.: PIA bewertet die Erfolgsfaktoren der Produktinnovation in: iomanagement 5/1999

HOUSE, C. H., PRICE, R. L.: Ein präziser Ergebnisplan beflügelt das Projektteam, 1991 in: Harvard Manager Innovationsmanagement, Band 2

HUBERTUS, H., SOUKUP, M.: Von der Idee zum Innovationsprojekt, Diplomarbeit am Institut für Angewandte Betriebswirtschaftslehre an der Universität Karlsruhe, 1998

HUNECKE, R., WIMMER, R., GRYGLEWSKI, S.: Integratives Innovationsmanagenent in: Forschung und Entwicklung, in: Technologie & Management,1/1998, S. 14-16

HUTH, W.-D., HENSCHEL, S.: Mangel an Innovationsmanagement, in: management berater 9/1998, S. 26-27

IANSITI, M.: Stetige Produktentwicklung – gesteuert von einer Hand, 1993, in: Harvard Manager Innovationsmanagement, Band 3

JABERG, H., STERN, T.: Acht Schritte zum Erfolg, in: Process 4/1998

JABERG, H.: Der Entwicklungs- und Vermarktungsprozess in der Fraktalen Fabrik, in: Zeitschrift für Logistik 2/1997

JABERG, H.: Erfolgsfaktor Kundennähe, in: Absatzwirtschaft 11/1996a, S. 60 ff

JABERG, H.: Innovationsmanagement bei der Produktentwicklung, in: Absatzwirtschaft, 10/1996b

JAKOB, K., RÖSSEL, G.: Alle Mann an Bord, in: Dynapro Band I, Hrsg.: Hartmann, M., Logis Verlag, Stuttgart 1996

JENSEN, S., RIEKER, J., SCHÄFER, A: Arme Leuchten, in: Manager Magazin 1/1999, S. 112-124

KALTENBACH, H. G.: Das kreative Unternehmen: Vom Elefanten zum Kolibri, Verlag Moderne Industrie, Landsberg/Lech 1998

KALTHOFF, O., NONAKA, I., NUENO, P.: Zurück zur Spitze, Midas Management Verlag, St. Gallen, Zürich 1999

KAPLAN, R. S., NORTON, D. P.: Balanced Scorecard, Schäffer-Poeschel Verlag, Stuttgart 1997

KERBER, B.: Flutwarnung, in: Manager Magazin 12/98, S. 298

KESSLER, E. H., CHAKRABARTI, A. K.: Concurrent development and product innovations, in: The dynamics of innovation, Hrsg.: Brockhoff, K., Chakrabarti, A. K., Hauschildt, J., Springer, Berlin, Heidelberg 1999

KETTERER, B.: Kreativität und Systematik im Innovationsprozess, in: Technische Rundschau 10/1999, S. 80-81

KIM, W. C., MAUBORGNE, R.: Value Innovation, in: Harvard Business Review 1/1997

KIM, W. C., MAUBORGNE, R.: Branchengrenzen sprengen und das Geschäft neu erfinden, in: Harvard Business Manager 4/1999

KIRCHMANN, E. M. W.: Information im Innovationsmanagement, in: Führung und Organisation 5/1998, S. 300-307

KLIMEK, L.: Mit neuen Ideen zu Wettbewerbsüberlegenheit und Wachstum, unveröffentlichte Vortragsunterlagen zur Abschlußtagung des Forschungsprojektes „Grundmuster erfolgreicher Innovationsprozesse", Magdeburg 1999

KNOCHE, R.: Die Metamorphose der Stahlkocher, in: trend 5/1997

KOPPELMANN, U.: Facetten der Innovation, des Innovations-Managements, in: Markenartikel 5/1998, S. 6-15

KRASMANN, H.: Paradigmenwechsel im Entwicklungsprozeß, in Informationen zum Verbundprojekt „Grundmuster erfolgreicher Innovationsprozesse", Ausgabe 5, Dezember 1999

KRASMANN, H.: Systematik und Ganzheitlichkeit – Erfolgsfaktoren im Innovationsmanagement, in: Benchmarks for business, Hrsg.: Friedrich, W., Frankfurt 2004

KRASMANN, H., STERN, T.: Mit Internem Marketing zum Innovationserfolg, in: „Innovationen erfolgreich machen", Hrsg.: König, B.E., Reißer, M., Gesis, Magdeburg 2000

KRAUS, K.-J.: Die Entwicklung der europäischen Pumpenindustrie im veränderten weltwirtschaftlichen Umfeld, Tagungsunterlagen der Pumpentagung in Karlsruhe 1992

KREUZ, P.: Studie: Erfolgsfaktor Innovation, www.advanced-innovation.com, 2003

KROGH, G. F. V., DURISIN, B.: Mit den Augen des Kunden sehen, in: Gablers Magazin, 12/1998, S. 34-38

KROPEIT, G.: Erfolgsfaktoren für die Gestaltung von FuE-Kooperationen, in: Innovationsmanagement, Hrsg.: Tintelnot, C., Meißner, D., Steinmeier, I., Springer, Berlin, Heidelberg 1999

KRUBASIK, E. G.: Der Königsweg zum neuen Produkt, 1989, in: Harvard Manager Innovationsmanagement, Band 2

KUHN, M., SÖNDGERATH, B.: Innovationen werden mit Wissen zum Erfolg geführt, in: Informationen zum Verbundprojekt „Grundmuster erfolgreicher Innovationsprozesse", Ausgabe 5, 12 / 1999

LEE, T. H., FISHER, J. C., YAU, T. S.: Haben Sie ihre Forschung und Entwicklung im Griff?, 1986, in: Harvard Manager Innovationsmanagement, Band 1, Manager Magazin Verlag, Hamburg, S. 78-82

LEENDERTSE, J.: Image folgt harten Fakten, in: Wirtschaftswoche 23/2000, S. 96-115

LENK, T.: Der steinige Weg von der Vision zur Innovation, in: Technologie & Management 2/1998, S. 21-25

LEONARD-BARTON, D., KRAUS, W. A.: Die Einführung neuer Technologien, 1985, in: Harvard Manager Innovationsmanagement, Band 1, S. 71-77

LIEBICH, W.: Innovationen aus dem Atelier, in: Process 6/1998, S. 112-113

LITTLE, ARTHUR D.: Innovation als Führungsaufgabe, Frankfurt, New York, Campus 1988

LITTLE, ARTHUR D.: Management von Innovation und Wachstum, Wiesbaden, Gabler 1997

LUTZ, B., weitere ungenannte Autoren: Die Notwendigkeit einer neuen Strategie industrieller Innovation – erste Ergebnisse aus dem Expertenkreis Zukunftsstrategien, Forschungszentrum Karlsruhe, Projektträger Fertigunstechnik und Qualitätssicherung, Karlsruhe 1995

LYNN, G. S., MORONE, J. G., PAULSON, A. S.: Wie echte Produktinnovationen entstehen, in: Harvard Business Manager 4/1996

MALIK, F.: So organisieren Sie optimal, in: trend 7/1997, S. 102-105

MANDL, C.: Konfliktpotential nutzen, in: iomanagement 5/1999, S. 52-57

MANDL, J.: Vielfältige Anregungen, in: Austria Innovativ 2/1996, S. 5-6

MANZ, T.: Innovationsprozesse in Klein- und Mittelbertrieben, Westdeutscher Verlag, Opladen 1990

MEYER, C.: Effektiv arbeiten nach eigenen Maßstäben, 1994, in: Harvard Manager Innovationsmanagement, Band 3

NEUKIRCHEN, H.: Doping für Manager, in: Manager Magazin 10/1999, S. 86-97

NONAKA, I.: The knowledge creating company, in: Harvard Business Review 6/1991

NOPPENEY, C.: Quellen der Innovation, in: io Management 5/1997, S. 16-19

OHNE AUTOR: Gewinner und Verlierer; in: Logistik Heute, 1-2/1996, S. 52-58

OHNE AUTOR: Produktion 2010 – Schnelle Drehung – jetzt!, in: Markt und Mittelstand, Ausgabe 7, 1999

PATSCHEK, S., STERN, T.: Die Teamgröße – Determinante der Gruppeneffizienz?, Seminararbeit am Institut für Angewandte Betriebswirtschaftslehre und Unternehmensführung der Universität Karlsruhe 1995

PEARN, M., MULROONEY, C., PAYNE, T.: Ending the blame culture, Gower, Großbritannien 1998

PEARSON, A. E.: Die fünf Geheimnisse der Innovation, 1988, in: Harvard Manager Innovationsmanagement, Band 2

PERLITZ, M.: Strategisches Innovationsmanagement, in: Seminarunterlagen 5. Management- und Innovationsseminar des Landes Rheinland-Pfalz, 1998

POCSAY, A.: Beratung frei von Zeit und Raum, in: Management-Berater 2, 1999, S. 38

POPP, W., SCHMITT, M.: Informationsgewinn beim Risikomanagement von Innovationsvorhaben, in: Innovationsmanagement, Hrsg.: Tintelnot, C., Meißner, D., Steinmeier, I., Springer, Berlin, Heidelberg 1999

PRAHALAD, C. K., HAMEL, G.: The core competence of the corporation, in: Harvard Business Review, Mai/Juni 1990

PROBST, G. J. B., BÜCHEL, B. S. T.: Organisationales Lernen, Gabler, Wiesbaden 1994

PROBST, G. J. B., RAUB, S., ROMHARDT, K.: Wissen managen, Gabler, Wiesbaden 1998

QUINN, J. B.: Innovationsmanagement: Das kontrollierte Chaos, 1985, in: Harvard Manager Innovationsmanagement, Band 1

REGER, G.: F&E- und Innovationsstrategien transnational agierender Unternehmen, in: Karlsruher Transfer 11/1997

RUST, H.: Entfesselt die Forscher, in: trend 14/1996

RUST, H.: Haben Sie mich verstanden?, in: trend 7-8/1997

SANNEMANN, E., SAVIOZ, P.: Der vernetzte Innovationsprozeß in: iomanagement 5/1999

SANTNER, C., MALCOLM, G., PRUDENT, C.: Wachstum mit System, in: Impulse 4/1998, S. 16-20

SCHEIN, E. H.: Wenn das Lernen im Unternehmen wirklich gelingen soll, in: Harvard Business Manager 3/1997

SCHIMMEL-SCHLOO, M.: Wer Innovationen will, muß Sinn bieten, in: acquisa, Heft 12 / 1998, S. 46-48

SCHINAGL, C.: Erfinder-Leitfaden, Schriftenreihe ARGE Technofit, Graz 2003

SCHMEER, J.: Der Fachmann ist zu wenig, in: management berater, August 1999, 3. Jahrgang

SCHMELZER, H. J.: Organisation und Bewertung von Produktinnovationsprozessen, in: Innovationsmanagement, Hrsg.: Tintelnot, C., Meißner, D., Steinmeier, I., Springer, Berlin, Heidelberg 1999

SCHULTZ-WILD, L., LUTZ, B.: Industrie vor dem Quantensprung, Springer, Berlin, Heidelberg 1997

SCHUMPETER, J. A.: Theorie der wirtschaftlichen Entwicklung, 7. Auflage, Duncker & Humboldt, Berlin 1987

SERVATIUS, H.-G.: Reengineering-Programme umsetzen, Schäffer-Poeschel, Stuttgart 1994

SHAPIRO, E.: Wer keine Vision hat, kann sich auch keine kaufen, in: Psychologie heute 6/1997, S. 62-67

SIMON, H.: Die heimlichen Gewinner, Campus, Frankfurt 1996

SIMON, H.: Wunsch-Wissen, in: Manager Magazin 11/1999, S. 307-308

SIMON, H.: Strategie-Notstand, in: Manager Magazin 7/2000, S. 113-114

SOMMERLATTE, T.: Forschung und Enwicklung, in: Zukunftsorientiertes Management, Hrsg.: Bruch, H., Eickhoff, M., Thiem, H., Verlag Frankfurter Allgemeine Zeitung, Frankfurt 1996

SOMMERLATTE, T.: Wie schaffen wir eine Innoavtions- und Wachstumskultur, wenn das Reengineering gelaufen ist?, Vortrag zum 8. Wirtschaftssymposium der European Business School, Reichartshausen 1997

SOMMERLATTE, T.: Wachstum und Neugeschäft durch Innovation, in: Das innovative Unternehmen, Hrsg.: Barske, H., Gabler, Wiesbaden 1998a

SOMMERLATTE, T.: Unternehmenskultur und Risiko, in: Das innovative Unternehmen, Hrsg.: Barske, H., Gabler, Wiesbaden 1998b

SPECHT, G.: Grundprobleme eines strategischen Managements markt- und technologieorientierter Innovationen, Skript, TH Darmstadt, ohne Jahresangabe

SPECHT, G., Gerhard, B.: Beteiligung unternehmensinterner Funktionsbereiche am Innovationsprozeß, in: Innovationsmanagement, Hrsg.: Tintelnot, C., Meißner, D., Steinmeier, I., Springer, Berlin, Heidelberg 1999

SPRENGER, REINHARD K.: Mythos Motivation, Campus, Frankfurt a. M. 1997

SPUR, G., NACKMAYR, J.: Globalisierungspotentiale für kleinere und mittelständische Unternehmen am Beispiel der Maschinenbaubranche, in: Das innovative Unternehmen, Hrsg.: Barske, H., Gabler, Wiesbaden 1998

STALK JR., G.: Zeit – die entscheidende Waffe im Wettbewerb, 1988, in: Harvard Manager Innovationsmanagement, Band 2

STAUDT, E.: Ohne Mitarbeiter läuft gar nichts, in: management-berater 4/1998, S. 8-11

STEIN, J. V., REVENTLOW, I. G. V.: Innovationsfinanzierung und Risikomanagement, in: DBW 49/1989, S. 551-561

STERN, T.: Schriftliche und telefonische Umfragen – eine vergleichende Analyse, Seminararbeit am Institut für Entscheidungstheorie und Unternehmensforschung der Universität Karlsruhe 1996

STRICKER, G.: Ganzheitliches Bewertungsverfahren für den industriellen Innovationsprozeß am Beispiel hydraulischer Strömungsmaschinen, Diplomarbeit an der Technischen Universität Graz 1999

STROTHMANN, K.-H.: Dienstleistungen als Innovation im Maschinen- und Anlagenbau, in: Innovationsmanagement, Hrsg.: Tintelnot, C., Meißner, D., Steinmeier, I., Springer, Berlin, Heidelberg 1999

SUTER, A., TIPOTSCH, C.: Makromodellierung als Voraussetzung für Hochleistungsorganisationen, in: Wirtschaftsingenieur 3/1995, S. 17-19

TAKEUCHI, H., NONAKA, I.: Das neue Produktentwicklungsspiel, 1986, in: Harvard Manager Innovationsmanagement, Band 1

TERNINKO, J., ZUSMAN, A., ZLOTIN, B.: TRIZ – Der Weg zum konkurrenzlosen Erfolgsprodukt, Hrsg.: Herb, R., moderne industrie, Landsberg/Lech 1998

TEUFELSDORFER, H., CONRAD, A.: Kreatives Entwickeln und innovatives Problemlösen mit TRIZ/TIPS, Publicis MCD Verlag, Erlangen, München 1998

THOM, N., WENGER, A. P.: Unternehmensorganisation als Kernkompetenz, in: Zukunftsorientiertes Management, Hrsg.: Bruch, H., Eickhoff, M., Thiem, H., Verlag Frankfurter Allgemeine Zeitung, Frankfurt 1996

TINTELNOT, C.: Einführung in das Innovationsmanagement, in: Innovationsmanagement, Hrsg.: Tintelnot, C., Meißner, D., Steinmeier, I., Springer, Berlin, Heidelberg 1999

TROMMSDORF, V., BINSACK, M: Informationsgrundlagen für das Innovationsmarketing, in: Innovationsmanagement, Hrsg.: Tintelnot, C., Meißner, D., Steinmeier, I., Springer, Berlin, Heidelberg 1999

TROMMSDORFF V., STEINHOFF, F.: Innovationsmarketing, Vahlen, München 2007

TUSHMAN, M.L., O'REILLY, C. A.: Innovation ist machbar, Moderne Industrie, Landsberg/Lech 1998

VAHS, D., BURMESTER, R.: Innovationsmanagement, Schäffer Poeschel, Stuttgart 1999

VÖLKER, RAINER: Was bedeutet Innovationsmanagement und was bringt es den Unternehmen?, Vortragsunterlagen zur Veranstaltung „Innovationsmanagement", Technologiefabrik Karlsruhe, April 1999

VON DER OELSNITZ, D.: Warum Visionen im Management so wichtig sind, in: Management-Berater 2/1999, S. 45 f

WARNECKE, H.-J., HÜSER, M.: Schlank und fraktal, digital und virtuell: Arbeit in der Fabrik der Zukunft, Vortragsunterlagen zum Managementkongreß „Das fraktale Unternehmen" in Baden / Wien im April 1997

WARNECKE, H.-J.: Aufbruch zum Fraktalen Unternehmen, Springer, Berlin, Heidelberg 1995

WARNECKE, H.-J.: Die Fraktale Fabrik, Springer, Berlin, Heidelberg 1992

WENNY, C.: Innovation ist mehr als eine Idee, in: Internationale Wirtschaft Nr. 17, Mai 2000a, S. 26-30

WENNY, C.: Produktionsfaktor Wissen, in: Internationale Wirtschaft Nr. 17, Mai 2000b, S. 30-31

WHEELWRIGHT, S. C., SASSER, W. E.: Mit einer neuen Technik Flops bei Innovationen vermeiden, 1989, in: Harvard Manager Innovationsmanagement, Band 2

WIEDMANN, K.-P.: Unternehmensführung und gesellschaftsorientiertes Marketing, in: Zukunftsorientiertes Management, Hrsg.: Bruch, H., Eickhoff, M., Thiem, H., Verlag Frankfurter Allgemeine Zeitung, Frankfurt 1996

WIESELHUBER, DR. & PARTNER GMBH: Innovations-Management, Universitätsdruckerei Dr. C. Wolf & Sohn, München (ohne Jahresangabe)

WILDEMANN, H.: Schnell lernende Unternehmen, FAZ Verlag, Frankfurt 1996

WITTENZELLER, C., SIMON, H.: Praxisbeispiel Hidden Champions, in: Management-Berater 2/1999, S. 50 f

WOHINZ, J. W., PERITSCH, M.: Betriebliches Innovationsmanagement, Induscript am Institut für Wirtschafts- und Betriebswissenschaften der TU Graz, 1998

WOMACK, J. P., JONES, D. T.: Nach Toyota: Das neue Streben nach Perfektion, 1997, in: Harvard Manager Innovationsmanagement, Band 3

WUNDERER, R.: Zusammenarbeit zwischen Organisationseinheiten, zitiert in: Servatius, H.-G.: Reengineering-Programme umsetzen, Schäffer-Poeschel, Stuttgart 1994

ZIENTEK-STRIETZ, B.: SERO in Meckesheim: Innovationsfähigkeit als ganzheitliche Unternehmenskultur, in: Informationen zum Verbundprojekt „Grundmuster erfolgreicher Innovationsprozesse", Ausgabe 4, Mai 1999

ZINK, K. J.: Bewertung ganzheitl. Unternehmensführung, Hanser, München 1998

Stichwortverzeichnis

Swetlana Franken

Verhaltensorientierte Führung

Handeln, Lernen und Ethik in Unternehmen
2. überarb. u. erw. Aufl. 2007. XII, 327 S.
Br. EUR 29,90
ISBN 978-3-8349-0651-9

Jörg Freiling / Martin Reckenfelderbäumer

Markt und Unternehmung

Eine marktorientierte Einführung
in die Betriebswirtschaftslehre
3., überarb. u. erw. Aufl. 2010. XXVIII, 492 S.
Br. EUR 36,90
ISBN 978-3-8349-1710-2

Urs Fueglistaller / Christoph Müller /
Thierry Volery

Entrepreneurship

Modelle - Umsetzung - Perspektiven
Mit Fallbeispielen aus Deutschland,
Österreich und der Schweiz
2. überarb. u. erw. Aufl. 2008. XXVI, 512 S.
Br. EUR 39,90
ISBN 978-3-8349-0729-5

Michael Grabinski

Management Methods and Tools

Practical Know-how for Students,
Managers, and Consultants
2007. XVI, 257 pp.
Softc. EUR 34,95
ISBN 978-3-8349-0383-9

Harald Hungenberg

**Strategisches Management
in Unternehmen**

Ziele - Prozesse - Verfahren
5., überarb. u. erw. Aufl. 2008.
XXVI, 622 S., Br. EUR 44,90
ISBN 978-3-8349-1260-2

Hartmut Kreikebaum / Dirk Ulrich Gilbert /
Glenn O. Reinhardt

**Organisationsmanagement
internationaler Unternehmen**

Grundlagen und moderne
Netzwerkstrukturen
2., vollst. überarb. u. erw. Aufl. 2002.
XVI, 243 S., Br. EUR 34,95
ISBN 978-3-409-23147-3

Klaus Macharzina / Joachim Wolf

Unternehmensführung

Das internationale Managementwissen
Konzepte - Methoden - Praxis
6., vollst. überarb. u. erw. Aufl. 2008.
XL, 1.173 S., Geb. EUR 58,00
ISBN 978-3-8349-1119-3

Klaus North

**Wissensorientierte
Unternehmensführung**

Wertschöpfung durch Wissen
4., akt. u. erw. Aufl. 2005.
XII, 353 S., Br. EUR 39,95
ISBN 978-3-8349-0082-1

Walter Schertler

Strategisches Affinity-Group-Management

Wettbewerbsvorteile durch ein neues
Zielgruppenverständnis
2006. XVI, 196 S.
Br. EUR 29,95
ISBN 978-3-8349-0466-9

Götz Schmidt

Einführung in die Organisation

Modelle - Verfahren - Techniken
2., akt. Aufl. 2002. X, 179 S.
Br. EUR 39,95
ISBN 978-3-409-21504-6

Änderungen vorbehalten. Stand: Februar 2010.
Erhältlich im Buchhandel oder beim Verlag

Gabler Verlag . Abraham-Lincoln-Str. 46 . 65189 Wiesbaden . www.gabler.de

GABLER

Georg Schreyögg

Organisation

Grundlagen moderner
Organisationsgestaltung
Mit Fallstudien
5., vollst. überarb. u. erw. Aufl. 2008.
XII, 516 S., Br. EUR 36,90
ISBN 978-3-8349-0703-5

Georg Schreyögg / Jochen Koch

Grundlagen des Managements

Basiswissen für Studium und Praxis
2007. XIV, 461 S.,
Br. EUR 24,90
ISBN 978-3-8349-0376-1

Albrecht Söllner

Einführung in das Internationale Management

Eine institutionenökonomische Perspektive
2008. XXII, 487 S., Br. EUR 39,90
ISBN 978-3-8349-0404-1

Claus Steinle

Ganzheitliches Management

Eine mehrdimensionale Sichtweise
integrierter Unternehmungsführung
2005. XL, 910 S.
Geb. EUR 49,95
ISBN 978-3-8349-0059-3

Horst Steinmann / Georg Schreyögg

Management

Grundlagen der Unternehmensführung
Konzepte – Funktionen – Fallstudien
6., vollst. überarb. Aufl. 2005.
XX, 952 S., Geb. EUR 44,90
ISBN 978-3-409-63312-3

Elke Weik / Rainhart Lang (Hrsg.)

Moderne Organisationstheorien 1

Handlungsorientierte Ansätze
2., überarb. Aufl. 2005.
XII, 359 S., Br. EUR 39,95
ISBN 978-3-409-21874-0

Elke Weik / Rainhart Lang (Hrsg.)

Moderne Organisationstheorien 2

Strukturorientierte Ansätze
2003. VIII, 364 S., Br. EUR 36,90
ISBN 978-3-409-12390-7

Martin K. Welge / Andreas Al-Laham

Strategisches Management

Grundlagen – Prozess –
Implementierung
5., vollst. überarb. Aufl. 2008.
XXVIII, 1025 S., Geb. EUR 56,90
ISBN 978-3-8349-0313-6

Axel v. Werder

Führungsorganisation

Grundlagen der Corporate Governance,
Spitzen- und Leitungsorganisation
2., akt. u. erw. Aufl. 2008. XXVIII, 445 S.
Br. EUR 44,90
ISBN 978-3-8349-0678-6

Joachim Wolf

**Organisation, Management,
Unternehmensführung**

Theorien und Kritik
3., vollst. überarb. u. erw. Aufl. 2008.
XXX, 683 S., Br. EUR 44,90
ISBN 978-3-8349-1011-0

Kerstin Wüstner

Arbeitswelt und Organisation

Ein interdisziplinärer Ansatz
2006. X, 280 S.
Br. EUR 34,95 ISBN 978-3-8349-0144-6

Änderungen vorbehalten. Stand: Februar 2010.
Erhältlich im Buchhandel oder beim Verlag

Gabler Verlag . Abraham-Lincoln-Str. 46 . 65189 Wiesbaden . www.gabler.de

1956566R00206

Printed in Germany
by Amazon Distribution
GmbH, Leipzig